유전자는
네가 한 일을
알고 있다

현대 생물학을 뒤흔든 후성유전학 혁명

유전자는 네가 한 일을 알고 있다

네사 캐리 지음 | 이충호 옮김

해나무

내 인생을 재프로그래밍한 아비 레이놀즈를 위해,

그리고 숀 캐리(1925~2011)를 추모하며.

차례

머리말 · 9

1장 ___ 추한 두꺼비와 품위 있는 남자 · 23

2장 ___ 언덕을 다시 굴러 올라가는 방법 · 39

3장 ___ 우리가 알고 있던 생명 · 67

4장 ___ 우리가 현재 알고 있는 생명 · 85

5장 ___ 일란성 쌍둥이는 왜 정확하게 똑같지 않은가? · 115

6장 ___ 아버지의 죄 · 145

7장 ___ 세대 게임 · 169

8장 ___ 양성 간 전투 · 189

9장 ___ X 세대 · 219

10장 ___ 메시지는 매개체가 아니다 · 253

11장 ___ 내부의 적과 싸우기 · 289

12장 ___ 모든 것은 마음에 달려 있다 · 327

13장 ___ 내리막길 · 363

14장 ___ 여왕 만세! · 391

15장 ___ 녹색 혁명 · 407

16장 ___ 앞으로 나아갈 길 · 423

감사의 말 · 437

노트 · 439

용어 설명 · 452

도판의 출처 · 457

찾아보기 · 458

머리말

DNA.

생물학에 관한 글을 읽을 때 이 세 문자로 이루어진 단어가 모든 것을 설명한다고 생각하더라도 뭐라 하는 사람은 별로 없다. 예컨대 2000년 6월 26일 연구자들이 인간 게놈(유전체)의 염기 서열을 드디어 완전히 알아냈다고 발표했을 때 나왔던 몇몇 발언을 보라.[1]

오늘 우리는 신이 생명을 창조한 언어를 배우고 있습니다.

– 미국 대통령, 빌 클린턴Bill Clinton

이제 우리는 여태까지 의학에서 기대했던 모든 것을 이룰 가능성을 손에 쥐었습니다.

– 영국 과학부 장관 세인스베리Sainsbury

인간 게놈 지도 작성은 사람을 달에 보내는 업적으로 비유돼왔지만, 나는 그 이상이라고 믿는다. 이것은 우리 생애뿐만 아니라 전체 인류 역

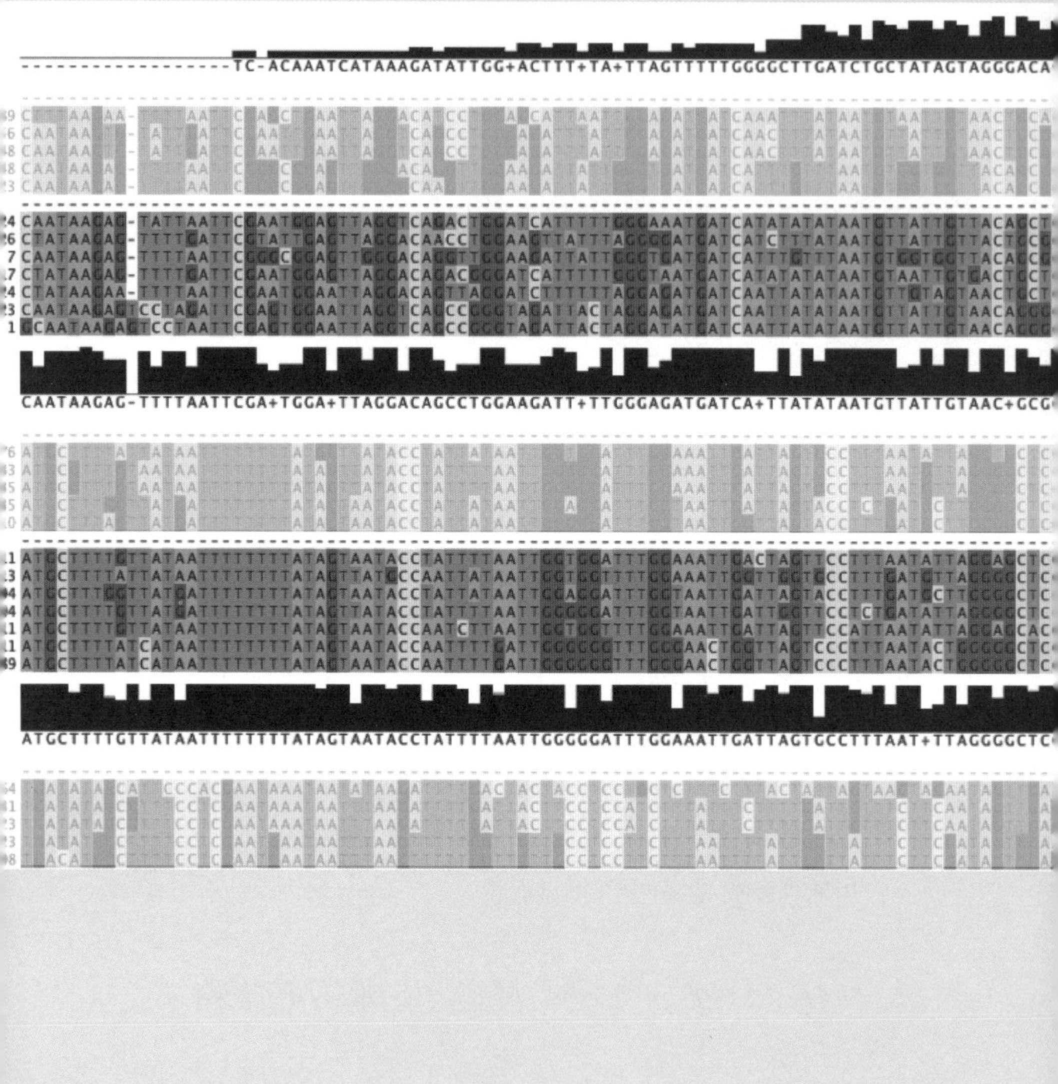

인간 게놈의 염기 서열을 분석하면 생명현상에 관한 모든 궁금증을 풀 수 있으리라 기대했지만 실제로는 더 많은 궁금증을 낳았다.

사를 통해 빛나는 업적이다.

– 마이클 덱스터Michael Dexter, 웰컴재단

이것들과 또 이와 비슷한 그 밖의 많은 발언을 듣다 보면, 이제 우리는 2000년 6월 이후부터는 걱정을 내려놓아도 될 것 같다는 생각이 든다. 왜냐하면, 건강과 질병 문제는 이제 대부분 아주 쉽게 해결될 것으로 보이기 때문이다. 마침내 우리는 인류의 청사진을 손에 쥐었다. 이제 남은 일은 여기에 포함된 정보들을 좀더 잘 이해하여 세부 내용을 더 채워넣기만 하면 될 것처럼 보였다.

불행하게도 이 발언들은 샴페인을 너무 일찍 터뜨린 것으로 드러났다. 현실은 그런 장밋빛 전망과는 다소 달랐다.

우리는 DNA를 마치 주형인 것처럼, 그러니까 공장에서 자동차 부품을 만드는 데 쓰는 주형인 것처럼 이야기한다. 공장에서는 녹인 금속이나 플라스틱을 주형 속에 쏟아붓기만 하면 똑같은 부품이 나온다. 그 과정에서 뭔가 잘못된 일만 없다면, 수천 번을 쏟아붓더라도 매번 똑같은 부품이 나온다.

하지만 실제로는 DNA는 주형과 거리가 멀다. DNA는 오히려 대본에 가깝다. 예컨대 셰익스피어Shakespeare의 작품 『로미오와 줄리엣*Romeo and Juliet*』을 생각해보라. 1936년에 조지 큐커George Cukor 감독은 이 작품을 레슬리 하워드Leslie Howard와 노마 시어러Norma Shearer가 주연을 맡은 영화로 만들었다. 60년 뒤에 배즈 루어먼Baz Luhrmann 감독은 레오나르도 디카프리오Leonardo DiCaprio와 클레어 데인스Claire Danes가 주연을 맡은 영화를 만들었다. 둘 다 셰익스피어의 원작을 기본 대본으로 삼았지만, 두 영화는 서로 완전히 다르다. 시작은 같았지만, 결과는 완전히 다른 것이었다.

세포가 DNA에 들어 있는 유전 암호를 읽을 때에도 이와 똑같은 일이 일어난다. 같은 대본을 사용하더라도 전혀 다른 결과가 나올 수 있다. 곧 소개할 사례 연구들에서 보게 되겠지만, 이것이 인간의 건강에 미치는 의미는 아주 광범위하다. 이 모든 사례 연구에서 실험 대상자들의 DNA 청사진 자체에는 아무 일도 일어나지 않았다는 사실을 기억하는 것이 중요하다. 그들의 DNA는 전혀 변하지(돌연변이가 일어나지) 않았지만, 그들의 인생은 환경에 반응하여 돌이킬 수 없이 변했다.

오드리 헵번Audrey Hepburn은 20세기의 위대한 영화 배우였다. 멋있고 우아하고 섬세하게 사랑스러우며 부러질 듯한 골격을 가진 그녀는 〈티파니에서 아침을〉에서 홀리 골라이틀리 역을 맡아 그 영화를 보지 않은 사람들에게까지 아이콘으로 숭배되었다. 그런데 이 경이로운 아름다움이 불행한 역경 때문에 생겨났다는 사실을 안다면, 누구나 깜짝 놀랄 것이다. 오드리 헵번은 제2차 세계 대전 때 '네덜란드 대기근'으로 알려진 사건에서 살아남은 생존자였다. 이 사건은 헵번이 16세일 때 끝났지만, 나쁜 건강을 비롯해 그 후유증은 평생 동안 그녀를 따라다녔다.

네덜란드 대기근은 1944년 11월에 시작되어 1945년 늦봄까지 이어졌다. 이 기간은 서유럽에 심한 추위가 닥친 시기여서 그러지 않아도 4년 동안 치열한 전쟁에 시달린 대륙에 고난을 가중시켰다. 그중에서도 당시에 독일이 점령하고 있던 네덜란드 서부 지역 사정이 가장 나빴다. 독일군의 봉쇄 작전 때문에 네덜란드 국민에게 돌아가는 식량 배급량이 급감했다. 한때 네덜란드 국민은 1일 적정 칼로리 섭취량의 30%에 불과한 식량으로 연명해야 했다. 절박한 처지에 몰린 사람들은 살아남기 위해 풀과 튤립 구근을 먹었고, 가구까지 땔감으로 사용하며 버텼다. 1945년 5월에 식량 공급이 정상화될 때까지 2만 명이 넘는 사람이 굶어죽었다.

이 시기의 지독한 궁핍 때문에 놀라운 과학 연구 대상 집단이 생겨났다. 네덜란드 인 생존자들은 모두 동시에 단 한 시기 동안만 영양실조를 경험한 개인들로 이루어진 집단이었다. 네덜란드의 훌륭한 보건 관리 기반과 꼼꼼한 기록 관리와 보존 덕분에 역학자들은 기근의 장기적 효과를 추적할 수 있었다. 그런데 여기서 예상을 완전히 벗어나는 결과가 나왔다.

그들이 맨 먼저 조사한 것 중 하나는 기아가 그 시기에 자궁 속에 있던 아기의 출생 체중에 미치는 효과였다. 수태 무렵에는 영양을 잘 공급받다가 임신 마지막 몇 개월 동안 영양실조를 겪은 어머니는 작은 아기를 낳을 가능성이 높았다. 반면에 첫 석 달 동안은 영양실조를 겪다가(그 혹독한 시기가 끝날 무렵에 임신하여) 그 후로는 영양 공급을 잘 받은 어머니는 정상 체중의 아기를 낳을 가능성이 높았다. 태아는 얼마 지나지 않아 영양 공급을 잘 받으면서 부족한 체중을 따라잡았다.

여기까지는 당연해 보이는데, 우리는 태아가 임신 마지막 시기에 크게 성장한다는 사실을 알고 있기 때문이다. 그런데 역학자들은 이때 태어난 아기 집단들을 수십 년 동안 추적 연구하다가 아주 놀라운 사실을 발견했다. 작게 태어난 아기는 평생 동안 몸집이 작았고, 비만율이 일반 인구 집단보다 훨씬 낮았다. 이들은 40여 년 동안 원하는 음식을 마음대로 먹을 수 있었지만, 그들의 몸은 초기의 영양실조 시기에 입은 손실을 결코 만회하지 못했다. 왜 그럴까? 어떻게 초기의 경험이 수십 년 동안이나 계속 영향을 미친단 말인가? 왜 이들은 환경이 정상으로 회복된 뒤에도 정상으로 되돌아갈 수 없었을까?

이보다 더 예상을 벗어난 결과는 임신 초기에만 영양실조를 겪은 어머니에게서 태어난 아기들에게서 나왔는데, 이들은 비만율이 평균보다 높았다. 최근의 보고들에 따르면, 이들은 다른 건강 문제가 발생하는 비율도 더 높았다. 이들은 태어날 때에는 아주 건강한 것처럼 보였지만, 자궁 속에서 발달하는 동안 일어난 어떤 일이 수십 년 후까지 영향을 미친다는 결과가 나왔다. 여기서 중요한 것은 어떤 일이 일어났다는 사실이 아니라, 그것이 일어난 '시기'이다. 태아가 정말로 아주 작은 단계인 처음 석 달 동안에 일어난 사건이 평생 동안 그 사람에게 큰 영향을 미칠 수 있다.

더욱 기묘한 점은 이 중 일부 효과는 이 집단의 자식, 다시 말해서 임신하고 나서 처음 석 달 동안 영양실조를 겪었던 여성의 손자에게도 나타나는 것처럼 보인다는 사실이다. 다시 말해서, 임신한 집단에 일어난 어떤 일이 그 자식의 자식에게까지 영향을 미쳤다. 이것은 그 효과가 어떻게 다음 세대들로 전달되는가 하는 정말로 수수께끼 같은 질문을 낳았다.

또 다른 이야기를 살펴보자. 정신분열병은 무서운 정신 질환으로, 제대로 치료하지 않으면 환자를 완전히 압도하여 큰 장애를 초래한다. 정신분열병 환자는 망상과 환상, 정신 집중 곤란 등을 포함해 다양한 증상을 보인다. 정신분열병에 걸린 사람은 '실제 세계'와 자신의 환상이나 망상이 만들어낸 세계를 구별하지 못한다. 인지적, 감정적, 사회적 반응도 정상적으로 할 수 없다. 정신분열병 환자는 폭력적이고 위험하다는 오해가 널리 퍼져 있는데, 대부분의 환자는 전혀 그렇지 않으며, 정신분열병으로 인해 피해를 입을 가능성이 가장 높은 사람은 환자 자신이다. 정신분열병 환자는 자살할 확률이 건강한 사람보다 50배나 높다.[2]

정신분열병은 슬프게도 흔하다. 대부분의 나라와 문화에서 전체 인구 중 0.5~1%가 정신분열병에 걸리는데, 그렇다면 현재 전 세계에서 정신분열병을 앓고 있는 사람이 5000만 명 이상이라는 이야기가 된다. 과학자들은 얼마 전부터 어떤 사람에게 이 질환이 나타날지 나타나지 않을지 결정하는 데 유전자가 중요한 역할을 한다는 사실을 알게 되었다. 그것을 어떻게 알아냈을까? 일란성 쌍둥이 중 한 명이 정신분열병에 걸렸을 경우, 나머지 한 명이 같은 병에 걸릴 확률이 50%이기 때문이다. 이것은 일반 인구 사이에서 나타나는 1%보다 훨씬 높은 비율이다.

일란성 쌍둥이는 서로 정확하게 똑같은 유전 암호를 갖고 있다. 그리고 같은 자궁에서 자랄 뿐만 아니라, 대개 비슷한 환경에서 성장한다. 이 점을 감안한다면, 둘 중 한 명이 정신분열병에 걸렸을 때 나머지 한 명 역시 정신분열병에 걸릴 확률이 아주 높다는 사실은 전혀 놀라워 보이지 않는다. 사실, 그 확률이 왜 50%보다 더 높지 않은지가 의아하다. 왜 그 확률은 100%가 아닐까? 겉보기에 완전히 똑같아 보이는 두 사람에게서 왜 그토록 서로 다른 결과가 나타난단 말인가? 한 명에게 치명적인 정신 질환이 있다면, 나머지 일란성 쌍둥이에게도 같은 질환이 나타날까, 나타나지 않을까? 동전을 던져보라. 앞면이 나오면 그 질환이 나타나고, 뒷면이 나오면 나타나지 않는다. 환경 차이로는 이 사실을 제대로 설명할 수 없을 것 같다. 설사 환경 차이가 그런 차이를 빚어낸다 하더라도, 환경 차이가 유전적으로 동일한 두 사람에게 어떻게 그토록 다른 효과를 미칠 수 있단 말인가?

이번에는 세 번째 사례 연구를 보자. 만 3세 미만인 아이가 부모에게 학대를 받고 제대로 돌봄을 받지 못하며 자란다. 결국 당국이 개입하여 아이를 생물학적 부모에게서 빼앗아 양부모에게 입양시킨다. 새

부모는 아이를 사랑하고 잘 돌보며, 아이에게 애정이 넘치는 가정을 느끼게 하려고 최선을 다한다. 아이는 새 부모와 함께 나머지 아동기와 청소년기를 보내고 이제 청년기에 접어든다.

때로는 모든 일이 순탄하게 굴러간다. 이들은 학대를 받지 않고 정상적인 아동기를 보낸 나머지 동년배와 전혀 구별할 수 없는, 행복하고 안정적인 개인으로 성장한다. 하지만 불행하게도, 일이 순탄하게 굴러가지 않을 때도 많다. 어린 시절에 학대나 방임을 경험한 사람은 어른이 되었을 때 정신 건강 문제가 나타날 위험이 일반 인구에 비해 훨씬 높다. 그런 사람은 우울증에 걸리거나 자해 또는 자살을 하거나 약물 남용에 빠질 위험이 매우 높다.

여기서 우리는 또다시 "왜?"라고 묻지 않을 수 없다. 어린 시절의 학대나 방임 경험을 극복하기가 왜 그토록 어렵단 말인가? 어린 시절에 일어난 일이 왜 정신 건강에 그렇게 큰 영향을 미쳐 수십 년 뒤에까지 그 효과가 분명하게 나타난단 말인가? 어른이 된 그 사람에게 그 외상 사건에 대한 기억이 전혀 남아 있지 않은 경우도 있지만, 그래도 그 사람은 평생 동안 정신적으로나 정서적으로 그 후유증을 앓는다.

이 세 가지 사례 연구는 표면적으로는 서로 종류가 아주 다른 사례들로 보인다. 첫 번째 사례는 주로 영양, 특히 태어나지 않은 아이의 영양에 관한 것이다. 두 번째 사례는 유전적으로 동일한 개인들 사이에 나타나는 차이에 관한 것이다. 세 번째 사례는 어린 시절에 경험한 학대가 장기적으로 미치는 심리적 손상에 관한 것이다.

하지만 이 이야기들은 기본적인 생물학 차원에서 서로 연결돼 있다. 이것들은 모두 후성유전학의 사례들이다. 후성유전학은 생물학에 혁명을 일으키고 있는 새로운 분야이다. 유전적으로 동일한 두 개체가 우리가 측정할 수 있는 어떤 방식으로 동일하지 않다면, 그것은 바로 후성유전학이 작용한 결과이다. 환경의 어떤 변화가 그것이 아득한 기억 속으로 사라진 뒤에도 생물학적 결과를 낳는다면, 우리는 후성유전적 효과가 작용하는 것을 보고 있는 셈이다.

후성유전 현상은 매일 도처에서 볼 수 있다. 과학자들은 지금까지 위에서 소개한 것과 비슷한 후성유전 사례를 아주 많이 확인했다. 과학자들이 후성유전학 이야기를 할 때에는 유전 암호만으로는 어떤 현상을 제대로 설명할 수 없는 사례를 다루고 있다고 보면 된다. 거기에는 유전 암호 외에 뭔가 다른 요소가 작용한 게 분명하다.

이것은 후성유전학을 과학적으로 기술하는 한 가지 방법인데, 유전적으로 동일한 두 개체가 표현형이 서로 아주 다르게 나타나는 현상을 설명하는 것이 후성유전학이다. 유전자 대본과 최종 결과 사이의 이 부조화를 초래하는 메커니즘이 분명히 있을 것이다. 이러한 후성유전 효과는 어떤 종류의 물리적 변화, 다시 말해서 살아 있는 모든 생물 세포를 이루는 분자들의 배열에 일어난 어떤 변화가 그 원인이 되었을 게 분명하다. 이것은 후성유전학을 다른 각도에서 바라보는 시각을 낳는데, 분자 차원의 기술이 그것이다. 이 모형에 따르면, 후성유전은 우리의 유전 물질에 일어난 변형으로 정의할 수 있는데, 이 변형은 유전자 자체를 변화시키지는 않지만, 유전자의 스위치를 켜거나 끄는 방식을 변화시킨다.

'후성유전학'이라는 단어가 두 가지 뜻으로 쓰일 수 있다는 사실이 혼란스럽게 보일 수 있지만, 이것은 단지 같은 사건을 서로 다른 차원에서 기술하기 때문에 그렇게 보일 뿐이다. 이것은 옛날 신문에 실린 사진을 확대경으로 들여다보면서 사진이 점들로 이루어져 있다고 생각하는 것과 비슷하다. 만약 확대경이 없다면, 우리는 각각의 사진이 그냥 한 덩어리로 만들어졌겠거니 하고 생각할 것이고, 어떻게 매일 새로운 상을 그렇게 많이 만들어 인쇄할 수 있는지 짐작하지 못할 것이다. 반면에 만약 우리가 매일 확대경을 통해서만 신문을 본다면, 우리 눈에 보이는 것은 점들밖에 없을 것이고, 이 점들이 모여 만들어내는 놀라운 상, 우리가 한 걸음 뒤로 물러서서 넓은 시야에서 바라보기만 하면 보이는 상을 결코 보지 못할 것이다.

최근에 생물학에서 일어난 혁명은 놀라운 후성유전 현상이 어떤 원인 때문에 일어나는지 처음으로 제대로 이해하게 해주었다. 우리는 이제 단지 큰 그림을 보는 데 머물지 않고, 그 그림을 만들어낸 개개의 점을 분석할 수 있다. 무엇보다 중요한 사실은, 이것이 본성과 양육 사이를 잇는 잃어버린 고리를 우리가 마침내 찾아내기 시작했음을 의미한다는 점이다. 잃어버린 고리란 바로 환경이 우리에게 이야기하는 방식과 우리를 변화시키는(때로는 영구적으로) 방식을 말한다.

후성유전학을 영어로 epigenetics라고 하는데, 여기서 접두어 'epi'는 '위', '외', '~에 더하여'라는 뜻을 지닌 그리스 어에서 유래했다. 우리 세포에 들어 있는 DNA는 순수하고 다른 것이 전혀 섞이지 않은 분자가 아니다. DNA의 특정 지역에 작은 화학적 기基가 들러붙을 수 있다. 또한 특별한 단백질은 DNA가 기능을 제대로 발휘하지 못하도록 억제한다. 이 단백질에도 작은 화학 물질이 추가로 들러붙을 수 있다. 하지만 이렇게 분자 구조에 변화가 일어났다고 해서 그 기반을 이루는 유전 암호 자체가 변하는 것은 아니다. 이러한 화학적 기를 DNA나 관련 단백질에 첨가하거나 거기에서 떼어내면, 그 부근에 있는 유전자들의 발현을 변화시킬 수 있다. 유전자 발현에 변화가 일어나면, 세포의 기능과 세포 자체의 본질이 변할 수 있다. 만약 발달 과정의 중요한 시기에 이러한 화학적 변화 패턴이 추가되거나 제거되는 일이 일어난다면, 설사 우리가 100세 이상 산다 하더라도, 그 패턴은 나머지 생애 동안 고정된 채 남을 수 있다.

DNA 청사진이 출발점이라는 사실은 이론의 여지가 없다. DNA 청사진은 아주 중요한 출발점이자 절대적으로 필요한 것이다. 하지만 DNA는 때로는 경이롭고 때로는 두려움을 불러일으키는 생명의 복잡성을 모두 설명하기에 충분하지 않다. 만약 오로지 DNA 염기 서열만 중요하다면, 일란성 쌍둥이는 모든 면에서 정확하게 똑같아야 할 것이다. 영양실조를 경험한 어머니에게서 태어난 아기도 처음부터 영양을 잘 공급받은 아기와 마찬가지로 금방 체중이 불어나야 할 것이다. 그리고 1장에서 보게 되겠지만, 우리 몸을 이루는 모든 세포는 완전히 동일해야 할 것이기 때문에, 우리는 모두 커다란 무정형 덩어리가 되어야 할 것이다.

생물학의 많은 영역은 후성유전 메커니즘에 영향을 받으며, 우리의 사고에 일어난 혁명은 지구에서 예상치 못한 생명의 변경을 향해 점점 더 뻗어나가고 있다. 이 책에서 다루는 그 밖의 사례 중에는 다음과 같은 질문들도 포함돼 있다. 왜 정자 2개나 난자 2개로는 아기를 만들 수 없고, 꼭 정자 1개와 난자 1개가 합쳐져야 하는가? 클로닝cloning이 가능한 이유는 무엇인가? 클로닝은 왜 그토록 성공하기 어려운가? 왜 일부 식물은 꽃이 피기 전에 추운 시기를 겪는 것이 필요한가? 여왕벌과 일벌은 유전적으로 동일한데, 왜 형태와 기능이 서로 완전히 다른가? 얼룩고양이는 왜 모두 암컷인가? 사람은 수백 가지의 기관에 수십조 개의 세포를 포함하고 있는 반면, 현미경으로 봐야 할 만큼 작은 벌레는 1000여 개의 세포와 초보적인 기관만 가지고 있는데, 왜 둘 다 같은 수의 유전자를 갖고 있을까?

학계와 상업 부문에서 일하는 과학자들은 모두 후성유전이 인간의 건강에 미칠 막대한 영향에 주목하기 시작했다. 후성유전은 정신분열병에서부터 류마티스관절염에 이르기까지, 그리고 암에서부터 만성통증에 이르기까지 온갖 질병과 관련이 있다. 후성유전 과정에 간섭함으로써 특정 암을 치료하는 데 성공을 거둔 약이 이미 두 가지 개발돼 있다. 제약 회사들은 산업화 세계를 괴롭히는 일부 심각한 질병을 치료하기 위해 차세대 후성유전 의약품 개발 경쟁에 수억 달러를 쏟아붓고 있다. 후성유전 요법은 신약 개발에서 새로운 개척지로 떠오르고 있다.

생물학에서 다윈Darwin과 멘델Mendel은 19세기를 진화와 유전학의 시대로 정의했고, 왓슨Watson과 크릭Crick은 20세기를 DNA 시대로 정의하면서 유전학과 진화가 어떻게 상호작용하는지 기능적으로 이해하는 시대를 열었다. 하지만 21세기에는 후성유전학이라는 새로운 분야가 우리가 지금까지 도그마로 간주해온 것을 무너뜨린 뒤, 아주 다양하고 훨씬 복잡하고 아름다운 방식으로 그것을 다시 쌓아올릴 것이다.

후성유전학 세계는 아주 흥미로운 세계이다. 이 세계는 놀라운 미묘함과 복잡성이 넘치는데, 3장과 4장에서는 유전자가 후성유전적으로 변할 때 유전자에 일어나는 일을 분자생물학적으로 더 자세히 살펴볼 것이다. 하지만 생물학에서 나타난 많은 혁명적 개념과 마찬가지로, 후성유전학은 그 바탕에 일부 쟁점을 포함하고 있는데, 이것들은 너무나도 단순해서 일단 드러내기만 하면 너무나도 자명해 보이는 것들이다. 1장은 그러한 쟁점 중 가장 중요한 예를 보여준다. 그것은 바로 후성유전학 혁명을 시작하게 한 연구이다.

명명법에 관해

유전자와 단백질 이름을 쓰는 방식은 정해진 국제 규약이 있는데, 이 책에서도 이를 따르기로 한다.

유전자 이름과 기호는 '이탤릭체'로 쓰는 게 원칙이다. 그리고 유전자가 암호화하는 단백질은 정체로 쓴다.

인간 유전자와 단백질 기호는 대문자로 쓴다. 생쥐 같은 다른 종의 경우에는 대개 첫 번째 문자만 대문자로 쓴다.

이 원칙은 아래 표에 한 가상 유전자를 예로 들어 설명해놓았으니, 참고하기 바란다.

	인간	다른 생물(예컨대 생쥐)
유전자 이름	*SO DAMNED COMPLICATED*	*So Damned Complicated*
유전자 기호	*SDC*	*Sdc*
단백질 이름	SO DAMNED COMPLICATED	So Damned Complicated
단백질 기호	SDC	Sdc

하지만 모든 규칙과 마찬가지로, 이 체계에는 특이한 것도 일부 있으며, 이 규약은 일반적으로 적용되긴 하지만, 이 책에는 일부 예외도 나온다.

1장

추한 두꺼비와 품위 있는 남자

추하고 독이 있지만,

머릿속에 귀한 보석을 품은 두꺼비처럼

– 윌리엄 셰익스피어William Shakespeare

사람의 몸은 50조~70조 개의 세포로 이루어져 있다. 그렇다, 무려 50,000,000,000,000개나 된다. 이 추정치가 얼마나 큰 수인지 감을 잡기 어려울 수 있지만, 그것은 그리 놀라운 일이 아니다. 한 사람을 하나하나의 세포로 일일이 분해할 수 있고, 그 수를 1초에 1개씩 센다고 상상해보자. 가장 낮은 추정치인 50조 개를 세는 데에도 약 150억 년이 걸린다. 이것도 커피를 마시기 위해 잠깐 쉬는 시간도 없이, 단 한순간도 수 세기를 멈추지 않아야 가능하다. 이 세포들이 모여 아주 다양한 조직들을 만드는데, 조직들은 모두 고도로 전문화돼 있고 서로 완전히 구별된다. 뭔가 아주 심각한 사건이 일어나지 않는 한, 신장(콩팥)은 머리 꼭대기에서 자라지 않고, 눈알에 이가 나는 일도 없다. 이것은 너무나도 당연해 보이지만, 그런 일이 일어나서는 안 된다는 법이라도 있는가? 우리 몸의 모든 세포는 단 하나의 스타터starter 세포가 분열하여 만들어졌다는 사실을 감안하면, 이것은 실로 이상하다. 이 최초의 세포를 접합자zygote라 부른다. 접합자는 정자와 난자가 결합하여 생긴다. 접합자는 둘로 분열하고, 두 세포는 각각 다시 분열하여, 한 번 분열할 때마다 그 수가 두 배씩 불어난다. 이렇게 끝없이 분열을 계속하여 불어난 세포들이 서로 모여 완전한 인체를 만드는 기적적인 일을 해낸다. 세포들은 분열해가면서 서로 점점 더 달라져 전문화된 세포들을 만든다. 이 과정을 '분화'라고 한다. 분화는 모든 종류의 다세포 생물을 만드는 데 아주 중요한 과정이다.

현미경으로 세균을 살펴보면, 같은 종에 속한 세균들은 거의 다 똑같아 보인다. 사람 세포들을 같은 방식으로 관찰해보라. 예를 들어 작은창자에서 영양분을 흡수하는 세포와 뇌의 신경세포를 관찰해보면, 이 둘은 심지어 같은 행성에서 채취한 것이 맞나 하는 의심이 들 정도로 큰 차이가 난다. 그래서 뭐가 문제라는 것인가? 문제는 이 세포들이 완전히 똑같은 유전 물질에서 출발했다는 점이다. 즉, 둘 다 같은 스타터 세포인 접합자에서 생겨났다. 같은 청사진을 가진 동일한 세포에서 유래했는데도 불구하고, 이 세포들은 서로 아주 다르게 분화한 것이다.

한 가지 설명은 세포들이 같은 정보를 서로 다른 방식으로 사용하기 때문에 이런 일이 일어난다고 이야기하는데, 이것은 분명히 맞는 말이다. 하지만 이 설명은 실제로 그다지 큰 도움이 되지 않는다. 1960년에 H. G. 웰스H. G. Wells의 소설 『타임 머신*The Time Machine*』을 각색하여 만든 영화에서는 로드 테일러Rod Taylor가 시간 여행을 하는 과학자로 등장하는데, 타임 머신을 학식이 높은 동료들(당연히 모두 남성)에게 보여주는 장면이 나온다. 누가 타임 머신의 작동 원리를 설명해달라고 하자, 테일러는 타임 머신을 탄 사람은 다음과 같은 과정을 통해 시간 여행을 할 수 있다고 설명한다:

그 사람 앞에는 움직임을 제어하는 레버가 있습니다. 레버를 앞으로 밀면 타임 머신은 미래로 날아가고, 뒤로 밀면 타임 머신은 과거로 갑니다. 또 레버를 더 세게 밀수록 타임 머신은 더 빨리 여행하지요.

모두 이 설명을 듣고는 알겠다는 듯이 고개를 끄덕인다. 유일한 문제는 이것이 제대로 된 설명이 아니라는 점이다. 이것은 그저 기술記述에 불과하다. 세포가 같은 정보를 서로 다른 방식으로 사용한다는 설명 역시 마찬가지다. 그것은 우리에게 새로운 정보를 가르쳐주지 않으며, 단지 우리가 이미 알고 있는 것을 달리 표현했을 뿐이다.

더욱 흥미로운 사실은 세포가 같은 정보를 어떻게 서로 다른 방식으로 사용하느냐 하는 점이다. 어쩌면 더욱 중요한 것은 세포가 그것을 기억하고 그 일을 계속 반복하는 방식일지 모른다. 골수세포는 계속 혈액세포를 생산하는 반면, 간세포는 계속 간세포만 만들어낸다. 어떻게 이런 일이 일어날까?

아주 매력적인 한 가지 설명은, 세포는 전문화가 진행되면서 유전물질이 재배열되는데 그 과정에서 필요 없는 유전자를 잃을지 모른다는 것이다. 간은 아주 중요하고 매우 복잡한 기관이다. 영국간기금 웹사이트[1]에서는 간이 500가지 이상의 기능을 담당한다고 설명한다. 창자에서 소화된 영양분을 처리하고, 독소를 중화하고, 우리 몸에서 온갖 종류의 과제를 수행하는 효소를 만드는 것을 포함해 500가지 이상의 기능을 한다. 하지만 간이 절대로 하지 않는 일 중 하나는 바로 산소를 운반하는 것이다. 이 일은 헤모글로빈이라는 특별한 단백질을 가득 포함한 적혈구의 몫이다. 헤모글로빈은 폐처럼 산소를 풍부하게 얻을 수 있는 조직에서 산소와 결합한 뒤, 발가락 끝의 모세혈관처럼 산소가 절실히 필요한 조직으로 가서 산소를 내려놓는다. 간은 이 기

2012년 노벨 생리의학상 수상자 존 거든

능만큼은 절대로 하지 않는데, 따라서 간세포는 어떤 경우에도 절대로 사용하지 않는 헤모글로빈 유전자를 그냥 제거할지 모른다.

세포가 자신이 결코 사용하지 않을 유전 물질을 잃을 수 있다는 이 가설은 아주 그럴듯해 보인다. 세포는 분화 과정에서 장차 사용하지 않을 유전자 수백 가지를 버릴지 모른다. 물론 이보다 덜 극단적인 시나리오도 생각할 수 있는데, 세포는 사용하지 않는 유전자의 스위치만 꺼버릴지 모른다. 어쩌면 세포는 이 일을 아주 효과적으로 수행하여 그 세포에서 그 유전자는 다시는 작동하지 않을지 모른다. 다시 말해서, 그 유전자는 영구적으로 작동 불능 상태가 된다. 이 그럴듯한 가설—유전자 상실 또는 영구적인 작동 불능—을 검증하기 위한 주요 실험들에는 추한 두꺼비와 품위 있는 남자가 등장한다.

발생 시계를 거꾸로 돌리다

이 연구의 기원은 수십 년 전에 영국의 존 거든John Gurdon이 처음에는 옥스퍼드 대학에서, 그리고 나중에는 케임브리지 대학에서 한 실험으로 거슬러 올라간다. 존 거든은 지금도 케임브리지 대학의 한 연구소에서 연구하고 있는데, 다만 이제는 그의 이름이 붙은 현대식 건물에서 일한다. 거든은 상냥하고 겸손하면서도 아주 매력적인 사람으로, 획기적인 연구를 한 지 40년이 지난 지금도 사실상 자신이 창시한 것이나 다름없는 분야에서 연구 결과를 계속 발표하고 있다.

거든은 케임브리지 인근에서는 누구나 금방 알아볼 수 있는 인물이다. 이제 70대에 접어든 그는 키가 크고 깡마른 체격에 매력적인 금발을 뒤로 밀어넘기고 돌아다닌다. 그는 미국 영화에 나오는 전형적인 영국 노신사처럼 보이는데, 더구나 이튼까지 나왔다. 거든이 이튼 시절의 생물학 선생님이 작성한 학생 평가를 아직도 소중하게 여긴다는 흥미로운 이야기가 있다. 생물학 선생님은 거기서 이렇게 썼다. "거든은 과학자가 되겠다는 생각을 품고 있는 것 같다. 현재 거든이 하는 것을 보면, 이것은 매우 터무니없는 생각이다."[2] 그 선생님은 거든이 아무 연관이 없는 사실들을 무조건 암기하는 걸 싫어하는 태도를 바탕으로 이런 평가를 했다. 하지만 나중에 보게 되겠지만, 존 거든처럼 훌륭한 과학자에게는 기억력은 상상력에 비하면 하찮은 것이다.

1937년, 헝가리 생화학자 알베르트 센트-죄르지Albert Szent-Györgyi는 비타민 C의 발견을 포함한 연구 업적으로 노벨 생리의학상을 받았다. 번역에 따라 표현에 미묘한 차이가 있긴 하지만, 그는 발견을 "모든 사람이 본 것을 보면서 아무도 생각하지 못한 것을 생각하는 것"[3]이라고 정의했다. 이것은 아마도 진실로 위대한 과학자가 하는 일을 가장 잘 묘사한 표현일 것이다. 그리고 존 거든은 진실로 위대한 과학자이며, 언젠가 센트-죄르지의 전철을 밟아 노벨상을 수상할 것이다(존 거든은 2012년 노벨 생리의학상을 수상했다.—옮긴이). 2009년에 그는 래스커상을 공동 수상했다. 노벨상을 오스카상에 비유한다면, 래스커상은 골든글로브상에 해당한다고 할 수 있다. 거든의 연구가 얼마나 놀라운 것이었느냐 하면, 맨 처음 그가 그것을 기술했을 때 그것은 너무나도 명백해 보여 그 이전에 누구라도 해낼 수 있었던 것처럼 보였다. 그가 던진 질문과 그 질문에 답을 제시한 방식은 너무나도 우아한 나머지 완전히 자명해 보이는 과학적 아름다움의 특징을 지니고 있었다.

거든은 자신의 연구에 수정되지 않은 두꺼비 난자를 사용했다. 많은 사람들은 어항에 개구리 알을 집어넣고 젤리 같은 알에서 올챙이가 깨어나 마침내 작은 개구리로 변해가는 모습을 관찰한 적이 있을 텐데, 그때 여러분이 관찰한 알은 수정란이다. 수정란은 정자가 난자 속으로 들어가 완전히 새로운 세포핵이 만들어진 접합자이다. 거든이 사용한 난자는 이와 비슷하긴 하지만, 정자에 노출된 적이 없는 미수정란이었다.

두꺼비 난자를 사용한 데에는 그럴 만한 이유가 있었다. 양서류 난자는 일반적으로 아주 크고 투명하다. 게다가 양서류는 몸 밖에 많은 알을 낳기 때문에 난자를 구하기에도 편리하다. 이러한 특징 때문에 양서류는 발생생물학에서 아주 편리한 실험 동물로 쓰이며, 그 난자도 기술적으로 다루기가 비교적 쉽다. 얻기 힘들고, 연약해 다루기도 어렵고, 불투명하고, 너무 작아서 보려면 현미경을 사용해야 하는 사람 난자보다 두꺼비 난자는 훨씬 나았다.

거든은 존 말코비치John Malkovich의 못생긴 동물 중 하나인 아프리카발톱개구리(학명은 *Xenopus laevis*)를 실험 대상으로 선택해 이 양서류가 발달하고 분화하고 나이를 먹음에 따라 그 세포들에 어떤 일이 일어나는지 조사했다. 어른 두꺼비의 한 조직 세포에 여전히 시작 당시의 유전 물질이 모두 들어 있는지, 혹은 세포가 더 전문화됨에 따라 일부가 상실되거나 영구적으로 작동 불능 상태가 되는지 알고 싶었다. 이를 위해 그가 선택한 방법은 어른 두꺼비의 세포에서 세포핵을 꺼내 사전에 세포핵을 제거한 미수정란 속에 집어넣는 것이었다. 이 기술은 체세포 핵 이식somatic cell nuclear transfer(SCNT)이라 부르는데, 이 용어는 앞으로 자주 등장할 것이다. 'somatic'이란 단어는 '몸'을 뜻하는 그리스 어에서 유래했다.

체세포 핵 이식을 한 뒤에 거든은 그 난자들을 적절한 환경에 두고

(개구리 알이 든 어항을 관찰하는 어린이처럼), 그중에서 올챙이로 발달하는 게 있는지 인내심을 갖고 지켜보았다.

이 실험은 다음 가설을 검증하기 위해 설계되었다: "세포가 더 전문화(분화)될수록 '되돌릴 수 없는' 유전 물질의 상실/비활성화가 일어난다." 나올 수 있는 결과는 다음 두 가지로 예측되었다.

1. 가설이 옳을 경우, '어른' 세포핵은 새로운 개체를 만드는 데 필요한 원래 청사진 중 일부를 이미 잃었을 것이다. 이 상황에서는 어른 세포핵은 난자가 원래 갖고 있던 세포핵을 결코 대체할 수 없고, 따라서 다양하게 분화된 조직을 모두 갖춘 건강한 두꺼비를 만들지 못할 것이다.

2. 가설이 틀렸을 경우, 난자의 세포핵을 제거하고 어른 조직에서 빼낸 세포핵으로 그것을 대체한 난자에서 새로운 두꺼비가 발달할 것이다.

존 거든 이전에도 같은 실험을 한 연구자들이 있었다. 브리그스Briggs와 킹King이라는 두 과학자는 표범개구리(*Rana pipiens*)를 실험 대상으로 삼았다. 1952년, 그들은 원래의 세포핵을 제거한 난자에 발생 초기 단계의 세포에서 꺼낸 세포핵을 이식하여 생존 가능한 개구리를 얻었다. 이것은 한 세포의 세포핵을 '텅 빈' 난자에 이식하여 난자를 살아남게 하는 것이 기술적으로 가능함을 입증했다. 하지만 브리그스와 킹은 같은 장치를 사용해 발생이 더 진행된 세포에서 채취한 세포핵을 이식한 실험 결과를 두 번째 논문으로 발표했는데, 이번에는 개구리를 전혀 얻지 못했다. 두 실험에서 세포핵을 채취한 세포들의 차이는 놀랍도록 사소해 보였다. 두 번째 실험에 사용한 세포는 겨우 하루 더 발생했을 뿐이었는데도, 올챙이가 단 한 마리도 태어나지 않았다. 이 결과는 세포가 분화할 때 되돌릴 수 없는 비활성화 사건이 일어난다는 가설을 뒷받침했다. 다른 과학자였더라면 이 결과에 낙담하고 연구를 포기했을 것이다. 하지만 거든은 이 문제에 매달려 10년 이상 연구를 계속했다.

실험 설계가 무엇보다도 중요했다. 애거사 크리스티Agatha Christie가 쓴 탐정 소설을 읽는다고 상상해보자. 처음 세 편을 읽고 나서 우리는 다음과 같은 가설을 세운다: “애거사 크리스티 소설에서 살인자는 항상 의사이다.” 다음 세 편을 더 읽어보았더니, 역시 모든 작품에서 살인자는 의사였다. 이제 그렇다면 우리의 가설은 증명된 것일까? 그렇지 않다. 확신을 가지려면 한 편을 더 읽어야 할지 모른다는 생각이 항상 남는다. 그리고 만약 일부 작품이 절판이 되었거나 구할 수 없다면 어떻게 될까? 우리가 아무리 많은 작품을 읽는다 하더라도, 애거사 크리스티의 전체 작품을 다 읽었다고 확신할 수 없다. 하지만 가설이 ‘틀렸음’을 입증하는 즐거움은 바로 여기에 있다. 푸아로Poirot 탐정이나 미스 마플Miss Marple이 의사는 아주 정직한 사람이며 진짜 살인자는 목사임을 밝혀내는 작품을 하나만 발견하면, 우리의 가설은 무너지고 만다. 최선의 과학 실험은 바로 이런 방식으로 설계한다. 즉, 어떤 개념을 증명하기 위해서가 아니라, 그것이 틀렸음을 증명할 수 있는 방향으로 설계한다.

거든이 한 연구의 천재성도 바로 여기에 있었다. 그가 그 실험에서 시도한 것은 당시의 기술로서는 성공하기가 매우 어려운 것이었다. 만약 어른 두꺼비의 세포핵을 사용한 체세포 핵 이식에서 두꺼비를 만들어내는 데 실패한다면, 그것은 단순히 기술상의 문제 때문일 수 있었다. 아무리 많은 실험에서 두꺼비가 나오지 않더라도, 그 결과로 가설이 증명되었다고 볼 수는 없었다. 하지만 원래의 세포핵을 어른 체세포의 세포핵으로 치환한 난자에서 살아 있는 두꺼비가 발생한다면, 그 가설은 틀렸음이 '입증'된다. 세포가 분화할 때 그 유전 물질이 되돌릴 수 없게 사라지거나 변하는 것이 아님을 의심의 여지 없이 보여주기 때문이다. 이 접근 방법의 아름다움은 그러한 두꺼비가 단 한 마리만 나오면 전체 가설을 뒤엎을 수 있다는 데 있었는데, 실제로 그는 그 가설을 뒤엎었다.

거든은 과학 연구가 대학을 중심으로 일어난다는 사실과 자신이 역동적인 연구소들과 대학들에서 많은 혜택을 받았다는 사실을 조금도 망설이지 않고 인정한다. 그가 최신 자외선 발생 장비를 갖춘 훌륭한 연구소에서 연구를 시작한 것은 큰 행운이었다. 이 장비는 난자에 큰 손상을 입히지 않고 원래 핵을 죽여 없애는 데 큰 도움을 주었다. 또, 난자 세포를 '부드럽게' 하여 작은 유리 피하 주사 바늘로 제공자 핵을 세포 속에 집어넣을 수 있게 해주었다. 같은 연구실의 다른 연구자들은 거든의 연구와 아무 관계가 없는 연구에서 눈에 쉽게 띄지만 무해한 돌연변이를 가진 두꺼비 계통을 발달시켰다. 거의 모든 돌연변이와 마찬가지로 이 돌연변이 역시 세포질이 아니라 세포핵을 통해 전달되었다. 세포질은 세포 안에 들어 있는 걸쭉한 액체로, 세포핵은 그 가운데에 자리 잡고 있다. 그래서 거든은 한 두꺼비 계통에서 채취한 난자와 돌연변이 계통에서 얻은 제공자 세포핵을 사용했다. 이 방법을 사용함으로써 그는 그 결과로 발생하는 두꺼비가 제공자 세포핵의 유전자로 만들어진 것이며, 실험 처리를 한 뒤에도 수용자 세포핵이 난자에 남아 있을 경우에 일어날 수 있는 실험상의 오류로 만들어진 게 아님을 명백하게 보여줄 수 있었다.

거든은 1950년대 후반부터 시작해 약 15년 동안 이 실험에 몰두한 끝에, 분화한 세포에서 채취한 세포핵을 적절한 환경, 즉 미수정란에 집어넣으면, 거기서 완전한 동물이 발생할 수 있음을 보여주었다.[4] 제공자 세포가 더 많이 분화할수록 이 과정의 성공률(발생하는 동물의 수로 평가한)은 더 낮았지만, 가설이 틀렸음을 입증하는 방법의 아름다움은 바로 거기에 있었다. 처음에 시작할 때에는 많은 두꺼비 난자가 필요하지만, 가설이 틀렸음을 입증하는 데에는 살아 있는 두꺼비가 많이 발생할 필요가 전혀 없었다. 기억하는가? 살인자가 아닌 의사는 단 한 명만 있으면 충분하다는 사실을.

그래서 거든은 세포 속에 세포의 종류에 따라 특정 유전자를 켜거나 끄는 뭔가가 있긴 하지만, 유전 물질이 사라지거나 영구적으로 비활성화되는 것은 아님을 보여주었다. 어른의 세포핵을 적절한 환경—이 경우에는 '텅 빈' 미수정란—에 집어넣었을 때, 그 세포핵은 자신이 어떤 종류의 세포에서 왔는지에 대한 기억을 싹 잊어버렸기 때문이다. 그 세포핵은 배아에서 발생한 순진무구한 세포핵으로 돌아가 전체 발생 과정을 처음부터 다시 시작했다.

후성유전의 핵심은 이들 세포에 들어 있는 그 '뭔가'에 해당한다. 후성유전 체계는 DNA에 들어 있는 유전자를 어떻게 사용해야 할지 제어하며(때로는 수백 번의 세포 분열 주기를 통해), 그 효과는 세포가 분열할 때 전달된다. 기본 청사진에 일어난 후성유전적 변형은 유전 암호 위에 혹은 유전 암호와는 별도로 존재하며, 수십 년 동안 세포들을 프로그래밍한다. 하지만 적절한 환경에서는 유전 암호를 덮고 있던 이 후성유전 정보층을 제거하여 그곳에 항상 존재해온 동일한 DNA 염기 서열을 드러낼 수 있다. 거든이 완전히 분화한 세포에서 채취한 세포핵을 미수정란에 집어넣었을 때 바로 그런 일이 일어났다.

새끼 두꺼비를 발생시킬 때 거든은 이 과정이 어떤 것인지 알았을까? 그렇진 않다. 그렇다고 해서 그가 세운 업적의 빛이 바랠까? 전혀 그렇지 않다. 다윈도 자연선택에 의한 진화론을 만들 때 유전자에 대해 아무것도 몰랐다. 멘델도 오스트리아의 어느 수도원 정원에서 완두를 재배하면서 한 완두 세대에서 다음 세대로 '실제로' 전달되는 유전 인자가 있다는 개념을 발견했을 때 DNA에 대해 아무것도 몰랐다. 그것은 그다지 중요한 게 아니다. 그들은 이전에 아무도 보지 못했던 것을 보았고, 그러자 갑자기 우리 모두가 세계를 새롭게 바라보는 시각을 갖게 되었다.

후성유전학 풍경

기묘하게도, 거든이 연구할 무렵, 후성유전학에 관한 개념적 틀이 이미 하나 있었다. 제목에 '후성유전학'이라는 단어가 포함된 학회를 어디든지 찾아가보면, 발표자 중 누군가가 반드시 '와딩턴의 후성유전학 풍경'을 언급할 것이다. 그리고 **그림 1.1**과 같은 그림을 보여줄 것이다.

콘래드 와딩턴Conrad Waddington은 다방면에 박식한 영국인 학자로, 학계에 아주 큰 영향력을 떨쳤다. 그는 1903년에 인도에서 태어났지만, 부모는 제대로 된 교육을 받게 하려고 그를 영국으로 보냈다. 그는 케임브리지 대학을 나왔지만, 대부분의 경력은 에든버러 대학에서 보냈다. 학계에서 그가 보인 관심은 발생생물학에서부터 시각예술, 철학에 이르기까지 아주 광범위했는데, 그가 개척한 새로운 사고 방식은 이렇게 다양한 분야들을 융합하려는 시도를 분명히 보여준다.

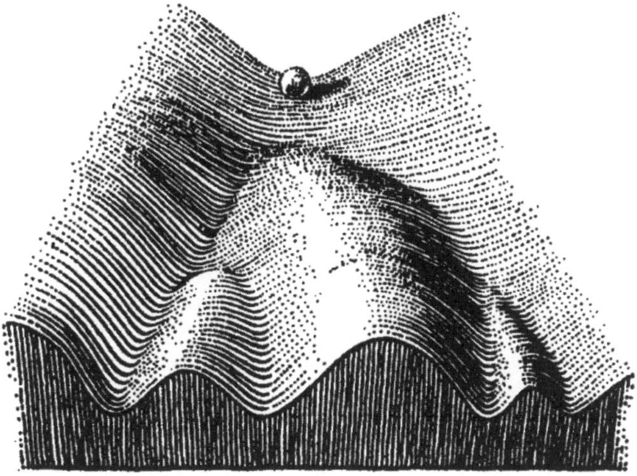

그림 1.1 이 그림은 콘래드 와딩턴이 후성유전학 풍경을 나타내기 위해 만든 것이다. 공의 위치는 서로 다른 세포의 운명을 나타낸다.

와딩턴은 1957년에 발생생물학의 개념들을 설명하기 위해 후성유전학 풍경을 발표했다.[5] 이 풍경은 자세히 언급할 가치가 있다. 그림에서 보듯이, 언덕 꼭대기에 공이 하나 놓여 있다. 공은 언덕 아래로 굴러 내려오면서 바닥 부근에 있는 여러 개의 골 중 하나로 굴러 들어간다. 시각적으로 이것은 즉각 여러 가지를 떠오르게 하는데, 우리는 모두 어린 시절에 공을 언덕이나 계단 아래로 굴려본 적이 있기 때문이다.

와딩턴의 풍경 이미지를 볼 때, 우리가 즉각 알 수 있는 것은 무엇일까? 우리는 공이 일단 바닥에 이르면, 외부에서 힘을 가하지 않는 한 그 공은 거기에 계속 머물러 있을 가능성이 높다는 사실을 안다. 공을 언덕 꼭대기로 도로 돌려보내려면, 처음에 공을 언덕 아래로 굴려 보낼 때 들인 것보다 더 많은 힘이 든다는 사실도 안다. 또, 한 골에서 공을 끄집어내 다른 골로 집어넣는 것 역시 어렵다는 사실을 안다. 공을 한 골에서 다른 골로 직접 굴러가게 하는 것보다는, 왔던 길을 일부 또는 전부 되돌아가게 한 뒤에 새로 굴러 내려가게 하는 게 훨씬 쉬울 수 있다. 두 골 사이에 작은 언덕이 둘 이상 있을 경우에는 특히 그렇다.

이 이미지는 세포가 발생하는 동안에 일어나는 일을 시각화하는 데 아주 큰 도움을 준다. 언덕 꼭대기에 있는 공은 접합자, 즉 난자와 정자가 결합된 하나의 세포이다. 우리 몸의 다양한 세포들이 분화하기(전문화되기) 시작할 때, 최종 분화한 각각의 세포는 언덕에서 아래로 굴러 내려가 골 중 하나로 들어간 공과 같다. 굴러 내려갈 수 있는 데까지 충분히 내려가면, 그곳에 계속 머물게 된다. 뭔가 극적이고 비상한 일이 일어나지 않는 한, 그 세포는 결코 다른 종류의 세포가 될 수 없다(다른 골로 뛰어넘어갈 수 없으므로). 또, 언덕 꼭대기로 되돌아갔다가 다시 굴러 내려오면서 온갖 종류의 다른 세포를 만들 수도 없다.

와딩턴의 풍경은 처음에는 시간 여행자의 레버와 비슷하게 그저 하나의 기술에 불과한 것처럼 보였다. 하지만 그렇지 않다. 와딩턴의 풍경은 우리의 사고 방식을 발전시키도록 도와주는 모형이다. 이 장에 나오는 많은 과학자와 마찬가지로, 와딩턴은 메커니즘의 세부 내용을 몰랐지만, 그것은 중요한 것이 아니었다. 그는 우리에게 어떤 문제에 대해 생각하는 방법을 제공했고, 그것은 아주 유용했다.

거든의 실험은 충분히 노력하기만 한다면, 때로는 골 바닥에 있는 세포를 꼭대기로 도로 올려놓을 수 있음을 보여주었다. 그리고 거기서 그 세포는 굴러 내려오면서 어떤 종류의 세포로도 발달할 수 있었다. 거든과 그의 연구팀이 만들어낸 두꺼비는 그 밖에도 중요한 사실 두 가지를 알려주었다. 하나는 클로닝—어른 체세포를 가지고 그 동물을 다시 만들어내는 것—이 가능하다는 것인데, 거든이 해낸 일이 바로 그것이기 때문이다. 또 하나는 클로닝이 정말로 어렵다는 사실인데, 두꺼비 한 마리를 만들어내려면 체세포 핵 이식 실험을 수백 번이나 해야 했기 때문이다.

1996년에 로슬린연구소에서 키스 캠벨Keith Campbell과 이언 윌멋Ian Wilmut이 최초의 포유류 클론인 돌리를 만들었을 때,[6] 세상이 요란한 반응을 보인 이유는 이 때문이었다. 이들 역시 거든과 마찬가지로 체세포 핵 이식 방법을 사용했다. 돌리의 경우, 과학자들은 어른 암양의 젖샘 세포에서 채취한 세포핵을 사전에 미리 세포핵을 제거한 양의 미수정란에 집어넣었다. 그런 다음, 이 미수정란을 수용자 암양의 자궁 속에 집어넣었다. 클로닝 기술의 개척자들은 불굴의 화신이었다. 캠벨과 윌멋은 오늘날 클로닝의 아이콘이 된 동물 한 마리를 얻기 위해 거의 300번이나 체세포 핵 이식 실험을 시도했다. 복제 양 돌리는 현재 에든버러의 왕립스코틀랜드박물관에서 유리 용기 안에 보관돼 있다. 지금도 경주마에서부터 품평회에서 상을 받을 만한 소, 심지어 애완견과 고양이에 이르기까지 온갖 종류의 동물을 복제할 때, 그 과정은 믿기 어려울 정도로 비효율적이다. 돌리가 역사의 무대에 등장한 이후 중요한 질문이 두 가지 제기되었다. 하나는 동물을 복제하는 과정이 왜 그토록 비효율적인가 하는 것이고, 또 하나는 복제 동물이 '자연적'으로 태어난 동물에 비해 건강이 나쁜 경우가 왜 그토록 많은가 하는 것이다. 그 답은 둘 다 후성유전학에 있다. 분자 차원의 설명은 우리가 이 분야를 살펴보는 동안 명백하게 드러날 것이다. 하지만 그 전에 우리는 웰스의 시간 여행자를 모방해 존 거든이 케임브리지에서 연구하던 시절에서 30년 이상을 훌쩍 건너뛰어 일본의 한 연구소로 가보자. 그곳에서는 역시 불굴의 한 과학자가 어른 세포로부터 동물을 복제하는 방법을 발견했는데, 그것은 체세포 핵 이식과는 완전히 다른 방법이었다.

2장

언덕을 다시 굴러 올라가는 방법

더 크고 더 복잡한 것은

지능이 있는 바보라면 누구라도 만들 수 있다…….

반대 방향으로 나아가려면, 약간의 천재성과 많은 용기가 필요하다.

– 알베르트 아인슈타인

존 거든이 연구를 한 때부터 약 40년, 그리고 복제 양 돌리가 탄생하고 나서 약 10년이 지난 시점으로 가보자. 복제 포유류에 관한 기사가 언론에 너무 많이 보도되었기 때문에, 우리는 이 절차가 일상적이고 쉬운 것이 되었다고 착각하기 쉽다. 하지만 실상은 체세포 핵 이식을 통해 클론을 만드는 것은 여전히 시간과 노동이 엄청나게 많이 필요한 작업이며, 그 결과로 일반적으로 비용이 아주 많이 드는 과정이다. 큰 문제는 세포핵을 난자에 집어넣는 과정을 일일이 수작업으로 해야 한다는 데 있다. 그리고 거든이 연구 대상으로 삼은 양서류와 달리 포유류는 한 번에 난자를 많이 생산하지 않는다는 단점도 있다. 포유류 난자는 개구리 알처럼 어항 속에 그냥 배출되지 않으므로, 체내에서 조심스럽게 채취해야 한다. 그리고 건강하게 살아남게 하려면 포유류 난자를 아주 섬세하게 배양해야 한다. 연구자는 수작업으로 난자에서 핵을 제거하고, 어른 세포에서 채취한 핵(그 과정에서 아무것도 손상시키지 않고)을 난자에 집어넣고, 그 세포를 정말로 세심하게 배양한 뒤에 다른 암컷의 자궁 속에 착상시켜야 한다. 이것은 고도의 집중력이 필요하고 아주 힘든 작업인데, 그것도 한 번에 단 하나의 세포만 가지고 작업할 수 있다.

과학자들은 오랫동안 이상적인 세계에서 복제 연구를 하는 꿈을 꾸었다. 거기서는 복제하길 원하는 어른 포유류에게서 세포를 쉽게 얻을 수 있다. 피부를 문질러 적은 양의 시료를 얻는 것만으로 충분하다. 그리고 연구소에서 특정 유전자나 단백질, 화학 물질을 첨가하면서 이 세포들을 적절히 처리한다. 그러면 이 세포들에 들어 있는 세포핵의 행동 방식을 변화시킬 수 있다. 그러면 이 세포핵은 피부세포의 핵처럼 행동하는 대신에 새로 수정된 난자의 핵과 똑같은 방식으로 행동할 것이다. 따라서 이런 처리 과정은 어른 세포의 세포핵을 채취해 미리 세포핵을 제거한 미수정란 속에 집어넣는 것과 똑같은 효과를 나타낼 것이다. 이러한 가상 계획의 아름다움은 정말로 어렵고 시간을 많이 잡아먹는 단계들(아주 작은 세포를 조작하기 위해 고도의 기술이 필요한)을 대부분 건너뛸 수 있다는 데 있다. 그러면 복제 과정은 쉽게 접근할 수 있는 기술이 될 것이고, 한 번에 단 하나의 세포만 핵이식을 하는 대신에 동시에 많은 세포를 대상으로 복제 실험을 할 수 있다.

물론 그렇게 만든 세포를 대리모의 자궁 속에 집어넣는 방법을 발견해야 하는 문제가 아직 남아 있지만, 완전한 개체를 만들길 원한다면 이제 대리모만 제대로 구하면 된다. 때로는 우리가 원하는 것이 바로 그런 것(예를 들면, 품평회에서 상을 받을 만한 황소나 종마를 만드는 것)이긴 하지만, 제 정신이 있는 사람이라면 사람을 대상으로 이런 일을 하려고 하진 않는다. 사실, 인간 복제(생식 복제)는 그런 일을 할 만한 과학자와 연구 기반을 갖춘 나라에서는 모두 금지하고 있다. 하지만 클로닝을 사람에게 유용하게 사용하는 게 목적이라면, 이 단계까지 나아갈 필요도 없다. 우리에게 필요한 것은 다른 종류의 세포를 많이 만들 잠재력을 지닌 세포이다. 이것은 줄기세포라고 부르는 세포인데, 이 세포는 와딩턴의 후성유전학 풍경에서 꼭대기 근처에 위치한다. 우리에게 이런 세포가 필요한 이유는 선진국에서 큰 문제가 되고 있는 질병들의 성격 때문이다.

부자 나라에서 대부분의 사람을 죽이는 질병들은 만성 질환이다. 이런 질환은 병이 나타나기까지 오랜 시간이 걸리고, 발병하고 나서도 환자가 사망하기까지 시간이 오래 걸리는 경우가 많다. 예를 들어 심장병을 살펴보자. 첫 번째 심장마비에서 살아난 사람은 완전히 건강한 심장 상태를 회복하지 못한다. 심장마비가 일어나는 동안 심장 근육세포 중 일부는 산소가 고갈되어 죽는다. 이것은 큰 문제가 되지 않을 것처럼 보이는데, 심장이 금방 새로운 근육세포를 만들어 죽은 세포를 교체하리라고 생각하기 때문이다. 사실, 헌혈을 할 때에도 헌혈자의 골수가 새로운 적혈구를 금방 만들어 잃은 혈액을 보충한다. 마찬가지로 간도 손상을 많이 입더라도 손상된 세포를 재생해 복구할 수 있다. 하지만 심장은 다르다. 심장근육세포는 흔히 '최종 분화'되었다고 이야기한다. 심장근육세포는 와딩턴의 언덕에서 곧장 바닥에 이르러 어느 골에 박혀 있는 상태이다. 골수나 간과 달리 심장에는 덜 분화되어 새로운 심장근육세포로 변할 수 있는 세포(심장 줄기세포)가 전혀 남아 있지 않다. 따라서 심장마비의 장기적 문제는 우리 몸이 새로운 심장근육세포를 만들 수 없다는 데 있다. 우리 몸이 할 수 있는 일이라곤 죽은 심장근육세포를 결합 조직으로 대체하는 것뿐인데, 심장은 다시는 이전처럼 활기차게 뛰지 못한다.

이와 비슷한 일이 일어나는 질병은 아주 많다. 십대 시절에 제1형 당뇨병에 걸리면 인슐린을 분비하는 세포들을 잃게 되고, 알츠하이머병에 걸리면 뇌세포들을 잃게 되며, 골관절염에 걸리면 연골을 만드는 세포들을 잃게 된다. 그 명단은 끝없이 이어진다. 만약 이 세포들을 새로운 세포, 그것도 자신의 것과 동일한 세포로 교체할 수 있다면 아주 좋을 것이다. 그러면 장기 이식을 어렵게 만드는 거부 반응 문제나 제공자 부족 문제로 고민할 필요가 없을 것이다. 줄기세포를 이런 식으로 사용하는 것을 '치료 목적의 클로닝'이라 부르는데, 어떤 질병을 치료하기 위해 특정 개인의 것과 동일한 세포들을 만들어내는 방법이다.

이론적으로 이것이 가능하다는 사실을 우리가 안 것은 40년이 넘었다. 존 거든의 연구와 그 후에 일어난 연구들은 어른 세포에 우리 몸의 모든 세포를 만들 수 있는 청사진이 들어 있음을 보여주었다. 다만, 그 청사진에 접근할 수 있는 방법을 찾는 것이 관건이었다. 거든은 어른 두꺼비의 체세포에서 세포핵을 꺼내 두꺼비 난자에 집어넣는 방법으로 그 세포핵을 와딩턴의 풍경에서 (아래에서) 위로 되돌려보냄으로써 새로운 동물을 만들 수 있었다. 그 어른 세포핵은 재프로그래밍(여기서는 이 단어가 아주 중요하다)되었다. 이언 윌멋과 키스 캠벨은 양을 대상으로 거의 똑같은 일을 했다. 이 두 사례에 공통되는 중요한 특징이 하나 있는데, 어른 세포핵을 미수정란에 집어넣었을 때에만 재프로그래밍 효과가 나타났다는 점이다. 어른 세포핵을 채취해 그것을 다른 종류의 세포에 집어넣어서는 동물을 복제할 수 없다.

왜 안 될까?

여기서 세포생물학을 조금 알 필요가 있다. 세포핵에는 우리를 만드는 암호인 DNA/유전자 중 대부분이 들어 있다. 세포핵에 들어 있지 않은 DNA도 극히 일부 있는데, 그것은 미토콘드리아라는 작은 구조 속에 들어 있다. 하지만 여기서는 미토콘드리아 DNA는 별로 신경 쓰지 않아도 된다. 학교에서 세포에 대해 처음 배울 때, 우리는 세포핵이야말로 가장 중요한 곳이고 세포의 나머지 부분(세포질)은 별로 대단한 일을 하지 않는 액체 주머니라고 배운다. 하지만 이것은 진실과 동떨어진 이야기인데, 난자의 경우는 특히 그렇다. 왜냐하면, 두꺼비와 돌리는 난자의 세포질이 매우 중요하다는 사실을 알려주었기 때문이다. 난자의 세포질 속에 있는 뭔가가 실험자가 주입한 어른 세포핵을 적극적으로 재프로그래밍했다. 이 미지의 인자는 와딩턴의 풍경에서 골에 머물고 있던 세포핵을 언덕 꼭대기로 되돌아가게 했다.

난자의 세포질이 어떻게 어른 세포핵을 접합자와 같은 것으로 되돌려놓는지 제대로 아는 사람은 아무도 없었다. 그것이 무엇이건 엄청나게 복잡하고 알아내기 어려울 것이라는 가정만 무성했다. 과학에서는 정말로 큰 질문 안에 해결 가능한 작은 질문들이 포함돼 있는 경우가 많다. 그래서 많은 연구소는 개념적으로 더 단순하지만 기술적으로는 몹시 어려운 문제를 해결하기 위해 뛰어들었다.

무한한 잠재력

와딩턴의 풍경에서 꼭대기에 있던 공을 다시 생각해보라. 세포로 바꾸어 생각하면, 이것은 접합자에 해당한다. 접합자는 전능하다고totipotent 이야기하는데, 태반을 포함해 몸을 이루는 어떤 세포로도 발달할 잠재력을 지니고 있기 때문이다. 물론 접합자는 정의상 그 수가 제한돼 있고, 초기의 발생을 연구하는 과학자들은 대부분 그보다 조금 나중의 세포, 즉 그 유명한 배아 줄기세포를 사용한다. 배아 줄기세포는 정상적인 발생 경로에서 생겨난다. 접합자는 몇 차례 분열하여 주머니배blastocyst, 배반포라고도 함라는 세포 덩어리가 된다. 주머니배는 대개 150개 미만의 세포로 이루어지지만, 특징적인 두 부분을 지니고 있는 초기 단계의 배아이다. 하나는 영양세포층trophectoderm이라 부르는 바깥층으로, 이것은 나중에 태반과 그 밖의 배아 바깥 조직들이 된다. 또 하나는 속세포덩이inner cell mass, ICM이다.

그림 2.1은 주머니배의 모습을 보여준다. 이 그림은 2차원으로 그려졌지만, 실제 주머니배는 3차원 구조이다. 따라서 실제 모습은 안쪽에 골프공이 들러붙어 있는 테니스공과 비슷한 모습이다.

속세포덩이 세포들은 실험실의 배양 접시에서 성장할 수 있다. 하지만 유지하기가 매우 까다로우며, 특별한 배양 조건과 조심스러운 처리가 필요하다. 그래도 제대로 처리하기만 한다면, 무한히 분열하면서도 모세포와 똑같은 상태를 유지하는 세포들을 보상으로 얻을 수 있다. 이것이 바로 배아 줄기세포인데, 그 이름이 시사하듯이 배아의 어떤 세포로도, 그리고 결국에는 다 자란 동물의 어떤 세포로도 발달할 수 있다. 배아 줄기세포는 전능하진 않지만(태반만큼은 만들 수 없으므로), 그래도 거의 모든 것으로 발달할 수 있기 때문에 다능하다고pluripotent 말한다.

이 배아 줄기세포는 세포를 다능성 상태로 유지하는 데 중요한 것이 무엇인지 이해하는 데 아주 중요한 역할을 했다. 다년간에 걸쳐 케임브리지 대학의 아짐 수라니Azim Surani, 에든버러 대학의 오스틴 스미스Austin Smith, 보스턴 대학의 루돌프 예니슈Rudolf Jaenisch, 교토 대학의 야마나카 신야山中伸弥를 포함해 많은 과학자들이 배아 줄기세포에서 발

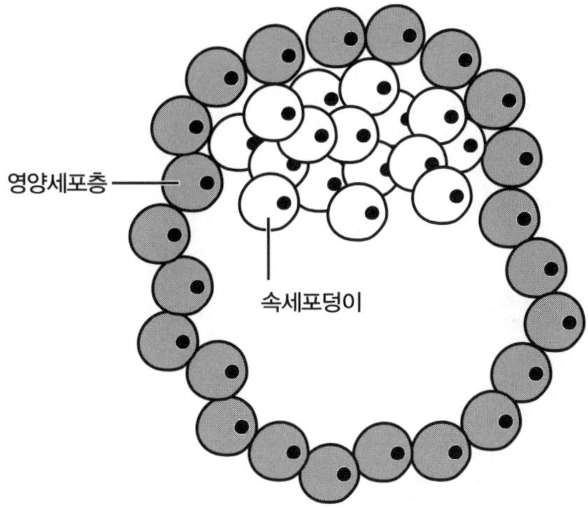

그림 2.1 포유류의 주머니배를 나타낸 그림. 영양세포층의 세포들은 태반을 만든다. 정상적으로 발달하는 동안 속세포덩이 세포들은 배아의 조직들을 만든다. 실험실 조건에서는 배양을 통해 속세포덩이 세포들을 다능성 배아 줄기세포로 성장시킬 수 있다.

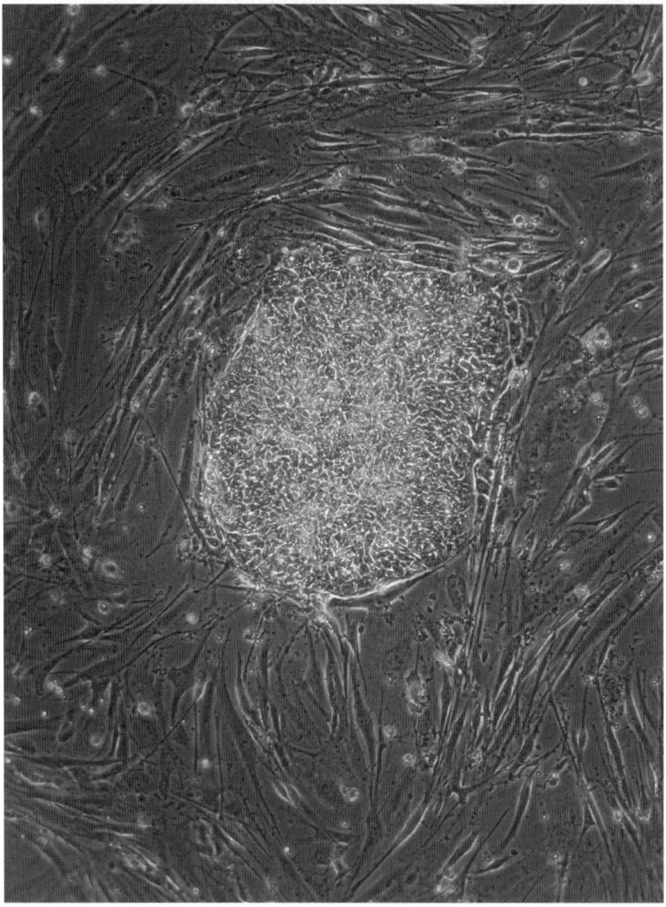

어떤 세포로도 발달할 수 있는 배아 줄기세포

현되는(스위치가 켜지는) 유전자와 단백질을 확인하기 위해 엄청난 시간을 쏟아부었다. 그들은 특히 배아 줄기세포를 다능성 상태로 유지하는 유전자를 확인하려고 애썼다. 이 유전자가 중요한 이유는 조건을 딱 맞게 유지하지 않을 경우, 배아 줄기세포가 배양 도중에 다른 종류의 세포로 쉽게 변하기 때문이다. 예를 들면, 배양 조건에 아주 작은 변화만 있어도 배아 줄기세포로 가득 차 있던 배양 접시가 심장 근육세포로 분화하여 심장세포들이 가장 잘하는 일을 할 수 있다. 반면에 역시 아주 사소하지만 그것과 다른 변화가 있으면(예컨대 배양액에 들어 있는 화학 물질들 사이의 미묘한 균형이 변하면), 배아 줄기세포는 심장근육세포로 분화해가던 경로에서 방향을 틀어 뇌의 신경세포로 발달할 수 있다.

배아 줄기세포를 연구하는 과학자들은 세포를 다능성 상태로 유지하는 데 중요한 유전자들을 아주 많이 확인했다. 그들이 확인한 다양한 유전자들의 기능은 반드시 동일하지는 않았다. 어떤 것은 자기 재생(즉, 배아 줄기세포 하나가 2개로 분열하는 데)에 중요한 반면, 어떤 것은 세포가 분화하지 못하게 막는 데 필요했다.[1]

그래서 21세기 초에 과학자들은 배양 접시에서 다능성 배아 줄기세포를 유지하는 방법을 발견했고, 그 생물학에 대해 상당히 많은 것을 알아냈다. 그들은 배양 조건을 변화시킴으로써 배아 줄기세포가 간세포, 심장세포, 신경세포 등 다양한 종류의 세포로 분화하도록 하는 방법도 알아냈다. 하지만 이런 것이 우리가 앞에서 언급한 꿈을 이루는 데 어떤 도움을 줄까? 실험실에서 이 정보를 이용해 세포를 와딩턴의 풍경에서 꼭대기까지 거꾸로 되돌리는 방법을 발견할 수 있을까? 완전히 분화한 세포를 가지고 실험실에서 적당한 처리를 거쳐 배아 줄기세포(그 모든 잠재력을 온전히 지닌)처럼 만드는 것이 가능할까? 과학자들은 이것이 이론적으로 가능하다고 믿을 만한 근거가 충분히 있었지만, 실제로 그것을 실현하는 것은 난망해 보였다. 그것은 줄기세포를 질병 치료에 이용하는 데 관심을 가진 과학자들을 감질나게 하는 전망이었다.

21세기에 들어와 처음 10년이 절반쯤 지났을 때, 배아 줄기세포에 아주 중요한 것으로 보이는 유전자가 20개 이상 확인되었다. 이 유전자들이 서로 어떻게 협력하는지는 분명하게 밝혀지지 않았고, 배아 줄기세포의 생물학에 대해 우리가 제대로 알지 못하는 게 많다고 믿을 만한 이유도 많았다. 성숙한 세포를 가지고 배아 줄기세포에서 발견되는 엄청나게 복잡한 세포 내 조건을 본질적으로 다시 만든다는 것은 상상할 수 없을 정도로 어려운 일로 보였다.

낙관론의 승리

온 사방에 비관론만 팽배한 상황에서 누군가가 그것을 무시하고 돌진해 꽉 막혀 있던 상황에 중요한 돌파구를 여는 일이 과학에서 종종 일어난다. 여기서 모두가 불가능하리라고 생각했던 것을 시험해보려고 결정한 낙관론자는 앞에서 언급한 야마나카 신야와 그 밑에서 박사 후 연구원으로 일하던 다카하시 가츠토시高橋和利였다.

야마나카 교수는 줄기세포와 분화 다능성 분야의 권위자 중에서 가장 젊은 축에 든다. 그는 1962년에 오사카에서 태어났고, 드물게 일본과 미국의 유명한 대학과 연구소에서 요직을 겸임했다. 처음에는 임상의가 되기 위한 과정을 밟은 뒤 정형외과의가 되었다. 이 분야의 전문의는 종종 다른 외과의들에게 '망치와 끌 여단'이라는 조롱을 받는다. 이것은 부당한 대접이지만, 정형외과의가 하는 일이 우아한 분자생물학이나 줄기세포 과학과 거리가 먼 것은 사실이다.

야마나카는 실험실에서 이미 분화한 세포로 다능성 세포를 만드는 방법을 발견하겠다는 의지가 줄기세포 분야에서 일하는 어떤 연구자보다도 강했다. 그는 배아 줄기세포에 아주 중요한 유전자 24개의 명단을 가지고 연구를 시작했다. 이것들은 모두 '다능성 유전자'라 불리는 유전자였다. 만약 배아 줄기세포를 다능성 상태로 유지하려고 한다면, 이 유전자들의 스위치를 켜야 했다. 만약 다양한 실험적 방법을 사용해 이 유전자들의 스위치를 끈다면, 배아 줄기세포는 배양 접시에서 박동하는 심장세포처럼 분화를 시작하여 다시는 배아 줄기세포로 되돌아가지 못한다. 사실, 이것은 포유류의 발생 과정에서 세포들이 분화하여 전문화될 때 자연스럽게 일어나는 과정으로, 이 과정이 시작되면 다능성 유전자의 스위치가 꺼진다.

야마나카 신야는 이 유전자들의 조합이 분화한 세포를 더 원시적인 발생 단계로 되돌릴 수 있는지 시험해보기로 했다. 그것은 거의 승산이 없는 도전처럼 보였고, 결과가 부정적으로 나올 경우(즉, '역분화'하는 세포가 하나도 생기지 않을 경우), 그것이 단지 불가능해서 그런 결과가 나왔는지, 아니면 실험 조건을 제대로 맞추지 못해 그런 결과가 나왔는지 판단할 수 없는 상황에 빠지지 않을까 하는 염려도 있었다. 그것은 야마나카처럼 입지가 탄탄한 과학자에게도 큰 위험이었지만, 다카하시 같은 젊은 연구원에게는 훨씬 위험한 도박이었는데, 과학자로서의 장래가 거기에 달려 있었기 때문이다.

웰링턴 공Duke of Wellington은 자신의 명예에 누가 될 연애 편지를 공개하겠다는 협박을 받았을 때, "발표하고 응분의 대가를 감수하라!Publish and be damned!"라고 대답한 것으로 유명하다. 과학자들에게도 이 금언은 거의 똑같이 적용되지만, 중요한 차이가 한 가지 있다. 우리에게 그것은 "발표하든가, 아니면 응분의 대가를 감수하라!Publish or be damned!"이다. 논문을 발표하지 않으면, 연구비 지원도 받지 못하고, 대학에서 일자리도 얻을 수 없다. 그리고 다년간에 걸친 노력의 결과가 "나는 노력하고 또 노력했지만, 아무런 결실을 얻지 못했다."라는 메시지를 담고 있다면, 그 논문은 좋은 학술지에 실릴 가능성도 거의 없다. 따라서 긍정적인 결과가 나올 가능성이 비교적 낮은 연구 계획에 뛰어든다는 것은 대단한 신념 없이는 불가능한 일인데, 이 점에서 우리는 다카하시의 용기에 경의를 표하지 않을 수 없다.

야마나카와 다카하시는 선택한 유전자 24개를 MEFmouse embrionic fibroblast, 생쥐 배아 섬유모세포라는 세포에서 시험해보기로 결정했다. 섬유모세포는 결합 조직의 주요 세포로, 피부를 포함해 온갖 종류의 기관에서 발견된다. 섬유모세포는 추출하기가 아주 쉽고 배양 접시에서 쉽게 자라기 때문에, 실험용 세포로는 아주 적격이다. MEF로 알려진 세포들은 배아에서 추출하기 때문에, 적절한 조건에서 초기의 세포 종류로 되돌아갈 능력을 아직 일부 지니고 있으리라는 기대를 품게 했다.

존 거든이 어떤 세포핵에서 새로운 동물이 발생했는지 알 수 있도록 실험에 사용한 제공자와 수용자 두꺼비 계통을 서로 다른 유전자 암호 표지를 가진 것을 선택했다는 사실을 기억하는가? 야마나카도 그것과 비슷한 방법을 썼다. 그는 여분의 유전자를 가진 생쥐에게서 채취한 세포를 사용했다. 이 유전자는 네오마이신 내성neomycin resistance, *neo*^{R} 유전자라 부르는데, 이름이 그 기능을 잘 말해준다. 네오마이신은 항생제 계통의 화합물로, 보통은 포유류 세포를 죽인다. 하지만 유전공학을 사용해 *neo*^{R} 유전자가 발현되도록 만든 세포는 살아남는다. 야마나카는 실험에 필요한 생쥐를 만들 때, 특별한 방식으로 *neo*^{R} 유전

2012년 노벨 생리의학상 수상자 야마나카 신야

자를 생쥐에게 집어넣었다. 다시 말해서, *neo*^{R} 유전자는 그것이 들어 있는 세포가 다능성을 가질 때에만 스위치가 켜지도록 한 것이다. 그 세포는 배아 줄기세포처럼 행동할 것이다. 따라서 만약 실험에서 섬유모세포가 분화하지 않은 배아 줄기세포 상태로 되돌아가는 데 성공한다면, 그 세포는 치사량의 항생제를 추가하더라도 계속 성장할 것이다. 만약 실험이 실패한다면, 세포는 모두 죽을 것이다.

야마나카와 다카하시는 시험하고자 하는 24개의 유전자를 벡터vector, 분자생물학에서 유전 물질의 인위적 운반자로 사용되는 DNA 분자라는, 특별히 설계한 분자들에 집어넣었다. 벡터는 트로이 목마처럼 행동하는데, '여분의' DNA를 섬유모세포로 운반하는 일을 한다. 일단 세포 속으로 들어간 유전자는 스위치가 켜지면서 해당 단백질을 만든다. 이렇게 벡터를 도입하는 일은 화학적 처리나 전기 펄스를 사용해 한 번에 많은 세포를 대상으로 비교적 쉽게 할 수 있다.(야마나카는 귀찮게 미세 주사기를 사용해 일일이 주입할 필요가 전혀 없었다.) 야마나카가 동시에 24개의 유전자를 모두 사용하자, 일부 세포는 네오마이신 처리를 견뎌내고 살아남았다. 살아남은 세포는 극히 일부였지만, 그래도 매우 고무적인 결과였다. 이 결과는 이 세포들은 *neo*^{R} 유전자가 켜졌음을 의미했다. 또한, 이 세포들은 배아 줄기세포처럼 행동한다는 것을 의미했다. 하지만 이 유전자들을 개별적으로 하나씩 사용하면, 살아남는 세포가 하나도 없었다. 그러고 나서 야마나카와 다카하시는 유전자 23개를 다양하게 조합하여 세포에 집어넣었다. 그들은 이 실험에서 얻은 결과를 사용해 네오마이신 내성 다능성 세포를 만드는 데 정말로 중요한 유전자 10개를 확인했다. 그리고 이 10개의 유전자를 다양하게 조합해 시험함으로써 마침내 함께 작용해 배아 섬유모세포를 배아 줄기세포로 바꿀 수 있는 최소한의 유전자를 알아냈다.

마법의 수는 4개였다. *Oct4*, *Sox2*, *Klf4*, *c-Myc* 유전자를 운반하는 벡터를 섬유모세포에 침투시키자, 아주 기묘한 일이 일어났다. 세포들은 네오마이신을 투여한 상태에서 살아남아, neo^R 유전자가 켜지고 따라서 배아 줄기세포처럼 변했음을 보여주었다. 그뿐만이 아니라, 섬유모세포는 모양도 변하기 시작해 배아 줄기세포와 비슷해졌다. 다양한 실험계를 사용해 연구자들은 재프로그래밍된 이 세포들을 포유류의 모든 기관을 형성하는 세 가지 주요 조직—외배엽, 중배엽, 내배엽—으로 바꿀 수 있었다. 정상적인 배아 줄기세포는 이런 일을 할 수 있다. 하지만 섬유모세포는 결코 할 수 없다. 그러고 나서 야마나카는 배아 대신에 어른 생쥐에게서 채취한 섬유모세포를 출발 물질로 사용해 전체 과정을 반복할 수 있음을 보여주었다. 이것은 그의 방법이 배아 세포의 특별한 성질에 의존하는 것이 아니라, 완전히 분화하여 성숙한 생물에게서 채취한 세포에도 적용됨을 보여주었다.

야마나카 신야는 자신이 만든 세포를 '유도 다능성 줄기세포 induced pluripotent stem cell'라 불렀는데, 그 머리글자로 만든 'iPS 세포'는 이제 생물학 분야에서 일하는 모든 사람에게 낯익은 용어가 되었다. 불과 수년 전만 해도 이 용어는 존재하지 않았지만 오늘날에는 과학자들 사이에 보편적으로 사용된다는 사실은 이 연구가 얼마나 중요한 개가인지 말해준다.

포유류 세포에는 약 2만 개의 유전자가 들어 있는데, 완전히 분화한 세포를 불과 4개의 유전자를 사용해 다능성 세포로 되돌릴 수 있다는 사실은 믿기 어려워 보인다. 야마나카는 단 4개의 유전자만으로 와딩턴의 풍경에서 골 바닥에 있던 공을 꼭대기로 되돌려놓았다.

야마나카와 다카하시가 연구 결과를 세상에서 가장 명성 높은 생물학 학술지인 〈셀*Cell*〉에 발표한 것[2]은 전혀 놀라운 일이 아니다. 다소 놀라웠던 것은 반응이었다. 2006년 당시에 이것이 실로 놀라운 업적이라는 사실은 누구나 알았다. 하지만 그 연구가 옳을 경우에만 실로 놀라운 업적이 되리란 사실도 누구나 알았다. 많은 과학자는 그 연구 결과가 옳다고 믿을 수 없었다. 그들은 야마나카와 다카하시가 거짓말을 했거나 연구 결과를 조작했다고는 생각하지 않았다. 하지만 뭔가가 잘못되어 그런 결과가 나온 게 아닌가 의심했다. 그토록 대단한 일이 그렇게 간단하게 성공할 리가 없었기 때문이다. 그것은 성배를 찾다가 두 번째로 뒤진 장소에서, 예컨대 냉장고 안 완두콩 바로 밑에서 그것을 발견했다는 이야기와 비슷했다.

물론 이제 해야 할 일은 야마나카의 연구를 반복해 똑같은 결과가 나오는지 확인하는 것이었다. 과학계 밖에 있는 사람들에게는 이상해 보일지 모르지만, 그 일에 선뜻 뛰어들려는 연구소는 그렇게 많지 않았다. 야마나카와 다카하시가 그 실험을 하는 데에는 2년이나 걸렸는데, 같은 연구를 반복하려면 그렇게 많은 시간을 잡아먹을 뿐만 아니라 모든 단계에서 꼼꼼하게 신경 쓰면서 연구하는 게 필요했다. 연구소들은 또한 미리 잡힌 연구 계획을 수행해야 하기 때문에, 다른 데 신경 쓸 여유가 별로 없었다. 게다가 특정 연구를 위해 연구자들에게 연구비를 지원하는 단체들은 만약 연구소장이 갑자기 합의된 연구 계획을 내팽개치고 전혀 다른 연구에 매달린다면 의심의 눈초리로 바라볼 게 불 보듯 뻔했다. 게다가 그렇게 해서 얻은 최종 결과가 부정적 데이터만 잔뜩 나온다면, 그 연구를 무리하게 진행한 사람들은 재앙이나 다름없는 그 결과에 책임을 져야 했을 것이다. 따라서 다른 사람이 한 실험을 반복하는 데 '시간을 낭비할' 생각을 할 수 있는 연구소는 예외적으로 연구비가 풍부하고, 최고의 장비들을 갖추고 있을 뿐만 아니라, 자신감이 넘치는 연구소장이 있는 곳뿐이다.

미국 매사추세츠 주 케임브리지에 있는 화이트헤드연구소의 루돌프 예니슈Rudolf Jaenisch는 유전공학 동물을 만드는 분야에서 권위자로 통한다. 독일 출신인 예니슈는 지난 30여 년 동안 미국에서 일했다. 회색 곱슬머리에 인상적인 콧수염을 기른 그는 회의장에서 금방 눈에 띄는 인물이다. 예니슈가 자기 연구소에서 하는 일 중 일부를 야마나카가 정말로 불가능한 일을 해냈는지 확인하는 데 돌렸다 하더라도, 크게 놀랄 만한 일은 아니다. 예니슈는 "나는 지금까지 위험이 큰 연구 계획을 많이 수행했지만, 만약 정말로 흥미로운 아이디어가 있다면, 실패 가능성을 감수하고서라도 그 실험을 추구해야 한다고 믿는다."라고 말했다.

2007년 4월에 콜로라도 주에서 열린 회의에서 예니슈는 자신이 야마나카의 실험을 재현하는 데 성공했다고 발표했다. 그 방법은 실제로 효과가 있었고, 야마나카의 주장이 옳은 것으로 판명되었다. 이미 분화한 세포에 단 4개의 유전자만 집어넣음으로써 iPS 세포를 만들 수 있었다. 이 발언에 청중은 극적인 반응을 보였다. 그 분위기는 옛날 영화에서 배심원단이 평결을 내리자 모든 기자가 편집부에 전화를 걸기 위해 부리나케 달려가는 극적인 순간과 비슷했다.

예니슈는 품위 있는 태도를 잃지 않았다. 자신이 그 실험을 한 것은 야마나카가 옳을 리가 없다고 생각했기 때문이라고 솔직하게 털어놓았다. 이 일이 있고 나서 이 분야는 미친 듯이 바쁘게 돌아가기 시작했다. 첫째, 줄기세포를 연구하던 대형 연구소들은 야마나카의 기술을 사용하기 시작했으며, 그것을 개선해 더 효율적으로 만들었다. 2년이 지나기 전에 배아 줄기세포를 단 하나도 배양한 적이 없던 연구소조차 관심을 가진 조직과 제공 부위에서 iPS 세포를 만들어내기 시작했다. 이제 iPS 세포에 관한 논문이 매주 발표되기 시작했다. 그 기술을 변형해 iPS 세포를 먼저 만들지 않고도 인간 섬유모세포를 인간 신경세포로 직접 전환시키는 방법이 개발되었다.[3] 이것은 와딩턴의 후성유전학 풍경에서 공을 반쯤 위로 올려보냈다가 다른 골로 내려가게 하는 것에 해당했다.

미국 연구소에서 자신이 옳음을 입증하기 전까지 어느 누구도 자신의 연구를 진지하게 받아들이지 않은 사실에 대해 야마나카가 큰 좌절을 느끼지 않았을까 하는 의문이 당연히 들 것이다. 그는 2009년에 존 거든과 래스커상을 공동 수상했으니, 어쩌면 크게 낙담하지 않았을지도 모른다. 이제 그의 명성은 확고해졌다.

특허와 돈

만약 우리가 읽는 것이 과학 문헌뿐이라면, 이 이야기는 매우 고무적이고 아주 간단할 것이다. 하지만 특허 풍경이라는 또 다른 이야기가 있는데, 이것은 대개 동료 심사 학술지에 논문이 실리고 나서 어느 정도 시간이 지난 뒤에야 안개 속에서 서서히 그 모습을 드러낸다. 이 분야에서 특허 신청이 일어나기 시작하면, 훨씬 복잡한 이야기가 펼쳐진다. 이 일이 일어나기까지는 시간이 좀 걸리는데, 특허는 특허청에 제출하고 나서 1년 내지 18개월 동안은 비밀로 유지되기 때문이다. 이것은 발명가의 이익을 보호하기 위한 조처인데, 이 유예 기간에 특허 신청자는 자신이 발명한 것을 세상에 알리지 않고 비밀리에 연구를 계속할 수 있다. 여기서 중요한 사실은 야마나카와 예니슈가 둘 다 세포의 운명을 조절하는 연구에 대해 특허를 신청했다는 점이다.

두 사람의 특허 신청은 모두 승인되었기 때문에, 누가 어떤 권리를 보호받아야 하는지 가리는 일은 법정으로 갈 가능성이 높았다. 그리고 기묘하게도 연구 결과를 먼저 발표한 사람은 야마나카였지만, 이 분야에서 특허를 먼저 신청한 사람은 예니슈였다.

어떻게 그런 일이 가능할까? 순전히 추측을 근거로 특허를 신청할 수 있다는 데 일부 이유가 있다. 특허 신청자는 자신이 주장하는 모든 것을 다 입증해야 할 필요는 없다. 유예 기간을 이용해 자신의 주장을 뒷받침하는 증거를 얻을 수도 있다. 미국 법률 용어를 사용해 설명하면, 야마나카 신야의 특허는 2005년 12월 13일부터 발효되었고, 그 내용은 앞에서 설명한 연구—체세포를 네 가지 인자(*Oct4*, *Sox2*, *Klf4*, *c-Myc*)를 사용해 다능성 세포로 바꾸는 것—이다. 루돌프 예니슈의 특허는 2003년 11월 26일에 발효되어 법적으로는 더 앞선다. 그 내용은 여러 가지 기술적 측면을 포함하는데, 체세포 속에 들어 있는 다능성 유전자를 발현시킬 수 있다고 주장한다. 그럴 수 있다고 주장한 유전자 중 하나는 *Oct4*이다. *Oct4*는 한동안 다능성 상태에 아주 중요한 것으로 알려져왔는데, 이것은 야마나카가 *Oct4*를 자신의 원래 재프로그래밍 실험에 포함한 이유 중 하나이기도 하다. 특허를 둘러싼 법정 다툼은 끝없이 계속될 것처럼 보였다.

그런데 아주 훌륭하고 창의성이 뛰어난 과학자들이 운영하는 이 연구소들은 왜 특허를 신청했을까? 이론적으로 특허는 특허권 소유자에게 어떤 일을 할 수 있는 배타적 권리를 부여한다. 하지만 학계에서는 다른 연구소가 기초 과학 실험을 하지 못하게 하려는 사람은 아무도 없다. 따라서 특허는 다른 사람이 남의 아이디어로 돈을 버는 것을 막고, 원래의 발명가가 그 훌륭한 아이디어로 돈을 벌도록 보장하는 제도이다.

생물학에서 가장 많은 이익을 안겨주는 특허는 질병 치료에 사용할 수 있는 것이거나 연구자가 새로운 치료법을 더 빨리 개발할 수 있도록 돕는 것인 경우가 많다. 예니슈와 야마나카 사이에 특허를 놓고 치열한 다툼이 발생한 이유는 이 때문이다. 법원은 누군가 iPS 세포를 만들 때마다 원천 아이디어를 소유한 연구자와 단체에 돈을 지불해야 한다고 결정내릴지도 모른다. 만약 어떤 회사가 iPS 세포를 만들어 팔면서 수익 중 일부를 특허권자에게 지불한다면, 특허권자에게 돌아가는 잠재적 수익은 막대할 수 있다. 따라서 왜 이 세포가 막대한 금전적 가치를 지닐 잠재력이 있는지 살펴볼 필요가 있다.

제1형 당뇨병을 예로 들어 생각해보자. 제1형 당뇨병은 대개 어린 시절에 시작되는데, 아직 분명하게 밝혀지지 않은 과정을 통해 췌장(이자)의 특정 세포(랑게르한스섬의 베타세포)가 파괴되면서 일어난다. 일단 사라진 이 세포들은 다시 재생되지 않으며, 그 결과로 환자는 더 이상 인슐린 호르몬을 생산할 수 없다. 인슐린이 분비되지 않으면 혈당량을 조절할 수 없고, 그 결과는 파국적인 것이 될 수 있다. 돼지에게서 인슐린을 추출해 환자에게 투여하는 방법을 발견하기 이전에는 많은 어린이와 젊은이가 당뇨병으로 죽어갔다. 인슐린(보통은 인공적으로 합성한 인간 인슐린)을 비교적 쉽게 투여할 수 있는 지금도 많은 단점이 있다. 환자는 정해진 한계를 유지하기 위해 하루에도 여러 번 혈당량을 측정하면서 인슐린 투여량과 음식 섭취량을 조절해야 한다. 다년간에 걸쳐 일관되게 이런 치료를 받기는 매우 어려운데, 십대 청소년의 경우는 특히 더 어렵다. 40세가 되어야 잘못될지도 모르는 일에 대비할 동기를 느낄 청소년이 얼마나 되겠는가? 제1형 당뇨병으로 인해 장기적으로 생길 수 있는 합병증은 시력 상실, 신체 절단을 초래할 수 있는 혈액 순환 불량, 신장병을 포함해 아주 광범위하다.

만약 매일 인슐린을 투여하는 대신에 환자가 베타세포를 새로 공급받을 수 있다면, 치료에 아주 큰 도움이 될 것이다. 그러면 환자는 스스로 인슐린을 다시 생산할 수 있다. 정상적인 신체 자체의 내부 메커니즘은 혈당량을 조절하는 데 아주 뛰어나기 때문에, 대부분의 합병증 위험은 저절로 사라진다. 문제는 베타세포를 만들 수 있는 세포가 체내에 하나도 없기 때문에(몸에 있는 세포들은 모두 와딩턴의 골 중 어느 하나의 바닥에 이르렀으므로), 췌장 이식을 하거나 일부 배아 줄기세포를 베타세포로 바꾸어 환자의 몸 속에 집어넣어야 한다.

여기에는 큰 문제가 두 가지 있다. 하나는 제공 물질(배아 줄기세포나 췌장 전체)의 공급이 부족하여 모든 당뇨병 환자를 치료하기에 턱없이 모자란다는 점이다. 설사 공급이 충분하다 하더라도, 환자의 조직과 일치하지 않는 문제가 있다. 환자의 면역계는 그것을 침입자로 인식하고 거부 반응을 나타낸다. 환자는 인슐린 투여를 중단할 수 있을지 몰라도, 필시 평생 동안 면역 억제제에 의존해야 할 것이다. 이것은 인슐린 투여에 비해 그다지 큰 이득이라고 볼 수 없는데, 면역 억제제도 그 나름의 광범위한 부작용이 있기 때문이다.

이런 상황에서 iPS 세포는 새로운 길을 열어준다. 환자(프레디라고 부르기로 하자)의 피부세포를 약간 긁어낸다. 이 세포를 연구에 충분한 양을 얻을 때까지 배양한다.(이것은 아주 쉽다.) 야마나카의 네 가지 인자를 사용해 iPS 세포를 많이 만들고, 실험실에서 처리하여 이것들을 베타세포로 변화시킨 뒤 환자의 몸 속에 집어넣는다. 프레디가 받는 세포는 자신의 세포이기 때문에 면역 거부 반응은 전혀 일어나지 않는다. 최근에 연구자들은 생쥐의 당뇨병 모형에서 정확하게 이와 같은 일을 할 수 있음을 보여주었다.[4]

물론 실제로는 말처럼 그렇게 간단하지 않다. 극복해야 할 기술적 장애가 아주 많은데, 특히 야마나카의 네 가지 인자 중 *c-Myc*이 암을 유발하는 문제가 있다. 하지만 〈셀〉에 핵심 연구가 발표되고 나서 몇 년 지나는 동안 기술 개선에 상당한 진전이 일어나 이 방법은 실용화에 훨씬 가까이 다가가게 되었다. 인간 iPS 세포를 생쥐 iPS 세포만큼 쉽게 만들 수 있게 되었으며, 또 항상 *c-Myc*을 사용해야 하는 것도 아니다.[5] 그 밖의 안전 문제 중 일부가 해결된 세포를 만드는 방법도 있다. 예를 들면, 처음에 iPS 세포를 만든 방법들은 세포 배양 단계에서 동물이 만든 물질을 사용했다. 이것은 기묘한 동물 질병이 인간에게 옮아올 가능성이라는 불안 요소를 늘 안고 있었다. 하지만 이제 연구자들은 동물의 생성물을 대체할 수 있는 합성 물질을 발견했다.[6] iPS 세포 생산이라는 전체 분야는 계속 앞으로 나아가고 있다. 하지만 아직 결승선을 넘은 것은 아니다.

상업적 문제 중 하나는 규제 당국이 iPS 세포를 인간에게 사용하도록 허가하기 전에 안전과 그것을 뒷받침하는 데이터로 무엇을 요구할지 모른다는 점이다. 현재 iPS 세포를 치료용으로 허가하는 책임을 진 곳은 의학 부문 규제 당국 두 곳이다. 이것은 환자에게 유전적으로 변형시킨(유전자 요법) 세포(세포 요법)를 집어넣어야 하기 때문에 그렇다. 규제 당국이 특별히 조심스러운 태도를 취하는 이유는 1980년대와 1990년대에 아주 큰 열정을 갖고 시작한 유전자 요법 임상 시험 중 많은 것이 환자에게 별 도움이 되지 않았거나 때로는 치명적인 암 유발을 포함해 예상치 못한 나쁜 결과를 낳았기 때문이다.[7] iPS 세포를 환자에게 사용하기 전에 넘어야 할 규제 장애물의 수는 아주 많다. 잠재적 위험이 그렇게 큰 일에 투자를 할 투자자는 아무도 없으리라는 생각이 들 정도이다. 하지만 그래도 투자를 하는 투자자들이 있는데, 만약 연구자들이 이 기술을 개발하는 데 성공하기만 하면 투자 수

익률이 아주 막대하기 때문이다.

한 가지 계산을 해보자. 보수적으로 평가할 때, 미국에서 당뇨병 환자 한 사람에게 인슐린과 혈당량 감시 장비를 공급하는 데 한 달에 약 500달러가 든다. 일 년이면 6000달러에 해당하고, 만약 환자가 당뇨병을 안고 40년 동안 산다면 평생 동안 치러야 하는 비용은 24만 달러나 된다. 거기다가 아무리 잘 관리하는 환자라도 당뇨병으로 인한 온갖 합병증을 치료하는 데 드는 비용까지 더해보라. 그러면 한 사람이 평생 동안 당뇨병 때문에 치러야 하는 의료 비용은 최소한 100만 달러가 넘는다는 계산이 나온다. 그리고 제1형 당뇨병 환자는 미국에서만 100만 명이 넘는다. 따라서 설사 iPS 세포를 실용화하는 데 비용이 아무리 많이 들더라도, 현재의 치료법으로 평생 동안 드는 비용보다 훨씬 싸게 치료를 할 수 있다면, 투자 대비 수익률이 아주 막대할 수 있다.

당뇨병 하나만 해도 이런데, iPS 세포가 해결책을 제공할 수 있는 질병은 그 밖에도 아주 많다. 몇 가지만 예를 들면, 혈우병 같은 혈액 응고 장애, 파킨슨병, 골관절염, 황반 변성으로 인한 실명 등이 있다. 우리 몸에 이식할 수 있는 인공 구조를 만드는 과학과 기술이 점점 발전함에 따라 iPS 세포는 심장병 환자의 손상된 혈관을 교체하고, 암으로 파괴된 조직을 재생하거나 암을 치료하는 데에도 사용될 것이다.

미국 국방부는 iPS 세포 연구에 연구비를 지원하고 있다. 군은 모든 전투 상황에서 부상병을 치료하기 위해 혈액이 많이 필요하다. 적혈구는 우리 몸에 있는 나머지 세포들과는 다르다. 적혈구는 세포핵이 없기 때문에 분열을 통해 새로운 세포를 만들 수 없다. 이런 특징은 적혈구를 임상적으로 사용하기에 비교적 안전한 종류의 iPS 세포로

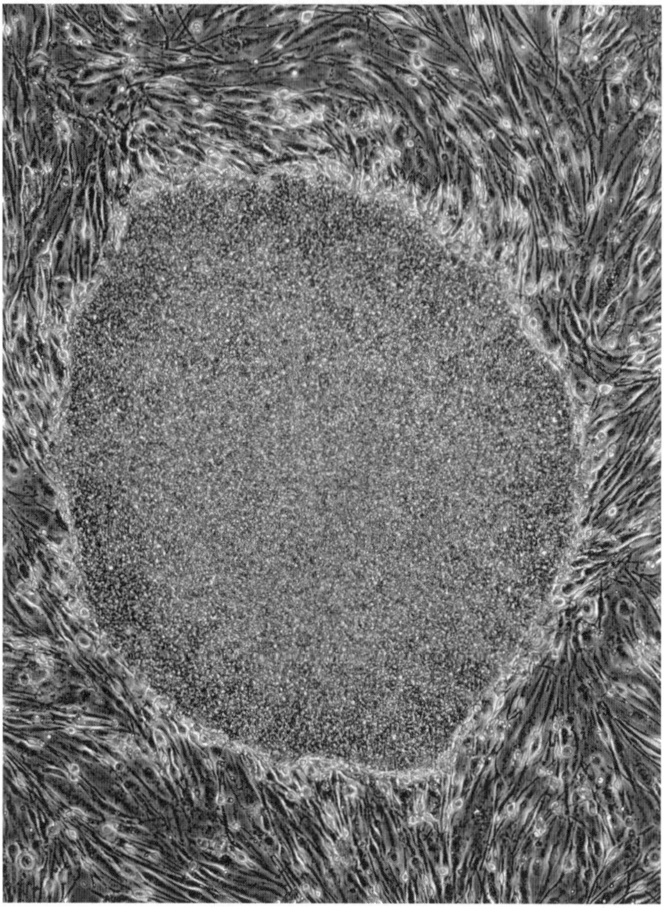

다능성 세포인 iPS 세포

만드는데, 적혈구는 몸 속에 몇 주일 이상 머물 수 없기 때문이다. 또한 우리 몸은 이 세포들을 예컨대 이식받은 신장처럼 거부하지 않는데, 면역계가 이 세포들을 인식하는 방식에 차이가 있기 때문이다. 유명한 ABO식 혈액형과 그 밖의 약간 복잡한 체계에 따라 적혈구는 다른 사람들 간에 호환이 가능하다. 계산에 따르면, 특정 혈액형 제공자 40명만 있으면, 이들로부터 iPS 세포 은행을 만듦으로써 모든 수요를 충족시킬 만큼 적혈구를 충분히 공급할 수 있다.[8] iPS 세포는 적절한 조건에서 성장하기만 한다면, 분열을 계속해 iPS 세포를 더 많이 만들 수 있기 때문에 한없이 쓸 수 있는 세포 은행을 만들 수 있다. 미성숙한 조혈 줄기세포(조혈 모세포라고도 함)를 취해 특정 자극하에서 성장시킴으로써 (결국) 적혈구로 분화하도록 만드는 방법은 잘 확립돼 있다. 기본적으로 전투나 교통 사고로 다친 사람들에게 혈액형이 일치하는 혈액을 항상 공급할 수 있도록 각각의 적혈구를 종류별로 보관한 거대 혈액 은행을 만들어야 할 것이다.

iPS 세포를 만든 일은 생물학에서는 아주 보기 드문 사건 중 하나로, 한 분야를 단순히 변화시키는 데 그치지 않고 거의 완전히 다시 만든 것이나 다름없다. 대부분의 사람들은 야마나카가 가까운 장래에 존 거든과 함께 노벨상을 받는 것은 따놓은 당상이라고 여기는데, 그 연구가 미친 기술적 영향은 아무리 과대평가하더라도 지나치지 않다.(실제로 야마나카 신야는 2012년에 존 거든과 함께 노벨 생리의학상을 공동 수상했다. 이 책은 그 전에 쓴 것이다.—옮긴이) 하지만 그 업적이 아무리 비범한 것이라 해도, 자연은 이미 그보다 더 많은 것을 훨씬 더 빨리 해왔다.

정자와 난자가 결합할 때, 난자의 세포질은 두 세포핵을 재프로그래밍한다. 특히 정자의 세포핵은 자신이 무엇이었는지에 대한 분자적 기억을 대부분 아주 빨리 잃고, 거의 텅 빈 캔버스로 변한다. 존 거든과 이언 윌멋, 키스 캠벨이 어른 세포핵을 난자의 세포질 속에 집어넣어 새로운 클론을 만들 때 이용한 것이 바로 이 재프로그래밍 현상이었다.

정자와 난자가 결합할 때 일어나는 재프로그래밍 과정은 놀랍도록 효율적이며, 36시간 이내에 모든 과정이 끝난다. 야마나카가 iPS 세포를 처음 만들었을 때, 최선의 실험에서도 전체 세포 중 1%에 못 미치는 극소수 세포만이 재프로그래밍되었다. 그리고 재프로그래밍된 iPS 세포를 처음 성장시키는 데에는 몇 주일이 걸렸다. 그동안 성공 비율과 어른 세포를 iPS 세포로 재프로그래밍하는 속도를 개선하는 데 많은 진전이 일어났지만, 아직도 정상적인 수정에서 일어나는 과정에는 전혀 가까이 다가가지 못하고 있다. 왜 그럴까?

그 답은 바로 후성유전학에 있다. 분화한 세포는 분자 차원에서 특정 방식으로 후성유전적 변형이 일어난다. 피부 섬유모세포가 정상적으로는 항상 피부 섬유모세포로 남아 있고 심장근육세포로 변하지 않는 이유는 이 때문이다. 분화한 세포가 재프로그래밍되어 다능성 세포가 될 때(체세포 핵을 이식하거나 야마나카의 네 가지 인자를 사용하거나 하여), 세포핵이 새로 수정된 접합자에 더 가까워지려면 분화 특이적 후성유전 지문을 제거해야 한다.

난자의 세포질은 거대한 분자 기억 지우개처럼 작용하면서 우리 유전자의 후성유전적 기억을 되돌리는 데 놀라운 효율성을 보여준다. 세포질은 정자와 난자의 세포핵이 결합하여 접합자를 만들 때 이 일을 아주 빨리 해낸다. iPS 세포를 만들기 위한 인공 재프로그래밍은 여섯 살짜리 아이가 숙제를 하는 모습을 지켜보는 것과 비슷하다. 끊임없이 잘못된 부분을 지우개로 지우길 반복하고, 오자를 그냥 남겨

두는가 하면, 너무 세게 지우다가 종이에 구멍을 뚫기도 한다. 비록 우리는 관련 과정 일부를 제어하게 되었지만, 자연에서 일어나는 일을 실험실에서 제대로 재현하기까지는 아직도 갈 길이 멀다.

지금까지 우리는 후성유전학을 현상 차원에서만 이야기했다. 이제 지금까지 이야기한 이 모든 놀라운 사건과 그 밖의 많은 사건 뒤에 숨어 있는 분자들을 자세히 살펴볼 때가 되었다.

3장

우리가 알고 있던 생명

시인은 오자를 제외하고는 어떤 일에서도 살아남을 수 있다.

– 오스카 와일드Oscar Wilde

후성유전학을 이해하고 싶다면, 먼저 유전학과 유전자에 대해 좀 알아둘 필요가 있다. 세균에서부터 코끼리, 호장근에서부터 인간에 이르기까지 지구 상의 거의 모든 독립적 생물을 만드는 기본 암호는 DNAdeoxyribonucleic acid, 데옥시리보핵산이다. 'DNA'라는 단어는 그 자체로 아주 모호한 의미를 지닌 표현이 되었다. 사회 평론가는 사회나 기업의 DNA에 대해 이야기할 수 있는데, 이 경우 DNA는 조직 뒤에 숨어 있는 실질적인 핵심 가치를 의미한다. 심지어 DNA라는 이름을 딴 향수 제품도 있다. 20세기 중엽의 과학을 대표하는 상징적 이미지는 버섯구름이었는데, 20세기 후반에는 DNA 이중 나선이 비슷한 상징으로 떠올랐다.

과학은 여타 인간 활동과 마찬가지로 기분 변화와 유행에 영향을 받기 쉽다. 유일하게 중요한 것은 우리의 DNA 대본, 즉 유전자 유산뿐이라는 개념이 지배적인 정통 학설처럼 보이던 시절이 있었다. 1장과 2장에서 우리는 이것이 사실이 아님을 보았다. 같은 대본이라도 세포의 상황에 따라 서로 다르게 사용될 수 있기 때문이다. 이제 이 분야는 강경파 후성유전학자들이 DNA 암호의 중요성을 최소한으로 깎아내리려고 하면서 정반대 방향으로 쏠릴 위험에 처했는지도 모른다. 물론 진실은 그 중간의 어딘가에 있을 것이다.

머리말에서 DNA를 대본에 비유해 설명했다. 만약 대본이 엉망이라면, 극장에 아무리 훌륭한 감독과 화려한 배우들이 있다 하더라도 결코 좋은 작품을 보여주지 못할 것이다. 반면에 형편없는 제작 실력 때문에 훌륭한 작품을 망쳐놓은 공연을 본 경험은 누구나 있을 것이다. 아무리 완벽한 대본이 있더라도, 해석을 엉망으로 한다면 최종 완성 작품은 형편없는 것이 될 수 있다. 마찬가지로 유전학과 후성유전학은 서로 긴밀하게 협력해 기적을 만들어내는데, 그 기적의 결과가 바로 우리 자신과 우리 주변의 모든 생물이다.

DNA는 우리 세포 속에 들어 있는 기본 정보원으로, 세포의 기본 청사진에 해당한다. DNA 자체는 우리가 살아가는 데 필요한 수천 가지 활동을 수행하지 않는다는 점에서 생명을 유지하는 핵심 부분이 아니다. 그 일은 주로 단백질이 수행한다. 혈액을 통해 산소를 운반하는 것도, 햄버거와 감자칩을 당류와 그 밖의 영양분으로 바꾸는 것도(그래서 창자를 통해 흡수함으로써 뇌를 돌아가게 하는 데 사용할 수 있도록), 근육을 수축시켜 우리가 이 책의 페이지를 넘길 수 있도록 하는 것도 모두 단백질이다. 하지만 DNA는 이 모든 단백질을 만드는 암호를 담고 있다.

만약 DNA가 암호라면, 읽을 수 있는 기호를 포함하고 있을 것이다. 그것은 마치 언어처럼 행동할 것이다. DNA 암호는 실제로 정확하게 그런 기능을 한다. 사람이 얼마나 복잡한지를 감안하면 이상하게 들릴지 모르지만, 우리 DNA는 단 4개의 문자만으로 이루어진 언어이다. 이 4개의 문자는 모두 염기인데, 그 이름은 각각 아데닌adenine, 사이토신(시토신)cytosine, 구아닌guanine, 티민thymine이다. 이것들은 약자로 각각 A, C, G, T로 쓴다. 특히 사이토신을 기억해둘 필요가 있는데, 후성유전학에서 모든 염기 중 가장 중요한 것이기 때문이다.

DNA를 마음속으로 가장 쉽게 시각화하는 방법은 지퍼로 생각하는 것이다. 이것은 완벽한 비유는 아니지만, 어쨌든 우리에게 첫발을 내디디게 해준다. 지퍼에서 명백한 특징 한 가지는 서로 마주 보는 두 가닥으로 이루어져 있다는 점이다. 이것은 DNA도 마찬가지다. DNA를 이루는 네 가지 염기는 지퍼의 이에 해당한다. 지퍼 양쪽에 있는 염기들은 화학적으로 서로 연결되어 지퍼를 지탱한다. 서로 마주 보는 두 염기가 맞물려 염기쌍을 이룬다. 이가 박혀 있는 양쪽의 천 조각은 DNA의 기둥에 해당한다. DNA 기둥은 지퍼의 양쪽 천 조각처럼 항상 2개가 서로 마주 보고 있는데, DNA를 이중 가닥으로 이루어져 있다고 말하는 이유는 이 때문이다. 지퍼의 양쪽은 기본적으로 서로 빙빙 꼬이면서 나선 구조를 이루고 있다. 그래서 DNA를 이중 나선이라고 부른다. **그림 3.1**은 DNA 이중 나선의 모습을 묘사할 때 흔히 사용하는 그림이다.

하지만 이 비유는 여기까지만 쓸 수 있는데, DNA 지퍼의 이들이 모두 똑같지 않기 때문이다. 한쪽 기둥의 이에 해당하는 염기가 A라면, A는 반대쪽 기둥의 T하고만 연결될 수 있다. 또, 한쪽 기둥의 염기가 G라면, 그것은 반대쪽 기둥의 C하고만 연결될 수 있다. 이것을 '염기 짝짓기 원리'라 부른다. 만약 A가 반대편의 C와 연결하려고 시도한다면, 지퍼에서 이가 잘못 맞물리는 것처럼 전체 DNA 형태가

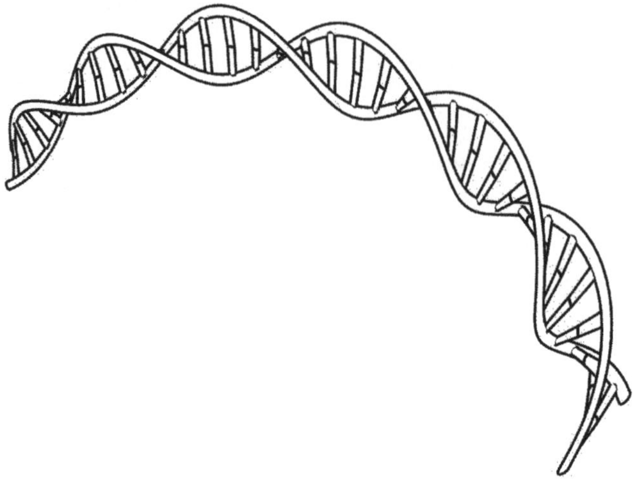

그림 3.1 DNA를 도식적으로 표현한 그림. 두 기둥은 서로의 주위를 빙빙 돌면서 이중 나선을 이루고 있다. 두 기둥 사이에서 화학 결합으로 연결된 염기들이 이중 나선 구조를 지탱한다.

어긋나고 말 것이다.

순수한 상태 유지하기

염기 짝짓기 원리는 DNA의 기능이라는 측면에서 볼 때 놀랍도록 중요하다. 우리 몸의 세포들은 발생하는 동안은 물론이고 어른으로 살아가는 시간 중 대부분의 시간에도 분열을 계속한다. 분열을 하는 이유는 예를 들어 아기가 성장함에 따라 기관도 커져야 하기 때문이다. 또, 자연적으로 죽어 사라지는 세포를 교체하기 위해서도 분열이 필요하다. 그런 예로는 골수에서 생산되는 백혈구를 들 수 있는데, 해로운 미생물과 끊임없는 전투를 하면서 사라지는 백혈구를 보충하려면 계속 새로운 백혈구를 생산해야 한다. 대부분의 세포는 먼저 자신의 전체 DNA를 복제한 뒤에 두 딸세포에게 균등하게 배분하는 방법으로 불어난다. 이 DNA 복제는 꼭 필요한 과정이다. DNA 복제가 일어나지 않는다면, 딸세포는 DNA를 전혀 갖지 못할 것이고, 그런 세포는 운영 체제가 없는 컴퓨터처럼 아무 쓸모가 없다.

세포 분열 전에 일어나는 DNA 복제는 염기 짝짓기 원리가 왜 그토록 중요한지 보여준다. DNA가 어떻게 충실하게 복제되는지 세부 내용을 알아내느라 자신의 모든 경력을 쏟아부은 과학자는 수백 명이 넘는다. 그 요지를 소개하면 다음과 같다. DNA 두 가닥이 서로 분리되고, 그러면 복제 과정에 관여하는 엄청나게 많은 수의 단백질(복제 복합체라 부르는)이 작업을 시작한다.

그림 3.2는 이때 어떤 일이 일어나는지 보여준다. 복제 복합체는 각 DNA 가닥을 따라 움직이면서 그것과 마주 보는 가닥을 새로 만든

다. 복제 복합체는 특정 염기—예컨대 C—를 인식하면, 자신이 만드는 가닥의 그 위치에 항상 G를 집어넣는다. 염기 짝짓기 원리가 중요한 이유는 이 때문이다. 반드시 C는 G와 A는 T와 짝을 지어야 하기 때문에, 세포는 기존의 DNA를 새로운 가닥을 만드는 주형으로 사용할 수 있다. 그래서 각 딸세포는 원래 DNA를 정확하게 그대로 복제한 DNA를 갖게 된다. 그중 한 가닥은 원래 DNA 분자에서 온 것이고, 다른 가닥은 새로 합성된 것이다.

수십억 년 동안 진화를 거듭해온 계system인 자연에서도 완전한 것은 아무것도 없으며, 가끔은 복제 기구가 실수를 저지른다. 원래는 C가 들어가야 할 자리에 T를 집어넣는 일이 일어날 수 있다. 이런 일이 일어나면, 대개는 이런 오류가 일어났음을 인식하는 다른 종류의 단백질이 잘못된 염기를 끄집어내고 제대로 된 염기를 집어넣음으로써 오류를 금방 바로잡는다. 이것을 DNA 복구 기구라 부르는데, 이것이 제대로 작동하는 이유 중 하나는 잘못된 염기끼리 짝을 지었을 때, DNA '지퍼'가 제대로 만들어지지 않았다는 사실을 인식할 수 있기 때문이다.

세포는 복제된 DNA를 원래 DNA와 완전히 똑같게 만들기 위해 막대한 에너지를 쏟아붓는다. 이것을 쉽게 이해하기 위해 DNA를 대본에 비유한 모형을 다시 사용해보자. 영문학에서 아주 유명한 구절 하나를 가져와 보자.

O Romeo, Romeo! wherefore art thou Romeo?
(오, 로미오, 로미오! 왜 당신은 로미오인가요?)

만약 여기에 단 한 문자만 첨가한다면, 무대에서 배우가 대사를 아

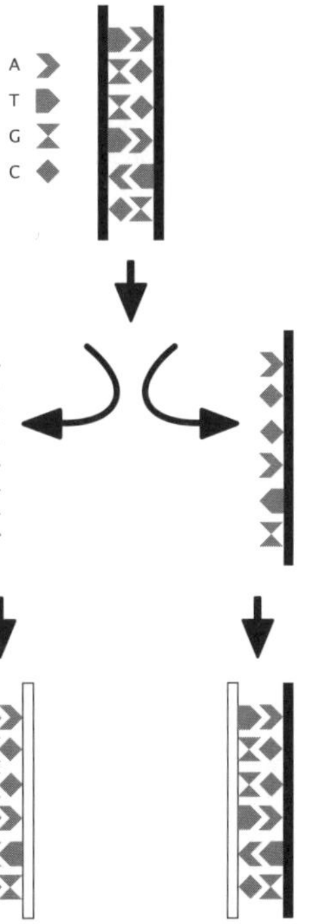

그림 3.2 DNA 복제의 첫 번째 단계는 이중 나선 두 가닥이 서로 분리되는 것이다. 분리된 각 가닥의 염기들은 새로운 가닥을 만드는 주형 역할을 한다. 그 결과로 새로 생긴 두 이중 나선 DNA 분자는 부모 DNA 분자와 정확하게 똑같은 염기 서열을 갖게 된다. 새로 생긴 각각의 DNA 이중 나선에서 한 기둥은 원래 부모 분자의 일부(검은색)이고, 다른 기둥은 새로 합성된 것(흰색)이다.

무리 잘 읊조린다 하더라도, 그 효과는 셰익스피어가 의도한 것과는 완전히 딴판이 되고 말 것이다.

O Romeo, Romeo! wherefore fart thou Romeo?
(오, 로미오, 로미오! 왜 당신은 방귀를 뀌나요?)

이 유치한 예는 왜 대본을 충실히 복제하는 게 필요한지 잘 보여준다. 우리 DNA에도 같은 일이 일어날 수 있다. 부적절한 변화(돌연변이) 하나가 파국적 결과를 초래할 수 있다. 난자나 정자 속에 돌연변이가 포함돼 있을 경우 특히 그러기 쉬운데, 그 결과로 모든 세포에 그 돌연변이가 포함된 개체가 탄생할 수 있기 때문이다. 어떤 돌연변이는 임상적으로 파국적 효과를 낳을 수 있다. 그 효과는 조로증에 걸려 실제 나이는 10세인데도 70대 노인의 몸을 가진 어린이에서부터 40세가 되기도 전에 치료하기 힘든 악성 유방암에 걸릴 운명을 타고 나는 여성에 이르기까지 아주 다양하다. 다행히도, 이런 종류의 유전적 돌연변이와 조건은 대다수 사람들이 걸리는 종류의 질병에 비해 상대적으로 드물다.

인체를 이루는 약 50조 개의 세포는 모두 단세포 접합자가 생성된 뒤 세포가 분열할 때마다 매번 DNA를 완벽하게 복제한 결과로 생겨난다. 한 세포가 분열해 딸세포 2개가 만들어질 때마다 얼마나 많은 DNA가 복제되어야 하는지 생각하면 이것은 더욱 놀라워 보인다. 각각의 세포에는 약 60억 개의 염기로 이루어진 DNA(절반은 아버지에게서, 나머지 절반은 어머니에게서 온)가 들어 있다. 이 60억 개의 염기 서열을 게놈genome 또는 유전체라 부른다. 1장에서 소개한 것과 같은 계산을 사용해 한순간도 쉬지 않고 1초에 염기를 1개씩 센다면, 세포 하나의 유전체에 들어 있는 염기를 모두 세는 데 무려 190년이 걸린다. 단세포 접합자가 생기고 나서 불과 9개월 만에 아기가 태어난다는 사실을 감안하면, 우리 세포가 DNA를 복제하는 속도가 엄청나게 빠르다는 것을 알 수 있다.

각각의 부모로부터 30억 개씩 물려받는 염기가 모두 다 한 가닥의 DNA 위에 죽 늘어서 있는 것은 아니다. 그것은 염색체라는 더 작은 여러 꾸러미에 나누어져 있다. 염색체에 대해서는 9장에서 더 자세히 살펴볼 것이다.

대본 읽기

60억 개의 DNA 염기가 실제로 무슨 일을 하며, 대본이 어떤 방식으로 작용하는가 하는 더 근본적인 문제로 돌아가보자. 더 구체적으로는, 단 네 가지 문자(A, C, G, T)만으로 이루어진 암호가 어떻게 우리 세포에서 발견되는 수십만 가지 단백질을 만들 수 있을까? 그 답은 놀랍게도 아주 명쾌하다. 그것은 분자생물학의 모듈식 패러다임으로 설명할 수 있지만, 레고에 비유하면 훨씬 편리하다.

레고는 한때 "매일 새로운 장난감이 생깁니다."라는 거창한 광고 문구를 내걸었는데, 그것은 아주 정확한 표현이었다. 레고 상자 안에는 제한된 가짓수의 설계가 들어 있다. 실제로는 특정 형태와 크기와 색깔을 가진 벽돌이 종류별로 들어 있지만, 그 종류가 그렇게 많은 것도 아니다. 하지만 이 벽돌들을 사용해 오리에서부터 집에 이르기까지, 또 비행기에서부터 하마에 이르기까지 온갖 것을 다 만들 수 있다. 단백질도 이와 비슷하다. 단백질을 만드는 '벽돌'은 아미노산이라

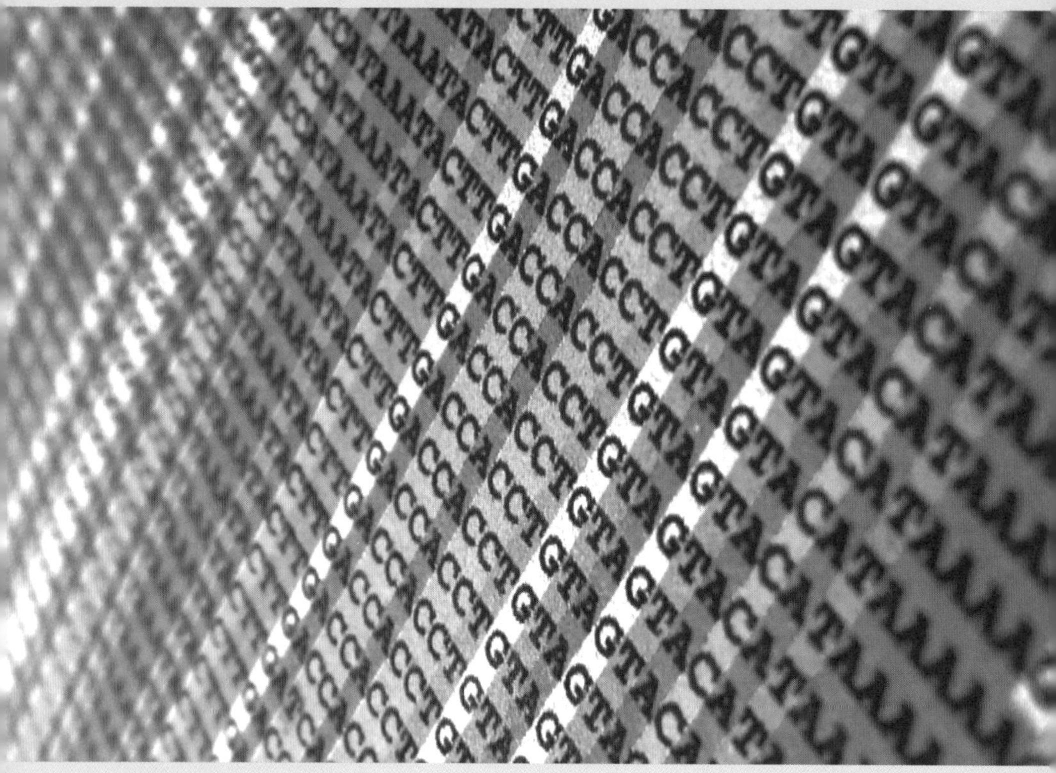

우리의 DNA는 단 4개의 문자만으로 이루어져 있다.

는 아주 작은 분자이며, 우리 세포에 존재하는 기본 아미노산(종류가 각각 다른 레고 벽돌)은 딱 20가지만 있다. 하지만 이 20가지 아미노산을 가지고 길이와 조합을 온갖 방식으로 변화시킴으로써 엄청나게 다양한 종류의 단백질을 만들 수 있다.

하지만 비록 20가지밖에 안 되는 아미노산이라 하더라도, DNA에 들어 있는 단 네 가지 염기만으로 어떻게 그것을 모두 암호화할 수 있는가 하는 문제가 남는다. 이것은 세포 기구가 DNA를 읽을 때, 한 번에 염기 3개를 한 덩어리로 '읽는' 방식으로 일어난다. 염기 3개로 이루어진 각각의 덩어리를 코돈codon이라 부르는데, 예컨대 AAA나 GGG처럼 A, C, G, T 중 세 문자가 어떤 방식으로든 조합된 것은 모두 코돈이 될 수 있다. 단 네 가지 염기로 만들 수 있는 코돈은 모두 64가지가 있다. 그러니 아미노산 20가지는 충분히 만들고도 남는다. 일부 아미노산을 만드는 데에는 코돈이 2개 이상 관여한다. 예를 들면, 라이신lysine이라는 아미노산은 AAA와 AAG로 암호화된다. 그런가 하면 아미노산을 전혀 만들지 않는 코돈도 일부 있다. 대신에 이들은 세포 기구에 단백질 암호화 서열이 끝났음을 알리는 신호 역할을 한다. 그래서 이들 코돈을 종결 코돈stop codon이라 부른다.

우리 염색체에 있는 DNA는 정확하게 어떻게 단백질을 만드는 대본으로 작용할까? 바로 매개 단백질을 통해 그렇게 하는데, 여기서 그 매개 단백질은 전령 RNA(mRNA)라는 분자이다. RNA는 DNA와 아주 비슷하지만, 몇 가지 차이점이 있다. 기본 뼈대가 DNA와 약간 다르고(RNA는 데옥시리보핵산이 아니라 리보핵산ribonucleic acid을 가리키므로), 두 가닥이 아니라 단일 가닥으로 이루어져 있고, 네 가지 염기 중 T가 없는 대신에 T와 아주 비슷하지만 약간 차이가 있는 U가 있다.(왜 그런지 그 이유는 여기서 자세히 이야기할 필요가 없다.) 어떤 단백질을 만들기 위해 그 부분의 대본을 사용하려고 특정 DNA 부분을 '읽을(판독할)' 때, 거대한 단백질 복합체가 지퍼처럼 닫혀 있던 DNA 중 해당 부분을 열어 복제함으로써 mRNA를 만든다. 단백질 복합체는 염기 짝짓기 원리를 이용해 완전한 mRNA를 복제한다. 그러면 mRNA 분자는 단백질을 만드는 일을 담당하는 세포 내 구조에서 임시 주형으로 사용된다. 이 구조들은 세 문자로 된 코돈 암호를 판독하고 적절한 아미노산들을 결합해 기다란 단백질 사슬을 만든다. 물론 실제로 일어나는 일은 이보다 훨씬 복잡하지만, 이 정도만 해도 기본적인 것은 충분히 설명했다고 본다.

여기서 편의상 일상 생활의 비유를 들어 설명하기로 하자. DNA에서 mRNA가 만들어지고, mRNA에서 다시 단백질이 만들어지는 과정은 디지털 사진으로 이미지를 조절하는 것과 비슷하다. 디지털 카메라로 세상에서 가장 놀라운 물체를 사진으로 찍었다고 상상해보자. 우리는 다른 사람들도 그 이미지를 보길 원하지만, 그들이 어떤 방식으로든 원본을 변형시키는 것은 원치 않는다고 하자. 카메라에서 얻은 원본 파일은 DNA 청사진에 해당한다. 우리는 그것을 원본에 큰 변화를 초래하지 않는 다른 포맷(예컨대 PDF 파일)으로 복사한 뒤, 이 PDF 파일을 수천 개 복사하여 그것을 원하는 사람에게 이메일로 보낸다. 여기서 PDF 파일은 전령 RNA(mRNA)에 해당한다. 만약 원한다면 사람들은 이 PDF 파일을 종이 위에 원하는 만큼 많이 프린트할 수 있다. 이 종이 복사본들이 단백질에 해당한다. 따라서 세상의 모든 사람이 이 이미지를 프린트할 수 있지만, 원본 파일은 단 하나만 존재한다.

더 직접적인 메커니즘을 사용하지 않고, 왜 이토록 복잡한 과정을 거칠까? 진화가 간접적인 이 방식을 선호한 이유는 여러 가지가 있다. 그중 하나는 원본 파일에 해당하는 대본의 손상을 방지하기 위한 것이다. DNA가 열릴 때 DNA는 손상을 입기가 상대적으로 쉬운데, 세포들은 바로 그런 사태를 피하는 방향으로 진화했다. DNA가 단백질을 간접적으로 암호화하는 방식은 특정 DNA 부분이 열려서 취약해지는 시간을 최소화한다. 진화가 간접적 방식을 선호한 또 한 가지 이유는 만들어지는 특정 단백질의 양을 상당 부분 제어할 수 있기 때문인데, 이것은 유연성을 낳는다.

알코올 탈수소 효소alcohol dehydrogenase, ADH라는 단백질을 살펴보자. 이 단백질은 간에서 생성되어 알코올을 분해한다. 우리가 알코올을 많이 섭취하면 간세포들은 생산하는 ADH 양을 늘린다. 반면에 한동안 술을 마시지 않으면, 간은 이 단백질을 덜 생산한다. 술을 잘 잘 마시지 않는 사람은 한두 잔의 술만 마셔도 금방 취하는 반면, 술을 자주 마시는 사람은 알코올의 즉각적인 효과에 더 잘 견뎌내는 이유 중 하나는 이 때문이다. 술을 자주 마실수록 간이 ADH 단백질을 더 많이 만든다(그 양에는 한계가 있지만). 하지만 간세포는 *ADH* 유전자 복제를 늘리는 방식으로 단백질을 더 많이 만들지 않는다. 대신에 *ADH* 유전자를 더 효율적으로 판독함으로써, 즉 mRNA 복제를 더 많이 만들고/만들거나 이 mRNA 복제를 단백질 주형으로 더 효율적으로 사용함으로써 ADH 단백질을 더 많이 만든다.

나중에 보게 되겠지만, 후성유전은 세포가 특정 단백질의 생산량을 조절하기 위해 사용하는 메커니즘 중 하나인데, 특히 원래의 주형으로 만드는 mRNA 복제의 양을 조절함으로써 그렇게 한다.

앞의 몇 문단은 모두 유전자가 단백질을 암호화하는(즉, 단백질 합성에 필요한 유전 암호를 만드는) 방법에 관한 이야기였다. 우리의 세포에는 유전자가 몇 개나 들어 있을까? 이것은 단순한 질문처럼 보이지만, 기묘하게도 이 질문에 대해 합의된 답은 없다. 이것은 유전자의 정의에 대해 과학자들의 의견이 일치하지 않기 때문이다. 한때 그 정의는 아주 간단했다. 유전자는 그냥 어떤 단백질을 암호화하는 DNA 부분이었다. 하지만 이제 우리는 이 정의가 너무 단순하다는 사실을 안다. 하지만 모든 유전자가 단백질을 암호화하는 것은 아니지만, 모든 단백질은 유전자를 통해 암호화된다는 것은 확실하다. 우리 DNA에서 단백질을 암호화하는 유전자는 2만~2만 4000개가 있는데, 불과 10년 전에 과학자들이 생각했던 10만 개에 비하면 훨씬 적은 수이다.[1]

대본 편집

인간 세포에 들어 있는 유전자는 대부분 매우 비슷한 구조를 갖고 있다. 먼저 프로모터promoter(촉진 부위)라는 지역이 있는데, DNA를 복제해 mRNA를 만드는 단백질 복합체들이 들러붙는 부분이다. 단백질 복합체들은 유전자 몸통을 따라 움직이면서 긴 mRNA 가닥을 만들다가 마침내 유전자 끝 부분에서 떨어져 나간다.

염기쌍 3000개로 이루어진 유전자 몸통을 상상해보자. 이 정도면 하나의 유전자를 대표하기에 충분한 길이이다. mRNA 역시 염기쌍 3000개로 이루어질 것이다. 각각의 아미노산은 염기 3개로 이루어진 코돈으로 암호화된다. 따라서 우리는 이 mRNA가 아미노산 1000개 길이의 단백질을 암호화할 것이라고 예측할 수 있다. 하지만 실제로 만들어지는 단백질은 대개 이것보다 길이가 훨씬 짧아 우리의 예상을 빗나간다.

만약 어떤 유전자의 염기 서열을 철자로 기록한다면, A, C, G, T 문자가 조합된 기다란 문자열이 될 것이다. 하지만 이것을 적절한 소프트웨어로 분석한다면, 긴 문자열을 두 종류의 서열로 나눌 수 있다는 사실을 알게 된다. 첫 번째 종류는 엑손exon(expressed sequence, 즉 발현된 서열)이라 부르는데, 엑손은 일련의 아미노산을 암호화할 수 있다. 두 번째 종류는 인트론intron(inexpressed sequence, 즉 발현되지 않은 서열)이라 부르는데, 인트론은 아미노산을 암호화하지 않는다. 대신에 단백질 합성을 멈추라는 신호인 '종결' 코돈을 많이 포함하고 있다.

DNA로부터 mRNA가 처음 복제되었을 때 mRNA는 엑손과 인트론을 가득 포함하고 있다. 이 기다란 RNA 분자가 만들어지고 나면, 또 다른 다수 소단위multi-sub-unit 단백질 복합체가 만들어진다. 이것은 인트론 서열을 모두 제거한 뒤, 엑손들을 결합해 아미노산의 연속적 생산을 암호화하는 mRNA를 만든다.

이것 역시 아주 복잡해 보이지만, 진화가 이 복잡한 메커니즘을 선호하는 이유가 있다. 이것은 세포에게 비교적 적은 수의 유전자를 사용해 훨씬 많은 수의 단백질을 만들 수 있게 하기 때문이다. **그림 3.3**은 이것이 어떻게 일어나는지 보여준다.

최초의 mRNA는 엑손과 인트론을 모두 포함하고 있다. 그 다음에는 mRNA에 스플라이싱splicing(잘라 이음)이 일어나면서 인트론이 제거된다. 하지만 스플라이싱이 일어나는 동안 엑손도 일부 제거될 수 있다. 최종 mRNA에 일부 엑손은 남아 있지만, 나머지 엑손은 삭제된다. 여기서 만들어지는 다양한 단백질은 아주 비슷한 기능을 할 수도 있고, 아주 다를 수도 있다. 세포는 특정 시기에 세포가 해야 하는 일에 따라 또는 받는 신호의 차이 때문에 다양한 단백질을 발현할 수 있다. 만약 유전자를 단백질을 암호화하는 요소로 정의한다면, 이 메커

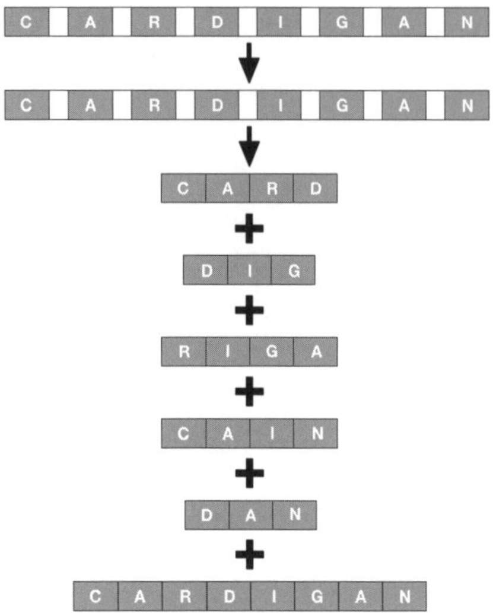

그림 3.3 맨 위에 있는 게 DNA 분자이다. 어두운 색의 박스는 아미노산을 암호화하는 엑손을 나타낸다. 아미노산을 암호화하지 않는 인트론은 흰색 박스로 표시돼 있다. 처음에 DNA가 RNA로 복제될 때(첫 번째 화살표), RNA는 엑손과 인트론을 모두 포함하고 있다. 그러면 세포 기구가 인트론 중 일부 또는 전부를 제거한다(스플라이싱이라 부르는 과정). 이렇게 해서 생겨난 전령 RNA 분자는 같은 유전자를 가지고 다양한 단백질(그림에서 다양한 단어로 표현된)을 암호화할 수 있다. 이 그림에서는 단순하게 하기 위해 모든 인트론과 엑손을 똑같은 크기로 나타냈지만, 실제 크기는 아주 다양하다.

니즘을 사용할 경우 불과 2만여 개의 유전자로 2만 개보다 훨씬 많은 단백질을 암호화할 수 있다.

게놈에 대해 기술할 때마다 우리는 게놈을 기차 선로와 비슷한 2차원적 용어를 사용해 이야기한다. 케임브리지 외곽에 위치한 바브라햄 연구소의 피터 프레이저Peter Fraser 연구팀은 기묘한 연구 결과를 발표했는데, 실제로 일어나는 일은 전혀 그렇지 않다는 것을 보여주었다. 프레이저는 헤모글로빈을 만드는 데 필요한 단백질을 암호화하는 유전자를 연구한다. 알다시피, 헤모글로빈은 온몸에 산소를 실어나르는 적혈구의 빨간색 색소이다. 최종 색소 물질을 만드는 데 필요한 단백질은 그 종류가 아주 많은데, 그 유전자들은 서로 다른 염색체들에 존재한다. 프레이저는 헤모글로빈을 많이 만드는 세포에서는 이 염색체 지역들이 물렁해지고 마치 문어 몸통에서 뻗어나온 촉수처럼 밖으로 뻗어 있다는 사실을 밝혀냈다. 이 물렁한 지역들은 세포핵의 좁은 곳에서 서로 뒤섞여 흐늘거리다가 마침내 서로를 만나게 된다. 이렇게 함으로써 헤모글로빈 색소를 만드는 데 필요한 모든 단백질이 동시에 발현될 확률이 높아진다.[2]

우리 몸에 있는 각 세포는 염기를 약 60억 개 포함하고 있다. 그중에서 약 1억 2000만 개는 단백질을 암호화한다. 1억 2000만 개라면 아주 많아 보이지만, 실제로는 전체 염기 중 겨우 2%에 지나지 않는다. 따라서 우리는 단백질이 세포가 만드는 것 중 가장 중요한 것이라고 생각하지만, 우리 유전체 중 약 98%는 단백질을 암호화하지 않는다.

정작 단백질 합성에 필요한 DNA는 얼마 되지 않는데 우리는 왜 그토록 많은 DNA를 갖고 있는가 하는 질문은 얼마 전까지만 해도 수수께끼로 남아 있었다. 지난 10년 사이에 마침내 그 답을 알아내기 시작했는데, 이것 역시 후성유전 메커니즘을 통해 유전자 발현을 조절하는 것과 관련이 있다. 이제 후성유전의 분자생물학을 살펴볼 차례가 되었다.

4장
우리가 현재 알고 있는 생명

과학에서 중요한 것은 새로운 사실을 알아내는 것이 아니라,
그것에 대해 새롭게 생각하는 방법을 발견하는 것이다.
– 윌리엄 브래그 William Bragg

지금까지 우리는 주로 결과, 즉 후성유전적 사건이 일어났음을 알려주는 것 중 우리가 관찰할 수 있는 것에 초점을 맞춰 살펴보았다. 하지만 생물학적 현상은 모두 물리적인 것에 기반을 두고 있는데, 이 장에서는 바로 이 점에 초점을 맞춰 살펴보려고 한다. 우리가 기술한 후성유전의 산물은 모두 유전자 발현에 변이가 일어난 결과이다. 예를 들면, 망막세포는 방광세포와는 다른 유전자들이 발현된 결과로 생긴 것이다. 그런데 서로 다른 세포들은 어떻게 서로 다른 유전자들의 스위치를 켜거나 끌까?

망막과 방광에서 특수하게 분화한 세포형은 와딩턴의 후성유전학 풍경에서 각각 하나의 골 바닥에 위치한다. 존 거든과 야마나카 신야의 연구는 세포가 이런 골에 머물기 위해 사용하는 메커니즘이 무엇이건, 그것은 세포의 DNA 청사진 변화하고는 아무 관계가 없다는 것을 보여주었다. DNA 청사진은 아무 변화 없이 온전하게 유지된

다. 따라서 특정 유전자 집단을 켜거나 끄는 과정은 다른 메커니즘을 통해 일어나야 하며, 그 메커니즘은 아주 오랫동안 유지될 수 있는 것이어야 한다. 그럴 수밖에 없는 이유는 뇌에 있는 신경세포처럼 일부 세포는 놀랍도록 수명이 길기 때문이다. 예를 들면, 나이가 85세인 사람은 뇌에 있는 신경세포의 나이도 약 85세이다. 이 신경세포들은 그 사람이 아주 어릴 때 만들어져 평생 동안 같은 상태로 유지된다.

하지만 나머지 세포들은 다르다. 피부 바깥층에 있는 표피세포는 피부 조직의 깊은 층에 있는 줄기세포들이 끊임없이 분열해 위로 올라오면서 약 5주일마다 교체된다. 이 줄기세포들은 항상 새로운 피부세포만 만들며, 근육세포 같은 다른 세포를 만들지 않는다. 따라서 특정 유전자 집단을 켜거나 끄도록 하는 체계 역시 세포 분열이 일어날 때마다 모세포에서 딸세포에게 전달되는 메커니즘이어야 한다.

이 사실은 역설을 낳는다. 1940년대 중엽에 오즈월드 에이버리 Oswald Avery와 그 동료들이 한 연구 이후에 과학자들은 우리의 유전 정보를 전달하는 물질은 세포 속에 들어 있는 DNA라는 사실을 분명히 알고 있다. 만약 DNA가 한 개인의 모든 세포들 속에 똑같은 상태로 존재한다면, 어떻게 놀랍도록 정확한 유전자 발현 패턴이 세포 분열이 일어날 때마다 전달될 수 있단 말인가?

여기서는 대본을 읽는 배우 비유를 다시 사용하는 게 좋을 것 같다. 영화 감독 배즈 루어먼이 레오나르도 디카프리오에게 〈로미오와 줄리엣〉 대본을 건네줄 때, 거기에는 감독이 적어넣은 메모(연기와 관련된 지시, 카메라 위치, 그 밖의 많은 기술적 사항)가 많이 붙어 있다. 디카프리오의 대본을 복사할 때마다 루어먼이 추가한 정보 역시 함께 복사된다. 클레어 데인스도 〈로미오와 줄리엣〉 대본을 받았는데, 이 대본에 적힌 추가 정보는 디카프리오의 대본에 적힌 것과 다르지만, 역시 복사할 때마다 온전히 함께 옮겨진다. 후성유전학이 유전자 발현을 조절하는 방식도 이와 같다. 서로 다른 세포들도 똑같은 DNA 청사진(작가가 쓴 원래 대본)을 갖고 있지만, 분자적으로 변형된 지시 사항(촬영 대본)이 많이 추가돼 있으며, 세포 분열이 일어날 때 이것은 모세포에서 딸세포로 전달될 수 있다.

DNA에 일어나는 이러한 변형은 유전자 대본의 A, C, G, T 문자 배열(우리의 청사진)에는 아무 변화도 가져오지 않는다. 한 유전자의 스위치가 켜져 복제되어 mRNA를 만들 때, 그 mRNA는 후성유전적으로 추가된 분자가 있건 없건 상관없이 원래 유전자와 정확하게 똑같은 염기 서열을 가진다. 마찬가지로 세포 분열을 위해 DNA가 복제되어 새로운 염색체가 만들어질 때에도 A, C, G, T 서열은 정확하게 똑같이 복제된다.

후성유전적 변형이 유전자 암호에 아무 변화도 가져오지 않는다면, 도대체 어떤 일을 하는 것일까? 기본적으로 후성유전적 변형은 어떤 유전자가 발현되는 정도에 혹은 유전자의 발현 유무에 극적인 변화를 가져올 수 있다. 후성유전적 변형은 또한 세포가 분열할 때 전달되는데, 이 점은 모세포에서 딸세포로 세대가 변하더라도 유전자 발현을 일관되게 제어할 수 있는 메커니즘을 제공한다. 피부 줄기세포가 피부세포만 더 만들 수 있을 뿐, 다른 종류의 세포는 만들 수 없는 이유는 이 때문이다.

DNA에 포도알 붙이기

최초로 확인된 후성유전적 변형은 DNA 메틸화DNA methylation였다.

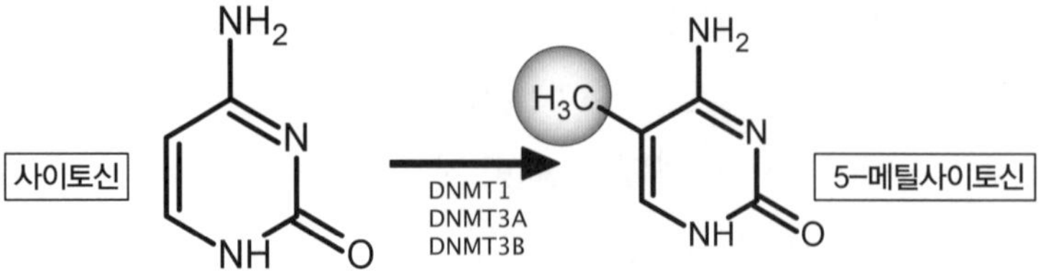

그림 4.1 DNA의 염기인 사이토신과 그것이 후성유전적으로 변형된 형태인 5-메틸사이토신의 화학적 구조. C는 탄소, H는 수소, N은 질소, O는 산소 원자를 각각 나타낸다. 단순성을 위해 일부 탄소 원자는 명시적으로 나타내지 않았지만, 2개 이상의 선이 교차하는 점에는 모두 탄소 원소가 있다.

메틸화는 다른 화학 물질에 메틸기가 첨가되는 것을 말하는데, DNA 메틸화에서는 다른 화학 물질이 바로 DNA이다. 메틸기는 아주 작다. 그 구조는 탄소 원자 하나에 수소 원자 3개가 붙어 있는 것에 불과하다. 화학자들은 분자를 이야기할 때 종종 그 분자량을 함께 표시하는데, 각 원소마다 그 질량(원자량)이 다르기 때문이다. 염기쌍 하나의 평균 분자량은 약 600Da이다.(Da는 생화학이나 분자생물학에서 사용하는 질량 단위인 돌턴dalton을 나타내는데, 탄소-12의 질량을 12돌턴으로 정의한다. 따라서 수소 원자 1개는 1돌턴이다.) 메틸기의 분자량은 15Da에 불과하다. 그러니 염기쌍에 메틸기를 하나 첨가해봤자 그 질량은 겨우 2.5% 증가하는 데 그친다. 테니스 공에 포도알을 하나 붙이는 것과 비슷하다.

그림 4.1은 DNA 메틸화는 화학적으로 어떤 일이 일어나는 것인지 보여준다.

이 그림에 나타낸 염기는 C, 곧 사이토신이다. C는 메틸화가 일어나는 네 가지 DNA 염기 중 하나에 지나지 않으며, 메틸화가 일어나면 5-메틸사이토신이 만들어진다. 여기서 숫자 '5'는 메틸기의 수가 아니라, 고리에서 메틸기가 들러붙는 위치를 나타낸다. 이 메틸화 반응은 우리를 비롯해 대부분의 생물 세포 속에서 일어나는데, 세 효소 DNMT1, DNMT3A, DNMT3B 중 어느 한 효소의 도움을 받아 일어난다. DNMT는 DNA 메틸기 전이 효소DNA methyltransferase를 가리킨다. DNMT는 후성유전학 '작가'—후성유전학 암호를 만드는 효소—에 해당한다. 이 세 효소는 대부분의 시간을 뒤에 G가 붙어 있는 C에 메틸기를 첨가하는 일만 하며 보낸다. G가 뒤에 붙어 있는 C를 CpG라고 한다.

이 CpG 메틸화는 후성유전적 변형인데, 후성유전 표지라고도 부른다. DNA에 '들러붙는' 메틸기는 기본적인 유전자 서열 자체를 변화시키지는 않는다. C는 전혀 변하지 않았으며, 단지 장식물이 들러붙은 것에 불과하다. 변형 규모가 아주 사소한 정도에 그친다는 점을 감안하면, 이 책이나 후성유전학을 논의하는 어떤 곳에서도 DNA 메틸화가 계속 반복적으로 나타난다는 사실이 다소 놀랍게 보일 수 있다. 그 이유는 DNA 메틸화가 유전자가 발현되는 방식에 큰 영향을 미치고, 결국에는 세포와 조직과 전체 몸의 기능에 큰 영향을 미치기 때문이다.

1980년대 초에 포유류 세포에 DNA를 집어넣으면, 주입한 DNA에 포함된 메틸화의 양이 그 DNA가 RNA로 전사되는 정도에 영향을 미친다는 사실이 밝혀졌다. 주입한 DNA의 메틸화 정도가 클수록 전사가 덜 일어났다.[1] 다시 말해서, DNA 메틸화 수준이 높을수록 스위치가 꺼지는 유전자가 많아진다. 하지만 세포에 주입하는 유전자가 아니라, 세포핵에서 정상적으로 발견되는 유전자에 이것이 얼마나 중요한 의미를 지니는지는 분명하게 밝혀지지 않은 채 남아 있었다.

포유류 세포에서 메틸화가 얼마나 중요한 역할을 하는지 밝혀낸 핵심 연구는 에이드리언 버드Adrian Bird의 연구실에서 일어났다. 버드는 와딩턴의 주요 활동 무대였던 에든버러 대학에서 대부분의 경력을 보냈다. 버드는 왕립학회 회원이었고, 영국 과학계에서 큰 영향력을 지닌 독립적 연구 지원 기관인 웰컴재단의 이사를 지낸 적도 있었다. 그는 어느 모로 보나 전통적인 영국인 과학자였다. 즉, 절제된 행동과 조용조용한 어투에 수수한 모습을 보이면서도 은근히 재미있는 구석이 있는 과학자였다. 전혀 잘난 체하지 않는 태도는 국제적 명성과는 아주 대조적인데, 국제 과학계에서 그는 DNA 메틸화의 대부代父로, 그리고 DNA 메틸화가 유전자 발현을 조절하는 데 어떤 역할을 하는

지 밝혀낸 사람으로 널리 인정받고 있기 때문이다.

1985년, 버드는 〈셀〉에 중요한 논문을 발표했는데, 대부분의 CpG 모티프motif(단백질이나 DNA 서열에서 반복적으로 나타나는 짧은 패턴)가 유전체 전체에 무작위적으로 분포하지 않음을 보여주었다. 대신에 CpG 염기쌍 중 대다수는 특정 유전자들의 윗부분, 즉 프로모터 지역에 집중돼 있었다.[2] 프로모터는 유전체에서 DNA 전사 복합체가 들러붙어 DNA를 복제함으로써 RNA를 만들기 시작하는 부분이다. CpG 모티프가 많이 모여 있는 지역을 CpG 섬이라 부른다.

단백질을 암호화하는 유전자 중 약 60%는 프로모터가 CpG 섬에 존재한다. 이 유전자들이 활성화될 때, CpG 섬의 메틸화 수준은 낮다. CpG 섬은 유전자들의 스위치가 꺼질 때에만 메틸화가 증가하는 경향이 있다. 종류가 다른 세포들은 서로 다른 유전자가 발현되므로, CpG 섬의 메틸화 패턴이 세포의 종류에 따라 다르다는 사실은 전혀 놀라운 일이 아니다.

이 관계가 무엇을 의미하는지를 놓고 한동안 많은 논쟁이 벌어졌다. 그것은 원인과 결과를 둘러싼 논쟁이었다. 한 해석은 DNA 메틸화가 본질적으로 역사적 변형이라고 주장했다. 즉, 유전자가 알 수 없는 어떤 메커니즘에 의해 억제되었고, 그러고 나서 DNA가 메틸화되었다고 본다. 이 모형에 따르면, DNA 메틸화는 유전자 억제 때문에 나타난 하나의 결과에 지나지 않는다. 또 다른 해석은 CpG 섬이 메틸화되는 일이 일어나고, 이 메틸화가 유전자의 스위치를 끈다고 주장했다. 이 모형에 따르면, 후성유전적 변형은 실제로 유전자 발현에 변화를 가져오는 원인이다. 아직도 이 문제를 놓고 가끔 논쟁이 벌어지긴 하지만, 해당 분야의 대다수 과학자들은 이제 에이드리언 버드의 논문이 나오고 나서 25년 동안 축적된 데이터가 두 번째 해석, 즉

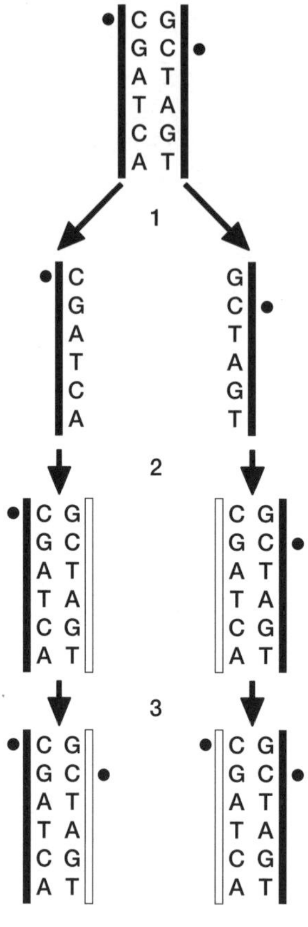

그림 4.2 이 그림은 DNA가 복제될 때, DNA 메틸화가 어떻게 보존되는지 보여준다. 그림에서 검은색 원은 메틸기를 나타낸다. 1단계에서 모세포의 DNA 이중 나선이 분리되고, 2단계에서 DNA 가닥이 복제된 뒤, 새로 생긴 가닥들을 DNA 메틸기 전이 효소(DNMT1)가 점검한다. DNMT1은 DNA 분자의 한 가닥 중 어느 사이토신 모티프에 붙어 있는 메틸기가 새로 합성된 가닥의 그 위치에 있는 것과 일치하는지 일치하지 않는지 인식할 수 있다. DNMT1은 새로운 가닥의 그 사이토신에 메틸기를 옮긴다(3단계). 이 과정은 CpG 모티프에서 C와 G가 서로 나란히 있는 장소에서만 일어난다. 이 과정은 DNA와 복제와 세포 분열이 일어난 뒤에도 DNA 메틸화 패턴이 계속 유지되도록 한다.

인과 모형의 손을 들어준다고 믿는다. 대부분의 상황에서 어떤 유전자가 발현되려고 할 때 CpG 섬에 메틸화가 일어나면, 그 유전자의 스위치가 꺼진다.

버드는 DNA 메틸화가 어떻게 유전자의 스위치를 끄는지에 대한 연구도 계속 해나갔다. 그는 DNA가 메틸화될 때, MeCP2(Methyl CpG binding protein 2, 메틸 CpG 결합 단백질 2)라는 단백질이 들러붙는다는 사실을 입증했다.[3] 그런데 이 단백질은 메틸화가 일어나지 않은 CpG 모티프에는 들러붙지 않는데, **그림 4.1**에서 메틸화가 일어난 사이토신과 메틸화가 일어나지 않은 사이토신의 형태가 얼마나 비슷한지 감안하면, 이것은 아주 놀라운 사실이다. 메틸기를 DNA에 첨가하는 효소는 후성유전학 암호 작가로 묘사돼왔다. MeCP2는 DNA에 어떤 변경 사항도 추가하지 않는다. MeCP2가 담당하는 역할은 세포에게 DNA 지역에 일어난 변형을 해석할 수 있도록 하는 것이다. MeCP2는 후성유전학 암호를 읽는 '판독기'에 해당한다.

일단 MeCP2가 유전자 프로모터의 5-메틸사이토신에 들러붙으면, 상당히 많은 일을 하는 것처럼 보인다. MeCP2는 그 유전자의 스위치를 끄는 데 도움을 주는 다른 단백질들도 끌어들인다.[4] 또한, DNA 전사 기구가 유전자 프로모터에 들러붙지 않도록 하는지도 모르는데, 그럼으로써 mRNA 전령 분자가 생겨나지 않게 한다.[5] 유전자와 그 프로모터에 메틸화가 심하게 일어난 곳에 MeCP2가 들러붙는 것은 염색체의 그 지역을 영구적으로 폐쇄하는 과정의 일부인 것처럼 보인다. 그러면 DNA가 아주 심하게 돌돌 말리고, 유전자 전사 기구는 염기쌍에 접근할 수 없어 mRNA를 만들지 못한다.

이것은 DNA 메틸화가 그토록 중요한 역할을 하는 이유 중 하나이다. 나이 많은 사람의 뇌에 있는 신경세포의 나이가 85세나 된다고 한 이야기를 기억하는가? DNA 메틸화가 80년이 넘는 세월 동안 유전체의 특정 지역을 놀랍도록 심하게 압축된 상태로 유지함으로써 신경세포는 특정 유전자를 완전히 억제할 수 있다. 뇌세포가 절대로 헤모글로빈이나 소화 효소를 만들지 않는 이유는 이 때문이다.

하지만 다른 상황은 어떻게 설명할 수 있을까? 예컨대, 피부 줄기세포는 아주 자주 분열하지만, 뼈 같은 다른 종류의 세포를 만들지 않고 항상 새로운 피부세포만 만든다. 이 상황에서는 DNA 메틸화 패턴이 모세포에서 딸세포로 전달된다. DNA 이중 나선 두 가닥이 분리될 때, 각각의 가닥은 3장에서 설명한 염기 짝짓기 원리에 따라 복제된다. **그림 4.2**는 CpG의 C가 메틸화되는 지역에서 이러한 복제가 일어날 때 어떤 일이 일어나는지 보여준다.

DNMT1은 어떤 CpG 모티프가 한 가닥에서만 메틸화가 일어났을 경우 그것을 알아챌 수 있다. 이런 불균형을 발견한 DNMT1은 새로 복제된 가닥에서 '사라진' 메틸화를 교체한다. 따라서 딸세포는 모세포와 동일한 DNA 메틸화 패턴을 갖게 된다. 그 결과, 딸세포는 모세포와 똑같은 유전자들을 억제하고, 피부세포는 계속 피부세포로 남게 된다.

유튜브에 나타난 기적의 생쥐

후성유전학은 과학자들이 전혀 예상하지 않은 장소에 불쑥 나타나는 경향이 있다. 최근에 일어난 아주 흥미로운 사례는 DNA 메틸화 표지를 읽는 단백질인 MeCP2와 관련이 있다. 지금은 폐기되었지만, 몇 년 전에 MMR 백신(홍역measles, 유행성 이하선염mumps, 풍진rubella의

혼합 백신)이 자폐증을 일으킨다는 가설이 큰 주목을 끌며 대중 매체에 많이 소개된 적이 있었다. 영국의 한 유명한 신문은 한 소녀의 비극적인 이야기를 심층 보도했다. 이 소녀는 어린 아기일 때 모든 면에서 정상적인 발달 단계를 거쳤다. 하지만 첫돌을 맞이하기 조금 전에 MMR 백신 주사를 맞고 나서 급속하게 상태가 나빠져 그동안 습득했던 기술을 대부분 잃었다. 이 기사가 실릴 무렵에 그 소녀는 만 네 살이었는데, 기자는 자신이 본 것 중 가장 심각한 자폐증 증상이 나타났다고 묘사했다. 소녀는 언어 능력이 발달하지 못했고, 아주 심각한 학습 장애가 있었으며, 행동은 매우 제한적이고 반복적이었으며, 어떤 목적을 가진 손 동작을 거의 하지 못했다.(예컨대 음식을 향해 손을 뻗지도 못했다.) 이 심각한 장애가 소녀와 가족에게 엄청난 비극이었음은 두말할 나위도 없다.

하지만 신경유전학을 좀 아는 독자가 이 기사를 읽었더라면, 머릿속에 즉각 두 가지 사실이 떠올랐을 것이다. 첫째, 여자 아이에게 그렇게 심한 자폐증이 나타나는 일은 극히 이례적이다.(물론 그런 사례가 전혀 없는 것은 아니지만, 극히 드물다.) 자폐증은 남자 아이에게 훨씬 많이 나타난다. 둘째, 이 사례는 초기의 발달이 정상적이었다는 사실과 증상이 나타난 시기와 종류에 이르기까지 희귀한 유전 질환인 레트 증후군Rett syndrome과 너무나도 흡사하다. 레트 증후군과 자폐증 증상이 아이들이 MMR 백신 접종을 받는 시기와 겹치는 것은 그저 우연의 일치일 뿐이다.

하지만 이 사례가 후성유전학과 무슨 관계가 있을까? 1999년, 텍사스 주 휴스턴에 있는 베일러 의학대학원의 유명한 신경유전학자 휴다 조그비Huda Zoghbi는 레트 증후군 사례 중 대부분은 *MeCP2*에 일어난 돌연변이가 그 원인임을 밝혔다. *MeCP2*는 메틸화된 DNA 판독기를 암호화하는 유전자이다. 이 장애가 나타나는 아이는 *MeCP2* 유전자에 돌연변이가 있는데, 이 때문에 제 기능을 하는 MeCP2 단백질을 만들지 못한다. 이 아이의 세포들은 DNA 메틸화가 완벽하게 일어나지만, 세포들이 이 후성유전 암호를 제대로 판독하지 못한다.

MeCP2 돌연변이를 가진 아이들에게 나타나는 심각한 임상 증상은 후성유전 암호를 제대로 판독하는 게 얼마나 중요한지 알려준다. 그런데 그것 말고도 알려주는 게 또 있다. 레트 증후군이 나타나는 여자 아이의 모든 조직이 똑같은 영향을 받지는 않는데, 따라서 어쩌면 이 특별한 후성유전 경로는 다른 조직보다 일부 조직에 더 중요할지 모른다. 레트 증후군이 나타나는 여자 아이는 심한 정신 지체도 함께 나타나기 때문에, 뇌에 정상 MeCP2 단백질이 적정량 존재하는 것이 아주 중요하다는 결론을 얻을 수 있다. 간이나 신장 같은 다른 조직은 거의 영향을 받지 않는다는 사실로 미루어보아, 이 조직들에서는 MeCP2의 활동이 별로 중요하지 않을지 모른다. 그것은 이 조직들에서는 DNA 메틸화가 별로 중요하지 않아서일 수도 있고, 이 조직들에 MeCP2 외에도 이 후성유전 암호를 판독할 수 있는 다른 단백질이 들어 있기 때문일 수도 있다.

장기적으로 과학자와 의사, 레트 증후군 자녀를 둔 가족은 이 질병에 대한 지식을 사용해 더 나은 치료법을 발견하길 간절히 바랄 것이다. 이것은 아주 어려운 도전 과제인데, 발달 과정 내내 그리고 그 이후에도 존재하는 유전자 돌연변이의 결과가 뇌에 영향을 미치는 조건에 개입해야 하기 때문이다.

레트 증후군의 심각한 증상 중 하나는 심한 정신 지체로, 이것은 거의 보편적으로 나타나는 증상이다. 정신 지체 같은 신경 발달 문제가 일단 나타나면, 그것을 되돌리는 것이 가능한지 분명히 아는 사람은 아무도 없었지만, 이 문제를 대하는 일반적인 분위기는 결코 낙관적이지 않았다. 버드는 이 이야기에서 여전히 주인공으로 남아 있다. 2007년에 버드는 〈사이언스〉에 놀라운 논문을 발표했는데, 동료들과 함께 생쥐를 사용한 모형에서 레트 증후군을 되돌릴 수 있음을 보여주었다.

버드와 그 동료들은 *MeCP2* 유전자를 비활성화시킨 클론 생쥐 계통을 만들었다. 그들은 루돌프 예니슈가 개발한 기술을 사용했다. 이 생쥐들은 심각한 신경학적 증상이 나타났으며, 어른이 되고 나서도 정상적인 행동을 거의 보이지 않았다. 만약 정상 생쥐를 커다란 흰색 상자 가운데에 놓아두면, 생쥐는 즉각 주변을 탐색하기 시작한다. 이리저리 돌아다니고, 집에 사는 정상 생쥐가 굽도리널을 따라 달려가는 것과 마찬가지로 상자 가장자리를 따라 이동하며, 또 주변을 잘 보려고 뒷발로 자주 일어서기도 한다. 하지만 *MeCP2* 돌연변이가 있는 생쥐는 이런 행동을 거의 보이지 않는다. 커다란 흰색 상자 가운데에 놓아두면, 그냥 그 자리에 가만히 머문다.

버드는 *MeCP2* 돌연변이로 자신의 생쥐 계통을 만들 때, 그 생쥐들이 정상 *MeCP2* 유전자도 가지도록 설계했다. 하지만 이 정상 *MeCP2* 유전자는 침묵을 지켰다. 즉, 생쥐의 세포들에서 스위치가 켜지지 않았다. 이 실험에서는 아주 기발한 방법을 사용했는데, 생쥐에게 해가 없는 특정 화학 물질을 투여함으로써 정상 *MeCP2* 유전자를 활성화시키는 결과를 유도했다. 그 덕분에 과학자들은 세포에 MeCP2가 전혀 없는 상태로 생쥐를 발달하고 성장하게 한 뒤에, 원하는 시기에 *MeCP2* 유전자의 스위치를 켤 수 있었다.

MeCP2 유전자의 스위치가 켜진 결과는 아주 놀라웠다. 전에는 커다란 흰색 상자 가운데에 가만히 앉아 있던 생쥐가 갑자기 정상 생쥐

처럼 호기심 많은 탐험가로 변했다.[6] 원하는 독자는 유튜브에서 그토록 극적인 결과는 꿈에도 기대하지 않았다고 인정하는 버드의 인터뷰와 함께 이 생쥐 실험을 보여주는 클립을 찾아볼 수 있다.[7]

이 실험이 중요한 이유는 정말로 복잡한 신경학적 상태에 대해 새로운 치료법을 발견할 수 있다는 희망을 주기 때문이다. 〈사이언스〉에 이 논문이 발표되기 이전에는 복잡한 신경학적 상태가 일단 발달하면 되돌리기가 불가능하다고 생각했다. 이것은 특히 발달 중에, 즉 자궁 속이나 유아 시절에 일어나는 어떤 상태에도 적용된다고 생각했다. 이 시기는 포유류의 뇌가 나머지 생애 동안 사용할 연결과 구조를 아주 많이 만드는 결정적 시기이다. *MeCP2* 돌연변이 생쥐에게서 얻은 결과에 따르면, 레트 증후군의 경우 신경이 정상적으로 기능을 발휘하는 데 필요한 모든 세포 기구가 여전히 뇌에 남아 있을 가능성이 높다—그것들은 단지 적절한 활성화가 일어나기만 기다리고 있다. 만약 사람의 경우도 마찬가지라면(사실, 뇌의 수준으로 본다면, 우리와 생쥐 사이에 아주 큰 차이가 있는 것은 아니다), 이것은 정신 지체처럼 복잡한 상태를 되돌릴 수 있는 치료법을 개발하는 게 가능하다는 희망을 준다. 물론 생쥐를 대상으로 실험한 것과 같은 방식으로 치료법을 개발할 수는 없겠지만(그것은 사람이 아닌 실험 동물에게만 사용할 수 있는 방법이기 때문에), 연구 결과는 비슷한 효과를 나타내는 적절한 약을 개발하려고 노력할 가치가 있음을 시사한다.

DNA 메틸화가 정말로 중요하다는 사실은 명백하다. DNA 메틸화를 판독하는 기능에 결함이 있으면, 복잡하고 심각한 신경 장애를 초래하여 레트 증후군이 있는 아이는 평생 동안 심각한 장애 상태로 살아가야 한다. DNA 메틸화는 종류가 다른 세포들에서 유전자가 발현되는 패턴을 정확하게 유지하는 데에도 꼭 필요하다. 수명이 긴 신경세포의 경우에는 수십 년 동안, 그리고 피부처럼 끊임없이 교체되는 조직에서는 줄기세포의 모든 딸세포들이 생겨날 때마다 그 패턴이 정확하게 유지되어야 한다.

하지만 아직도 개념적 문제가 하나 남아 있다. 신경세포는 피부세포와 아주 다르다. 만약 두 종류의 세포가 모두 DNA 메틸화를 사용해 특정 유전자의 스위치를 끄고, 스위치가 꺼진 상태를 계속 유지한다면, 서로 다른 유전자 집단들에 DNA 메틸화를 사용해야 한다. 그렇게 하지 않는다면, 두 종류의 세포는 똑같은 유전자들을 똑같은 정도로 발현시킬 것이고, 각각 신경세포와 피부세포가 되는 대신에 똑같은 종류의 세포가 되고 말 것이기 때문이다.

두 종류의 세포가 똑같은 메커니즘을 사용해 서로 다른 결과물을 만들어내야 하는 문제를 해결하려면, 각각의 세포는 유전체 중 서로 다른 지역을 DNA 메틸화의 표적으로 삼아야 한다. 이것은 우리를 분자후성유전학의 두 번째 영역으로 안내하는데, 그것은 바로 단백질이다.

DNA의 친구

DNA는 흔히 벌거벗은 분자인 것처럼 묘사된다. 즉, DNA는 DNA 자체로 독립적으로 존재할 뿐, 다른 것이 전혀 섞여 있지 않은 것처럼 묘사된다. 만약 이것을 마음속에서 시각화한다면, DNA 이중 나선은 아주 길고 구불구불한 철도처럼 보일 것이다. 이것은 앞장에서 묘사한 모습과 흡사하다. 하지만 실제 DNA는 전혀 그렇게 생기지 않았는데, 후성유전학 분야에서 일어난 위대한 업적 중 많은 것은 바로 과

그림 4.3 히스톤들이 촘촘하게 쌓인 히스톤 팔합체(H2A, H2B, H3, H4가 각각 두 분자씩 모인 것)와 그 주위를 감고 있는 DNA가 염색질의 기본 단위인 뉴클레오솜을 만든다.

학자들이 이 사실을 제대로 이해하기 시작할 무렵에 나왔다.

DNA는 단백질과 밀접한 관계에 있는데, 그중에서도 특히 히스톤histone이라는 단백질과는 아주 긴밀한 관계에 있다. 현재 후성유전학과 유전자 조절 연구에서는 H2A, H2B, H3, H4라는 네 가지 히스톤 단백질에 관심을 집중하고 있다. 이 히스톤들은 접혀서 치밀한 공 모양을 이루고 있기 때문에 '구상球狀' 구조를 갖고 있다. 하지만 각각의 히스톤은 공에서 유연한 아미노산 사슬이 하나 삐죽 튀어나와 있는데, 이것을 히스톤 꼬리라고 부른다. 이 네 가지 히스톤이 각각 2개씩 복제된 것이 함께 모여 히스톤 팔합체八合體(히스톤 8개가 모인 것이어서 이렇게 부른다)라는 촘촘한 구조를 만든다.

히스톤 팔합체의 구조는 탁구공 8개가 두 층으로 쌓인 모습으로 상상하면 된다. DNA는 마치 기다란 끈 모양의 감초 사탕이 마시멜로를 휘감은 것처럼 이 단백질 구조 주위를 코일처럼 촘촘하게 감아 뉴클레오솜nucleosome이라는 구조를 만든다. 각각의 뉴클레오솜 주위에는 DNA 염기쌍 147개가 코일처럼 감겨 있다. **그림 4.3**은 뉴클레오솜의 구조를 아주 단순하게 나타낸 것인데, 하얀 가닥은 DNA이고, 회색 돼지 꼬리는 히스톤 꼬리이다.

만약 불과 15년 전에 히스톤에 대해 뭔가 읽은 게 있다면, 필시 그것은 '포장 단백질packaging protein'로 묘사되었을 테고, 더 이상의 언급은 없었을 것이다. DNA가 어떻게든 포장되어야 한다는 것은 분명하다. 세포핵의 지름은 대개 10미크론(100분의 1mm)인데, 만약 한 세포 안에 든 DNA를 모두 쫙 펼쳐 그 길이를 모두 더한다면, 약 2m에 이를 것이다. DNA는 히스톤 팔합체 주위에 촘촘하게 감겨 있고, 히스톤들은 서로의 위에 촘촘하게 쌓여 있다.

염색체 중 어떤 지역들에는 거의 항상 이런 종류의 구조가 극단적

형태로 존재한다. 이 지역들은 유전 암호를 만드는 데 전혀 관여하지 않는 경향이 있다. 대신에 염색체 말단처럼 구조를 지탱하는 지역이거나 세포 분열을 위해 DNA가 복제된 뒤에 염색체를 분리하는 데 중요한 역할을 하는 지역이다.

메틸화가 아주 많이 일어난 DNA 지역도 이렇게 과도하게 응축된 구조를 갖고 있으며, 메틸화는 이러한 배열을 확립하는 데 아주 중요하다. 이것은 신경세포처럼 수명이 긴 종류의 세포에서 특정 유전자의 스위치를 수십 년 동안 계속 꺼진 상태로 유지하는 데 사용되는 메커니즘 중 하나이다.

하지만 촘촘하게 밀집되지 않은 지역들, 즉 스위치가 켜지는 유전자들이 있거나 켜질 잠재력을 지닌 유전자들이 있는 지역들은 어떨까? 히스톤이 정말로 중요한 작용을 하는 곳이 바로 이곳이다. 히스톤은 단순히 그 주위에 DNA를 감는 분자 실패 역할만 하는 게 아니다. 만약 DNA 메틸화가 우리의 〈로미오와 줄리엣〉 대본에 추가된 반영구적 메모라면, 히스톤 변형은 그보다 더 일시적인 메모에 해당한다. 그것은 몇 번 복사할 때까지는 살아남지만 결국에는 사라지고 마는 연필 자국과 비슷한 것이다. 심지어 포스트잇 메모처럼 아주 짧은 시간 동안만 사용될 수도 있다.

이 분야에서 일어난 획기적인 업적 중 많은 것은 뉴욕 시에 있는 록펠러 대학의 데이비드 앨리스David Allis 교수 연구실에서 나왔다. 늘씬하고 단정하며 늘 수염을 깨끗이 깎은 모습을 보여주는 미국인인 앨리스는 실제 나이인 60세보다 훨씬 젊어 보이며, 동료들 사이에서 예외적으로 인기가 많다. 많은 후성유전학자처럼 그도 발생생물학 분야에서 경력을 시작했다. 에이드리언 버드와 존 거든과 마찬가지로 앨리스도 후성유전학 분야에서 얻은 명성을 대수롭지 않게 여긴다. 그

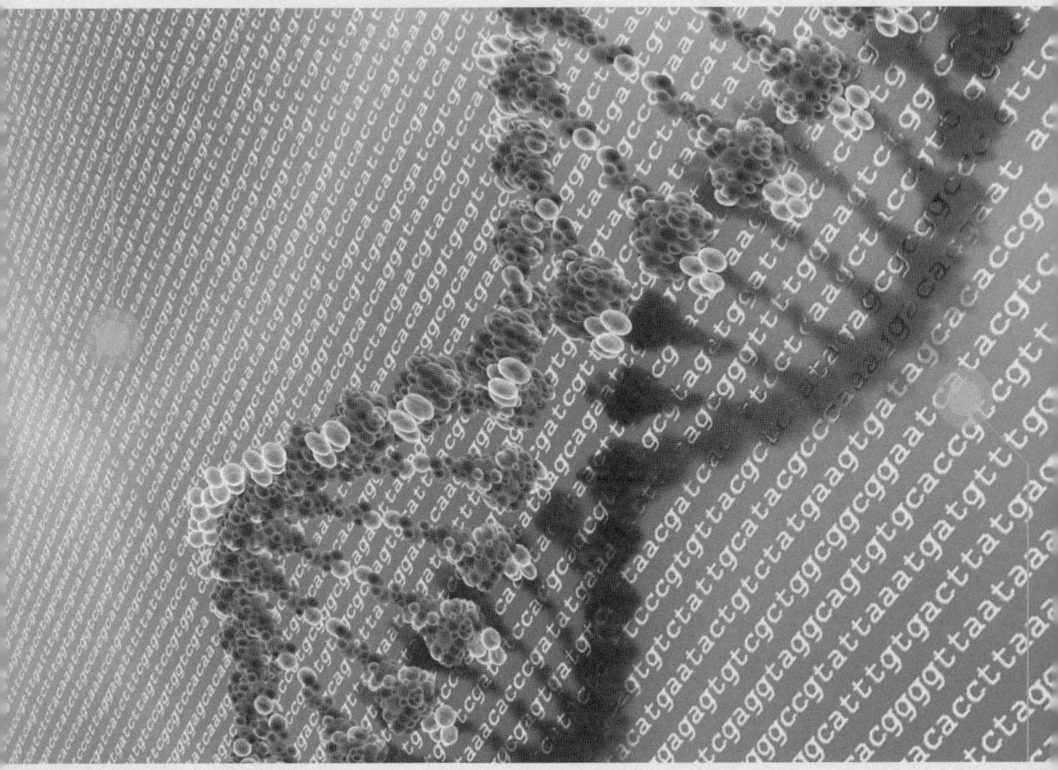

DNA 메틸화와 히스톤 변형은 유전자 서열을 변화시키지 않으면서 유전자 발현에 변화를 가져오는 후성유전학적 메커니즘이다.

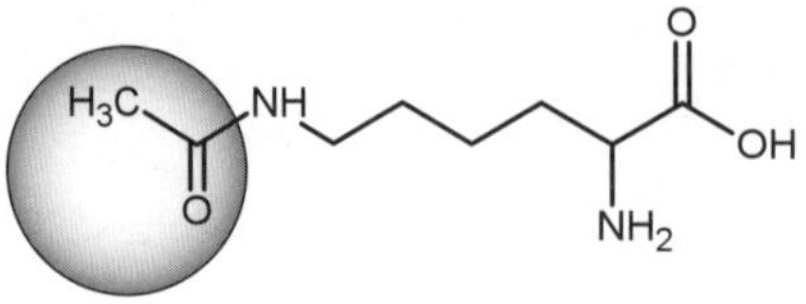

아세틸-라이신

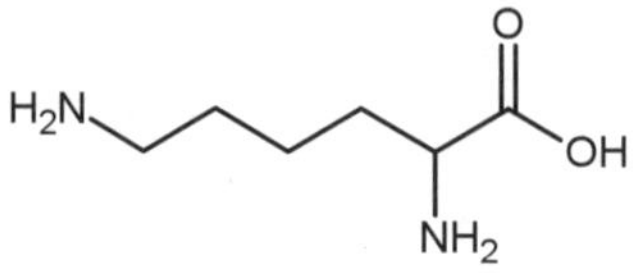

라이신

그림 4.4 아미노산인 라이신과 그것이 후성유전적으로 변형된 형태인 아세틸-라이신의 화학적 구조. C는 탄소, H는 수소, N은 질소, O는 산소 원자를 나타낸다. 단순성을 위해 일부 탄소 원자는 명시적으로 표시하지 않았지만, 2개 이상의 선이 교차하는 점에는 모두 탄소 원자가 있다.

는 1996년에 동료들과 함께 소나기처럼 쏟아낸 논문들에서 히스톤 단백질이 세포 속에서 화학적으로 변형되며, 이러한 변형은 변형이 일어난 특정 뉴클레오솜 가까이에 있는 유전자의 발현을 증가시킨다는 것을 보여주었다.[8]

앨리스가 확인한 히스톤 변형은 아세틸화acetylation라 부르는 것이다. 아세틸화는 아세틸기가 첨가되는 것으로, 이 경우에는 한 히스톤의 꼬리에 있는 라이신이라는 특정 아미노산에 아세틸기가 들러붙는다. **그림 4.4**는 라이신과 아세틸-라이신의 구조를 보여주는데, 여기서도 변형 정도가 비교적 작다는 것을 볼 수 있다. DNA 메틸화와 마찬가지로 라이신 아세틸화도 유전자 서열을 변화시키지 않으면서 유전자 발현에 변화를 가져오는 후성유전학적 메커니즘이다.

그래서 1996년 당시에는 아주 그럴듯한 단순한 이야기가 있었다. DNA 메틸화는 유전자의 스위치를 끄고, 히스톤 아세틸화는 유전자의 스위치를 켠다는 것이었다. 하지만 유전자가 발현되는 과정은 단순히 유전자의 스위치가 켜지거나 꺼지는 것으로 모든 게 결정되는 게 아니라, 훨씬 더 미묘하게 일어난다. 유전자 발현은 토글 스위치(아래위로 젖힘으로써 켜지거나 꺼지는 방식의 스위치)처럼 작동하는 경우가 드물다. 그것은 오히려 재래식 라디오에 붙어 있는 볼륨 다이얼에 더 가깝다. 따라서 히스톤 변형이 단 한 가지만 있는 게 아니라는 사실이 밝혀진 것은 전혀 놀라운 일이 아니다. 앨리스의 최초 연구가 나온 이후에 앨리스를 비롯해 여러 연구팀이 히스톤 단백질에 일어나는 후성유전적 변형이 50가지 이상이나 된다는 사실을 확인했다.[9] 이러한 변형들은 모두 유전자 발현에 변화를 가져오지만, 항상 똑같은 방식의 변화를 가져오지는 않는다. 어떤 히스톤 변형은 유전자 발현을 촉진하는 반면, 어떤 히스톤 변형은 유전자 발현을 억제한다. 히스톤 변형 패턴을 히스톤 코드histone code라고 부른다.[10] 후성유전학자들이 직면한 문제는 이것이 판독하기가 아주 어려운 암호라는 점이다.

염색체를 아주 큰 크리스마스 트리 줄기라고 상상해보자. 나무 전체에서 뻗어나온 가지들은 히스톤 꼬리인데, 여기에 후성유전적 변형을 장식물처럼 달 수 있다. 마침 자주색 방울이 있는데, 그것을 일부 가지에 1개나 2개 혹은 3개를 달 수 있다. 또 초록색 고드름 장식도 있어서 일부 가지에 이것을 1개 또는 2개를 달 수 있는데, 가지 중에는 이미 자주색 방울이 달린 것도 있다. 이번에는 빨간 별을 달려고 집어들었는데, 옆가지에 자주색 방울이 달려 있는 가지에는 빨간 별을 달 수 없다는 규칙을 지켜야 한다고 하자. 또, 황금빛 눈송이와 초록색 고드름은 같은 가지에 달 수 없다고 한다. 이런 식으로 갈수록 규칙과 패턴이 점점 더 복잡해진다. 마침내 우리는 장식물을 모두 다 달고, 트리 주위에 전구들을 휘감는다. 전구들은 각각의 유전자에 해당한다. 마술 같은 소프트웨어 프로그래밍을 통해 각 전구의 밝기는 그 부근에 있는 장식물들의 정확한 구조에 따라 결정된다고 하자. 크리스마스 트리에 달린 장식물들의 패턴이 너무나도 복잡하기 때문에, 거의 모든 전구의 밝기를 정확하게 예측하려면 큰 어려움이 따를 것이다.

현재 과학자들이 처한 상황이 바로 이와 비슷한데, 그 다양한 히스톤 변형들의 모든 조합이 함께 작용해 유전자 발현에 어떤 영향을 미치는지 예측해야 하기 때문이다. 대개의 경우 개개의 변형이 어떤 효과를 낳는지는 분명하지만, 많은 변형들의 복잡한 조합이 어떤 결과를 낳는지 정확하게 예측하는 것은 현재로서는 불가능하다.

현재 히스톤 코드를 이해하는 방법을 알아내기 위해 많은 노력을 기울이고 있는데, 전 세계의 많은 연구실은 가장 빠르고 복잡한 기술을 사용해 이 문제를 해결하기 위해 서로 협력하거나 경쟁하고 있다. 이런 노력을 기울이는 이유는 비록 지금은 히스톤 코드를 적절히 판독할 수 없더라도, 히스톤 코드가 아주 중요하다는 사실을 이해할 만큼 충분히 많은 것을 알아냈기 때문이다.

더 나은 쥐덫 만들기

중요한 증거 중 일부는 훌륭한 후성유전학자들이 많이 나온 분야인 발생생물학에서 나왔다. 앞에서 이미 설명했듯이, 단세포 접합자가 분열을 하면 딸세포들이 아주 빨리 각자 별개의 기능을 수행하기 시작한다. 눈에 띄는 첫 번째 사건은 초기 배아 세포들이 속세포덩이(ICM)와 영양세포층으로 갈라져 나가는 것이다. 특히 속세포덩이 세포들은 분화하면서 점점 더 많은 종류의 세포를 만들기 시작한다. 후성유전학 풍경에서 이렇게 세포들이 굴러가는 상황은 대체로 자기 영속계self-perpetuating system라고 할 수 있다.

이 단계에서 꼭 알아야 할 핵심 개념은 유전자 발현과 후성유전적 변형의 파동이 서로에게서 유래한다는 것이다. 1960년대 초에 처음 출시된 이래 지금도 계속 판매되고 있는 쥐덫Mousetrap 게임이 적절한 비유를 제공한다. 플레이어는 게임을 하는 동안 엄청나게 복잡한 쥐덫을 만들어야 한다. 쥐덫은 한쪽 끝에서 공을 보내는 단순한 행동으로 작동한다. 공은 미끄럼틀, 툭 차는 부츠, 계단, 다이빙 보드에서 점프를 하는 남자(다이버)를 비롯해 온갖 종류의 장치를 통과하며 내려간다. 모든 것이 제대로 협력하면, 우스꽝스러운 전체 장치가 완벽하게 작동하여 장난감 생쥐가 그물 안에 갇히게 된다. 하지만 장치 중

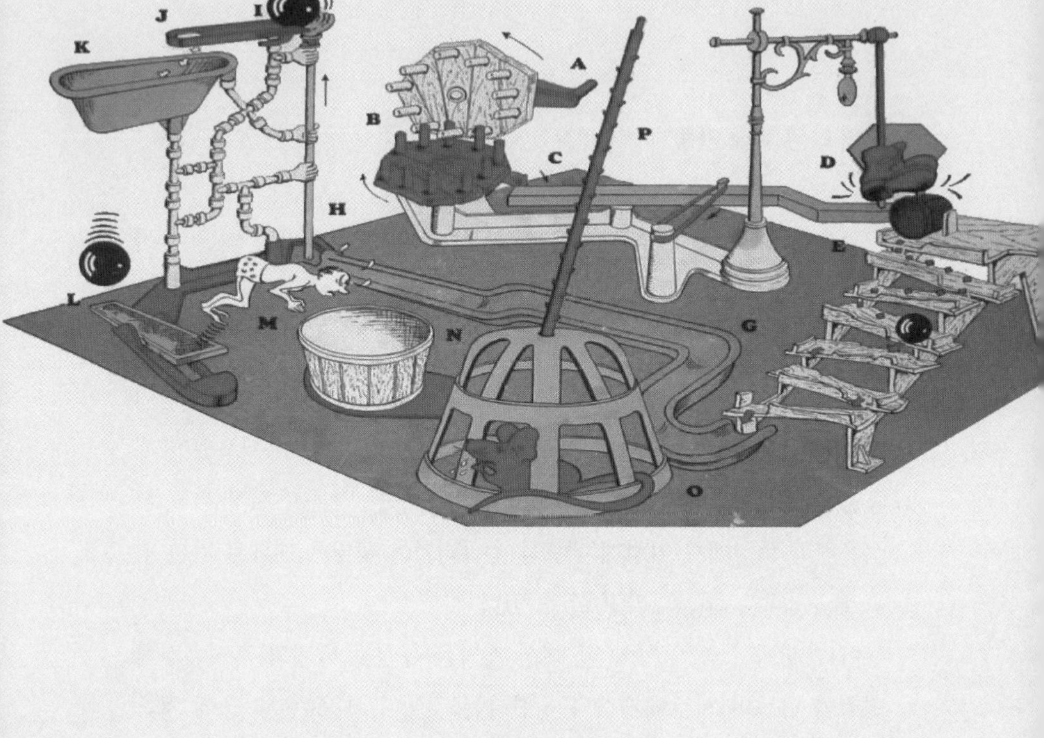

발생하는 배아는 쥐덫 게임과 같다. 장치들을 서로 결합하는 방식이나 공이 굴러가는 방식이 조금만 달라져도 쥐덫이 제대로 작동하지 않을 수 있다.

하나가 조금만 잘못 배치되더라도, 이 복잡한 순서에 따라 작동하던 전체 장치는 요동치다가 멈춰서고 쥐덫은 작동하지 않는다.

발생하는 배아는 쥐덫 게임과 같다. 접합자에는 특정 단백질들이 이미 들어 있는데, 주로 난자의 세포질에서 온 것이다. 난자에서 유래한 이 단백질들은 세포핵으로 들어가 표적 유전자에 들러붙어 유전자의 발현을 조절한다. 이 표적 유전자를 쥐덫 게임의 용어를 빌려 '*부츠*'라고 부르자. 단백질들은 또한 선택된 일부 후성유전 효소를 '*부츠*' 유전자로 끌어들인다. 이 후성유전 효소들 역시 난자의 세포질에서 '기증'받은 것일 수 있는데, 이 효소들은 염색질의 DNA와 히스톤 단백질들에 더 오래 지속되는 변형을 일으킴으로써 역시 '*부츠*' 유전자들의 스위치가 켜지거나 꺼지는 방식에 영향을 미친다. '부츠' 단백질은 '*다이버*' 유전자에 들러붙어 이 유전자의 스위치를 켠다. '*다이버*' 유전자 중 일부는 후성유전 효소를 암호화할 수 있으며, 이 효소들은 '*미끄럼틀*' 유전자 가족 구성원들에 들러붙는 복합체를 만들며, 이런 과정이 계속 이어진다. 유전 단백질과 후성유전 단백질은 '쥐덫' 게임에서 일단 공이 굴러가기 시작한 뒤에 일어나는 사건들처럼 아주 정확하게 맞물리며 질서정연하게 협력한다. 가끔 세포에서 아주 미묘하게 균형 잡힌 문턱값에 그 발현 여부가 달려 있는 핵심 인자를 조금 많이 혹은 조금 적게 발현하는 일이 일어날 수 있다. 이것은 마치 '쥐덫' 게임 20개를 서로 연결시킨 것처럼 세포가 나아갈 발생 경로를 변경시킬 만한 잠재력이 있다. 장치들을 서로 결합하는 방식이나 결정적 순간에 공이 굴러가는 방식이 조금만 달라지더라도, 쥐덫 하나는 작동하는 반면, 다른 하나는 작동하지 않을 수 있다.

비유에 등장한 이름들은 만들어낸 것이지만, 이 비유는 실제 사례에 그대로 적용할 수 있다. 배아 발생 초기 단계에 작용하는 핵심 단백질 중 하나는 Oct4이다. Oct4 단백질은 특정 핵심 유전자에 들러붙고, 또 특정 후성유전 효소를 끌어당긴다. 이 효소는 염색질을 변형시키고, 그 유전자를 조절하는 방식에도 변화를 가져온다. Oct4와 그것과 함께 작용하는 후성유전 효소는 둘 다 초기 배아의 발달에 꼭 필요하다. 만약 어느 한쪽이라도 없으면, 접합자는 속세포덩이를 만드는 단계까지 발달할 수 없다.

초기 배아에서 유전자 발현 패턴은 결국은 자신에게 되돌아가는 피드백이 일어난다. 특정 단백질이 발현되면, 이 단백질은 *Oct4* 프로모터에 들러붙어 이 유전자의 발현 스위치를 끌 수 있다. 정상적인 상황에서는 체세포에서 Oct4가 발현되지 않는다. 그러기에는 너무 위험한데, Oct4는 분화한 세포들에서 정상적인 유전자 발현 패턴을 어지럽혀 세포를 줄기세포에 더 가까운 것으로 만들 수 있기 때문이다.

야마나카 신야가 Oct4를 재프로그래밍 인자로 사용했을 때 일어난 일이 바로 이것이었다. 야마나카는 분화한 세포에서 Oct4의 농도를 인위적으로 크게 높임으로써 세포들을 '속여' 발생 초기의 세포처럼 행동하게 할 수 있었다. 심지어 후성유전적 변형도 리셋되었는데, 이 유전자가 그토록 강력한 효과를 발휘하는 비결은 바로 여기에 있다.

세포의 운명을 좌우하는 데 후성유전적 변형이 아주 중요하다는 증거가 정상적인 세포 발달 과정에서 나왔다. 발달 과정이 어긋난 길로 나아간 사례들도 후성유전학이 얼마나 중요한지 보여주었다.

예를 들면, 2010년에 〈네이처 지네틱스*Nature Genetics*〉에 발표된 한 논문은 가부키 증후군이라는 희귀 질환의 원인이 되는 돌연변이를 확인했다. 가부키 증후군은 정신 지체, 단신, 얼굴 이상, 입천장갈림증을 비롯해 다양한 증상이 나타나는 복잡한 발달 장애이다. 이 논문은 가부키 증후군이 *MLL2*라는 유전자에 생긴 돌연변이 때문에 일어난다는 것을 보여주었다.[11] MLL2 단백질은 히스톤 H3의 4번 위치에 있는 특정 라이신 아미노산에 메틸기를 첨가하는 후성유전학 작가이다. 이 돌연변이를 가진 환자는 자신의 후성유전 암호를 제대로 쓸 수 없으며, 그 결과로 해당 증상이 나타난다.

인간의 질병은 후성유전적 변형을 제거하는 효소, 즉 후성유전 암호 '지우개'에 생긴 돌연변이 때문에 일어날 수도 있다. 히스톤 H3의 20번 위치에 있는 라이신에서 메틸기를 제거하는 *PHF8*이라는 유전자에 생긴 돌연변이는 정신 지체와 입천장갈림증 증상이 나타나는 증후군의 원인이 된다.[12] 이 사례들에서 환자의 세포들은 후성유전적 변형이 아무 문제 없이 일어나지만, 그것을 제대로 제거하지 못한다.

MLL2와 PHF8 단백질의 역할은 서로 다른데도, 이 유전자들에 생긴 돌연변이로 인한 임상 증상이 서로 겹친다는 사실이 흥미롭다. 둘 다 입천장갈림증과 정신 지체 증상이 나타난다. 이 두 증후군은 전통적으로 발달 과정에 생긴 문제 때문에 나타나는 것으로 간주되었다. 후성유전 경로는 평생 동안 중요하지만, 발달 과정에서는 특히 중요한 것처럼 보인다.

이러한 히스톤 작가와 지우개에 더해 후성유전 표지가 붙음으로써 이 히스톤 코드의 '판독기' 역할을 하는 단백질이 100개 이상이나 있다. 이들 판독기는 다른 단백질을 끌어당겨 유전자 발현 스위치를 켜거나 끄는 복합체를 만든다. 이것은 MeCP2가 DNA 메틸화를 포함한 유전자가 발현되는 스위치를 끄도록 돕는 방식과 비슷하다.

히스톤 변형과 DNA 메틸화는 아주 중요한 차이점이 있다. DNA 메틸화는 아주 안정적인 후성유전적 변화이다. 일단 어떤 DNA 지역이 메틸화되면, 대부분의 조건에서 메틸화된 상태를 그대로 유지하는 경향을 보인다. 신경세포가 신경세포로 남아 있고, 눈알에 이가 나지 않도록 하는 데 이 후성유전적 변형이 그토록 중요한 이유는 이 때문이다. 세포에서 DNA 메틸화를 제거할 수는 있지만, 이런 일은 대개 아주 특별한 상황에서만 일어나며, 매우 드물게 일어난다.

히스톤 변형은 대개 이것보다 훨씬 탄력적이다. 특정 유전자의 한 히스톤에 특정 변형이 일어났다가 다시 제거될 수 있으며, 나중에 다시 변형이 일어날 수 있다. 이런 일은 세포핵 외부에서 오는 온갖 종류의 자극에 반응하여 일어난다. 그 자극의 종류도 매우 광범위하다. 어떤 종류의 세포들에서는 히스톤 코드가 호르몬에 반응해 변할 수 있다. 그런 호르몬으로는 근육세포에 신호를 보내는 인슐린, 월경 주기 동안에 유방세포에 영향을 미치는 에스트로겐 등이 있다. 뇌에서 히스톤 코드는 코카인 같은 중독성 약물에 반응해 변할 수 있는 반면, 창자벽에 있는 세포들은 창자에 사는 세균들이 만드는 지방산의 양에 따라 후성유전적 변형 패턴이 변한다. 히스톤 코드에 일어나는 이러한 변화는 양육(환경)이 본성(유전자)과 상호작용하여 지구에서 더 고등한 생물의 복잡성을 만들어내는 주요 방법 중 하나이다.

히스톤 변형은 또한 세포에게 특정 유전자 발현 패턴을 '시험'할 수 있게 하는데, 특히 발생 동안에 그런 일이 많이 일어난다. 억제 히스톤 변형(유전자 발현을 억제하는)이 어떤 유전자 근처에 있는 히스톤들에 일어나면, 그 유전자가 일시적으로 비활성화된다. 그렇게 해서 그 유전자의 스위치가 꺼진 세포에게 이득이 돌아간다면, 히스톤 변형은 DNA 메틸화로 이어질 만큼 충분히 오랫동안 지속될 수 있다. 히스톤 변형은 판독기 단백질을 끌어당겨 뉴클레오솜에 다른 단백질들의 복합체가 들러붙게 한다. 일부 경우에 그 복합체에는 CpG DNA 모티프에 메틸기를 들러붙게 하는 두 효소인 DNMT3A나 DNMT3B가 포함될 수 있다. 이런 상황에서 DNMT3A나 DNMT3B는 히스톤 복합체에서 팔을 내뻗어 인접한 DNA를 메틸화시킬 수 있다. 만약 DNA 메틸화가 충분히 많이 일어나면, 그 유전자의 발현이 차단될 수 있다. 극단적 상황에서는 염색체 전체 지역이 과도하게 메틸기로 에워싸여 여러 번의 세포 분열 시기 동안 혹은 신경세포처럼 분열을 하지 않는 세포에서는 수십 년 동안 비활성화될 수 있다.

왜 생물은 유전자 발현을 조절하기 위해 이토록 복잡한 히스톤 변형 패턴을 진화시켰을까? 전부 아니면 무의 효과를 나타내는 DNA 메틸화 효과와 비교하면, 이 체계는 특히 복잡해 보인다. 한 가지 이유는 아마도 이러한 복잡성이 유전자 발현의 정교한 미세 조정을 가능케 하기 때문일 것이다. 이 때문에 세포와 생물은 먹이 습득 가능성이나 바이러스 공격 같은 환경 변화에 반응하여 유전자 발현을 적절히 조정할 수 있다. 하지만 다음 장에서 보게 되듯이, 이러한 미세 조정은 정말로 아주 기묘한 결과를 초래할 수 있다.

5장

일란성 쌍둥이는 왜 정확하게 똑같지 않은가?

인생을 살아가면서

우리가 마음의 준비가 전혀 되지 않은 상태에서

맞닥뜨리는 게 두 개 있는데, 쌍둥이가 바로 그것이다.

– 조시 빌링스Josh Bilings

일란성 쌍둥이는 수천 년 동안 인류 문화에서 아주 흥미로운 대상이었는데, 이런 현상은 오늘날까지도 계속되고 있다. 서유럽 문학 작품만 살펴보더라도, 기원전 200년 무렵에 고대 로마의 희극 작가 플라우투스Plautus가 쓴 작품에 메나이크무스Menaechmus와 소시클레스Sosicles라는 일란성 쌍둥이가 등장한다. 그리고 셰익스피어가 1590년 무렵에 같은 이야기를 다시 고쳐 쓴 〈실수 연발The Comedy of Errors〉에도 등장하며, 루이스 캐럴Lewis Carroll이 1871년에 쓴 『거울나라의 앨리스*Through the Looking-Glass, and What Alice Found There*』에도 트위들덤과 트위들디라는 일란성 쌍둥이가 나온다. 그리고 가깝게는 J. K. 롤링J. K. Rowling이 쓴 『해리 포터*Harry Potter*』에도 위즐리 형제가 일란성 쌍둥이로 등장한다. 서로 똑같아 보이는 두 사람에게는 본질적으로 아주 흥미로운 점이 있다.

일란성 쌍둥이는 특별한 유사성보다 더욱 흥미로운 점이 있는데, 그것은 바로 두 사람의 차이점이다. 이것은 프랑스 극작가 장 아누

『거울나라의 앨리스』에 등장하는 쌍둥이 트위들덤과 트위들디

이Jean Anhouil가 쓴 『성으로의 초대*L'Invitation au château*』에 등장하는 프레데리크와 위고에서부터 캐나다 영화 감독 데이비드 크로넌버그David Cronenberg의 〈데드 링어Dead Ringers〉에 나오는 베벌리 맨틀과 엘리엇 맨틀에 이르기까지 많은 예술 작품에서 반복적으로 써먹은 장치이다.(Dead Ringers는 국내에 '데드 링거'라는 제목으로 알려져 있으나, 원 발음이 '데드 링어'이므로 틀린 표기임—옮긴이) 조금 더 억지를 부린다면, 궁극적인 '악의 쌍둥이'로 지킬 박사와 그의 또 다른 자아인 하이드 씨까지 인용할 수 있다. 일란성 쌍둥이의 차이점은 모든 예술 분야에서 창조성이 뛰어난 사람들의 상상력을 사로잡은 게 분명하지만, 단지 그것에 그치지 않고 과학자들의 관심까지 사로잡았다.

영어에서 일란성 쌍둥이를 과학 전문 용어로 monozygotic twin(하나의 접합자에서 생긴 쌍둥이란 뜻)이라고 한다. 일란성 쌍둥이는 난자와 정자가 합쳐진 단세포 접합자에서 생겨나기 때문이다. 일란성 쌍둥이의 경우, 주머니배의 속세포덩이가 초기 세포 분열 과정에서 마치 도넛을 칼로 자른 것처럼 둘로 갈라져 배아가 2개 생긴다. 이 두 배아는 '유전적으로' 동일하다.

속세포덩이가 이렇게 2개의 배아로 갈라지는 것은 일반적으로 드문 사건으로 간주된다. 이것은 모든 인류 집단에서 일란성 쌍둥이의 출생 빈도가 거의 똑같고, 일란성 쌍둥이가 유전되지 않는다는 사실과 일치한다. 우리는 일란성 쌍둥이를 아주 드물다고 생각하는 경향이 있지만, 사실은 그렇지 않다. 달수를 꽉 채워 태어나는 아이 250명 중 한 쌍은 일란성 쌍둥이로 태어나며, 현재 전 세계에 살고 있는 일란성 쌍둥이는 무려 약 1000만 쌍이나 된다.

일란성 쌍둥이가 특별한 관심의 대상이 되는 이유는 특정 질병처럼 우리가 살아가면서 맞닥뜨리는 사건에 유전학이 어느 정도나 관여하는지 밝혀내는 데 도움을 주기 때문이다. 일란성 쌍둥이는 기본적으로 유전자 서열(유전자형)과 우리의 생김새(표현형—그것이 키가 되었건 건강이나 주근깨나 그 밖의 어떤 것이 되었건 간에) 사이의 연관 관계를 수학적으로 탐구할 수 있게 해준다. 이것은 같은 쌍에 속한 일란성 쌍둥이가 같은 질병에 얼마나 자주 걸리는지 계산함으로써 탐구할 수 있다. 이것을 전문 용어로는 '일치율concordance rate'이라 한다.

팔다리가 짧은 왜소증 중 비교적 보편적인 형태인 연골무형성증은 일란성 쌍둥이의 경우 거의 예외 없이 둘 다 똑같은 방식으로 영향을 받는 장애이다. 일란성 쌍둥이 중 한 명에게 연골무형성증이 나타나면, 나머지 한 명에게도 반드시 나타난다. 그래서 이 질병은 일치율이 100%라고 이야기한다. 이 사실에는 놀라울 게 전혀 없는데, 연골무형성증은 특정 유전자 돌연변이 때문에 일어나기 때문이다. 접합자를 만든 난자나 정자에 이 돌연변이가 있었다고 가정한다면, 속세포덩이와 결국에는 두 배아를 만드는 모든 딸세포에도 그 돌연변이가 포함돼 있을 수밖에 없다.

하지만 100% 일치율을 나타내는 질병이나 장애는 비교적 극소수인데, 대다수 질병이나 장애는 한 핵심 유전자에 들어 있는 압도적인 한 가지 돌연변이 때문에 일어나는 게 아니기 때문이다. 이것은 유전이 어떤 역할을 하는지, 그리고 만약 한다면 그 역할의 효과가 어느 정도인지 어떻게 결정할 수 있는가 하는 문제를 낳는다. 바로 여기에 쌍둥이 연구가 큰 도움을 준다. 만약 충분히 큰 일란성 쌍둥이 집단을 연구한다면, 그들 중에서 특정 상태에 대해 일치하거나 불일치하는 비율이 얼마인지 알아낼 수 있다. 만약 쌍둥이 중 한 명이 어떤 병에 걸렸다면, 나머지 한 명도 같은 병에 걸리는 경향이 있는가?

그림 5.1은 정신분열병에 대한 일치율을 보여주는 그래프이다. 이

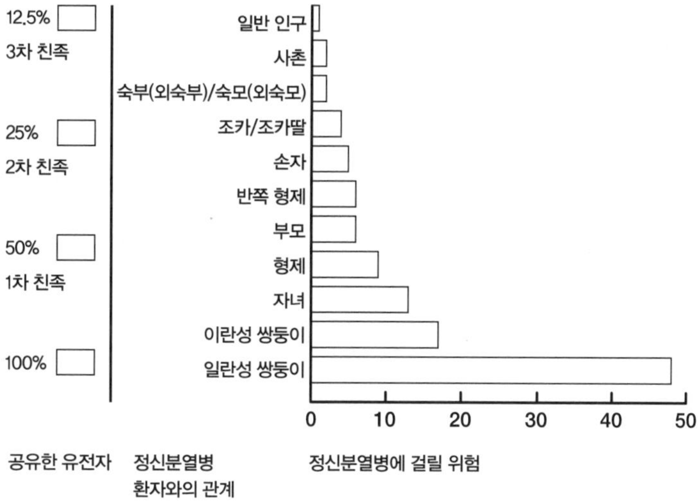

그림 5.1 정신분열병에 대한 일치율. 두 사람이 유전적으로 더 가까울수록 그중 한 사람이 어떤 병에 걸렸을 때 나머지 한 사람도 같은 병에 걸릴 확률이 더 높다. 하지만 유전적으로 동일한 일란성 쌍둥이도 정신분열병에 대한 일치율은 100%가 아니다. 이 자료의 출처는 〈정신 건강에 관한 미국 공중위생보건국장 보고서 *Surgeon General's Report on Mental Health*〉이다. http://www.surgeongeneral.gov/library/mentalhealth/chapter4/sec4_1.html#etiology 참고.

일란성쌍둥이는 수천 년 동안 인류 문화에서 아주 흥미로운 대상이었다.

그래프는 어떤 사람이 이 병에 걸린 사람과 더 가까운 관계에 있을수록 이 병에 걸릴 가능성이 높음을 보여준다. 이 그래프에서 가장 중요한 부분은 맨 아래에 있는 2개의 막대로, 쌍둥이들의 자료이다. 이것으로 일란성 쌍둥이와 이란성 쌍둥이의 일치율을 비교할 수 있다. 이란성 쌍둥이는 똑같은 환경(자궁)에서 발달하지만, 유전적으로는 다른 형제자매 사이의 관계보다 더 비슷하진 않다. 왜냐하면, 두 사람은 각각 다른 난자가 수정된 결과로 생긴 별개의 접합자에서 생겨났기 때문이다. 두 종류의 쌍둥이를 비교하는 것은 중요한데, 일반적으로 쌍둥이(일란성이건 이란성이건 상관없이)는 아주 비슷한 환경에서 자랄 가능성이 높기 때문이다. 만약 정신분열병이 주로 환경 요인 때문에 생긴다면, 일란성 쌍둥이나 이란성 쌍둥이나 정신분열병에 대한 일치율이 비슷하게 나오리라고 예상할 수 있다. 하지만 실제로는 이란성 쌍둥이는 한 명이 정신분열병에 걸렸을 때 나머지 한 명이 정신분열병에 걸리는 비율은 17%로 나타났다. 그런데 일란성 쌍둥이의 경우, 이 비율은 약 50%로 껑충 뛴다. 일란성 쌍둥이가 이란성 쌍둥이에 비해 그 위험이 약 3배나 증가한다는 사실은 정신분열병에는 유전적 요소가 강하게 작용한다는 것을 말해준다.

비슷한 연구들에서 다발경화증, 양극성장애, 전신홍반루푸스, 천식을 비롯해 그 밖의 많은 질병이나 장애에도 유전적 요소가 아주 강하게 작용한다는 결과가 나왔다. 이것은 복잡한 질병에 대한 유전적 감수성의 중요성을 이해하는 데 아주 유용했다.

하지만 많은 점에서 훨씬 흥미로운 사실은 이 문제의 이면에 있는 것이다. 가장 흥미로운 것은 둘 다 특정 질병에 걸리는 일란성 쌍둥이가 아니다. 과학적으로 가장 흥미진진한 문제를 제기하는 것은 서로 아주 다른 결과가 나타나는 일란성 쌍둥이이다. 예컨대, 한 명은 편집 정신분열병에 걸리지만, 나머지 한 명은 정신적으로 매우 건강한 경우가 그렇다. 왜 유전적으로 동일한 상태로 태어나 많은 측면에서 아주 비슷한 환경을 경험하며 살아온 두 개인에게 그토록 다른 표현형이 나타날까? 마찬가지로, 일란성 쌍둥이가 둘 다 제1형 당뇨병에 걸리는 경우가 아주 드문 이유는 무엇일까? 유전 암호 외에 이러한 건강상의 결과를 지배하는 요인은 무엇일까?

후성유전은 쌍둥이를 어떻게 서로 다른 길로 나아가게 하는가

생각할 수 있는 한 가지 설명은 정신분열병에 걸린 쌍둥이가 매우 무작위적으로 특정 세포, 예컨대 뇌세포의 유전자에 돌연변이가 자연히 생겼을 가능성이다. 만약 뇌가 발달하는 과정의 어느 시기에 DNA 복제 기구가 오작동한다면 이런 일이 일어날 수 있다. 이런 변화는 어떤 질병에 대한 감수성을 높일 수 있다. 이것은 이론적으로는 가능하지만, 과학자들은 이 가설을 뒷받침하는 데이터를 얻는 데 실패했다.

물론 표준적인 답은 환경 차이 때문에 쌍둥이 사이에 차이가 생긴다는 것이다. 때로는 이 답이 명백한 것처럼 보인다. 예를 들어 수명의 경우, 쌍둥이 중 한 명이 47번 버스에 치여 죽는다면, 이것은 분명히 환경 차이에 해당한다. 하지만 이것은 극단적인 시나리오이다. 많은 쌍둥이는 상당히 비슷한 환경을 공유하며, 특히 초기의 발달 과정에서는 더욱 그렇다. 그렇다 하더라도, 적절히 감시하기가 어려운 미묘한 환경 차이가 많이 존재할 가능성이 분명히 있다.

하지만 질병 발생의 중요한 요인으로 환경을 끌어들인다면, 또 다른 문제가 생긴다. 환경이 어떻게 그런 일을 하느냐 하는 질문이 또 생겨나기 때문이다. 환경의 자극—음식에 든 화학 물질이건, 담배 연기에 포함된 화학 물질이건, 햇빛의 자외선이건, 자동차 배기가스에 포함된 오염 물질이건, 혹은 우리가 매일 노출되는 수천 가지 분자와 방사선 방출원 중 어느 것이건—은 어찌어찌하여 우리 유전자에 영향을 미쳐 그 발현에 변화를 초래해야 한다.

대다수 사람들이 걸리는 비감염병은 대부분 발달하기까지 시간이 오래 걸리며, 적절한 치료법이 없을 경우 몇 년 동안 문제로 남아 있게 된다. 이론적으로는 환경 자극이 세포 내 유전자에 항상 작용함으로써 그 유전자를 비정상적으로 기능하게 하여 질병을 일으킬 수 있다. 하지만 그럴 가능성은 거의 없는데, 특히 만성 질환은 대부분 필시 다양한 자극과 다양한 유전자 사이의 상호작용을 통해 일어나기 때문에 더욱 그렇다. 이 모든 자극이 한꺼번에 수십 년 동안 존재한다고 보기는 어렵다. 그렇다면 대안은 질병과 관련이 있는 세포들을 비정상 상태로, 즉 유전자를 부적절하게 발현하게끔 유지하는 메커니즘이 있다고 보는 것이다.

체세포 돌연변이가 여기에 어떤 역할을 한다는 실질적 증거가 없기 때문에, 후성유전이 이 메커니즘의 유력한 후보로 보인다. 후성유전은 쌍둥이 중 한 명의 유전자를 잘못 조절되는 상태에 머물게 함으로써 결국 질병이 나타나게 할 수 있다. 우리는 이 연구를 이제 막 시작했지만, 정말로 그럴지 모른다고 시사하는 증거가 이미 일부 쌓이고 있다.

개념적으로 가장 단순한 실험 중 하나는 일란성 쌍둥이가 나이를 먹음에 따라 염색질 변형 패턴(후성유전체)이 변하는지 분석하는 것이다. 가장 간단한 사례에서는 심지어 질병의 맥락에서 이것을 조사할 필요도 없다. 우리는 훨씬 간단한 가설—즉, 유전적으로 동일한 개인들이 나이를 먹으면서 후성유전적으로 차이가 생긴다는 가설—을 시험하는 것으로 시작할 수 있다. 만약 이 가설이 옳다면, 이것은 일란성 쌍둥이가 후성유전적 차원에서 서로 다를 수 있다는 개념을 뒷받침할 것이다. 이것은 다시 우리의 자신감을 높여 후성유전적 변화가 질병에서 담당하는 역할을 조사하는 단계로 나아가게 할 것이다.

2005년, 마드리드에 있는 에스파냐국립암센터의 마넬 에스텔레르Manel Esteller 교수가 이끈 대규모 협력 연구 집단은 이 문제를 조사한 논문을 발표했다.[1] 그들은 흥미로운 발견을 몇 가지 했다. 어린 일란성 쌍둥이 쌍들의 염색질을 조사한 결과, 두 쌍둥이 사이에 DNA 메틸화나 히스톤 아세틸화 측면에서는 큰 차이가 없었다. 하지만 50대처럼 나이가 훨씬 많은 일란성 쌍둥이 쌍들을 조사했더니, 각 쌍들 사이에 DNA 메틸화나 히스톤 아세틸화 측면에서 큰 차이가 나타났다. 이것은 특히 오랫동안 서로 떨어져 살아온 쌍둥이 사이에서 더욱 두드러지게 나타나는 것처럼 보였다.

이 연구 결과는 유전적으로 동일한 쌍둥이가 후성유전적으로 아주 비슷한 상태에서 시작했다가 나이를 먹으면서 점점 그 차이가 벌어진다는 모형과 일치했다. 각자 따로 산 기간이 더 길고 나이가 더 많은 일란성 쌍둥이일수록 당연히 각자가 경험한 환경의 차이도 더 클 것이다. 실제로 후성유전적으로 가장 큰 차이가 나는 쌍둥이 쌍들이 바로 이들이라는 결과는 후성유전체(유전체에 일어난 전체적인 후성유전적 변형 패턴)에 환경 차이가 반영된다는 개념과 일치했다.

통계적으로 볼 때, 아침을 규칙적으로 먹는 어린이는 아침을 거르는 어린이보다 학교에서 좋은 성적을 거둘 가능성이 더 높다. 그렇다고 이 결과는 단순히 콘플레이크를 한 접시 먹는 것만으로 학업 성취를 향상시킬 수 있다는 뜻이 아니다. 대신에 아침을 꼬박꼬박 챙겨 먹는 어린이는 부모가 매일 제 시간에 어린이를 학교에 보내고, 또 공부도 도와주는 일이 많아서 그런 결과가 나왔을 수 있다. 마찬가지로, 에스텔레르 교수가 얻은 데이터도 상관관계를 보여준다. 이 데이터는 쌍둥이의 나이와 그들 간의 후성유전적 차이 사이에 어떤 관계가 있음을 보여주지만, 나이가 후성유전체에 그런 변화를 가져온 '원인'임을 증명하지는 않는다. 하지만 적어도 이 가설은 계속 살아남을 수 있다.

멜버른의 왕립아동병원에서 제프리 크레이그Jeffrey Craig 박사가 이끈 팀도 2010년에 일란성 쌍둥이와 이란성 쌍둥이를 대상으로 DNA 메틸화를 조사했다.[2] 이들은 에스텔레르가 앞서 발표한 논문보다 유전체에서 비교적 더 좁은 지역을 훨씬 더 자세히 조사했다. 이들은 신생아 쌍둥이들에게서만 얻은 표본을 사용해 이란성 쌍둥이의 DNA 메틸화 패턴에는 상당한 차이가 있다는 사실을 알아냈다. 이것은 이미 예상했던 결과였는데, 이란성 쌍둥이는 유전적으로 동일하지 않기 때문이다. 그리고 유전적으로 다른 개인은 후성유전체도 다를 수밖에 없다. 그런데 흥미롭게도 이들은 일란성 쌍둥이도 DNA 메틸화 패턴에 차이가 있다는 사실을 발견했는데, 이것은 일란성 쌍둥이가 자궁에서 발달하는 동안 후성유전적으로 차이가 나기 시작한다는 것을 시사했다. 두 논문과 추가 연구에서 나온 정보를 종합하여 유전적으로 동일한 개인도 태어날 당시에 이미 후성유전적으로 차이가 있으며, 이러한 후성유전적 차이는 나이를 먹고 서로 다른 환경에 노출되면서 더 커진다고 결론지을 수 있다.

생쥐와 인간

이 데이터는 왜 일란성 쌍둥이의 표현형이 일치하지 않는지 적어도 일부 이유를 후성유전적 변화로 설명하는 모형과 일치하지만, 여기에는 아직도 많은 추측이 포함돼 있다. 그 이유는 많은 측면에서 인간은 실험계로 사용하기가 매우 힘든 동물이기 때문이다. 만약 유전적으로 동일한 개인들의 표현형이 왜 서로 다른가 하는 문제에서 후성유전이 담당하는 역할을 평가하길 원한다면, 다음과 같은 일을 할 수 있어야 할 것이다:

1. 유전적으로 동일한 개인을 단지 한 쌍씩 분석하는 데 그치지 않고, 수백 명을 분석한다.
2. 완전히 통제된 방식으로 그들의 환경을 조작한다.
3. 초기 시절의 양육이 미치는 영향을 조사하기 위해 배아나 아기를 한 어머니에게서 다른 어머니에게로 옮긴다.
4. 서로 다른 여러 시점에서 온갖 종류의 신체 조직 시료를 채취한다.
5. 누가 누구와 짝을 지을지 통제한다.
6. 유전적으로 동일한 개인들을 4~5세대 동안 계속 조사한다.

두말할 필요 없이 인간을 대상으로 이런 연구를 한다는 것은 불가능하다.

후성유전학에서 실험 동물이 매우 유용하게 쓰인 이유는 이 때문이다. 실험 동물은 과학자들에게 환경을 최대한 통제하면서 정말로 복잡한 문제를 연구할 수 있게 해주었다. 이 동물 연구에서 나온 데이터는 통찰을 제공하는데, 그 통찰을 바탕으로 우리는 인간에 대해서도 원하는 것을 유추할 수 있다.

물론 실험 동물에게서 얻은 결과가 인간에게서 얻는 결과와 완벽하게 일치하진 않겠지만, 이 방법으로 기본 생물학에 대해 상당히 많은 것을 알아낼 수 있다. 다양한 비교 연구를 통해 많은 계들이 상상할 수 없이 오랜 시간이 지나는 동안 서로 다른 생물들 사이에서 대체로 동일하게 유지되었다는 사실이 밝혀졌다. 예컨대 효모와 인간의 후성유전 기구는 차이점보다 유사점이 더 많은데, 두 종의 공통 조상은 약 10억 년 전에 존재했다.[3] 따라서 후성유전 과정은 아주 기본적인 것이 분명하며, 모형계들을 사용하는 방법은 적어도 인간의 조건을 이해하는 데 도움이 되는 방향으로 우리를 안내할 것이다.

이 장에서 우리가 살펴본 특정 질문—유전적으로 동일한 쌍둥이인데도 왜 똑같아 보이지 않는 경우가 많은가—의 경우, 가장 큰 도움을 준 동물은 우리와 가까운 포유류 친척인 생쥐였다. 생쥐 계통과 인간 계통은 약 7500만 년 전에 서로 갈라섰다.[4] 생쥐의 유전자 중 99%는 인간에게서도 발견된다. 다만, 두 종에서 그 유전자들은 일반적으로 완전히 동일한 것은 아니다.

과학자들은 모든 개체가 유전적으로 동일한 생쥐 계통을 만들 수 있었다. 이 생쥐들은 개체들 사이에 변이가 생겨나는 데 비유전적 인자가 어떤 역할을 하는지 연구하는 데 큰 도움을 주었다. 유전적으로 동일한 개체를 단 두 마리만 얻는 데 그치지 않고, 수백 마리 혹은 수천 마리를 만들 수 있다. 그 방법은 고대 이집트의 프톨레마이오스 왕조의 왕족조차 얼굴을 붉힐 만한 것이다. 우선 남매 사이인 생쥐 한 쌍을 교배시킨다. 그리고 거기서 태어난 남매 생쥐를 다시 서로 교배시킨다. 그리고 또 거기서 태어난 남매 생쥐를 다시 교배시키고, 같은 식으로 계속 반복한다. 이렇게 남매 간의 교배를 20세대 이상 반복하면, 모든 유전적 변이를 유전체 전체에서 솎아낼 수 있다. 이제 이 계통에서 동성인 생쥐들은 모두 유전적으로 동일하다. 여기서 한 걸음 더 나아가 과학자들은 유전적으로 동일한 생쥐들에게 그 DNA에 단 한 가지 변화만 도입할 수 있다. 이러한 유전공학을 이용하면, 실험자들이 관심을 가진 DNA의 단 한 지역만 빼고 나머지는 모두 동일한 생쥐들을 만들 수 있다.

색이 다른 생쥐

유전적으로 동일한 개체들 사이에 후성유전적 변화가 어떻게 표현형 차이를 낳을 수 있는지 탐구하는 데 가장 유용한 생쥐 모형은 아구티 생쥐*agouti* mouse이다. 정상 생쥐의 털은 부위에 따라 색이 다르다. 털 끝 부분은 검은색이고, 중간 부분은 노란색이며, 밑 부분은 다시 검은색이다. 중간 부분에 노란색이 나타나려면 '아구티*agouti*'라는 유전자가 꼭 필요한데, 이 유전자는 생쥐에게 주기적으로 일어나는 메커니즘에 따라 스위치가 켜진다.

돌연변이가 일어난 *agouti* 유전자 버전(*a*라고 부르는)이 있는데, 이 유전자는 결코 스위치가 켜지지 않는다. *agouti*의 돌연변이 버전인 *a*만 가진 생쥐는 털이 완전히 검은색이다. A^{vy}라는 특별한 돌연변이 생쥐 계통도 있는데, A^{vy}는 *agouti viable yellow*(생존 가능한 노란색을 가진 아구티)를 가리킨다. A^{vy} 생쥐는 *agouti* 유전자의 스위치가 영구적으로 켜져 있어 털 전체가 노란색이다. 생쥐는 *agouti* 유전자를 아비와 어미에게서 각각 하나씩 받아 한 쌍의 *agouti* 유전자를 가진다. A^{vy}는 *a*보다 우성이기 때문에, 하나는 A^{vy}이고 다른 하나는 *a*일 경우, A^{vy}가 *a*를 압도하여 그 생쥐의 털은 전체가 노란색으로 나타난다. **그림 5.2**가 이것을 잘 요약해 보여준다.

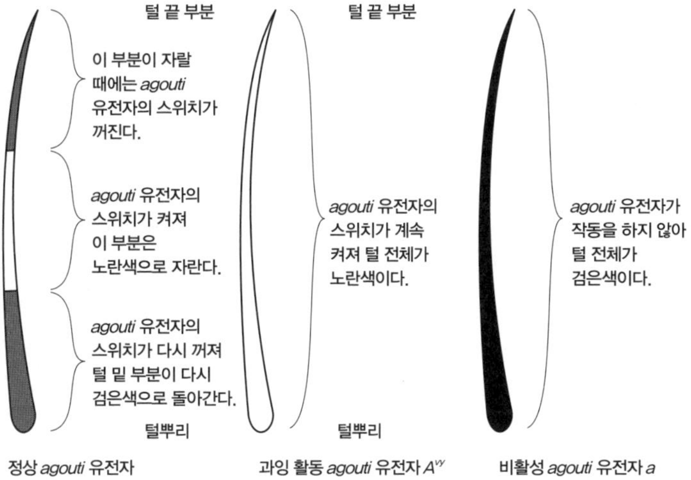

그림 5.2 생쥐의 털색은 *agouti* 유전자의 발현에 영향을 받아 결정된다. 정상 생쥐의 경우, agouti 단백질은 주기적으로 발현되어 생쥐의 털색은 전형적인 얼룩무늬 색을 띤다. 이 주기적인 발현 패턴에 교란이 일어나면, 털 전체가 노란색 또는 검은색으로 나타날 수 있다.

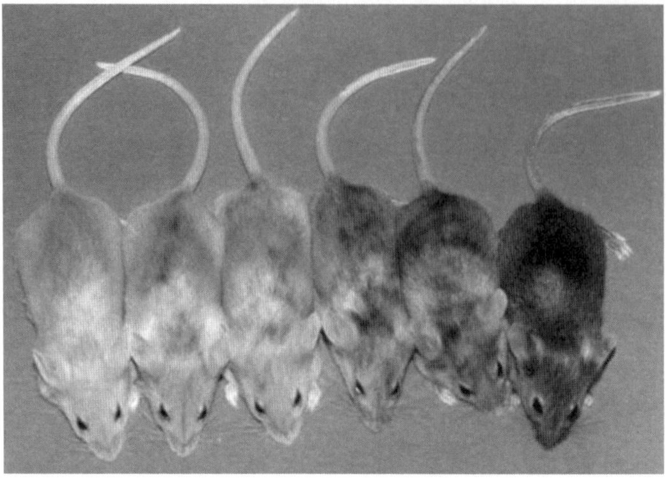

그림 5.3 유전적으로 동일한 생쥐들인데도, agouti 단백질의 발현 정도에 따라 털색이 변하는 정도가 제각각 다르다. 이 사진은 에마 화이트로Emma Whitelaw 교수가 친절하게도 이 책에 싣도록 허락해주었다.

과학자들은 모든 세포에 A^{vy} 하나와 *a* 하나가 포함된 생쥐 계통을 만들었다. 이 돌연변이 생쥐 계통의 이름은 A^{vy}/a이다. A^{vy}는 *a*에 대해 우성이기 때문에, 이 생쥐들은 털색이 완전히 노란색으로 나타날 것으로 예상된다. 그리고 이 생쥐들은 모두 유전적으로 동일하기 때문에, 생긴 모습도 다 똑같을 것으로 예상된다. 그러나 실제로는 그렇지 않다. **그림 5.3**에서 보듯이, 완전히 노란 털을 가진 생쥐도 일부 있지만, 전형적인 얼룩무늬 색을 가진 생쥐도 있고, 그 중간에 해당하는 색을 가진 생쥐도 있다.

이것은 실로 기이하기 짝이 없다. 이 생쥐들은 모두 유전적으로 동일하지 않은가? 모든 생쥐는 똑같은 DNA 암호를 갖고 있다. 털색의 차이가 환경 차이 때문에 나타난 게 아닐까 하고 생각할 수 있지만, 실험실 조건을 극도로 표준화시켰기 때문에 그럴 가능성은 극히 낮다. 더군다나 이런 차이가 한배에서 난 생쥐들에게서 나타났기 때문에 그럴 가능성은 더욱 낮다. 한배에서 난 생쥐들은 아주 비슷한 환경에서 발달했기 때문이다.

물론 생쥐, 그중에서도 특히 근교계近交系(근친 교배를 되풀이하여 같은 형질을 가진 것만을 분리하여 만들어낸 순계) 생쥐 연구의 아름다움은 자세한 유전학 및 후성유전학 연구를 하기가 비교적 쉽다는 데 있다. 어디를 살펴보아야 할지 이미 알고 있다면 더더욱 쉽다. 이 경우에 우리가 살펴보아야 할 지역은 바로 *agouti* 유전자이다.

생쥐를 연구하는 유전학자들은 노란색 A^{vy} 생쥐에게 노란색 표현형이 어떻게 나타나는지 알고 있었다. 그들은 생쥐 염색체의 *agouti* 유전자 바로 앞에 어떤 DNA 조각을 집어넣었다. 이 DNA 조각은 '레트로트랜스포존retrotransposon'이라 부르는데, 단백질을 암호화하지 않는 DNA 서열 중 하나이다. 대신에 비정상적인 RNA 조각을 암호화

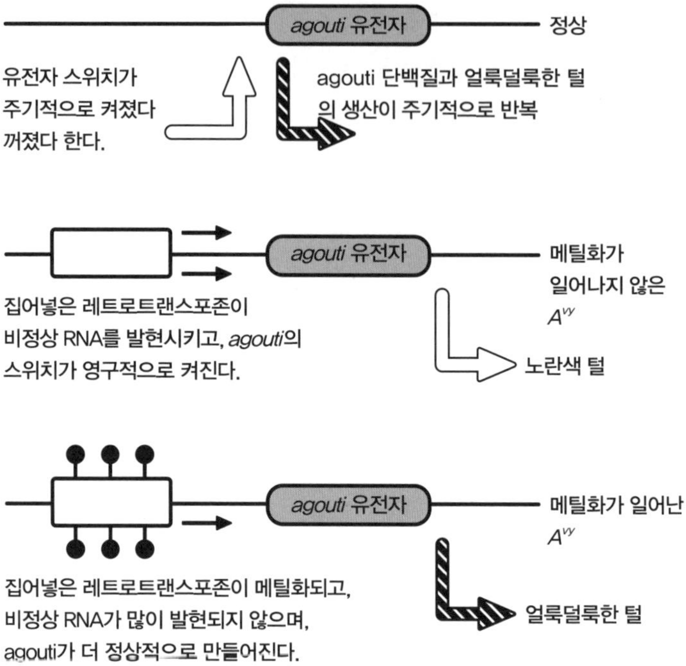

그림 5.4 DNA 메틸화(검은색 원으로 표시된 부분)에 일어나는 변이는 레트로트랜스포존의 발현에 영향을 미친다. 레트로트랜스포존의 발현에 생긴 변화는 또한 *agouti* 유전자의 발현에 영향을 미쳐 유전적으로 동일한 동물들 사이의 털색에 다양성을 낳는다.

한다. 이 RNA가 발현되면, 평소에 *agouti* 유전자를 조절하던 과정이 엉망이 되면서 *agouti* 유전자는 스위치가 계속 켜진 상태로 유지된다. A^{vy} 생쥐의 털색이 얼룩덜룩한 대신에 노란색인 이유는 이 때문이다.

하지만 유전적으로 동일한 A^{vy}/a 생쥐들의 털색이 왜 여러 가지로 나타나는가 하는 질문에는 여전히 답할 수 없다. 그 답은 후성유전학에 있는 것으로 밝혀졌다. 일부 A^{vy}/a 생쥐는 레트로트랜스포존 DNA의 CpG 서열이 아주 심하게 메틸화되었다. 앞장에서 보았듯이, 이런 종류의 DNA 메틸화는 유전자 발현 스위치를 끄는 효과가 있다. 레트로트랜스포존은 *agouti* 유전자의 전사 과정을 엉망으로 만드는 비정상 RNA를 더 이상 발현하지 못하게 했다. 그 결과, 이 생쥐들은 정상적으로 얼룩덜룩한 털색을 지니게 되었다. 유전적으로 동일한 다른 A^{vy} 생쥐들에서는 레트로트랜스포존의 메틸화가 일어나지 않았다. 그러자 *agouti* 유전자의 전사 과정을 엉망으로 만드는 비정상 RNA가 만들어졌고, *agouti* 유전자는 스위치가 계속 켜진 상태로 유지돼 이 생쥐들의 털색은 노란색이 되었다. 레트로트랜스포존의 메틸화가 그 중간 수준으로 일어난 생쥐들은 그 중간의 털색을 가지게 되었다. **그림 5.4**는 이 모형을 보여준다.

여기서 DNA 메틸화는 사실상 조광 스위치(불빛의 밝기를 조절하는 스위치)처럼 작용한다. 레트로트랜스포존은 메틸화가 일어나지 않았을 때 빛을 최대한 많이 뿜어내 비정상 RNA를 많이 만든다. 그리고 메틸화가 더 많이 일어날수록 레트로트랜스포존은 그 발현 강도가 줄어든다.

아구티 생쥐는 후성유전적 변형(이 경우에는 DNA 메틸화)이 어떻게 유전적으로 동일한 개체들의 표현형을 다르게 나타나게 할 수 있는지 분명한 사례를 제공했다. 하지만 아구티 생쥐가 특수한 사례일지 모르고, 또 이것이 극히 드문 메커니즘일지 모른다는 두려움이 남아 있다. 사람에게서 *agouti* 유전자를 발견하기가 아주 어려운 것으로 드러났기 때문에 이것은 특히 문제가 된다. 그것은 우리가 생쥐 친척과 공유하지 않은 1%의 유전자 중에 있는 것처럼 보인다.

생쥐에게서 발견된 흥미로운 조건이 하나 더 있는데, 그것은 구부러진 꼬리이다. 이것을 '액신 융합Axin-fused'이라 부르는데, 이것 역시 유전적으로 동일한 개체들 사이에 심한 변이성이 나타나는 사례를 잘 보여준다. 이것은 아구티 생쥐처럼 서로 다른 동물들의 레트로트랜스포존에 일어나는 DNA 메틸화 정도 차이가 변이성의 원인이 되는 또 하나의 사례로 밝혀졌다.

이것은 이 메커니즘이 1회성 사건이 아님을 시사하기 때문에 고무적이지만, 구부러진 꼬리는 보통 사람들이 큰 관심을 가질 만한 표현형이 아니다. 하지만 우리 모두가 관심을 가질 만한 게 하나 있는데, 그것은 바로 체중이다. 유전적으로 동일하다고 해서 생쥐들의 체중이 모두 똑같은 것은 아니다.

과학자들이 생쥐의 환경을 아무리 철저하게 통제하고, 특히 먹이에 대한 접근을 엄격하게 통제한다 하더라도, 순계 생쥐에게서 태어난 유전적으로 동일한 생쥐들의 체중이 모두 정확하게 똑같지는 않다. 다년간에 걸쳐 실시된 실험들에서는 체중에 나타나는 변이 중 20~30%만 출생 이후의 환경이 그 원인인 것으로 밝혀졌다. 이것은 나머지 70~80%의 변이를 낳은 원인이 무엇이냐 하는 질문을 낳았다.[5] 유전자(모든 생쥐는 동일한 유전자를 가졌다)나 환경이 그 원인일 리는 없으니, 그런 변이를 낳은 원인이 따로 있는 게 분명했다.

2010년, 퀸즐랜드의학연구소에서 매우 정열적이고 엄격한 생쥐 유전학자로 일하던 에마 화이트로Emma Whitelaw가 아주 흥미로운 논문을 발표했다. 화이트로는 순계 생쥐를 사용해 유전공학으로 처음 동물 집단과 유전적으로 동일한 동물 아집단을 만들었는데, 이 아집단은 특정 후성유전 단백질 농도가 정상에 비해 절반만 발현되는 차이점이 있었다. 그녀는 많은 생쥐에 각각 독립적으로 유전공학을 적용함으로써 별개의 동물 집단들을 만들었는데, 이 집단들에 돌연변이를 도입해 후성유전 단백질을 만드는 유전자 암호가 서로 다르게 했다.

그러고 나서 많은 수의 정상 생쥐와 돌연변이 생쥐의 체중을 분석했더니, 흥미로운 결과가 나왔다. 정상 순계 생쥐 집단에서는 대부분의 생쥐가 체중이 엇비슷했으며, 다른 연구들에서 발견된 것과 동일한 범위 안에 분포했다. 반면에 특정 후성유전 단백질 농도가 낮은 생쥐들의 경우에는 집단 내 체중의 변이성이 훨씬 크게 나타났다. 같은 논문에서 다룬 추가 실험들에서는 이러한 후성유전 단백질의 발현 감소가 낳은 효과를 평가했다. 후성유전 단백질의 발현 감소는 대사에 관여하는 선택된 유전자들의 발현 정도 변화 및 그 발현의 변이성 증가와 연관 관계가 있었다.[6] 다시 말해서, 후성유전 단백질은 예상대로 다른 유전자의 발현에 어느 정도 영향력을 행사했다.

화이트로는 많은 후성유전 단백질을 시험해보았는데, 그중 극소수만 체중의 변이성 증가를 낳는다는 사실을 발견했다. 이런 효과를 낳은 한 단백질은 Dnmt3a였다. Dnmt3a는 메틸기를 DNA로 옮겨 유전자의 스위치를 끄는 효소 중 하나이다. 체중의 변이성 증가를 낳는 또 하나의 후성유전 단백질은 Trim28이다. Trim28은 다수의 다른 후성유전 단백질과 함께 복합체를 형성하는데, 이것은 히스톤에 특정 변형을 추가한다. 이러한 변형은 변형된 히스톤 가까이에 있는 유전자들의 발현을 억제하는 쪽으로 작용하여 억제 히스톤 변형 또는 억제 히스톤 표지라 부른다. 히스톤에 억제 표지가 많은 유전체 지역은 그

DNA에 메틸화가 일어나는 경향이 있으며, 따라서 Trim28은 DNA 메틸화에 적합한 환경을 만드는 데 중요한 역할을 할지 모른다.

이 실험들은 어떤 후성유전 단백질들이 일종의 완충 역할을 할지 모른다고 시사한다. '벌거벗은' DNA는 다소 무작위적으로 스위치가 켜지기 쉬운데, 전체적인 효과는 우리 세포에 배경 잡음이 많이 생기는 것과 비슷하다. 이것을 전사 잡음transcriptional noise이라 부른다. 후성유전 단백질은 이 무작위적 잡음의 음량을 낮추는 작용을 한다. 후성유전 단백질은 유전자 발현을 감소시키는 변형으로 히스톤을 둘러쌈으로써 그런 작용을 한다. 어떤 조직에서는 다른 조직과 달리 서로 다른 유전자를 억제하는 데 서로 다른 후성유전 단백질이 중요한 역할을 할 가능성이 높다.

이러한 억제가 완전한 것이 아니라는 사실은 분명하다. 만약 완전하다면 순계 생쥐는 모두 다 모든 측면에서 표현형이 동일해야 할 텐데, 실제로는 그렇지 않기 때문이다. 순계 생쥐들 사이에서도 체중에 변이가 나타나며, 후성유전 단백질 농도가 낮은 생쥐들 사이에서는 당연히 그 변이가 더 크게 나타난다.

이 복잡한 균형 작용(후성유전 단백질이 전사 잡음을 감소시키지만 유전자 발현을 완전히 억제하지는 않는)은 세포 차원에서 일어나는 타협이다. 이것은 유전자 발현에 충분한 유연성을 가진 세포에게 새로운 신호—그것이 호르몬이건 영양 물질이건 오염 물질이건 햇빛이건 간에—에 반응하게 하지만, 그것을 위해 유전자가 늘 신호를 발사할 준비를 하고 있지 않아도 그런 일이 일어나게 한다. 후성유전학은 세포들에게 각자 다른 기능을 하는 서로 다른 종류의 세포가 되는 것(그리고 그런 세포로 계속 남아 있는 것)과 한 가지 유전자 발현 패턴에 완전히 고착되지 못해 환경 변화에 제대로 반응하지 못하는 상태에 이르는 것 사이에서 어려운 타협을 이루게 한다.

갈수록 더욱 분명해지는 사실이 하나 있는데, 전사 잡음을 제어하는 과정이 처음으로 자리를 잡는 핵심 시기가 바로 발달 초기라는 것이다. 어쨌든 원래의 순계 집단에 나타나는 체중 변이의 원인 중 출생 후 환경이 차지하는 비율(겨우 20~30%)은 얼마 되지 않는다. 발달 프로그래밍이라는 현상이 담당하는 역할에 대한 관심이 점점 커지고 있는데, 이것은 태아 발달 과정에서 일어나는 사건이 어른으로 살아가는 전체 삶에 영향을 미칠 수 있다고 이야기한다. 그리고 이 프로그래밍의 상당 부분에 후성유전 메커니즘이 자리 잡고 있다는 사실이 밝혀지고 있다.

이러한 모형은 생쥐 실험을 통해 Dnmt3a나 Trim28의 감소 효과를 조사한 에마 화이트로의 연구 결과와 완전히 일치한다. 체중 효과는 생쥐가 태어난 지 불과 3주일이 지났을 때 눈에 띄게 나타났다. 이 모형은 Dnmt3a가 체중의 변이성 증가를 낳지만, 관련 효소인 Dnmt1의 감소는 화이트로의 실험 결과에 아무 효과도 미치지 않는다는 사실과도 일치한다. Dnmt3a는 메틸화가 전혀 일어나지 않은 DNA 지역에 메틸기를 첨가할 수 있는데, 이것은 Dnmt3a가 세포에 DNA 메틸화 패턴이 정확하게 자리 잡도록 하는 역할을 담당한다는 것을 의미한다. Dnmt1은 DNA에 미리 자리 잡은 메틸화 패턴을 유지하는 단백질이다. 유전자 발현 변이성 감소(적어도 체중에 관한 한)를 위해 가장 중요한 요소는 우선 정확한 DNA 메틸화 패턴을 자리 잡게 하는 것으로 보인다.

네덜란드 대기근

과학자들과 정책 결정자들은 오래전부터 임부의 건강과 영양 섭취가 아기가 건강한 체중으로 태어나 신체적으로 건강하게 잘 자랄 확률을 높이는 데 중요하다는 사실을 인식했다. 임신 기간에 임부가 영양실조를 겪으면, 태어난 아기의 건강은 단지 출생 직후의 유아기뿐만 아니라 그 후 수십 년 동안 좋지 못할 위험이 크다는 사실도 점점 분명해지고 있다. 우리는 최근에 와서야 일부 원인이 분자 차원의 후성유전 효과에 있다는 사실을 깨닫기 시작했다. 이 효과는 발달 프로그래밍을 손상시켜 평생 동안 유전자 발현과 세포 기능에 결함을 초래한다.

이미 앞에서 이야기했듯이, 인간은 윤리적으로나 논리적으로나 실험에 사용하기가 아주 어렵고 불편한 종이다. 그런데 비참한 역사적 사건이 우연히 사람들을 훌륭한 과학 연구 대상 집단으로 만드는 경우가 종종 있다. 가장 유명한 예가 서론에서 언급했던 네덜란드 대기근이다.

네덜란드 대기근은 제2차 세계 대전의 마지막 겨울에 나치가 네덜란드에 공급되던 연료와 식량을 봉쇄함으로써 많은 사람이 거의 아사할 정도로 극심한 궁핍을 겪었던 시기를 말한다. 이 기간에 2만 2000명이 굶어 죽었고, 절박한 처지에 몰린 사람들은 튤립 구근에서부터 동물 피에 이르기까지 구할 수 있는 것이라면 닥치는 대로 먹었다. 이 끔찍한 역경이 놀라운 과학 연구 대상 집단을 만들어냈다. 살아남은 네덜란드 사람들은 잘 정의된 집단이었다. 그들은 평생 동안 단 한 번 영양실조 시기를 겪었는데, 그것도 모두가 같은 시기에 그런 경험을 했다.

연구해야 할 측면들 중 하나는 대기근 동안 자궁 속에서 자라다가 태어난 아이의 출생 체중에 영양실조가 미친 효과였다. 만약 수태 무렵에는 어머니가 영양 공급을 잘 받다가 임신 마지막 몇 달 동안만 굶주렸다면, 아기는 작게 태어나는 경우가 많았다. 반면에 임신하고 나서 처음 석 달 동안만 굶주리다가 그 후에는 영양 공급을 잘 받았다면, 대개 정상 체중의 아기가 태어났다. 태아는 마지막 몇 달 동안에 대부분의 성장이 일어나기 때문에 잃어버린 체중을 금방 따라잡았다.

하지만 정작 중요한 사실은 따로 있다. 역학자들은 이때 태어난 아기들을 수십 년 동안 추적 조사한 결과, 정말로 놀라운 사실을 발견했다. 출생 체중이 작았던 아기는 평생 동안 몸집이 작은 상태를 유지했으며, 전체 인구에 비해 비만율이 더 낮았다. 예상을 벗어난 또 한 가지 사실은 임신 초기의 석 달 동안만 굶주렸던 어머니에게서 태어난 사람들이 평균보다 비만율이 더 높다는 것이었다. 최근의 보고서에 따르면, 이들은 특정 정신 건강 문제를 포함해 다른 건강 문제가 발생하는 비율도 더 높은 것으로 드러났다. 임신 초기의 석 달 동안 심한 영양실조를 겪은 어머니에게서 태어난 사람은 정신분열병에 걸리는 비율이 평균보다 더 높았다. 이것은 네덜란드 대기근 코호트cohort(특정 기간에 태어나거나 결혼을 한 사람들의 집단처럼 통계상의 인자를 공유하는 집단)뿐만 아니라, 마오쩌둥毛澤東이 추진한 대약진 운동의 결과로 1958~1961년에 4000만 명의 아사자를 낸 중국 대기근에서 살아남은 사람들에게서도 나타났다.

이들은 태어날 당시에는 아주 건강해 보였지만, 자궁 속에서 발달 초기에 일어난 일이 수십 년 후까지 이들의 삶에 영향을 미쳤다. 그리고 중요한 것은 단지 어떤 일이 일어났다는 사실뿐만이 아니었다. '언제' 일어났느냐 하는 것도 중요했다. 태아가 아주 작은 단계인 임신 초기의 석 달 동안 일어난 사건들이 나머지 생애 동안 그 사람에게 큰 영향을 미칠 수 있다.

이것은 발달 프로그래밍 모형과 그것의 후성유전학적 기초와 완전히 일치한다. 서로 다른 종류의 세포들이 발달하는 임신 초기 단계에서는 후성유전 단백질이 유전자 발현 패턴을 안정시키는 데 중요한 역할을 할지 모른다. 하지만 우리 세포들에는 수만 개의 유전자가 수십억 개의 염기쌍에 분산된 채 포함돼 있다는 사실을 기억해야 한다. 게다가 후성유전 단백질도 수백 가지가 있다. 정상 발달 과정에서도 일부 단백질의 발현과 단백질이 특정 염색체 지역에 미치는 정확한 효과에 약간의 변이가 나타날 수 있다. 그 결과로 DNA 메틸화가 조금 더 일어나거나 덜 일어나는 곳이 여기저기에 생길 수 있다.

후성유전 기구는 특정 변경 패턴을 강화하고 유지함으로써 유전자 발현 수준을 결정한다. 그 결과, 히스톤과 DNA 변형에 일어나는 초기의 이 작은 요동이 결국에는 '고정'되어 딸세포에게 전달되거나 신경세포처럼 수명이 긴 세포에서 유지되면서 수십 년 동안 지속될 수 있다. 후성유전체가 '고착'되기 때문에 특정 염색체 지역에서 유전자 발현 패턴도 마찬가지로 고착될지 모른다. 단기적으로는 이 결과가 비교적 사소한 것에 그칠 수도 있다. 하지만 약간 부적절한 염색질 변형에서 비롯되어 유전자 발현에 일어나는 이 사소한 비정상이 모두 합쳐져 수십 년 동안 계속되면, 기능적 손상이 점점 크게 나타날 수 있다. 그것이 보이지 않는 문턱을 넘어서서 환자에게 특정 증상이 나타나기 전에는 임상적으로 이것을 알아챌 수 없다.

발달 프로그래밍 과정에서 일어나는 후성유전적 변이는 본질적으로 무작위적 과정이어서 흔히 '확률론적$_{\text{stochastic}}$' 과정이라고 이야기한다. 이 확률론적 과정은 일란성 쌍둥이 사이에서 나타나는 변이성 중 상당 부분을 설명할 수 있을지 모른다. 초기 발달 과정에서 후성유전적 변형에 일어나는 무작위적 요동은 동일하지 않은 유전자 발현 패턴을 낳는다. 이것은 세월이 흐르는 동안 후성유전적으로 고착되어 쌓이다가 결국 유전적으로 동일한 쌍둥이의 표현형이 달라지는데, 때로는 아주 극적인 방식으로 달라진다. 초기 발달 과정에서 후성유전적 유전자의 발현에 나타난 개별적으로 사소한 요동에서 발생하는 이러한 무작위적 과정은 또한 유전적으로 동일한 A^{vy}/a 생쥐들이 어떻게 털색이 달라질 수 있는지 설명하는 데 아주 훌륭한 모형을 제공한다. 이것은 A^{vy} 레트로트랜스포존의 DNA 메틸화 정도가 무작위적으로 다양한 것이 원인이 되어 일어날 수 있다.

완전히 표준화된 조건에서 키운 완전한 순계 생쥐에서조차 체중에 변이가 일어나는 이유는 후성유전체에 일어나는 이러한 확률론적 변화 때문일 가능성이 높다. 하지만 이러한 확률론적 변이에 추가로 큰 환경 자극을 도입하면, 변이성이 더욱 두드러지게 나타날 수 있다.

네덜란드 대기근 동안에 음식물 섭취량이 극적으로 감소한 것처럼 임신 초기에 겪는 심한 대사 장애는 태아의 세포들에 일어나는 후성유전 과정에 심각한 변화를 가져올 수 있다. 세포들은 영양 공급 감소에도 불구하고 태아를 가능한 한 건강하게 성장하게 하려고 대사 방식이 변하게 된다. 세포들은 영양 부족을 보충하기 위해 유전자 발현을 변화시키는데, 그러면 유전자에 일어난 후성유전적 변형 때문에 미래에 일어날 발현 패턴도 그렇게 고정된다. 발달 프로그래밍이 극대기에 이른 임신 초기에 영양실조를 겪은 어머니에게서 태어난 아이들이 어른이 되었을 때 비만이 될 가능성이 훨씬 높다는 사실은 놀라운 일이 아니다. 그 아이들의 세포는 제한된 영양 공급을 최대한 활용하도록 후성유전적으로 프로그래밍되었기 때문이다. 이렇게 프로그래밍된 상태는 그것을 조장한 환경 조건—기근—이 변한 뒤에도 그대로 남았다.

최근에 네덜란드 대기근 생존자들을 대상으로 DNA 메틸화 패턴을 조사한 결과는 대사에 관여하는 핵심 유전자들에 변화가 일어났음을 보여준다. 이것과 같은 연관 관계가 원인과 결과를 증명하는 것은 아니지만, 그 데이터는 초기 발달 시기에 일어난 영양 결핍이 주요 대사 유전자의 후성유전적 프로필을 변화시킨다는 가설을 뒷받침한다.[7]

네덜란드 대기근 코호트에서조차 이러한 효과들이 이것 아니면 저것 식으로 딱 부러지게 나타나는 건 아니라는 사실에 유의해야 한다. 임신 초기에 영양실조를 겪은 어머니에게서 태어난 사람이 모두 다 비만이 되는 건 아니다. 그 집단을 조사한 과학자들은 성인 비만 가능성이 높아질 '가능성'을 발견했다. 이것은 또다시 무작위적인 후성유전적 변이성, 개인의 표현형과 발달 초기의 환경에 일어난 사건, 그리고 환경에 대한 유전자와 세포의 반응이 합쳐져 아주 복잡하고 거대한 방정식—아직까지 쉽게 해독할 수 없는—을 이룬다는 모형과 일치한다.

태아에게 평생 동안 영향을 미치는 인자는 심한 영양실조뿐만이 아니다. 서구 세계에서 임신 기간의 과도한 알코올 섭취는 예방 가능한 선천적 장애와 정신 지체(태아 알코올 증후군)의 첫 번째 원인이다.[8] 에마 화이트로는 아구티 생쥐를 사용한 태아 알코올 증후군 모형에서 알코올이 후성유전적 변형에 변화를 초래할 수 있는지 조사했다. 앞에서 보았듯이 A^{vy} 유전자의 발현은 레트로트랜스포존의 DNA 메틸화를 통해 후성유전적으로 조절된다. 레트로트랜스포존의 DNA 메틸화에 변화를 낳는 자극은 어떤 것이건 A^{vy} 유전자의 발현에도 변화를 낳는다. 이것은 털색에 영향을 미칠 것이다. 이 모형에서 털색은 후성유전적 변형에 변화가 일어났음을 시사하는 판독 정보이다.

실험에서는 임신한 생쥐에게 알코올을 자유롭게 섭취하게 한 뒤, 알코올을 섭취한 어미에게서 태어난 새끼들의 털색을 알코올을 섭취하지 않은 어미에게서 태어난 새끼들과 비교했다. 두 집단의 털색 분포는 서로 다르게 나타났다. 예상한 것처럼 레트로트랜스포존의 DNA 메틸화 수준에 차이가 있었다. 이것은 알코올이 생쥐의 후성유전적 변형에 변화를 초래했음을 보여준다. 후성유전적 발달 프로그래밍에 일어난 교란은 임신 기간에 알코올을 과다 섭취한 어머니에게서 태어난 아이들에게 평생 동안 나타나는 태아 알코올 증후군 중 적어도 일부 증상을 초래하는 원인일지 모른다.

비스페놀 A는 폴리카보네이트 플라스틱 제조에 쓰이는 화합물이다. 아구티 생쥐에게 비스페놀 A를 먹이면 털색의 분포에 변화가 일어나는데, 이 결과는 비스페놀 A가 후성유전 메커니즘을 통해 발달 프로그래밍에 영향을 미침을 시사한다. 2011년, 유럽연합은 유아용 음료 용기에 비스페놀 A의 사용을 금지했다.

초기 프로그래밍은 또한 사람에게 일부 만성 질환을 초래하는 환경 효과를 확인하기가 매우 어려운 이유 중 하나인지 모른다. 특정 표현형(예컨대 다발경화증)에 대해 서로 다른 결과가 나타나는 일란성 쌍둥이 쌍들을 연구한다면, 환경 요인을 확인하기가 아마도 거의 불가능할 것이다. 단순히 둘 중 한 명이 발달 초기에 특정 핵심 유전자의 발현 패턴을 확립하는 무작위적 후성유전적 요동에서 예외적으로 운이 나빴기 때문일 수 있다. 과학자들은 현재 여러 가지 장애에 대해 서로 일치하거나 불일치하는 일란성 쌍둥이들을 대상으로 후성유전적 변화 분포 지도를 작성하고 있는데, 히스톤이나 DNA 변형이 질병의 발병 유무와 상관관계가 있는지 확인하기 위해서이다.

기근 동안에 임신된 아이와 털색이 노란 생쥐는 초기 발달과 이 과정에서 후성유전학이 담당하는 중요한 역할에 대해 놀라운 사실들을 분명하게 알려주었다. 그런데 기묘하게도, 서로 이질적인 이 두 집단이 우리에게 가르쳐준 것이 한 가지 더 있다. 19세기 초에 장-바티스트 라마르크Jean-Baptiste Lamarck는 자신의 가장 유명한 저서인 『동물 철학 *Philosophie Zoologique*』을 출간했다. 그는 획득 형질이 한 세대에서 다음 세대로 전달될 수 있으며, 이것이 진화를 촉진하는 원동력이라고 생각했다. 예를 들면, 목이 짧은 기린 비슷한 동물이 높은 나무에 달린 잎을 먹으려고 계속 목을 길게 뻗다 보니 목이 길어졌고, 이 획득 형질이 자손에게 전달되었다는 것이다. 이 가설은 대체로 묵살되었으며, 사실 대부분은 틀렸다고 볼 수 있다. 하지만 네덜란드 대기근 코호트와 노란 생쥐는 놀랍게도 이단적인 라마르크의 유전 모형이 때로는 옳을 수도 있음을 보여주었다. 자세한 것은 다음 장에서 살펴보기로 하자.

6장
아버지의 죄

주 너의 하느님인 나는 질투하는 하느님이다.
나를 미워하는 자들에게는 조상들의 죄악을
삼 대 사 대 자손들에게까지 갚는다.
—『구약 성경』 탈출기(출애굽기) 제20장 5절

20세기 초에 러디어드 키플링Rudyard Kipling이 쓴 『그냥 그런 이야기*Just So Stories*』에는 여러 가지 사물의 기원에 대해 상상력이 넘치는 이야기들이 실려 있다. 그중에는 동물의 표현형에 관한 이야기도 몇 개 있다. 예를 들면, '표범의 얼룩무늬는 어떻게 생겨났을까', '아르마딜로는 어떻게 생겨났을까', '낙타의 혹은 어떻게 생겨났을까' 같은 이야기가 있다. 이 이야기들은 순전히 재미를 위해 상상으로 지어낸 것이지만, 과학적으로는 1세기 전에 나온 라마르크의 획득 형질의 유전을 통한 진화 이론을 떠오르게 한다. 키플링이 쓴 이야기들은 어떤 동물이 어떤 신체적 특징—예컨대 코끼리의 긴 코—을 어떻게 갖게 되었는지 설명하는데, 그 이면에는 그 후손이 모두 그렇게 생겨난 특징을 유전으로 물려받았고, 그렇게 해서 오늘날 모든 코끼리의 코가 길어졌다는 가설을 함축하고 있다.

키플링은 이런 이야기를 재미로 썼지만, 라마르크는 진지한 과학

이론을 만들려고 애썼다. 여느 훌륭한 과학자와 마찬가지로 라마르크는 자신의 가설을 뒷받침할 데이터를 수집하려고 노력했다. 유명한 한 예로 라마르크는 대장장이(강한 근육의 힘이 필요한 직업)의 아들은 방직공의 아들보다 팔 근육이 더 큰 경향이 있다고 기록했다. 라마르크는 이것을 대장장이의 아들이 아버지로부터 큰 근육의 획득 형질을 물려받았기 때문이라고 해석했다.

현대적인 해석은 이와 다르다. 큰 근육을 발달시키는 데 유리한 유전자를 가진 사람이 대장장이 같은 일을 하는 데 유리하다는 사실은 분명하다. 그래서 이 직업에는 유전적으로 적합한 사람이 몰릴 것이다. 우리의 해석은 대장장이의 아들이 위팔두갈래근(이두근)이 잘 발달하는 유전적 경향을 물려받았을 가능성도 포함한다. 그리고 마지막으로, 라마르크가 그 책을 쓰던 당시에는 아이들이 가족 노동력의 일부로 참여했다는 사실을 감안해야 한다. 대장장이의 아들들은 필시 방직공의 아들들보다 어린 시절부터 강도가 더 높은 육체 노동을 했을 테고, 그 때문에 환경에 대한 반응으로 팔 근육이 더 굵어졌을 가능성이 높다.

라마르크를 돌아보면서 비웃는 것은 잘못이다. 우리는 그가 주장한 개념 대부분을 과학적으로 옳다고 여기지 않지만, 그가 중요한 문제를 해결하기 위해 진지한 노력을 기울였다는 사실만큼은 인정해야 한다. 필연적인 일이었지만, 결국 라마르크는 19세기 생물학의 진정한 거인—사실은 전 시대를 통틀어서도 생물학의 위대한 거인인—인 찰스 다윈의 그늘에 묻히고 말았다. 다윈이 내놓은 자연선택에 의한 종의 진화 모형은 생물과학에서 나온 개념적 틀 가운데 가장 강력한 것으로 인정받는다. 더구나 다윈의 진화론은 멘델의 유전 연구와 DNA가 유전의 기본 재료라는 발견과 결합하면서 더욱 힘을 얻게 되었다.

지난 150년 동안 진화론이 거쳐온 역사를 한 단락으로 요약한다면, 다음과 같이 표현할 수 있다:

유전자에 일어나는 무작위적 변이가 개체에 표현형 변이를 일으킨다. 특정 환경에서 일부 개체는 다른 개체들보다 생존에 더 유리한데, 이 개체들은 후손을 더 많이 남길 가능성이 높다. 이 후손들은 부모가 가졌던 것과 동일한 유전적 변이를 물려받을 수 있고, 그 덕분에 후손들 역시 생식에 성공할 가능성이 더 높다. 이런 식으로 많은 세대가 지나면, 별개의 종이 진화한다.

무작위적 변이를 위한 기본 재료는 개체의 DNA 서열에 일어나는 돌연변이이다. 돌연변이율은 일반적으로 아주 낮기 때문에, 생존에 유리한 돌연변이가 발달해 집단 사이에 퍼져나가기까지는 오랜 시간이 걸린다. 만약 특정 환경에서 각 돌연변이가 개체에게 주는 이점이 경쟁자보다 아주 약간만 나은 정도에 그친다면 더욱 그럴 것이다.

라마르크의 획득 형질 모형은 바로 여기서 무너지고 만다. 획득한 표현형 변화는 어떻게든 DNA 대본에 '되먹임'되어 대본을 정말로 극적으로 변화시켜야만 획득 형질이 단 한 세대 만에 부모에게서 자식에게로 전달될 수 있다. 하지만 가끔 DNA를 손상시키는 화학 물질이나 방사선(돌연변이원)에 노출되어 실제 염기쌍 서열에 변화가 일어나는 경우를 제외하고는 이런 일이 일어난다는 증거는 거의 없다. 그러한 돌연변이원조차 유전체 중 비교적 작은 비율의 염기쌍에만 무작위적 패턴으로 영향을 미치기 때문에, 이것이 획득 형질의 유전을 유의미한 방식으로 촉진한다고 말할 수 없다.

압도적으로 많은 데이터는 라마르크식 유전을 부정하기 때문에, 과학자가 개인적으로 이것을 실험을 통해 연구할 이유는 거의 없다. 이것은 전혀 놀라운 일이 아니다. 만약 여러분이 태양계에 관심을 가진 과학자라면, 달이 치즈로 만들어졌다는 가설을 검증해보겠다고 선택할 수도 있다. 하지만 그러려면 이미 이 가설을 부정하는 산더미 같은 증거들을 모두 무시해야 한다. 그것은 결코 합리적인 접근 방법이라고 보기 어렵다.

과학자들이 그동안 획득 형질의 유전을 실험적으로 연구하길 꺼린 데에는 문화적 이유도 있다. 과학사에서 악명 높은 사기극 중 하나는 20세기 초에 오스트리아의 파울 카메러Paul Kammerer가 한 연구이다. 그는 산파두꺼비라는 종에서 획득 형질의 유전이 일어나는 것을 입증했다고 주장했다.

카메러는 환경을 변화시키자 산파두꺼비가 그에 맞춰 '유용한' 적응을 발달시켰다고 보고했다. 그 적응이란 바로 앞다리에 생긴 검은색의 생식 혹이었다. 생식 혹은 물 속에서 짝짓기를 할 때 수컷이 미끌미끌한 암컷의 몸을 꽉 붙잡는 데 도움을 준다. 불행하게도 생식 혹이 생긴 표본은 극소수였고, 그마저 카메러는 잘 보관하지 못했다. 게다가 경쟁 관계에 있던 과학자가 생식 혹이 생겼다는 표본을 조사하다가 생식 혹에 검은 잉크가 주입되었다는 사실을 발견했다. 카메러는 그런 오염이 있었다는 사실을 전혀 몰랐다고 잡아떼고는 얼마 후 스스로 목숨을 끊고 말았다. 이 스캔들은 그렇지 않아도 이미 논란이 많던 이 연구 분야에 큰 오점을 남겼다.[1]

진화론의 역사에 등장한 한 가지 주장은 다음과 같이 요약할 수 있다: "획득한 표현형 변화는 어떻게 하여 DNA 대본에 '되먹임'되어 그것을 극적으로 변화시켜야만 획득 형질이 단 한 세대 만에 부모에게서 자식에게로 전달될 수 있다."

한 개체의 세포에 미친 환경의 영향이 어떻게 특정 유전자에 작용해 그 염기쌍 서열을 변화시킬 수 있는지 상상하기는 매우 어렵다. 하지만 세포에 미친 환경의 영향에 반응해 특정 유전자에 후성유전적 변형—그것이 DNA 메틸화이건 히스톤 단백질 변형이건 간에—이 실제로 일어난다는 사실은 너무나도 명백하다. 4장에서 언급했던 호르몬 신호에 대한 반응도 바로 그런 예이다. 일반적으로 에스트로겐 같은 호르몬은 세포(예컨대 유방세포)의 수용체에 들러붙는다. 에스트로겐과 수용체는 함께 붙어 다니면서 세포핵 속으로 옮겨간다. 그리고 특정 유전자의 프로모터에서 발견되는 DNA의 특정 모티프—A, C, G, T 염기가 특정 서열로 배열된 곳—에 들러붙는다. 이것은 그 유전자의 스위치를 켜는 데 도움을 준다. 이러한 모티프에 들러붙을 때 에스트로겐 수용체는 다양한 후성유전 효소들도 끌어당긴다. 이것들은 히스톤 변형을 변화시켜 유전자 발현을 억제하는 표지를 제거하고, 유전자의 스위치를 켜는 경향이 있는 표지를 붙인다. 이런 식으로 환경은 호르몬을 통해 작용하면서 특정 유전자의 후성유전적 패턴을 변화시킬 수 있다.

이러한 후성유전적 변형은 유전자의 염기 서열을 변화시키지는 않지만, 유전자가 발현되는 방식을 변화시킨다. 어쨌든 이것은 나중에 생길 질병에 대한 발달 프로그래밍의 기초가 된다. 우리는 후성유전적 변형이 부모 세포에게서 딸세포로 전달될 수 있다는 사실을 알고 있는데, 우리 눈알에 이가 나지 않는 이유도 바로 이 때문이다. 만약 비슷한 메커니즘이 환경이 유발한 후성유전적 변형을 한 개체에게서 그 후손에게 전달한다면, 일종의 라마르크식 유전 메커니즘이 존재하는 셈이다. 그러면 후성유전적 변화(유전적 변화에 대한 상대적 개념)는 부모로부터 자식에게 전달될 것이다.

이단과 네덜란드 대기근

이런 일이 어떻게 일어날 수 있는지 생각하는 것까지는 좋다. 하지만 획득 형질이 정말로 이런 식으로 유전될 수 있는지 확실히 짚고 넘어갈 필요가 있다. 즉, 그것이 '어떻게' 일어나느냐가 중요한 게 아니라, '과연' 그것이 일어나느냐 하는 것이 더 기본적인 질문이다. 놀랍게도 실제로 그런 일이 일어나는 특수한 상황이 일부 있는 것처럼 보인다. 그렇다고 이것이 다윈과 멘델의 모형이 틀렸음을 입증하는 것은 아니다. 단지 늘 그랬듯이 생물학 세계는 우리가 생각했던 것보다 훨씬 복잡하다는 걸 말해줄 뿐이다.

이 문제를 다룬 과학 문헌에는 혼란스러운 용어가 일부 섞여 있다. 초기에 나온 일부 논문은 획득 형질의 후성유전적 전달을 언급하지만, DNA 메틸화 변화나 히스톤 변형의 증거는 발견하지 못했던 것으로 보인다. 이것은 저자들이 엄밀하게 연구를 하지 않아서 그런 게 아니라, 단지 후성유전이란 단어를 서로 다른 뜻으로 사용했기 때문이다. 초기 논문에서 '후성유전적 전달'이란 표현은 유전학으로 설명할 수 없는 유전을 가리키는 뜻으로 사용되었다. 즉, 그 논문들에서 '후성유전'이라는 단어는 분자 차원의 메커니즘이 아니라, 단순히 그 현상을 가리키는 데 쓰인 것이다. 의미 전달을 명확하게 하기 위해 여기서는 획득 형질의 전달 현상을 가리킬 때에는 '세대 간 유전'이란 표현을 쓰고, 분자 차원의 사건을 가리킬 때에만 '후성유전'이라는 단어를 쓰기로 하겠다.

사람에게서 세대 간 유전이 일어난다는 사실을 뒷받침하는 일부 유력한 증거가 네덜란드 대기근 생존자들에게서 나왔다. 네덜란드 사람들은 훌륭한 의학 인프라를 갖추고 있고, 환자 데이터 수집과 보관 수

네덜란드 대기근을 견뎌낸 여성들을 표현한 타일

준이 아주 높기 때문에, 역학자들이 네덜란드 대기근에서 살아남은 사람들을 수십 년 동안 추적하는 것이 가능했다. 특히 네덜란드 대기근에서 살아남은 사람들뿐만 아니라, 그들의 자식과 손자까지도 추적 조사할 수 있었다.

이 추적 조사에서 놀라운 효과가 한 가지 확인되었다. 앞에서 이미 이야기했듯이, 임신 초기의 석 달 동안 영양실조를 겪은 여성에게서 태어난 아기는 정상 체중으로 태어나지만, 어른이 되고 나서 비만이나 그 밖의 장애가 나타날 위험이 더 높다. 기묘한 사실은, 그렇게 태어난 아기 집단에 속한 여성이 나중에 어른이 되어 낳은 첫 아기는 대조군보다 체중이 더 많이 나가는 경향이 나타났다.[2,3] **그림 6.1**이 이것을 잘 요약해 보여주는데, 그 효과를 분명히 보여주기 위해 아기들의 상대적 크기를 과장해서 나타냈고, 여성들에게는 임의로 네덜란드 인 이름을 붙였다.

그림에서 왼쪽 아래에 있는 아기 카밀라의 출생 체중에 미친 효과는 정말로 이상하다. 카밀라가 뱃속에서 발달할 때 어머니 바셔는 건강했던 것으로 보인다. 바셔가 유일하게 영양실조를 경험한 시기는 20여 년 전에 어머니 자궁 속에서 발달하던 초기였다. 그런데도 그때의 그 경험이 자신의 아기에게 영향을 미친 것으로 보인다. 카밀라는 발달 초기에 영양실조를 전혀 겪지 않았는데도 말이다.

이것은 세대 간 유전(라마르크식 유전)의 좋은 예처럼 보이지만, 이것은 후성유전 메커니즘을 통해 일어났을까? 자궁 속에서 발달하던 처음 12주 동안의 영양실조 때문에 일어난 후성유전적 변화(변형된 DNA 메틸화 그리고/혹은 히스톤 변형에 일어난 변이)가 난자의 세포핵을 통해 아기에게 전달되었을까? 그럴지도 모른다. 하지만 다른 가능성도 무시해서는 안 된다.

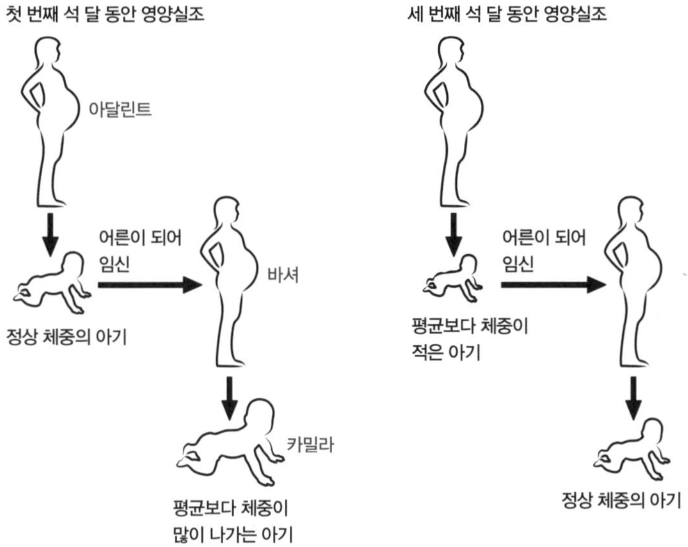

그림 6.1 네덜란드 대기근 동안에 임신한 여성의 자식 대와 손자 대에 걸쳐 나타나는 영양실조의 효과. 아기의 체중에 미치는 효과에는 영양실조를 겪은 시기가 중요하다.

예를 들면, 발달 초기의 영양실조가 확인되지 않은 효과를 낳을 수도 있다. 즉, 바셔가 임신했을 때 태반을 통해 태아에게 영양분을 정상보다 더 많이 공급할 수 있다. 이것 역시 세대 간 유전 효과(카밀라의 과체중)를 나타낼 수 있지만, 바셔가 후성유전적 변화를 카밀라에게 전달해서 일어나는 것은 아니다. 그것은 단지 카밀라가 발달하고 성장할 때 자궁 속의 조건(자궁 내 환경) 때문에 일어날 뿐이다.

인간의 난자가 크다는 사실도 기억해야 한다. 난자 속에는 주변의 세포질에 비해 상대적으로 부피가 작은 세포핵이 들어 있다. 그 상대적 크기가 어느 정도인지 감을 잡고 싶다면, 귤 속에 포도알이 들어 있다고 상상하면 된다. 난자가 수정될 때 세포질은 많은 기능을 수행한다. 바셔의 발달 프로그래밍 과정 초기에 일어난 어떤 일이 결국은 그녀의 난자 세포질에 뭔가 특이한 것이 포함되는 결과를 낳았다. 터무니없는 소리처럼 들릴 수 있지만, 암컷 포유류의 난자 생산은 실제로 자신이 배아로 발달하는 과정 초기에 시작한다. 접합자가 발달하는 최초 단계들은 난자에서 온 세포질에 아주 많이 의존한다. 세포질에 생긴 비정상은 태아에게 특이한 성장 패턴을 자극할 수 있다. 이것은 다시 세대 간 유전을 낳지만, 후성유전적 변형이 직접적으로 전달되어 일어나는 것은 아니다.

따라서 네덜란드 대기근을 겪은 사람들 중 모계를 통해 나타나는 유전 패턴을 설명할 수 있는 메커니즘이 다양하게 존재한다는 사실을 알 수 있다. 이것은 우리가 다소 덜 복잡한 인간 상황을 연구할 수 있다면, 후성유전이 획득 형질 유전에 어떤 역할을 담당하는지 이해하는 데 도움을 줄 것이다. 이상적으로는 그것은 자궁 내 환경이나 난자의 세포질이 미치는 효과에 대해 걱정할 필요가 없는 시나리오가 될 것이다.

이번에는 아버지의 이야기를 들어보기로 하자. 남성은 임신을 하지 않기 때문에, 태아의 발달 환경에 기여할 수 없다. 남성은 또한 접합자에 많은 세포질을 주지도 않는다. 정자는 아주 작고, 세포핵이 대부분을 차지한다.(그래서 정자는 꼬리가 달린 총알처럼 보인다.) 따라서 만약 아버지로부터 아들에게 전달되는 세대 간 유전이 발견된다면, 그것은 자궁 내 환경이나 난자의 세포질 때문에 나타났을 가능성이 희박하다. 이런 상황에서는 획득 형질의 세대 간 유전을 설명하는 데 후성유전 메커니즘이 유력한 후보가 될 것이다.

외베르칼릭스에서 발견된 세대 간 유전 데이터

인간에게서 남성의 획득 형질이 세대 간에 유전될 수 있다고 시사하는 일부 데이터가 또 다른 역사적 연구에서 나왔다. 스웨덴 북부에 외베르칼릭스라는 지리적으로 격리된 지역이 있다. 이곳에서는 19세기 후반부터 20세기 전반까지 식량이 풍부한 시기들 사이에 식량이 크게 부족한 시기가 간간이 있었다(흉년과 군사적 행동, 물류 수송 체계 미비 등으로 인해). 과학자들은 이 시기들에 살았던 사람들의 후손을 대상으로 사망 패턴을 조사했다. 특히 그들은 '느린 성장기'라 부르는 시기(사춘기 직전의 9세부터 12세 사이에 해당하는 시기)의 영양 섭취를 분석했다. 다른 인자들이 모두 같을 경우, 어린이는 사춘기가 되기 전에는 이 시기에 가장 느리게 성장한다. 이것은 정상적인 현상으로, 대부분의 인구 집단에서 나타난다.

연구자들은 역사 기록을 사용해, 아버지가 느린 성장기 동안에 영양 섭취가 부족할 경우, 그 아들이 심혈관 질환(뇌졸중, 고혈압, 심장동

맥병 등)으로 사망할 위험이 낮아진다는 결과를 얻었다. 반면에 느린 성장기 동안에 영양을 과다 섭취했을 경우, 그 손자가 당뇨병으로 사망할 위험이 더 높았다.[4] 네덜란드 대기근의 예에 나온 카밀라처럼 이들의 아들과 손자는 자신이 직접 경험한 적 없는 환경의 도전에 대한 반응 때문에 변한 표현형(심혈관 질환이나 당뇨병을 통해 사망할 위험에 변화가 일어난)을 갖고 있었다.

이 데이터들은 앞에서 설명한 이유 때문에 자궁 내 환경이나 난자의 세포질에서 유래한 결과일 리가 없다. 따라서 할아버지 세대가 겪은 영양 섭취 효과가 후성유전을 통해 세대를 건너뛰어 나타났다는 가설이 힘을 얻게 된다. 원래의 영양 섭취 효과가 소년이 정자를 생산하기도 전인 사춘기 이전의 나이에 일어났다는 사실을 감안하면, 이 데이터는 더욱 놀랍다. 그렇다 하더라도, 그것은 아들과 손자에게 어떤 효과를 전달할 수 있었다.

하지만 부계를 통한 세대 간 유전에 관한 이 연구 결과에는 주의해야 할 점이 있다. 특히 오래된 사망 기록에 의존하고, 역사적 데이터를 바탕으로 외삽법을 과거로 거슬러 올라가 적용하는 데 따르는 위험이 있다. 게다가 관찰된 효과 중 일부는 압도적으로 큰 것이 아니다. 이것은 우리의 유전적 변이성과 큰 규모의 환경 제어 불가능성처럼 앞에서 이미 언급한 모든 문제들과 함께 인간 집단을 대상으로 연구할 때 자주 맞닥뜨리는 문제이다. 라마르크가 대장장이 집안을 조사했을 때 그런 것처럼 얻은 데이터에서 부적절한 결론을 도출할 위험도 늘 존재한다.

이단적인 생쥐

세대 간 유전을 조사하는 방법으로 좋은 대안이 없을까? 만약 이 현상이 다른 종에서도 나타난다면, 이 효과가 실재한다는 확신을 추가로 얻을 수 있다. 모형계를 사용한 실험은 단지 자연(또는 역사)이 제공하는 데이터에 의존하는 데 그치지 않고, 특정 가설을 검증하도록 설계할 수 있기 때문이다.

그러니 아구티 생쥐에게로 다시 돌아가자. 에마 화이트로의 연구는 아구티 생쥐의 가변적인 털색은 후성유전 메커니즘, 더 구체적으로는 *agouti* 유전자의 레트로트랜스포존에 일어난 DNA 메틸화 때문에 나타남을 보여주었다. 털색이 다른 생쥐들은 모두 똑같은 DNA 서열을 갖고 있었지만, 레트로트랜스포존에 후성유전적 변형이 일어난 정도가 달랐다.

화이트로는 그 털색이 유전될 수 있는지 조사해보기로 했다. 만약 유전된다면, 그것은 단지 DNA만 부모에게서 자식에게로 전달되는 것이 아니라, 유전체의 후성유전적 변형도 전달됨을 보여줄 것이다. 이것은 획득 형질의 세대 간 유전을 설명하는 잠재적 메커니즘을 제공할 것이다.

화이트로는 암컷 아구티 생쥐를 번식시키면서 **그림 6.2**가 보여주는 효과를 발견했다. 편의상 그림에서는 어미에게서 A^{vy} 레트로트랜스포존을 물려받은 자식만 나타냈는데, 우리가 관심을 가진 효과가 그것이기 때문이다.

만약 어미가 메틸화되지 않은 A^{vy} 유전자를 가졌고, 그래서 털색이 노란색이라면, 그 어미에게서 태어난 새끼들의 털색은 모두 노란색이거나 약간 얼룩덜룩했다. 레트로트랜스포존의 메틸화와 연관이 있는

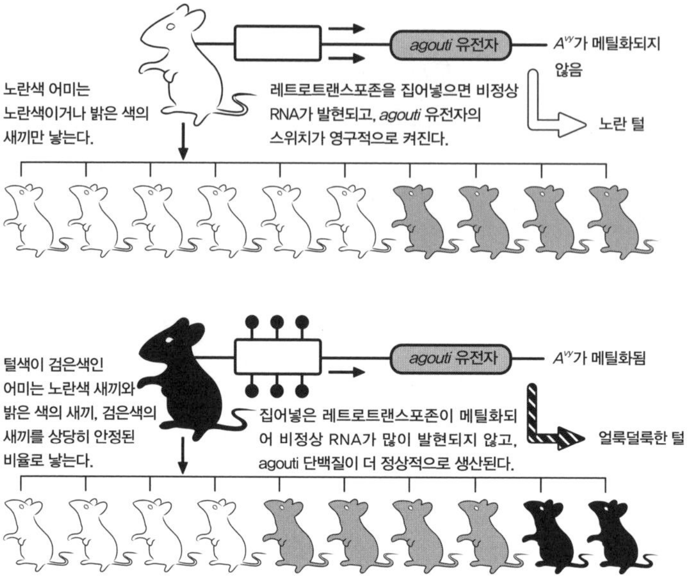

그림 6.2 유전적으로 동일한 암컷 생쥐의 털색은 자식의 털색에 영향을 미친다. 털색이 노란색인(*agouti* 유전자가 늘 발현되는) 암컷 생쥐는 조절 레트로트랜스포존의 DNA 메틸화 수준이 낮은 탓에 어두운 털색의 새끼를 결코 낳지 않는다. 후성유전적으로(유전적으로가 아니라) 결정된 어미의 형질이 자식에게 영향을 미친다.

완전히 검은색인 새끼는 한 마리도 태어나지 않았다.

이와는 대조적으로, 만약 어미의 A^{vy} 유전자가 메틸화가 많이 일어나 털색이 검은색이라면, 그 어미에게서 태어난 새끼들 중 일부도 털색이 검은색이었다. 만약 할머니와 어미의 털색이 모두 검은색이라면, 그 효과는 더욱 두드러지게 나타났다. 전체 새끼 중 약 3분의 1은 털색이 검은색으로 나타나, **그림 6.2**에 나타난 5분의 1과 큰 차이를 보였다.

화이트로는 순계 생쥐를 대상으로 연구했기 때문에, 이 실험을 여러 번 반복하면서 유전적으로 동일한 후손을 수백 마리 만들 수 있었다. 이 점은 아주 중요한데, 어떤 실험에서 얻는 데이터 포인트가 많을수록 발견한 것에 더 많이 의존할 수 있기 때문이다. 통계 검정(가설의 옳고 그름을 통계적인 방법으로 따져보는 일. 가설 검정이라고도 함)은 유전적으로 동일한 집단 사이에서 나타나는 표현형 차이가 아주 중요하다는 것을 보여주었다. 다시 말해서, 그 효과가 순전히 우연히 나타날 가능성이 극히 낮다는 뜻이다.[5]

이 실험에서 나온 결과들은 생쥐에게서 후성유전이 매개하는 효과(DNA 메틸화에 종속적인 털색 패턴)가 그 자식에게 전달된다는 것을 보여주었다. 하지만 생쥐들은 정말로 후성유전적 변형을 어미에게서 직접 물려받았을까?

관찰된 효과의 직접적인 원인은 A^{vy} 레트로트랜스포존에 일어난 후성유전적 변형의 유전이 아니라, 다른 메커니즘일 가능성이 있다. *agouti* 유전자의 스위치가 너무 많이 켜질 때, 이것은 단지 노란색 털색의 원인만 되는 게 아니다. *agouti* 유전자는 다른 유전자의 발현도 잘못 조절하여 결국 노란색 생쥐를 뚱뚱하게 하고 당뇨병에 걸리게 한다. 따라서 임신한 노란색 암컷과 검은색 암컷은 자궁 내 환경이 서로 다를 가능성이 있으며, 그에 따라 태아가 공급받는 영양분도 다를 수 있다. 영양 섭취 차이도 특정 후성유전적 표지가 자식의 A^{vy} 레트로트랜스포존에 자리를 잡는 방식에 변화를 가져올 수 있다. 이것은 후성유전처럼 보일 수 있지만, 실제로는 새끼는 어미에게서 DNA 메틸화 패턴을 직접 물려받지 않는다. 대신에 새끼들은 단지 자궁 속에서 영양 섭취 정도에 반응하여 비슷한 발달 프로그래밍 과정을 거쳤을지도 모른다.

사실, 화이트로의 연구가 발표될 무렵, 과학자들은 먹는 것이 아구티 생쥐의 털색에 영향을 줄 수 있다는 사실을 이미 알고 있었다. 임신한 아구티 생쥐에게 세포에 메틸기를 공급하는 화학 물질이 풍부한 먹이를 먹이면, 털색이 서로 다른 새끼들의 비율이 변한다.[6] 이것은 아마도 세포들이 메틸기를 더 많이 사용할 수 있게 되어 그 DNA에 메틸화가 더 많이 일어나고, 그 결과로 *agouti* 유전자의 비정상 발현을 막기 때문일 것이다. 이 사실은 화이트로 팀이 실험에서 자궁 내 영양 공급의 효과를 아주 세심하게 통제해야 한다는 것을 뜻했다.

이들은 사람을 대상으로는 할 수 없는 한 실험에서, 노란색 어미에게서 채취한 수정란을 검은색 어미의 자궁에, 그리고 검은색 어미에게서 채취한 수정란을 노란색 어미의 자궁에 착상시켰다. 두 경우 모두 자식들에게 나타나는 털색 분포는 난자 제공자, 즉 대리모가 아니라 생물학적 어미의 자식들에게서 예상되는 것과 동일했다. 이것은 털색 패턴을 제어하는 것은 자궁 내 환경이 아님을 명백하게 보여주었다. 그들은 또한 복잡한 짝짓기 구도를 사용함으로써 털색 패턴의 유전은 난자의 세포질 때문이 아님을 보여주었다. 이 결과들을 종합하면, 이 실험 데이터를 가장 단순하게 설명하는 해석은 후성유전이 실제로 일어났다고 보는 것이다. 다시 말해서, 후성유전적 변형(필시

DNA 메틸화)이 유전 암호와 함께 전달된 것이다.

한 세대에서 다음 세대로 표현형이 이렇게 전달되는 과정은 완벽하지 않다. 모든 자식이 어미와 똑같이 생긴 것은 아니다. 이것은 *agouti* 표현형 발현을 조절하는 DNA 메틸화가 세대 사이에서 전달될 때 완전히 안정한 상태로 유지되지 않음을 의미한다. 이것은 네덜란드 대기근처럼 인간의 세대 간 유전이 일어난 것으로 의심되는 사례들에서 나타나는 효과와 아주 비슷하다. 연구 집단에 포함된 사람들을 충분히 많이 살펴본다면, 다양한 집단들 사이에 출생 체중에 차이가 나타나는 것을 볼 수 있지만, 한 개인에 대해서는 절대적인 예측을 할 수 없다.

아구티 생쥐 계통에서는 특이한 성별 차이 현상도 나타난다. 비록 털색 패턴은 어미에게서 새끼에게 전달될 때 세대 간 유전 효과가 분명히 있음을 보여주지만, 수컷 생쥐가 A^{vy} 레트로트랜스포존을 자식에게 전달할 때에는 그런 효과가 나타나지 않는다. 수컷 생쥐가 노란색이건 약간 얼룩덜룩하건 검은색이건 간에 그것은 문제가 되지 않는다. 수컷 생쥐의 새끼들은 온갖 종류의 털색 패턴이 나타날 가능성이 높다.

하지만 암컷과 수컷 모두에게서 전달되는 후성유전의 다른 사례들이 있다. $Axin^{Fu}$ 유전자의 레트로트랜스포존에 일어나는 가변적 메틸화 때문에 나타나는 생쥐의 구부러진 꼬리 표현형은 어미나 아비 모두를 통해 전달될 수 있다.[7] 이 사실은 이 형질의 세대 간 유전이 자궁 내 환경이나 세포질의 영향 때문에 일어날 가능성을 희박하게 만드는데, 아비는 그런 것에 거의 기여하지 않기 때문이다. $Axin^{Fu}$ 유전자에 생긴 후성유전적 변형이 부모 중 한쪽에서 자식에게 전달되었을 가능성이 훨씬 높다.

이 모형계들은 비유전성 표현형의 세대 간 유전이 실제로 일어나며, 그것이 후성유전적 변형을 통해 일어난다는 것을 입증하는 데 큰 도움이 되었다. 이것은 실로 혁명적인 연구 결과이다. 이것은 아주 특수한 상황에서 라마르크식 유전이 일어나며, 우리가 그 이면에 있는 분자 차원의 메커니즘을 안다는 것을 확인해준다. 하지만 생쥐의 *agouti*와 구부러진 꼬리 표현형은 둘 다 유전체에 존재하는 특정 레트로트랜스포존에 의존한다. 이것들은 특별한 사례일까, 아니면 더 일반적인 효과가 있는 것일까? 여기서 다시 우리 모두에게 즉각적인 관련성이 더 많은 문제로 돌아가보자. 그것은 바로 음식이다.

비만의 후성유전학

모두가 알다시피, 오늘날 비만 유행병이 크게 번지고 있다. 비만 유행병은 전 세계에서 퍼져나가고 있지만, 특히 선진국에서 더 빠른 속도로 번지고 있다. **그림 6.3**의 섬뜩한 그래프는 2007년의 영국 통계수치[8]를 나타낸 것인데, 성인 3명 중 2명이 과체중(체질량 지수가 25 이상)이거나 비만(체질량 지수가 30 이상)임을 보여준다. 미국은 상황이 더 심각하다. 비만은 심혈관 질환과 제2형 당뇨병을 포함해 많은 건강 문제와 관련이 있는 것으로 밝혀졌다. 40세 이상 중에서 비만인 사람은 비만이 아닌 사람에 비해 평균적으로 6~7년 일찍 죽는다.[9]

네덜란드 대기근과 그 밖의 기아 사건에 관한 데이터는 임신기의 영양 결핍이 자식에게 영향을 미치며, 그 결과가 그 후세대에게까지 전달될 수 있다는 개념을 뒷받침한다. 다시 말해서, 영양 결핍은 후세대들에 후성유전적 효과를 미칠 수 있다. 외베르칼릭스 코호트에서

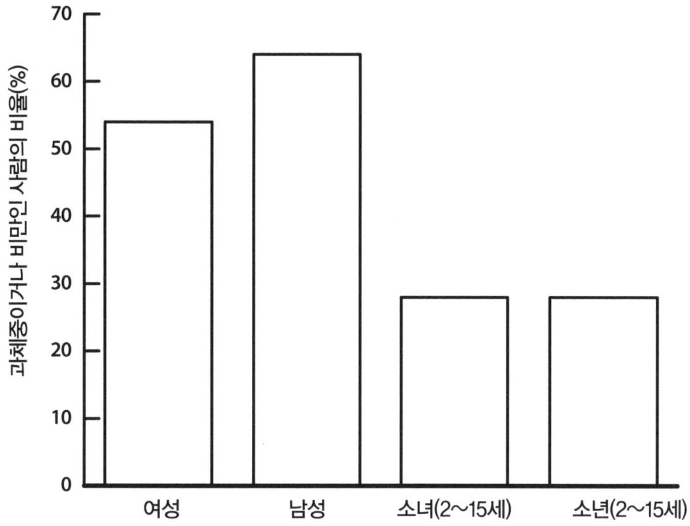

그림 6.3 영국 전체 인구 중 과체중이거나 비만인 사람의 비율(2007년)

나온 데이터는 비록 해석하기가 더 어렵지만, 소년의 생애 중 중요한 시점에 일어난 과도한 영양 섭취가 후세대들에 나쁜 영향을 미칠 수 있다고 시사한다. 비만 유행병이 자식과 손자에게 연쇄 효과를 일으킬까? 그것을 알아내기 위해 40년을 마냥 기다릴 수는 없기 때문에, 과학자들은 유용한 통찰을 얻기 위해 다시 동물 모형에 의존하기로 했다.

첫 번째 동물 연구 데이터는 영양 섭취가 세대를 뛰어넘어 큰 효과를 발휘하지 않을 가능성이 있음을 시사했다. 임신한 아구티 생쥐에게 메틸 공여체가 많은 먹이를 주었을 때 새끼의 털색에 나타난 변화는 다음 세대로 전달되지 않았다.[10] 하지만 이것은 너무 특수한 모형일지 모른다. 2010년, 적어도 우리에게 잠시 생각할 거리를 주는 논문이 두 편 발표되었다. 두 논문은 세계 최고의 학술지인 〈네이처〉와 〈셀〉에 발표되었다. 두 연구에서 연구자들은 수컷 동물에게 먹이를 실컷 먹이고, 그것이 후손에게 미치는 효과를 조사했다. 실험 대상을 수컷으로 한정함으로써 암컷을 대상으로 실험할 때 골치를 앓게 만드는 자궁 내 환경이나 세포질의 복잡한 조건은 염려하지 않아도 되었다.

한 연구는 스프라그-돌리Sprague-Dawley라는 품종을 사용했다. 이 실험용 흰쥐는 성격이 온순하고 느긋해 기르거나 다루기가 쉽다. 실험에서 수컷 흰쥐에게는 고지방 먹이를 주고 정상적인 먹이를 먹인 암컷과 짝짓기를 하게 했다. 고지방 먹이를 실컷 먹은 수컷은 과체중이 되었고, 근육 대비 지방 비율이 높아졌으며, 인간의 제2형 당뇨병과 비슷한 증상이 많이 나타났다. 그 새끼들은 체중은 정상이었지만, 당뇨병 비슷한 이상 증상이 나타났다.[11] 이 새끼들에게서는 대사와 포유류가 연료를 연소하는 방식을 조절하는 유전자 중 많은 것이 잘못 조절되었다. 알 수 없는 이유로 이 효과는 특히 암컷에게서 두드러지게 나타났다.

한편, 독립적인 연구팀이 순계 생쥐 계통을 대상으로 먹이가 미치는 효과를 연구했다. 이들은 수컷 생쥐에게 단백질 함량이 아주 낮은 먹이를 먹였다. 대신에 단백질 부족을 보충하기 위해 당류의 비율을 높였다. 그리고 이 수컷들을 정상적인 먹이를 먹인 암컷들과 짝짓기를 시켰다. 연구자들은 그 사이에서 태어난 생후 3주일의 새끼들을 대상으로 간(대사 처리에 관여하는 가장 중요한 기관)에서 유전자들이 어떻게 발현되었는지 조사했다. 많은 새끼 생쥐들을 분석한 결과, 대사에 관여하는 많은 유전자의 조절이 비정상적으로 일어나는 것으로 드러났다.[12] 새끼들의 간에서 후성유전적 변형에 일어난 변화도 발견되었다.

따라서 이 두 연구는 적어도 설치류에서는 아비의 영양 섭취가 자식의 후성유전적 변형과 유전자 발현과 건강에 직접적인 영향을 미칠 수 있음을 보여준다. 이것은 환경 때문에 일어난 것이 아니다. 이것은 아버지가 슈퍼 사이즈 햄버거와 감자칩만 먹인 결과로 자식이 뚱뚱해지는 인간의 사례와는 다르다. 이것은 직접적인 효과로 나타났고, 흰쥐와 생쥐에게서 너무 자주 나타났으므로, 먹이가 유발한 돌연변이 때문에 일어났을 리 없다. 그런 돌연변이는 그렇게 자주 일어나지 않기 때문이다. 따라서 가장 그럴듯한 설명은 먹이가 후성유전적 효과를 유발했고, 그것이 아비에게서 자식에게로 전달되었다는 것이다. 데이터는 예비적인 것에 불과하긴 하지만, 특히 생쥐 연구에서 나온 결과는 이 가설을 뒷받침한다.

모든 데이터(인간에서부터 설치류까지, 기근에서부터 폭식까지)를 전체적으로 바라보면, 매우 우려할 만한 패턴이 나타난다. "우리는 곧 우리가 먹는 것"이란 오랜 격언은 진실을 제대로 표현한 것이 아닐지 모른다. 어쩌면 우리는 우리 부모가 먹은 것일 뿐만 아니라, 또 부모의 부모가 먹은 것일지도 모른다.

그렇다면 건강한 삶에 대한 조언을 따르는 게 무슨 소용이 있을까 하는 의심이 들 수 있다. 우리가 모두 후성유전학적 결정론의 피해자라면, 우리의 주사위는 이미 던져졌으며, 우리는 그저 조상들의 메틸화 패턴이 어떠했는지에 대한 처분을 기다릴 수밖에 없는 처지가 아닌가? 하지만 이것은 너무나도 단순한 모형이다. 압도적인 데이터는 정부 기관과 자선 단체에서 발표하는 건강 조언—야채와 과일이 풍부한 건강식을 먹고, 운동을 많이 하고, 흡연을 피하라는 등—이 아주 적절하다는 것을 보여준다. 우리는 복잡한 생물이며, 건강과 기대수명은 유전체와 후성유전체와 환경에 영향을 받는다. 하지만 표준화된 조건에서 자란 순계 아구티 생쥐조차 연구자들이 한배에서 태어난 새끼들 중 어느 새끼가 털색이 얼마나 노란색을 띨지 혹은 얼마나 뚱뚱해질지 정확하게 예측할 수 없다는 사실을 명심하라. 그러니 건강하게 오래 사는 삶의 기회를 높이기 위해 최선을 다하는 게 좋지 않겠는가? 그리고 만약 자식을 낳을 계획이 있다면, 자식이 좀더 건강해질 수 있도록 최선을 다하고 싶지 않은가?

물론 우리가 통제할 수 없는 일도 있다. 환경 요인이 후성유전적 결과를 낳는 사례 중 문서 기록으로 입증되는 것 하나는 최소한 네 세대 동안 그 효과가 지속되는 환경 독소이다. 빈클로졸린vinclozolin은 살진균제로, 특히 와인 산업에서 많이 사용한다. 그런데 빈클로졸린은 포유류의 몸속으로 들어가면, 다른 화합물로 변해 안드로겐 수용체에 들러붙는다. 안드로겐 수용체는 남성의 성 기능 발달과 정자 생산, 그 밖의 많은 효과에 필수적인 남성 호르몬인 테스토스테론에 들러붙는다. 빈클로졸린이 안드로겐 수용체와 결합하면, 테스토스테론이 세포들에게 평소에 보내던 신호를 보내지 못하게 방해함으로써 테스토스테론이 평소에 발휘하던 효과를 차단한다.

만약 태아의 고환이 발달하는 시기에 임신한 쥐에게 빈클로졸린을 투여하면, 수컷 새끼는 고환에 결함을 가지고 태어나 생식 능력이 떨어진다. 그리고 다음 세 세대 동안에도 같은 효과가 나타난다.[13] 수컷 쥐 중 약 90%에서 이 독소의 효과가 나타나는데, 고전적인 DNA 돌연변이 때문에 일어난다고 보기에는 너무 높은 비율이다. 알려진 돌연변이율 중 가장 높은 것(유전체 중 특별히 민감한 지역에 일어나는)도 이것보다 최소한 10배는 낮다. 쥐를 대상으로 한 이 실험들에서는 오직 한 세대만 빈클로졸린에 노출시켰지만, 그 효과는 최소한 네 세대 동안 지속되었다. 따라서 이것도 라마르크식 유전을 보여주는 한 예이다. 부계를 통한 전달 패턴을 감안할 때, 이것은 후성유전 메커니즘의 한 예일 가능성이 높다. 같은 연구팀이 내놓은 후속 논문에서는 빈클로졸린 처리가 특이한 DNA 메틸화 패턴을 초래하는 유전체 지역을 확인했다.[14]

위에 소개한 연구에서는 쥐들에게 빈클로졸린을 과도하게 투여했다. 그것은 인간이 환경에서 흡수할 수 있는 것보다 훨씬 많은 양이었다. 그럼에도 불구하고, 일부 당국이 환경 속의 인공 호르몬과 호르몬 교란 물질(경구 피임약에 포함된 화학 물질의 배출에서부터 특정 살충제에 이르기까지)이 인구 집단에 미묘한 세대 간 유전 효과를 초래할 잠재성이 있는지 조사하기 시작한 것은 바로 이것과 같은 효과 때문이다.

7장

세대 게임

동물들은 모두 둘씩 짝을 지어 걸어갔다네. 만세! 만세!

– 전통 민요

아주 간단한 질문에서 훌륭한 과학이 시작되는 경우가 종종 있다. 그런데 그 질문은 너무나도 명백한 것이어서 아무도 거기에 답하는 것은 고사하고 물어볼 생각조차 하지 않을 수 있다. 사실, 너무나도 자명해 보이는 것에 대해 의문을 품을 이유가 뭐가 있겠는가? 그러다가 누가 나서서 "어떻게 그런 일이 일어날까?"라는 질문을 던지면, 우리는 그제야 너무나도 명백해 보여서 생각도 하지 않았던 현상이 실제로는 완전히 불가해한 수수께끼라는 사실을 깨닫는다. 인간 생물학의 가장 기본적인 한 측면도 바로 그런 것인데, 우리는 실제로 평소에 이에 대해 의문을 품을 생각조차 하지 않는다.

포유류(인간을 포함해)는 생식을 할 때, 왜 암컷과 수컷 부모가 필요할까?

유성 생식에서는 크기는 작지만 에너지가 넘치는 정자가 미친 듯이 헤엄을 치면서 더 크고 상대적으로 정지 상태에 있는 난자를 향해 나

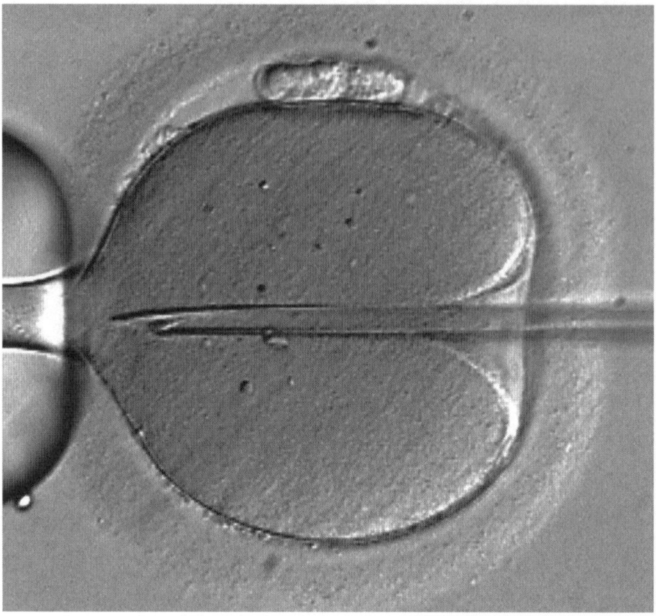

인간 난자 속으로 정자를 주입하는 체외 수정

아간다. 한 정자가 제일 먼저 난자를 뚫고 들어가는 데 성공하면, 두 세포의 세포핵이 융합해 접합자를 만들고, 접합자가 분열하면서 몸을 이루는 모든 세포를 만들어낸다. 정자와 난자를 배우자配偶子(성숙한 반수체半數體 생식 세포)라 부른다. 포유류의 몸에서 배우자가 만들어질 때, 각각의 배우자는 전체 염색체 중 절반만 물려받는다. 이것은 인간의 한 배우자에 염색체가 23개(각 쌍 중 1개씩)만 들어 있다는 뜻이다. 이것을 반수체 유전체haploid genome라 부른다. 정자가 난자를 뚫고 들어간 뒤에 두 세포핵이 융합하면, 염색체 수는 다시 정상 세포와 똑같은 46개로 회복되는데, 이 유전체를 2배체diploid라 부른다. 정자와 난자가 반수체라는 사실이 중요하다. 그렇지 않다면, 한 세대가 지날 때마다 자식은 부모의 2배에 해당하는 염색체를 갖게 될 것이다.

따라서 포유류에게 어미와 아비가 필요한 이유는 한 벌의 염색체를 온전히 갖춘 새 세포를 만들려면 두 반수체 유전체를 합치는 게 필요하기 때문이라는 가설을 세울 수 있다. 실제로 일어나는 일이 그렇다는 것은 분명히 사실이지만, 이 모형은 또한 우리에게 생물학적으로 각각의 성을 가진 부모가 다 필요한 유일한 이유는 전달 체계 때문이라고 암시한다.

콘래드 와딩턴의 손자

2010년, 로버트 에드워즈Robert Edwards는 체외 수정 분야에서 선구적인 연구(시험관 아기를 탄생시킨 연구)를 한 공로로 노벨 생리의학상을 받았다. 이 연구에서는 여성의 몸에서 난자를 채취하여 실험실에서 수정시킨 뒤, 다시 자궁 속에 집어넣어 착상시켰다. 체외 수정은 성공하기가 아주 어려운데, 에드워즈가 체외 수정을 통한 인간 생식에 성공할 수 있었던 것은 그 이전에 생쥐를 대상으로 실험했던 다년간의 연구가 있었기 때문이다.

이 생쥐 연구는 그 뒤에 일어난 놀라운 실험들의 기초가 되었는데, 이 실험들은 포유류의 생식에는 단순히 전달 체계 외에 더 많은 것이 있음을 보여주었다. 이 분야의 발전을 이끈 주요 인물은 케임브리지 대학의 아짐 수라니Azim Surani로, 로버트 에드워즈 밑에서 박사 과정을 밟으면서 과학자 경력을 시작했다. 에드워즈는 초기에 콘래드 와딩턴의 연구실에서 연구자로서 훈련을 받았기 때문에, 아짐 수라니는 이 분야에서는 와딩턴의 손자에 해당한다고 볼 수 있다.

아짐 수라니는 높은 지위에도 불구하고 자신의 명성을 대수롭지 않게 여기는 또 한 명의 영국인 과학자이다. 그는 왕립학회 회원이고, 대영 제국 3등 훈장(CBE)을 받았으며, 또 명망 높은 가보르 메달과 왕립학회 메달도 받았다. 존 거든과 에이드리언 버드와 마찬가지로 수라니는 25년 넘게 자신이 개척한 연구 분야에서 계속 신기원을 열고 있다.

1980년대 중엽부터 시작하여 수라니는 실험 연구를 통해 포유류의 생식은 단순히 전달 체계 문제에 불과한 것이 아님을 명백하게 보여주었다. 우리에게 생물학적 아버지와 어머니가 둘 다 필요한 이유는 단순히 두 반수체 유전자가 합쳐져 2배체 세포핵을 만들어야 하기 때문만이 아니다. 우리의 DNA 중 절반은 아버지에게서, 그리고 나머지 절반은 어머니에게서 온다는 사실이 아주 중요하다.

그림 7.1은 막 수정이 일어나 두 유전체가 합쳐지기 전의 수정란을 보여준다. 비록 단순하고 과장되게 묘사한 것이긴 하지만, 이 그림은 우리의 목적에는 아주 좋다. 정자와 난자에서 온 각각의 반수체 세포

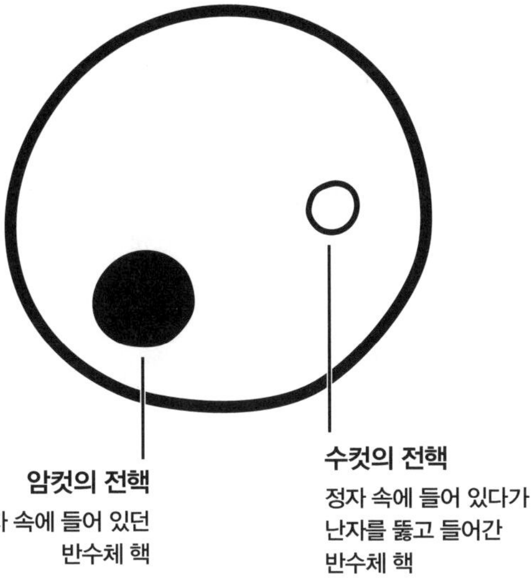

그림 7.1 정자가 난자를 막 뚫고 들어갔지만, 아직 두 반수체 전핵이 합쳐지기 전의 포유류 난자. 난자의 전핵과 정자에서 온 전핵의 크기 차이에 주목하라.

핵을 전핵前核 또는 생식핵生殖核이라 부른다.

암컷의 전핵은 수컷의 전핵보다 크다는 것을 알 수 있다. 이것은 실험적으로 아주 중요한데, 크기를 보고 두 전핵을 구별할 수 있기 때문이다. 이 둘을 구별할 수 있기 때문에 과학자들은 한 세포에서 전핵을 꺼내 다른 세포에 집어넣을 수 있고, 어떤 세포의 전핵을 꺼내 옮겼는지 확신할 수 있다. 즉, 그들은 자신들이 꺼내 옮긴 전핵이 아비의 정자에서 꺼낸 전핵(수컷의 전핵)인지 어미의 난자에서 꺼낸 전핵(암컷의 전핵)인지 알 수 있다.

오래전에 거든 교수는 아주 작은 마이크로피펫을 사용해 두꺼비의 체세포 핵을 두꺼비 난자 속으로 옮겼다. 수라니는 이 기술을 개량하여 생쥐의 여러 가지 수정란에 전핵을 옮기는 실험을 했다. 이렇게 조작한 수정란을 암컷 생쥐의 자궁에 착상시켜 발달하게 했다.

1984년부터 1987년 사이에 발표된 많은 논문을 통해 수라니는 살아 있는 생쥐를 새로 만들려면 수컷의 전핵과 암컷의 전핵이 필수적임을 입증했다. **그림 7.2**가 그 실험 결과를 잘 보여준다.

서로 다른 DNA 유전체의 효과를 제어하기 위해 연구자들은 순계 생쥐 계통을 사용했다. 이 방법으로 그림에 나타난 세 종류의 수정란을 유전적으로 동일하게 유지할 수 있었다. 하지만 유전적으로 동일한데도 불구하고, 수라니와 그 동료들[1,2,3]이 한 일련의 실험 결과는 다보르 솔테르Davor Solter[4] 팀과 브루스 캐터내치Bruce Cattanach[5] 팀이 한 실험 결과와 함께 의심의 여지 없이 결정적이었다. 만약 수정란에 두 암컷의 전핵만 들어 있거나 두 수컷의 전핵만 들어 있다면, 살아 있는 생쥐가 태어나지 않았다. 살아 있는 생쥐가 태어나려면 반드시 양성에서 각각 하나씩 온 전핵이 합쳐져야 했다.

이것은 실로 놀라운 발견이다. 그림의 세 가지 시나리오 모두에서

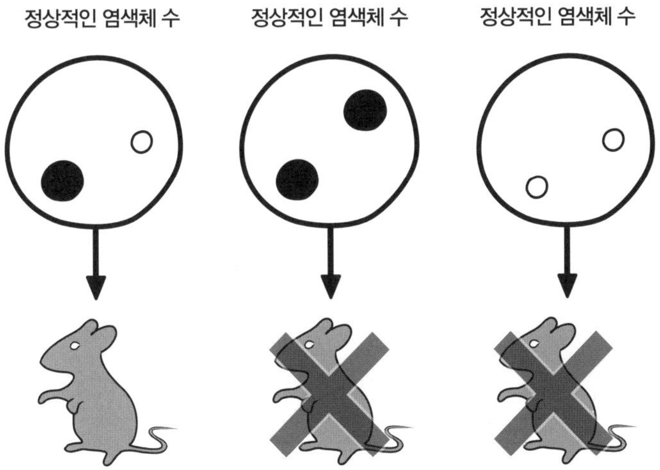

그림 7.2 아짐 수라니의 초기 연구 결과를 요약한 것. 생쥐의 난자에서 전핵을 제거한다. 이 제공자 난자에 두 반수체 전핵을 집어넣고, 그 결과로 합쳐진 2배체 난자를 대리모 생쥐의 자궁에 착상시킨다. 수컷의 전핵과 암컷의 전핵으로 재구성된 난자에서만 살아 있는 생쥐가 발달했다. 두 수컷의 전핵이나 두 암컷의 전핵으로 재구성된 난자에서 생긴 배아는 제대로 발달하지 못했고, 발달 도중에 죽었다.

접합자는 정확하게 똑같은 양의 유전 물질을 가지고 있다. 각각의 접합자는 2배체 유전체(모든 염색체의 복제본 2개)를 갖고 있다. 새로운 개체의 탄생에 중요한 요소가 DNA의 '양'뿐이라면, 세 종류의 수정란은 모두 다 발달하여 새로운 개체를 만들어야 한다.

양이 다가 아니다

이 연구 결과는 혁명적인 개념을 낳았다. 그것은 모계 유전체와 부계 유전체는 똑같은 DNA를 전달할지 모르지만, 그 둘이 기능적으로 똑같지 않다는 개념이다. 정확한 DNA 서열이 정확한 양만큼 있는 것만으로는 충분치 않았다. 반드시 일부는 아버지에게서, 나머지 일부는 어머니에게서 물려받아야 한다. 어떻게 하여 우리 유전자는 그것들이 어디서 왔는지 '기억'하는 것으로 보인다. 그것들은 '정확한' 부모에게서 왔을 경우에만 제대로 기능을 발휘한다. 각각의 유전자를 정확한 수만큼 가지고 있는 것만으로는 정상적인 발달과 건강한 삶을 위한 필요조건을 충족시킬 수 없다.

우리는 이것이 생쥐에게만 적용되는 기묘한 효과가 아니라는 사실을 알고 있는데, 바로 자연적으로 나타나는 인간의 상태 때문이다. 예를 들면, 인간의 임신 사례 1500명당 1명은 자궁에 태반은 있지만 태아가 없는 일이 일어난다. 그러한 태반은 비정상적인데, 액체로 가득 찬 포도 같은 덩어리로 뒤덮여 있다. 이 구조를 포도송이 기태奇胎라 부르는데, 일부 아시아 인구 집단 사이에서는 포도송이 기태 임신 빈도가 200명당 1명꼴로 높게 나타난다. 포도송이 기태가 생긴 여성은 체중이 불어나고 입덧도 한다. 체중은 정상 임신을 한 임부보다 더 빨리 불어나는 경우가 많고, 입덧도 대개 더 심하다. 빨리 자라는 태반 구조는 어떤 호르몬을 비정상적으로 많이 분비하게 하는데, 임신했을 때 욕지기 증상이 나타나는 것은 이 때문으로 보인다.

보건 인프라가 잘 갖춰진 나라에서는 포도송이 기태는 첫 번째 초음파 검사 때 발견되어 의료팀이 낙태 비슷한 절차를 사용해 제거한다. 만약 발견되지 않으면, 포도송이 기태는 대개 수태 후 4~5개월 무렵에 자연 유산된다. 포도송이 기태는 조기 발견이 중요한데, 제거하지 않으면 위험한 종양으로 발전할 위험성이 있기 때문이다.

포도송이 기태는 어떤 이유로 세포핵을 잃은 난자가 수정될 때 생긴다. 포도송이 기태 임신 중 약 80%는 텅 빈 난자가 정자 하나와 수정해 생기며, 반수체 정자 유전체가 복제되어 2배체 유전체가 만들어진다. 나머지 약 20%는 텅 빈 난자가 정자 2개와 동시에 수정해 생긴다. 두 경우 모두 수정란은 정확한 염색체 수(46개)를 가지지만, 모든 DNA는 아버지에게서 온 것이다. 이 때문에 태아는 제대로 발달하지 못한다. 생쥐 실험에서 본 것처럼 인간이 발달하는 데에는 양 부모에게서 온 염색체가 모두 필요하다.

이러한 인간의 상태와 생쥐 실험은 DNA 암호에만 기초한 모형(DNA는 벌거벗은 분자이고, A, C, G, T 염기쌍 서열을 통해서만 정보를 전달한다는 모형)과 들어맞지 않는다. 새로운 생명의 창조에 필요한 정보가 DNA에 전부 다 들어 있는 것은 아니다. 유전 정보에 더해 뭔가가 더 있어야 한다. 후성유전적인 뭔가가.

정자와 난자는 고도로 분화한 세포이다. 이들은 와딩턴의 골 중 어느 한 곳의 바닥에 위치한다. 정자와 난자는 정자와 난자 외에 다른 것이 절대로 될 수 없다. 둘이 융합하지 않는다면 말이다. 일단 둘이 융합하면, 고도로 분화한 이 두 세포가 합쳐져 하나가 되는데, 이 수정란은 거의 분화하지 않은 상태여서 전능성을 지녀 인체의 모든 세포와 태반을 만들 수 있다. 이 접합자는 와딩턴의 후성유전학 풍경에서 맨 꼭대기에 위치한다. 이 접합자가 분열하여 생긴 세포들은 점점 더 전문화하여 우리 몸의 모든 조직을 만든다. 이 조직들 중 일부는 결국 정자나 난자(물론 우리의 성에 따라)를 만들며, 그러면 전체 과정이 처음부터 다시 시작될 준비가 갖추어진다. 발생생물학에는 사실상 결코 끝나지 않는 순환이 존재한다.

정자와 난자의 전핵에 들어 있는 염색체는 많은 후성유전적 변형을 포함하고 있다. 이것은 이 배우자들을 다른 종류의 세포로 변하게 하지 않고 배우자로 계속 남아 있게 하는 한 가지 원인이다. 하지만 이 배우자들은 자신의 후성유전적 패턴을 전달할 수 없는데, 전달할 수 있다면 수정된 접합자는 반은 정자이고 반은 난자인 일종의 잡종이 되고 말 테지만, 실제로는 그런 일이 일어나지 않기 때문이다. 접합자는 완전히 다른 전능성 세포가 되어 완전히 새로운 개체를 낳는다. 어떻게 하여 정자와 난자에 포함된 후성유전적 변형은 다른 종류의 변형으로 변해 수정란을 와딩턴의 후성유전학 풍경에서 다른 위치에 있는 다른 세포 상태로 발달하게 한다. 이것은 정상적인 발달 과정의 일부이다.

운영 체제를 다시 설치하다

정자가 난자 속으로 들어간 직후에 아주 극적인 일이 벌어진다. 수컷의 전핵 DNA(즉, 정자에서 온 전핵 DNA)에 일어난 메틸화는 믿기 힘들 정도로 빠르게 거의 다 벗겨져 나간다. 암컷의 전핵 DNA에도 같은 일이 일어나지만, 훨씬 느리게 일어난다. 이것은 유전체에서 후성유전적 기억이 상당량 지워진다는 걸 뜻한다. 이것은 접합자를 와딩턴의 후성유전학 풍경 꼭대기로 올려놓는 데 꼭 필요하다. 접합자는 분열을 시작하고, 곧 주머니배—2장에서 보았던 안쪽에 골프공이 들러붙어 있는 테니스공—를 만든다. 골프공의 세포들, 즉 속세포덩이(ICM)는 실험실에서 배아 줄기세포로 발달하는 다능성 세포들이다.

속세포덩이 세포들은 곧 분화하면서 우리 몸을 이루는 다양한 종류의 세포들을 만든다. 이것은 일부 핵심 유전자들이 아주 엄밀하게 조절되면서 발현되어 일어난다. 한 특정 단백질, 예컨대 OCT4는 다른 유전자 집단의 스위치를 켜고, 이것은 다시 추가로 유전자 발현이 연쇄적으로 일어나며, 그렇게 계속 연쇄 반응이 일어난다. OCT4는 앞에서 등장한 적이 있다. OCT4는 야마나카 교수가 체세포를 재프로그래밍하는 데 사용했던 유전자 중에서 가장 중요한 것이다. 이 유전자 발현 연쇄 반응은 유전체의 후성유전적 변형과 연관이 있는데, DNA와 히스톤 표지를 변화시켜 어떤 유전자들의 스위치를 켜진 상태나 꺼진 상태로 적절히 머물러 있게 한다. 초기 발달 단계에서 일어나는 후성유전 사건들의 순서는 다음과 같다.

1. 수컷과 암컷의 전핵(각각 정자와 난자에서 온 것)에 후성유전적 변형이 포함돼 있다.
2. 후성유전적 변형이 떨어져 나간다(수정 직후의 접합자에서).
3. 새로운 후성유전적 변형이 추가된다(세포가 분화하기 시작하면서).

이것은 다소 단순화시켜 표현한 것이다. 2단계가 일어나는 동안 넓은 지역에서 DNA 탈메틸화를 관찰할 수 있다는 것은 분명한 사실이다. 하지만 실제로 일어나는 일은 이것보다 좀더 복잡한데, 특히 히스톤 변형 측면에서는 더욱 그렇다. 일부 히스톤 변형은 제거되지만, 다른 히스톤 변형은 확고하게 자리를 잡는다. 억제 DNA 메틸화가 제거되는 것과 동시에 유전자 발현을 억제하는 특정 히스톤 표지 역시 지워진다. 유전자 발현을 증가시키는 다른 히스톤 변형이 그 자리를 대신 차지할 수 있다. 따라서 후성유전적 변화를 단순히 후성유전적 변형이 들러붙거나 떨어져 나가는 것으로 보는 것은 너무 순진한 생각이다. 실제로는 후성유전체가 재프로그래밍된다.

재프로그래밍은 존 거든이 어른 두꺼비의 체세포 핵을 두꺼비 난자로 옮기는 획기적 연구를 통해 입증했다. 키스 캠벨과 이언 윌멋이 젖샘 세포에서 채취한 세포핵을 난자에 집어넣어 복제양 돌리를 만들 때에도 바로 그런 일이 일어났다. 야마나카가 네 가지 핵심 유전자로 체세포를 처리할 때 일어난 일도 바로 이것으로, 이 유전자들은 재프로그래밍 단계에서 자연적으로 발현되는 단백질을 암호화하는 일을 했다.

난자는 아주 놀라운 존재이다. 난자는 수억 년의 진화를 거치는 동안 수십억 개의 염기쌍에 방대한 양의 후성유전적 변화를 생겨나게 하는 데 매우 효율적으로 작용하도록 변했다. 세포를 재프로그래밍하는 인위적 수단 중 속도나 효율 면에서 자연 과정과 경쟁 상대가 될 만한 것은 전혀 없다. 하지만 난자는 아무 도움 없이 이 모든 일을 다 하지는 못할 것이다. 최소한 정자의 후성유전적 변형 패턴은 수컷의 전핵이 비교적 쉽게 재프로그래밍되도록 하는 요소 중 하나이다. 정자의 후성유전체는 재프로그래밍될 조건을 잘 갖추고 있다.[6]

불행하게도 만약 '어른'의 세포핵을 수정란에 집어넣어 재프로그래밍한다면, 이러한 조건을 갖춘 염색질 변경(그리고 정자 핵이 지닌 그 밖의 많은 특징)이 사라지고 만다. iPS 세포를 만들기 위해 어른의 세포핵을 야마나카의 네 가지 인자로 처리해 재프로그래밍할 때에도 마찬가지다. 두 가지 상황 모두 어른 세포핵의 후성유전체를 완전히 리셋하기는 아주 어렵다. 그것은 너무나도 어마어마한 일이어서 할 수가 없다.

많은 복제 동물이 발달 이상이 나타나고 수명이 짧은 이유는 이 때문일지 모른다. 복제 동물에게 나타나는 결함은 초기의 후성유전적 변형이 잘못되면, 평생 동안 잘못된 채로 남아 있을 수 있음을 보여주는 또 하나의 증거이다. 비정상적인 후성유전적 변형 패턴은 영구적인 부적절한 유전자 발현과 장기적인 건강 문제를 낳는다.

초기의 정상적인 발달 과정에서 유전체에 일어나는 이 모든 재프로그래밍은 배우자들의 후성유전체를 변화시켜 접합자의 후성유전체를 새로 만들어낸다. 이것은 정자와 난자의 유전자 발현 패턴을 접합자와 그 이후 발달 단계들의 유전자 발현 패턴으로 분명히 대체되도록 보장한다. 이러한 재프로그래밍에는 또 다른 효과가 있다. 세포는 부적절하거나 비정상적인 후성유전적 변형을 다양한 유전자에 축적할 수 있다. 이것은 정상적인 유전자 발현을 방해하고, 심지어 나중에 보게 되겠지만 질병에 잘 걸리게 할 수 있다. 정자와 난자의 재프로그래밍은 정자와 난자에 축적된 부적절한 후성유전적 변형을 자손에게 전달하지 못하게 한다. 이것은 서판을 싹 지우기보다는 운영 체제를 다시 설치하는 것에 가깝다.

스위치 만들기

하지만 이것은 역설을 낳는다. 수라니의 실험은 수컷과 암컷의 전핵이 기능적으로 똑같지 않음을 보여주었다. 그래서 새로운 포유류를 만들려면, 각각의 전핵이 모두 필요하다. 이것을 기원 부모 효과parent-of-origin effect라 부르는데, 접합자와 그 딸세포가 아비와 어미에게서 유래한 염색체를 구별하는 방법이 있음을 보여주기 때문이다. 이것은 유전적 효과가 아니라 후성유전적 효과이며, 따라서 한 세대에서 다음 세대로 전달되는 어떤 후성유전적 변형이 있어야만 한다.

1987년, 수라니 연구팀은 이 메커니즘에 통찰을 제공한 최초의 논문들 중 하나를 발표했다. 그들은 기원 부모 효과가 DNA 메틸화 때문에 일어날 수 있다는 가설을 세웠다. 그 당시 이것은 정말로 유일하게 확인된 염색질 변형이었기 때문에, 출발점으로 삼기에 아주 적절해 보였다. 연구자들은 유전자 변형 생쥐를 만들었다. 이 생쥐는 유전체 중 어디든지 무작위로 집어넣을 수 있는 여분의 DNA 조각을 갖고 있었다. 이 여분의 부분에 있는 DNA 서열은 연구자들에게 특별히 중요한 것은 아니었다. 중요한 것은 이 서열에 DNA 메틸화가 얼마나 많이 존재하는지, 그리고 메틸화의 양이 부모에게서 자식에게로 충실하게 전달되는지 쉽게 측정할 수 있다는 점이었다.

수라니와 그 동료들은 이 무작위적 삽입 서열을 가진 생쥐 일곱 계통을 조사했다. 그중 한 계통에서 아주 기이한 일이 일어났다. 어미가 삽입 DNA를 전달했을 때, 자식에게서 그 DNA에는 항상 아주 심한 메틸화가 일어났다. 하지만 아비가 그것을 자식에게 전달했을 때에는 새끼에게서 이 외래 DNA에는 항상 메틸화가 적게 일어났다. **그림 7.3**은 이 현상을 그림으로 보여준다.

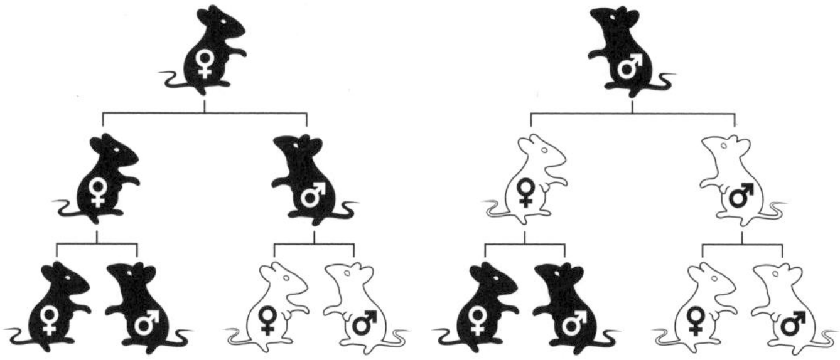

그림 7.3 특정 외래 DNA 조각이 메틸화되거나 메틸화되지 않은 상태로 태어나는 생쥐. 검은색은 메틸화된 DNA를 나타내고, 흰색은 메틸화되지 않은 DNA를 나타낸다. 어미가 이 외래 DNA를 전달할 때에는 어미가 '검은색'인지 '흰색'인지에 상관없이 자식에게서 그 DNA가 항상 심하게 메틸화된다(검은색). 수컷에게서는 그 반대 현상이 나타나는데, 그 자식은 항상 메틸화되지 않은 '흰색' DNA를 갖고 태어난다. 이것은 유전체 일부 지역에 그 부분이 부계나 모계를 통해 유전되었음을 보여주는 표지를 달 수 있음을 최초로 실험적으로 입증한 연구였다.

검은색은 메틸화된 삽입 DNA를 나타내고, 흰색은 메틸화되지 않은 DNA를 나타낸다. 아비는 항상 자식에게 메틸화되지 않은 흰색 DNA를 전달하는 반면, 어미는 항상 자식에게 메틸화된 검은색 DNA를 전달한다. 다시 말해서, 자식에게 나타나는 메틸화는 삽입 DNA를 전해주는 부모의 '성'에 따라 달라진다. 부모에게서 메틸화가 어떤 양상으로 나타났는지는 중요하지 않다. 예를 들면, '검은색' 수컷에게서는 항상 '흰색' DNA를 가진 자식이 태어난다.

아짐 수라니의 이 논문[7]과 같은 시기에 발표된 또 다른 논문[8]은 포유류가 정자와 난자를 만들 때 이 세포들의 DNA에 바코드를 새긴다는 것을 보여주었다. 그것은 마치 염색체에 작은 깃발이 달린 것과 같다. 정자의 염색체들에는 '나는 아빠에게서 왔어.'라고 말하는 작은 깃발이 달려 있고, 난자의 염색체들에는 '나는 엄마에게서 왔어.'라고 말하는 작은 깃발이 달려 있다. DNA 메틸화는 이 깃발을 만드는 천이다.

이것을 각인이라 부른다. 즉, 염색체에는 자신의 기원이 어느 부모인지에 대한 정보가 각인돼 있다. 각인과 기원 부모 효과는 다음 장에서 좀더 자세히 살펴볼 것이다.

이 실험들에서 부모에게서 자식에게로 전달될 때 메틸화 상태가 계속 변하는 외래 DNA에는 무슨 일이 일어났을까? 그것은 아주 우연히 생쥐 DNA 중 이러한 깃발이 있는 지역에 삽입되었다. 그 결과, 외래 DNA도 세대를 건너 전달될 때 DNA 메틸화 깃발이 꽂히기 시작했다.

생쥐 계통 7개 가운데 1개에서만 이런 효과가 나타났다는 사실은 유전체 전체가 이 깃발을 갖고 있지 않다는 것을 시사한다. 만약 유전체 전체가 이런 식으로 표시돼 있다면, 실험한 모든 생쥐 계통에서 이 효과가 나타나야 할 것이다. 생쥐 계통 7개 가운데 1개에서만 이런 효과가 나타났다는 사실은 깃발이 꽂힌 지역들이 규칙이 아니라 예외임을 말해준다.

6장에서 우리는 동물이 가끔 부모에게서 획득 형질을 물려받는 일이 일어난다는 것을 보았다. 여러 사람 중에서도 에마 화이트로가 한 연구는 일부 후성유전적 변형이 실제로 정자와 난자를 통해 부모와 자식 사이에서 전달된다는 것을 보여준다. 이런 종류의 유전은 아주 드물지만, 특별한 후성유전적 변형이 있을 것이라는 우리의 믿음을 뒷받침한다. 그런 변형은 정자와 난자가 융합해 접합자를 만들 때에도 대체되지 않는다. 따라서 비록 정자와 난자가 융합할 때, 포유류 유전체 중 대부분이 리셋되지만, 극히 일부는 이러한 재프로그래밍을 피할 수 있다.

후성유전학 군비 경쟁

우리의 유전체 중 단백질을 암호화하는 것은 겨우 2%밖에 안 된다. 그리고 무려 42%는 레트로트랜스포존으로 이루어져 있다. 레트로트랜스포존은 아주 기묘한 DNA 서열로, 아마도 우리가 진화해온 역사 중 먼 과거에 바이러스에서 유래했을 것이다. 일부 레트로트랜스포존은 전사되어 RNA를 만드는데, RNA는 이웃 유전자들의 발현에 영향을 미칠 수 있다. 이것은 세포에 심각한 결과를 초래할 수 있다. 예를 들어 만약 RNA가 세포들에서 너무 공격적으로 급증하게 만드는 유전자 발현을 촉진한다면, 세포들이 종양 세포로 변할 수 있다.

진화에는 늘 군비 경쟁이 벌어지는데, 우리 세포들에는 이런 종류의 레트로트랜스포존이 함부로 날뛰지 못하도록 제어하는 메커니즘이 진화했다. 세포들이 사용하는 주요 메커니즘 중 하나는 후성유전적인 것이다. 세포가 레트로트랜스포존 DNA를 메틸화하면, 레트로트랜스포존 RNA 발현 스위치가 꺼진다. 그러면 RNA가 이웃 유전자들의 발현을 방해하는 것을 막을 수 있다. 특히 IAP 레트로트랜스포존이라는 특별한 종류의 레트로트랜스포존은 이 제어 메커니즘의 주요 표적으로 보인다.

초기 접합자에서 재프로그래밍이 일어날 때, 대부분의 DNA에서 메틸화가 제거된다. 하지만 IAP 레트로트랜스포존은 예외이다. 재프로그래밍 기구는 이 악당 요소들을 무시하도록 진화해 이들에게 DNA 메틸화 표지가 그대로 남게 했다. 이 덕분에 IAP 레트로트랜스포존은 후성유전적으로 계속 억제된 상태에 놓여 있게 된다. 이것은 아마도 잠재적 위험성을 지닌 IAP 레트로트랜스포존이 우연히 재작동할 위험을 줄이기 위한 메커니즘으로 진화했을 것이다.

이 가설은 아주 그럴듯한데, 왜냐하면 비유전적 특징이 세대 간에 유전되는 사례 중 가장 잘 연구된 두 가지는 앞장에서 보았던 아구티 생쥐와 $Axin^{Fu}$ 생쥐이기 때문이다. 이 두 모형에서 표현형은 유전자 위쪽에 위치한 IAP 레트로트랜스포존의 메틸화 수준에 따른 결과로 나타난다. 부모의 DNA 메틸화 수준은 자식에게 전달되는데, 레트로트랜스포존의 발현 수준에 따라 나타나는 표현형 역시 그렇다.[9]

우리는 6장에서 영양 섭취가 이후 세대에 미치는 효과와 빈클로졸린 같은 환경 오염 물질의 세대 간 효과를 비롯해 획득 형질의 세대 간 유전이 일어나는 다른 사례들을 보았다. 연구자들은 이러한 환경 자극이 배우자들의 염색질에 후성유전적 변화를 만들어낸다는 가설을 검증하고 있다. 이러한 변형은 아마도 정자와 난자가 융합한 후 초기 발달 동안에 재프로그래밍에서 보호를 받는 지역에서 일어날 것이다.

아짐 수라니는 존 거든과 마찬가지로 자신이 개척한 분야에서 매우 생산적으로 일했다. 그의 연구는 정자와 난자가 분자 차원의 기억을 다음 세대에 전할 수 있도록 자신의 DNA에 어떻게 바코드를 새기는지 그리고 왜 바코드를 새기는지에 초점을 맞춰 진행되었다. 수라니의 선구적인 연구 중 많은 부분은 포유류의 세포핵을 세포들 사이에서 옮기기 위해 아주 작은 피펫을 사용해 세포핵을 조작하는 기술에 의존했다. 기술적으로 볼 때 이것은 그보다 15년 전에 존 거든이 사용해 큰 성공을 거둔 방법을 개선한 것이었다. 수라니 교수가 현재 거든 교수의 이름이 붙어 있는 케임브리지의 연구 시설에서 일하고 있고, 복도나 커피 룸에서 두 사람이 자주 마주치리라고 생각하면 두 사람의 인연은 참 흥미롭다.

8장

양성 간 전투

양성 간의 전투에서는

절대로 어느 쪽도 승리하지 못할 것이다.

적과 친밀한 관계에 빠지는 일이 너무 많기 때문이다.

— 헨리 키신저Henry Kissinger

대벌레는 아주 인기가 많은 애완동물이다. 갉아먹을 쥐똥나무 잎만 몇 개 있으면, 아주 행복하게 잘 살아가며, 몇 달 뒤에는 알을 낳기 시작한다. 일정 시간이 지나면, 알에서 작은 새끼 대벌레가 부화하는데, 어른 대벌레의 축소판처럼 똑같이 생겼다. 부화하자마자 새끼 중 한 마리를 따로 떼어내 별도의 우리에서 홀로 자라게 하면, 이 새끼는 나중에 자라서 알을 낳고, 거기서 자신과 똑같이 생긴 새끼들이 다시 부화한다. 짝짓기를 한 적이 전혀 없는데도 불구하고 이런 일이 일어난다.

대벌레는 자주 이런 방법으로 생식한다. 이것을 처녀 생식 또는 단성 생식單性生殖이라고 부르는데, 암컷은 수컷과 짝짓기를 하지 않고 알을 많이 낳으며, 그 알들에서 건강한 새끼들이 나온다. 대벌레는 자식이 제대로 된 염색체 수를 가지도록 보장하는 특별한 메커니즘을 진화시켰다. 그런데 그 염색체는 모두 어미에게서 물려받은 것이다.

이것은 앞장에서 보았듯이, 생쥐나 사람의 생식 방법과는 너무나도 다르다. 우리와 설치류 친척이 살아 있는 새끼를 만드는 방법은 어미와 아비에게서 모두 DNA를 전달받는 것밖에 없다. 그렇다면 대벌레가 특이한 동물이구나 하고 생각하기 쉽지만, 그렇지 않다. 오히려 우리 포유류가 예외적인 동물이다. 곤충과 어류, 파충류, 심지어 조류조차 처녀 생식을 하는 종들이 있다. 하지만 포유류 중에서는 처녀 생식을 하는 종이 없다. 이 점에서는 동물계에서 우리 포유강만 예외적이므로 왜 그런지 따져볼 필요가 있다. 먼저 포유류에서만 발견되는 특징들을 살펴보자. 우리는 털이 있고, 가운데귀에 작은 뼈가 3개 있다. 다른 강綱들에서는 이런 특징이 전혀 발견되지 않지만, 이것들이 우리에게 처녀 생식을 포기하도록 만든 주요 특징으로는 전혀 보이지 않는다. 이 문제에 관해서는 훨씬 중요한 특징이 있다.

포유류 중에서 가장 원시적인 동물로는 알을 낳는 오리너구리와 가시두더지가 있다. 생식의 복잡성 면에서 볼 때 그 다음으로는 캥거루와 태즈메이니아데빌 같은 유대류가 있다. 유대류는 제대로 발달하지 않은 새끼를 낳는데, 새끼는 어미의 몸 밖에 있는 주머니 속에서 발달 단계 중 대부분을 보낸다. 이 주머니는 어미 몸 밖에 있는 훌륭한 보호 장소이다.

포유강 중 대부분은 유태반류有胎盤類이다. 사람, 호랑이, 생쥐, 흰긴수염고래 등은 모두 똑같은 방식으로 새끼를 낳고 키운다. 새끼는 어미의 자궁 속에서 오랫동안 발달하는 단계를 거쳐 태어난다. 이 발달 단계 동안에 새끼는 태반을 통해 영양분을 공급받는다. 커다란 팬케이크 모양의 이 구조는 태아의 순환계와 어미의 순환계 사이에서 경계면 역할을 한다. 실제로는 혈액이 한쪽에서 다른 쪽으로 흘러가지는 않는다. 대신에 두 순환계가 서로 아주 가까이 지나가기 때문에,

당분이나 설탕, 미네랄 같은 영양분이 어미의 혈액에서 태아의 순환계로 흘러들어갈 수 있다. 태아는 노폐물 기체나 그 밖의 독소를 어미의 순환계로 내보냄으로써 제거한다.

이것은 아주 인상적인 체계인데, 이 덕분에 포유류는 새끼를 초기 발달 기간 중 상당 기간을 자신의 몸속에서 키울 수 있다. 임신을 할 때마다 태반이 새로 만들어지는데, 그것을 만드는 유전 암호는 어미에게 없다. 그 암호는 모두 태아가 만든다. 2장에서 다루었던 초기의 주머니배 모형을 다시 한 번 생각해보라. 주머니배 세포들은 모두 수정이 일어난 단세포 접합자에서 유래한다. 태반을 만드는 세포들은 주머니배 바깥쪽에 있는 테니스공에 해당하는 세포들이다. 사실, 세포들이 와딩턴의 후성유전학 풍경을 굴러내려가기 시작할 때 맨 먼저 내리는 결정 중 하나는 자신이 장래에 태반 세포가 될지 아니면 체세포가 될지 정하는 것이다.

우리는 (진화해온) 자신의 과거에서 벗어날 수 없다

태반은 태아에게 영양분을 공급하기에 아주 좋은 방법이지만, 이 체계는 '문제'가 있다. 경제나 정치 용어를 사용한다면, 거기에는 이해 관계의 충돌이 벌어진다. 진화적으로 볼 때, 우리 몸은 딜레마에 봉착하기 때문이다.

수컷 포유류에게 내린 진화의 지상 명령은 다음과 같다:

이 임신한 암컷은 내 유전자를 태아의 형태로 갖고 있다. 나는 이 암컷과 다시는 짝짓기를 하지 않을지도 모른다. 나는 태아가 내 유전자를 전달할 확률을 최대한 높일 수 있도록 최대한 크게 자라길 원한다.

한편, 암컷 포유류에게 내린 진화의 지상 명령은 다음과 같다:

나는 이 태아가 살아남아 내 유전자를 전하길 원한다. 하지만 내가 다시는 생식을 하지 못할 정도로 내 자원을 고갈시키면서까지 그러길 원치 않는다. 나는 내 유전자를 전달할 기회가 이번 한 번으로 끝나길 원치 않는다.

포유류에서 벌어지는 이러한 양성 간의 전투는 무승부 상태에 이르렀다. 일련의 견제와 균형은 어미의 유전체와 아비의 유전체 중 그 어느 쪽도 우위를 점하지 못하도록 보장한다. 아짐 수라니와 다보르 솔테르, 브루스 캐터내치의 실험을 다시 살펴보면, 이것이 어떻게 작용하는지 좀더 잘 이해할 수 있다. 이들은 부계 DNA와 모계 DNA 중 어느 한쪽만 가진 생쥐 접합자를 만든 과학자들이다.

이들은 이러한 시험관 접합자를 만든 뒤에 그것을 생쥐의 자궁에 착상시켰다. 어느 실험실에서도 이 접합자들은 살아 있는 생쥐로 발달하지 못했다. 하지만 접합자는 자궁 속에서 한동안 발달했는데, 아주 비정상적으로 발달했다. 비정상적 발달은 모든 염색체가 아비에게서 왔느냐 어미에게서 왔느냐에 따라 큰 차이가 났다.

두 경우 모두 생성된 극소수 배아는 크기가 작고 성장 지연이 일어났다. 모든 염색체가 어미에게서 왔을 때, 태반 조직은 발달이 제대로 되지 않은 상태가 아주 심했다.[1] 모든 염색체가 아비에게서 왔을 때에는 배아는 발달 지연이 더욱 심했지만, 태반 조직의 생성은 훨씬 나았다.[2] 과학자들은 이 세포들(아비에게서만 물려받거나 어미에게서만 물려받은 염색체를 가진 세포들)을 섞어 배아를 만들었다. 그래도 이 배아들은 새로운 생명으로 탄생할 만큼 완전하게 발달하지 못했다. 좀더 자세히 조사했더니, 배아의 모든 조직은 어미에게서만 물려받은 세포들로 만들어진 반면, 태반 조직 세포들은 모두 아비에게서만 물려받은 세포들로 만들어져 있었다.[3]

이 모든 데이터는 수컷 염색체에 포함된 무엇인가가 발달 프로그램을 태반의 발달에 유리한 쪽으로 추진하는 반면, 암컷에게서 유래한 유전체는 태반의 발달보다는 배아 자체의 발달에 유리하게 작용한다는 것을 시사한다. 이것은 앞에서 이야기한 이해 관계의 충돌이나 진화의 지상 명령과 얼마나 잘 들어맞을까? 태반은 어미로부터 영양분을 받아 태아에게 전달하는 관문이다. 아비에게서 유래한 염색체는 태반 발달을 촉진하는데, 그럼으로써 어미의 혈액에서 영양분을 최대한 빼낼 수 있는 메커니즘을 만든다. 어미에게서 유래한 염색체는 반대로 작용하며, 정상적인 임신에서는 정교하게 균형 잡힌 교착 상태가 유지된다.

그러면 이 노력에 모든 염색체가 다 필요한가 하는 질문이 당장 떠오른다. 브루스 캐터내치는 이것을 조사하기 위해 생쥐를 대상으로 복잡한 유전 실험을 했다. 그 생쥐들은 서로 다른 방식으로 재배열된 염색체들을 갖고 있었다. 이것을 가장 간단하게 설명하는 방법은 각각의 생쥐가 모두 적정량의 염색체를 갖고 있지만, 염색체들이 특이한 방식으로 서로 '들러붙어' 있다고 말하는 것이다. 캐터내치는 물려받은 염색체에 특정 비정상이 나타나는 생쥐를 만들 수 있었다. 예를 들면, 특정 염색체를 부모 중 어느 한쪽에서만 두 벌 다 물려받은 생쥐를 만들 수 있었다.

그가 보고한 첫 번째 실험은 생쥐의 11번 염색체를 사용했다. 다른 염색체 쌍들은 모두 하나는 어미에게서 다른 하나는 아비에게서 물려받은 것이었다. 하지만 11번 염색체의 경우, 캐터내치는 두 벌 모두를 어미에게서만 물려받거나 아비에게서만 물려받은 생쥐를 만들었다. **그림 8.1**이 실험 결과를 잘 요약해 보여준다.[4]

이것 역시 부계 염색체에는 더 큰 자손의 발달을 촉진하는 인자가 있다는 개념과 일치한다. 모계 염색체의 인자들은 '정반대 방향'으로 작용하거나 대체로 중립적이다.

앞장에서 보았듯이, 이 인자들은 유전적으로 작용하지 않고 후성유전적으로 작용한다. 위의 예에서 부모가 순계 생쥐 계통이어서 둘 다 유전적으로 동일하다고 가정해보자. 세 종류의 자식들에게서 11번 염색체 두 벌을 어떻게 배열하더라도, 모두 정확하게 똑같은 11번 염색체를 가질 것이다. 이들은 모두 똑같은 수백만 개의 염기쌍을, 그것도 정확하게 똑같은 순서로 늘어선 염기쌍을 가질 것이다. 하지만 생쥐의 종류에 따라 몸 크기가 달라진 결과가 보여주듯이, 두 벌의 11번 염색체는 기능적 차원에서는 서로 다르게 행동한다. 따라서 11번 염색체는 부계냐 모계냐에 따라 후성유전적 차이가 있는 게 분명하다.

성 차별

11번 염색체 두 벌은 기원 부모가 어느 쪽이냐에 따라 다르게 행동하기 때문에 각인 염색체라 부른다. 여기에는 자신의 기원에 관한 정보가 각인돼 있다. 유전학이 발전함에 따라 11번 염색체 중 오직 특

그림 8.1 캐터내치는 11번 염색체의 특정 지역을 부모에게서 물려받는 방식을 제어할 수 있는 유전자 변형 생쥐를 만들었다. 가운데 생쥐는 11번 염색체를 양 부모에게서 각각 한 벌씩 물려받았다. 두 벌을 다 어미에게서 물려받은 생쥐는 이 정상 생쥐보다 크기가 더 작았다. 이와는 대조적으로, 두 벌을 다 아비에게서 물려받은 생쥐는 정상 생쥐보다 크기가 더 컸다.

정 부분만 각인된다는 사실이 밝혀졌다. 어느 쪽 부모에게서 어떤 염색체를 물려받건 아무 문제도 되지 않는 지역이 그보다 훨씬 넓게 펼쳐져 있으며, 양 부모에게서 염색체를 한 벌씩 물려받은 지역들은 기능적으로 동등하다. 또한, 염색체 전체 지역이 전혀 각인되지 않는 염색체들도 있다.

지금까지는 주로 현상학적 용어를 사용해 각인을 기술했다. 각인 지역은 자식에게 나타나는 기원 부모 효과를 발견할 수 있는 유전체 부분이다. 그런데 각인 지역은 어떻게 이런 효과를 나타낼까? 각인 지역에서는 특정 유전자가 유전된 방식에 따라 스위치가 켜지거나 꺼진다. 위에서 언급한 11번 염색체의 예에서 태반 성장과 관련이 있는 유전자는 아비에게서 물려받은 염색체에서는 스위치가 켜지면서 아주 활발하게 활동한다. 그렇게 되면 태아를 임신한 어미에게 영양 고갈을 초래할 위험이 있으므로, 이에 대응하는 메커니즘이 진화했다. 모계 염색체에 있는 같은 유전자는 스위치가 꺼지는 경향이 있으며, 그럼으로써 태반의 성장을 제한한다. 대신에 다른 유전자가 부계 유전자의 이 효과를 상쇄할 수도 있는데, 이 상쇄 유전자는 주로 모계 염색체에서 발현될 것이다.

그동안 이 효과에 관한 분자생물학을 이해하는 데 큰 진전들이 일어났다. 예를 들면, 연구자들은 생쥐의 7번 염색체에 있는 한 지역을 조사했다. 이 지역에는 '인슐린 유사 성장 인자 2*insulin-like growth factor 2, Igf2*'라는 유전자가 있다. Igf2 단백질은 배아의 성장을 촉진하며, 정상적으로는 7번 염색체 중 부계에서 온 염색체에서만 발현된다. 연구자들은 이 유전자에 Igf2 단백질의 암호화를 중단시키는 돌연변이를 집어넣었다. 그리고 이 돌연변이가 자식에게 어떤 효과를 나타내는지 조사했다. 이 돌연변이를 어미에게서 물려받았을 때, 새끼 생쥐는 여느 생쥐와 아무 차이가 없었다. 평소에도 정상적으로는 모계 염색체에서 *Igf2* 유전자의 스위치가 꺼지기 때문에, 모계 유전자에 돌연변이가 생겼다 하더라도 별 차이가 없을 것이다. 하지만 돌연변이 *Igf2* 유전자를 아비에게서 물려받았을 경우에는 새끼 생쥐가 정상보다 훨씬 작았다. 태아의 성장을 위해 '의존하던' *Igf2* 유전자 한 벌이 돌연변이로 인해 스위치가 꺼졌기 때문이다.[5]

생쥐의 17번 염색체에는 *Igf2r*이라는 유전자가 있다. 이 유전자가 암호화하는 단백질은 Igf2 단백질을 '빨아들여' 없앰으로써 Igf2 단백질이 성장 촉진 인자로 작용하지 못하게 한다. *Igf2r* 유전자 역시 각인된다. Igf2r 단백질은 태아의 성장이라는 측면에서 Igf2 단백질과 '정반대' 효과를 나타내기 때문에, *Igf2r* 유전자가 대개 17번 염색체 중 모계 쪽에서 온 염색체에서 발현된다는 사실은 놀라운 일이 아니다.[6]

과학자들은 생쥐에게서 각인 유전자를 약 100개 발견했고, 사람에게서는 그 절반쯤 발견했다. 실제로 사람은 생쥐보다 각인 유전자가 더 적은지, 혹은 사람의 경우 실험적으로 그것을 발견하기가 더 어려운지는 분명하지 않다. 각인은 약 1억 5000만 년 전에 진화했는데,[7] 유태반류 포유류에서만 많이 나타난다. 처녀 생식을 할 수 있는 강綱들에서는 나타나지 않는다.

각인은 복잡한 체계로, 여타 복잡한 기구와 마찬가지로 고장이 날 수 있다. 각인 메커니즘에 생긴 문제 때문에 사람에게 나타나는 장애들이 여러 가지 알려져 있다.

각인이 잘못될 때

프래더-윌리 증후군Prader-Willi syndrome, PWS이란 이름은 이 상태를 처음 기술한 두 저자의 이름에서 딴 것이다.[8] 프래더-윌리 증후군은 신생아 2만 명당 1명꼴로 나타난다. 이 증후군이 있는 아기는 출생 체중이 작으며, 근육이 아주 흐물흐물하다. 유아기에는 젖이나 음식을 먹이기 어려울 수 있으며, 그래서 이 아기들은 처음에는 잘 자라지 못한다. 하지만 초기 아동기에 접어들면 극적인 반전이 일어난다. 아이는 항상 배고픔을 느끼며, 그래서 음식을 마구 먹는 바람에 위험할 정도로 비만해질 수 있다. 프래더-윌리 증후군이 있는 사람은 작은 손발, 언어 발달 지연, 불임 같은 특징 외에 약간의 정신 지체도 나타난다. 부적절한 분노 폭발 같은 행동 장애도 나타날 수 있다.[9]

사람들 사이에 프래더-윌리 증후군과 비슷한 빈도로 나타나는 장애가 또 하나 있다. 에인절먼 증후군Angelman syndrome, AS이라 부르는 것이 그것인데, 이것 역시 이 상태를 처음 기술한 사람의 이름을 따서 붙인 것이다.[10] 에인절먼 증후군이 있는 아이는 심한 정신 지체, 작은 뇌, 언어 장애를 겪는다. 이 증후군이 있는 사람은 이유도 없이 자주 웃는데, 이 때문에 이 아이들을 '행복한 강아지happy puppet'라고 부르는 냉담한 임상적 표현까지 나왔다.[11]

이 두 증후군을 가진 아이들의 부모는 대개 완벽하게 건강하다. 연구 결과들은 두 증후군의 기본적인 문제가 염색체 결함에 있을 가능성을 시사했다. 부모는 지극히 정상인 것으로 보아 그 결함은 정자나 난자가 만들어질 때 생겼을 것이다.

1980년대에 프래더-윌리 증후군을 연구하던 연구자들은 다양한 표준 기술을 사용해 이 상태의 근본적인 원인을 알아내려고 했다. 그들은 건강한 아이와 이 증후군이 있는 아이의 유전체를 비교하면서 양자 사이에 차이가 있는 지역을 찾으려고 했다. 에인절먼 증후군에 관심을 가진 과학자들도 비슷한 연구를 했다. 1980년대 중엽에 이르자, 두 연구 집단은 유전체 중에서 동일한 부분, 구체적으로는 15번 염색체의 특정 지역에 주목하고 있다는 사실이 분명해졌다. 프래더-윌리 증후군과 에인절먼 증후군 환자들은 이 염색체에서 작은 부분, 그것도 동일한 부분이 빠져 있었다.

하지만 이 두 장애는 임상적으로 나타나는 증상이 서로 아주 다르다. 프래더-윌리 증후군 환자와 에인절먼 증후군 환자를 혼동할 사람은 거의 없을 것이다. 유전자에 생긴 똑같은 문제—15번 염색체의 핵심 지역 상실—가 어떻게 이토록 서로 다른 두 가지 증상을 나타낼 수 있을까?

1989년, 보스턴 아동병원의 한 연구팀은 이 증후군들의 중요한 특징은 유전자 결실뿐만 아니라, 그 유전자 결실이 유전된 방식에 있음을 입증했다. **그림 8.2**는 그 내용을 잘 요약해 보여준다. 비정상 염색체가 아버지에게서 왔을 때, 아이는 프래더-윌리 증후군이 나타난다. 그리고 동일한 염색체 이상이 어머니에게서 왔을 때에는 에인절먼 증후군이 나타난다.[12]

이것은 어떤 장애가 후성유전적으로 전달된 것을 보여주는 명백한 사례이다. 프래더-윌리 증후군이나 에인절먼 증후군이 있는 아이는 유전적으로 정확하게 똑같은 문제—15번 염색체의 특정 지역 결실—를 갖고 있다. 유일한 차이점은 비정상 염색체를 물려받은 방식에 있다. 이것은 기원 부모 효과를 보여주는 또 하나의 예이다.

환자가 프래더-윌리 증후군이나 에인절먼 증후군을 물려받을 수 있는 방법이 또 하나 있다. 이 장애가 나타나는 일부 환자는 완전히

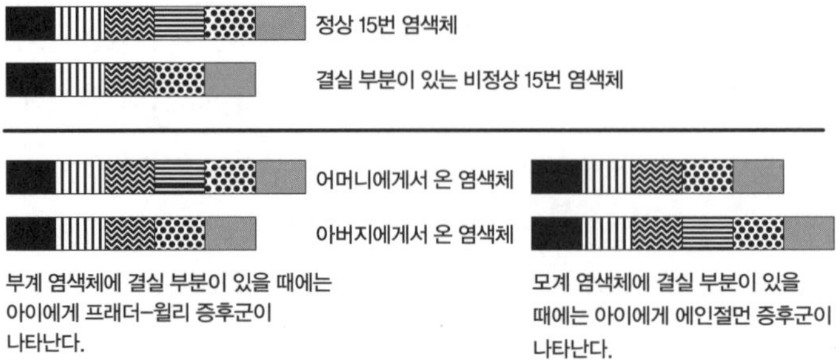

그림 8.2 두 아이는 모두 15번 염색체의 동일 부분이 결실되었다. 그 부분은 그림에서 가로 줄무늬 박스가 사라진 것으로 나타난다. 두 아이의 표현형은 비정상 염색체를 누구에게서 물려받았느냐에 따라 달라진다. 비정상 염색체를 아버지에게서 물려받았을 경우에는 아이에게 프래더-윌리 증후군이 나타난다. 반면에 비정상 염색체를 어머니에게서 물려받았을 경우에는 아이에게 에인절먼 증후군이 나타난다. 두 증후군의 증상은 서로 아주 다르다.

정상적인 15번 염색체 두 벌을 갖고 있다. 결실 부분도 없고, 어떤 종류의 돌연변이도 없지만, 아이에게 해당 증상이 나타난다. 왜 그런지 이해하려면, 한쪽 부모에게서 11번 염색체 두 벌을 모두 물려받은 생쥐를 떠올려보라. 프래더-윌리 증후군의 유전자 결실 이야기를 파헤친 일부 연구자는 이 상태의 특정 사례들에서 아이들은 정상적인 15번 염색체를 두 벌 갖고 있음을 보여주었다. 문제는 그 두 벌의 염색체가 모두 어머니에게서 온 것이었고, 아버지에게서 온 것은 없었다. 이렇게 한쪽 부모에게서 두 벌의 염색체를 모두 물려받은 상태를 단친성 2염색체성uniparental disomy이라 부른다.[13] 1991년, 런던 아동건강연구소의 한 연구팀은 에인절먼 증후군 중 일부 사례는 프래더-윌리 증후군과 정반대 형태의 단친성 2염색체성 때문에 일어난다는 사실을 발견했다. 이 아이들은 정상적인 15번 염색체를 두 벌 갖고 있었지만, 모두 아버지에게서 물려받은 것이었다.[14]

이것은 프래더-윌리 증후군과 에인절먼 증후군이 후성유전 질환 사례라는 개념에 힘을 실어주었다. 15번 염색체에 단친성 2염색체성이 나타난 아이들은 정확한 양의 DNA를 물려받았지만, 양 부모에게서 한 벌씩 물려받지 않았을 뿐이었다. 이 아이들은 모든 세포에 제대로 된 유전자가 정확한 양만큼 들어 있는데도 불구하고, 심각한 장애가 나타났다.

15번 염색체의 비교적 좁은 이 지역을 정확하게 물려받는 게 중요한데, 이 지역은 정상적으로는 각인이 일어나는 지역이기 때문이다. 이 지역에는 부계나 모계 염색체 중 어느 한쪽을 통해서만 발현되는 유전자들이 있다. 그런 유전자들 중 하나로 *UBE3A*가 있다. 이 유전자는 뇌가 정상적으로 기능하는 데 중요하지만, 어머니를 통해 물려받은 유전자로부터만 발현된다. 그런데 어머니에게서 *UBE3A* 유전자를 물려받지 않은 아이에게는 어떤 일이 일어날까? 15번 염색체의 단친성 2염색체성 때문에 *UBE3A* 유전자가 두 벌 다 아버지에게서 올 경우에 이런 일이 일어날 수 있다. 또, 아이는 어머니에게서 염색체 일부가 결실되어 *UBE3A* 유전자가 없는 15번 염색체 한 벌을 받을 수도 있다. 이런 경우에 아이는 뇌에서 UBE3A 단백질이 발현되지 않는데, 이 때문에 에인절먼 증후군의 증상이 나타날 수 있다.

반대로 정상적으로는 15번 염색체의 이 부분에서 부계 버전을 통해서만 발현되는 유전자들이 있다. 그중에 *SNORD116*이란 유전자도 있는데, 그 밖에 다른 유전자들도 중요할지 모른다. *UBE3A*에도 같은 시나리오가 적용되지만, 부계라는 단어가 모계로 대체된다. 만약 아이가 15번 염색체의 이 지역을 아버지로부터 물려받지 않으면, 프래더-윌리 증후군이 나타난다.

사람에게 나타나는 각인 장애 사례는 그 밖에도 여러 가지가 있다. 가장 유명한 것은 벡위스-비데만 증후군Beckwith-Wiedemann syndrome으로, 이 이름 역시 의학 문헌에서 그것을 처음 기술한 사람들의 이름을 딴 것이다.[15,16] 이 장애의 특징은 조직의 과잉 성장으로, 이 증후군을 가진 아기는 혀를 비롯한 근육이 지나치게 발달한 채 태어나고, 그 밖에도 많은 증상이 나타난다.[17] 이 상태는 위에서 설명한 것과는 다소 다른 메커니즘으로 일어난다. 벡위스-비데만 증후군에서 각인이 잘못될 때, 11번 염색체에 있는 한 유전자는 정상적으로는 부계 버전만 발현되어야 하지만, 부계와 모계 버전이 모두 스위치가 켜진다. 문제의 유전자는 생쥐의 7번 염색체에서 성장 인자 단백질의 암호를 만드는 *IGF2*로 보인다. 이 유전자가 하나 대신에 둘 다 발현되면, IGF2 단백질이 정상보다 두 배나 많이 만들어져 태아가 지나치게 성장한다.

벡위스-비데만 증후군과 정반대 되는 표현형은 실버-러셀 증후군 Silver-Russell syndrome이라 부르는 상태이다.[18,19] 이 장애가 있는 아이는 출산 전후의 성장 지체와 나중의 발달과 관련된 여러 가지 증상이 나타난다.[20] 대부분의 사례 역시 벡위스-비데만 증후군과 마찬가지로 11번 염색체의 동일 지역에 생긴 문제 때문에 일어나지만, 실버-러셀 증후군에서는 IGF2 단백질의 발현이 억제되어 태아의 성장이 위축된다.

후성유전적 각인

따라서 각인은 한 쌍의 유전자 중 하나만 발현되는 상황을 가리키며, 발현되는 유전자는 모계일 수도 있고 부계일 수도 있다. 둘 중 어느 쪽 스위치를 켤지 제어하는 것은 무엇일까? 여기서 DNA 메틸화가 정말로 중요한 역할을 한다는 사실은 놀랍지 않다. DNA 메틸화는 유전자의 스위치를 끈다. 따라서 염색체 중 아버지에게서 물려받은 지역이 메틸화되면, 이 지역에 있는 부계 유전자가 억제될 것이다.

프래더-윌리 증후군과 에인절먼 증후군을 다룰 때 나왔던 *UBE3A* 유전자 사례를 다시 살펴보자. 정상적으로는 아버지에게서 물려받은 유전자는 메틸화된 DNA가 포함돼 있어 스위치가 꺼진다. 반면에 어머니에게서 물려받은 유전자는 이 메틸화 표지가 없어 스위치가 켜진다. 생쥐의 *Igf2r* 유전자에도 비슷한 일이 일어난다. 이 유전자의 부계 버전은 대개 메틸화되어 이 유전자는 작동하지 않는다. 반면에 모계 버전은 메틸화가 되지 않아 유전자가 발현된다.

DNA 메틸화의 역할은 이제 충격으로 다가오지 않을지 모르지만,

메틸화되는 게 유전자 자체가 아닐 때가 많다는 사실에는 깜짝 놀랄 것이다. 염색체의 부계 버전과 모계 버전을 비교해보면, 단백질을 암호화하는 유전자 부분은 후성유전학적으로 대체로 똑같다. 두 유전체에서 메틸화에 차이가 있는 부분은 염색체 중에서 유전자 발현을 '조절'하는 지역이다.

포근한 여름날 밤에 친구 집 정원에서 파티를 하는 장면을 상상해보라. 식물들 사이에 여기저기 세워둔 촛불들에서 은은한 불빛이 흘러나와 분위기를 고조시킨다. 하지만 불행하게도 손님들의 움직임 때문에 보안 시스템의 동작 감지기가 시시때때로 작동하면서 눈부신 투광 조명등이 확 켜져 분위기를 망친다. 투광 조명등은 담장 위 높은 곳에 설치돼 있어 가릴 수도 없지만, 여러분은 마침내 그것을 굳이 가리려고 할 필요가 없다는 사실을 깨닫는다. 조명등을 켜는 감지기만 가리면 된다. 이것은 각인에서 일어나는 일과 아주 비슷하다.

메틸화는 각인 조절 지역imprinting control region, ICR으로 알려진 지역에서 일어나거나 일어나지 않는다. 일부 사례의 경우, 각인 조절은 아주 단순하게 일어나 이해하기 쉽다. 한쪽 부모에게서 물려받은 유전자의 프로모터 지역은 메틸화되는 반면, 다른 쪽 부모에게서 물려받은 유전자의 프로모터 지역은 메틸화되지 않는다. 메틸화는 유전자의 스위치를 꺼진 상태로 유지한다. 각인된 염색체 지역에 유전자가 단 하나만 있다면 항상 이런 일이 일어날 것이다. 하지만 한 염색체의 단일 지역에도 많은 각인 유전자가 서로 촘촘하게 무리를 지어 늘어서 있다. 각인 유전자 무리 중에는 모계 염색체에서 발현되는 유전자도 있고, 부계 염색체에서 발현되는 유전자도 있다. DNA 메틸화는 여전히 핵심 요소이지만, DNA 메틸화가 기능을 제대로 발휘하도록 도움을 주는 다른 요인들도 있다.

각인 조절 지역은 작용 범위가 넓을지 모르고, 특정 부분에는 큰 단백질이 들러붙을지 모른다. 이 단백질들은 도시의 바리케이드처럼 작용해 염색체에서 각각의 부분들을 격리시킨다. 이것은 서로 다른 유전자들 사이에 우회로를 집어넣음으로써 각인 과정의 복잡화 수준을 추가로 높인다. 이 때문에 각인 조절 지역은 수천 개의 염기쌍에 걸쳐 작용할 수 있지만, 그렇다고 해서 이 수천 개의 염기쌍에 있는 모든 유전자가 똑같은 방식으로 영향을 받는 것은 아니다. 염색질의 특정 각인 부분에 있는 서로 다른 유전자들이 염색체에서 고리처럼 뻗어나와 서로 간에 물리적 연합 부위를 만들 수 있다. 그러면 억제된 유전자들이 한데 뭉쳐 일종의 염색질 매듭을 만든다. 또, 염색체의 같은 부분에서 활성화된 유전자들은 서로 들러붙어 다른 덩어리를 만들 수도 있다.[21]

각인의 영향은 조직에 따라 다르다. 태반은 특히 각인 유전자의 발현이 풍부하게 일어나는 곳이다. 이것은 각인을 어머니의 자원을 빼가려는 시도에 맞서 균형을 맞추려는 방법으로 보는 우리의 모형에서 충분히 예측되는 결과이다. 뇌 역시 각인 효과에 아주 민감한 것처럼 보인다. 하지만 왜 그런지 그 이유는 명백하게 밝혀지지 않았다. 뇌에서 기원 부모 효과가 유전자 발현을 조절하는 현상과 우리가 지금까지 살펴본 영양분을 둘러싼 전투를 조화시키기는 더 어렵다. 유니버시티칼리지런던의 거드런 무어Gudrun Moore 교수는 흥미로운 주장을 내놓았다. 무어는 뇌에서 각인 효과가 높게 나타나는 것은 양성 간의 전쟁이 출생 후에도 계속되는 것을 보여준다고 주장했다. 그녀는 뇌의 일부 각인은 부계 유전체가 어린 자식에게 어머니한테 자원을 계속 투입하도록(예컨대 수유 기간 연장을 통해) 자극하는 행동을 촉진하기 위한 시도라고 추측했다.[22]

각인 유전자의 수는 전체 단백질 암호화 유전자 중 1% 미만으로 매우 적은 편이다. 이 작은 비율조차도 모든 조직에 다 각인되는 것은 아니다. 많은 세포의 경우, 부계와 모계에서 유래한 유전자가 발현되는 결과는 똑같을 것이다. 이것은 조직들 간의 메틸화 패턴이 달라서가 아니라, 세포들이 이 메틸화를 '판독'하는 방식이 다르기 때문이다.

각인 조절 지역의 DNA 메틸화 패턴은 우리 몸의 모든 세포에 존재하며, 어느 쪽 부모가 어떤 염색체를 전달했는지 보여준다. 이것은 우리에게 각인 지역에 대해 아주 흥미로운 사실을 알려준다. 이 지역의 DNA 메틸화 패턴은 정자와 난자가 융합해 접합자를 만든 뒤에 일어나는 재프로그래밍을 피해야 한다. 그러지 않으면, 메틸화 변형이 떨어져 나가 세포가 어느 쪽 부모에게서 어떤 염색체를 받았는지 알 길이 없다. 접합자의 재프로그래밍이 일어나는 동안 IAP 레트로트랜스포존이 메틸화 상태로 남아 있는 것처럼, 전반적으로 메틸화가 제거되는 과정에서 각인 지역을 보호하기 위한 메커니즘이 진화했다. 이 일이 어떻게 일어나는지는 명확하게 밝혀지지 않았지만, 정상적인 발달과 건강을 위해 꼭 필요하다.

각인을 제거하고, 새로운 각인으로 대체하고……

하지만 이것은 귀찮은 문제를 제기한다. 만약 각인된 DNA 메틸화 표지가 그토록 안정적이라면, 부모로부터 자식에게 전달될 때 어떻게 변할 수 있단 말인가? 우리는 앞장에서 소개한 아짐 수라니의 생쥐 실험을 통해 그런 변화가 일어난다는 사실을 알고 있다. 이 실험들은 세대 간에 전달될 때 실험의 목적을 위해 감시한 특정 DNA 서열의 메틸화가 어떻게 변하는지 보여주었다. 이것은 앞장에서 '검은색'과 '흰색' DNA를 가진 생쥐를 사용해 설명했던 바로 그 실험이다.

사실, 과학자들은 기원 부모 효과가 존재한다는 사실을 알고 나자, 그런 표지가 무엇인지 알아내기도 전에 후성유전적 표지를 리셋하는 방법이 반드시 있을 것이라고 예측했다. 예를 들어 15번 염색체를 살펴보자. 나는 15번 염색체 중 한 벌을 아버지에게서, 나머지 한 벌을 어머니에게서 물려받았다. 어머니에게서 물려받은 *UBE3A* 각인 조절 지역은 메틸화가 되지 않은 반면, 아버지에게서 물려받은 같은 지역은 메틸화되었다. 이것은 내 뇌에서 UBE3A 단백질의 발현 패턴이 적절히 나타나게 했다.

내 난소가 난자를 만들 때, 각각의 난자는 15번 염색체 중 한 벌만 물려받고, 나는 그것을 자식에게 전해준다. 나는 여성이기 때문에 내가 물려주는 모든 15번 염색체는 *UBE3A*에 모계 표지가 있을 것이다. 하지만 내가 가진 15번 염색체 중 한 벌은 내가 아버지에게서 물려받은 부계 표지가 있다. 내가 정확한 모계 표지가 있는 15번 염색체를 내 자식에게 전달하도록 보장하는 유일한 길은 내 세포들에서 부계 표지를 제거하고 그것을 모계 표지로 대체하는 방법뿐이다.

남성이 정자를 만들 때에도 이와 아주 유사한 과정이 일어나야 한다. 모계에서 유래한 모든 변형을 각인 유전자에서 제거하고, 대신에 부계에서 유래한 변형을 그 자리에 집어넣어야 한다. 실제로 정확하게 바로 이런 일이 일어난다. 이것은 아주 제한적인 과정으로, 생식계통을 만드는 세포들에서만 일어난다.

그림 8.3은 일반적인 원리를 그림으로 보여준다.

정자와 난자가 융합하고 나면, 주머니배가 생성되고, 유전체의 대부분 지역이 재프로그래밍된다. 세포들은 분화하기 시작하면서 태반과 몸을 이루는 다양한 종류의 세포 전구 물질을 만든다. 따라서 이 시점에서 속세포덩이의 일부였던 세포들은 모두 발달의 북 소리에 맞춰 진군하면서 와딩턴의 후성유전학 풍경에서 다양한 골을 향해 나아간다. 하지만 극소수 세포들(100가지 미만)은 다른 북 소리에 맞춰 진군한다. 이 세포들에서는 *Blimp1*이라는 유전자의 스위치가 켜진다. Blimp1 단백질은 신호 전달에 새로운 연쇄 반응을 일으키고, 이 신호는 체세포라는 막다른 길을 향해 달려가는 세포들을 멈추게 한다. 이 세포들은 와딩턴의 골에서 위로 거슬러 올라가기 시작한다.[23] 이 세포들은 또한 세포에게 어느 쪽 부모가 염색체 쌍 중 어느 쪽을 물려주었는지 알려주는 각인 표지도 잃는다.

이 과정을 수행하는 적은 수의 세포들을 원시 생식 세포라 부른다. 이 세포들은 발달하는 생식샘(고환이나 난소)에 결국 자리를 잡아 모든 배우자(정자와 난자)를 만드는 줄기세포 역할을 한다. 앞 단락에서 기술한 단계에서 원시 생식 세포는 속세포덩이 세포에 더 가까운 상태로 돌아간다. 본질적으로 원시 생식 세포는 다능성 세포가 되며, 몸을 이루는 대다수 조직을 암호화할 수 있다. 이 단계는 순식간에 지나간다. 원시 생식 세포는 금방 새로운 발달 경로로 방향을 바꾸어 분화하면서 정자나 난자를 만들 줄기세포를 생성한다. 그리고 그러기 위해 새로운 후성유전적 변형들을 얻는다. 이러한 변형 중 일부는 세포의 정체성을 정의한다. 즉, 난자를 난자로 만드는 스위치를 켜는 일을 한다. 하지만 적은 수는 다음 세대에서 유전체 중 각인된 지역의 기원 부모가 어느 쪽인지 인식할 수 있도록 기원 부모 표지 역할을 한다.

이것은 엄청나게 복잡해 보인다. 만약 난자와 수정한 정자에서부터 수컷 자식에게서 만들어지는 새로운 정자에 이르기까지 그 경로를 따라가 본다면, 그 순서는 다음과 같다:

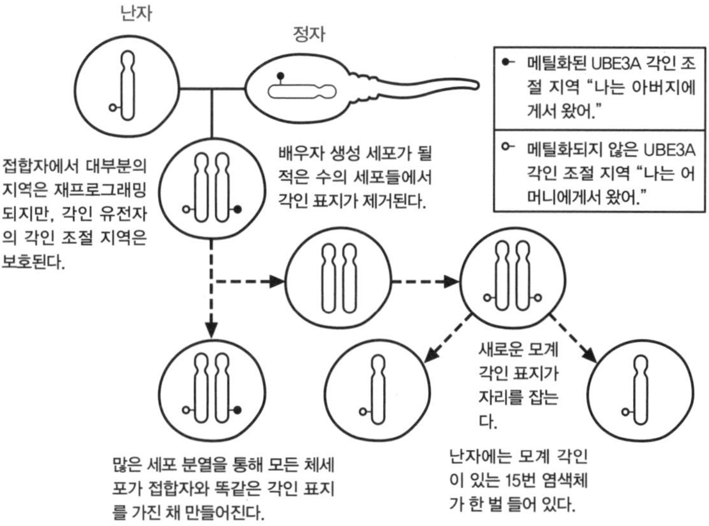

그림 8.3 위의 그림은 수정된 접합자에서 생겨나는 체세포가 어떻게 모두 각인 유전자에 똑같은 DNA 메틸화 패턴을 가지는지, 그리고 생식 세포에서는 어떻게 각인 메틸화가 제거되었다가 다시 자리를 잡는지 보여준다. 이것은 자식에게 전달되는 모계 표지는 어머니만이, 그리고 부계 표지는 아버지만이 전달하도록 보장한다.

1. 난자를 뚫고 들어오는 정자는 후성유전적 변형을 지니고 있다.
2. 각인된 지역을 제외한 나머지 지역에서는 후성유전적 변형이 제거된다(수정 직후의 접합자에서).
3. 후성유전적 변형이 새로 추가된다(속세포덩이 세포들이 분화하기 시작하면서).
4. 각인된 지역까지 포함해 후성유전적 변형이 제거된다(원시 생식 세포가 체세포 분화 경로에서 벗어남에 따라).
5. 후성유전적 변형이 추가된다(정자가 발달함에 따라).

이것은 우리가 출발한 곳으로 되돌아가는 방법치고는 필요 없을 정도로 복잡한 방법처럼 보이지만, 꼭 필요하다.

정자를 정자로, 혹은 난자를 난자로 만드는 변형은 2단계에서 일어나야 한다. 그러지 않으면, 접합자는 전능성 세포가 될 수 없다. 대신에 절반은 정자를 만들도록, 절반은 난자를 만들도록 프로그래밍된 유전체를 갖게 될 것이다. 만약 물려받은 변형이 그대로 유지된다면, 발달은 불가능할 것이다. 하지만 원시 생식 세포를 만들려면 분화하는 속세포덩이 중 일부 세포는 자신의 후성유전적 변형을 잃어야만 한다. 그래야 일시적으로 다능성이 더 높아지고 각인 표지를 잃어 생식 세포 계통으로 전이할 수 있다.

일단 원시 생식 세포들이 새로운 발달 경로로 방향을 바꾸고 나면, 후성유전적 변형이 다시 유전체에 들러붙을 수 있다. 이런 일이 일어나는 이유 중 하나는 다세포 생물이 발달할 때 다능성 세포가 아주 위험할 수 있기 때문이다. 우리 몸에 반복적으로 계속 분열하면서 다른 종류의 세포들을 많이 만드는 세포들이 있으면 좋을 것 같지만, 그렇지 않다. 이런 종류의 세포들은 암에서 발견되는 것과 같은 종류의 세포들이다. 진화는 원시 생식 세포가 다능성을 잠깐 동안 회복했다가 후성유전적 변형이 이것을 다시 억제할 수 있는 메커니즘을 선호했다. 이것이 각인 삭제와 합쳐지면, 염색체에 각자의 기원 부모를 다시 표시할 수 있다.

가끔 정자나 난자의 전구 세포에 새로운 각인을 새기는 이 과정이 잘못될 수 있다. 원시 생식 세포 단계에서 각인이 제대로 지워지지 않아 프래더-윌리 증후군이나 에인절먼 증후군이 나타나는 사례가 있다.[24] 예를 들면, 여성이 15번 염색체에 정확한 모계 표지 대신에 아버지로부터 물려받은 부계 표지가 남아 있는 난자를 만들 수 있다. 정자가 이 난자를 수정시키면, 15번 염색체 두 벌은 모두 다 부계 염색체처럼 기능하여 단친성 2염색체성과 같은 표현형을 만들어낸다.

이 모든 과정을 제어할 수 있는 방법을 찾기 위한 연구가 진행되고 있다. 정자와 난자가 융합된 뒤에 일어나는 재프로그래밍에서 각인이 어떻게 보호되는지, 그리고 원시 생식 세포 단계에서 이 보호가 어떻게 사라지는지 아직 우리는 완전히 이해하지 못하고 있다. 제자리에 각인이 다시 새겨지는지도 정확히 모른다. 전체 그림은 여전히 안개 속에 싸여 있지만, 안개 속에서 세부적인 것들이 드러나고 있다.

이 과정 중 일부에 정자의 유전체에 포함된 낮은 비율의 히스톤이 관여할지 모른다. 많은 히스톤은 각인 조절 지역에 있는데, 정자와 난자가 융합할 때 이 지역을 재프로그래밍으로부터 보호하는지 모른다.[25] 히스톤 변형은 배우자를 만들 때 '새로운' 각인을 자리 잡게 하는 데에도 어떤 역할을 한다. 각인 조절 지역에서 유전자의 스위치를 켜는 것과 관련이 있는 히스톤 변형을 잃는 게 중요한 것처럼 보인다. 그래야만 영구적인 DNA 메틸화를 첨가할 수 있다.[26] 유전자에 억제 각인을 새기는 것은 바로 이 영구적인 DNA 메틸화이다.

돌리와 그 딸들

접합자와 각인 조절 지역에 일어나는 재프로그래밍 사건은 놀랍도록 많은 후성유전 현상에 영향을 미친다. 실험실에서 야마나카 인자를 사용해 체세포를 재프로그래밍하면, 그중 극히 일부분만이 iPS 세포가 된다. 그중에서 다능성 세포 주머니배의 속세포덩이에서 생기는 진정한 다능성 세포인 배아 줄기세포와 정확하게 똑같아 보이는 것은 거의 하나도 없다. 매사추세츠 종합병원과 하버드 대학을 기반으로 한 보스턴의 한 연구팀은 유전적으로 동일한 생쥐의 iPS 세포와 배아 줄기세포를 조사했다. 그들은 두 종류의 세포 사이에서 발현 패턴이 변하는 유전자들을 찾아보았다. 발현에서 유일하게 큰 차이점이 나타나는 곳은 염색체에서 *Dlk1-Dio3*이라는 지역이었다.[27] 일부 iPS 세포는 배아 줄기세포가 그러는 것과 아주 비슷하게 이 지역에 있는 유전자들이 발현했다. 이 세포들은 몸을 이루는 모든 조직을 만들기에 가장 좋은 iPS 세포들이었다.

*Dlk1-Dio3*는 생쥐의 12번 염색체에 위치한 각인 지역이다. 각인 지역이 아주 중요한 것으로 드러나더라도, 그것은 별로 놀라운 일이 아니다. 야마나카 방법은 정자와 난자가 융합할 때 정상적으로 일어나는 재프로그래밍 과정을 촉발한다. 정상적인 발달 과정에서는 유전체의 각인 지역은 재프로그래밍에 저항한다. 각인 지역은 야마나카 방법이라는 아주 인위적인 환경에서는 재프로그래밍이 넘기에 너무 높은 장벽일 가능성이 높다.

Dlk1-Dio3 지역은 상당 기간 연구자들에게 큰 관심의 대상이었다. 사람의 경우, 이 지역의 단친성 2염색체성은 여러 증상 중에서도 성장과 발달 장애와 관련이 있다.[28] 이 지역은 또한 처녀 생식을 막는

최초의 복제 양 돌리

데에도(적어도 생쥐에서는) 중요한 것으로 드러났다. 한국과 일본 연구자들은 생쥐 유전체에서 이 지역만 유전적으로 조작하는 연구를 했다. 그들은 암컷의 전핵만 2개를 가진 수정란을 만들었다. 그들은 한 전핵에 있는 *Dlk1-Dio3* 지역을 변형시켜 모계 각인 대신에 부계 각인에 해당하는 버전을 가지게 했다. 그렇게 해서 태어난 생쥐는 모계 유전체를 2개 가진 최초의 유태반류 동물이었다.[29]

원시 생식 세포에 일어나는 재프로그래밍은 완전히 포괄적인 것이 아니다. 일부 IAP 레트로트랜스포존의 메틸화는 다소 온전한 상태로 남는다. 정자의 *Axin*^{Fu} 레트로트랜스포존에 일어난 DNA 메틸화 수준은 이 생쥐 계통의 체세포와 동일하다. 이것은 유전체의 나머지 지역에서는 대부분 이 변형이 제거되지만, 원시 생식 세포가 재프로그래밍될 때 이곳에서는 DNA 메틸화가 제거되지 않음을 보여준다. 두 차례의 후성유전적 재프로그래밍(접합자와 원시 생식 세포에서 일어나는)에 대해 *Axin*^{Fu} 레트로트랜스포존이 나타내는 이러한 저항은 앞장들에서 보았던 구부러진 꼬리 형질의 세대 간 유전 메커니즘을 제공한다.

우리는 모든 세대 간 유전이 똑같은 방식으로 일어나지 않는다는 사실을 안다. 아구티 생쥐의 경우, 그 표현형은 아비가 아니라 어미를 통해 전달된다. 이 경우에 IAP 레트로트랜스포존에 일어난 DNA 메틸화는 정상적인 원시 생식 세포 재프로그래밍이 일어나는 동안에는 암수 모두에게서 제거되지 않는다. 하지만 처음부터 자신의 레트로트랜스포존에 DNA 메틸화가 일어났던 어미는 자식에게 특정 히스톤 표지를 전해준다. 이것은 억제 히스톤 변형이어서 DNA 메틸화 기구에 신호로 작용한다. 이 신호는 억제 DNA 메틸화를 염색체의 특정 지역에 들러붙게 하는 효소들을 끌어당긴다. 그렇게 해서 생기는 최종 결과는 똑같다. 즉, 어미의 DNA 메틸화 패턴이 자식에게서 그대로 복원되는 것이다. 수컷 아구티 생쥐는 자신의 레트로트랜스포존에 생긴 DNA 메틸화나 억제 히스톤 변형을 전달하지 않는데, 이 표현형의 전달이 오로지 모계를 통해 일어나는 것은 이 때문이다.[30]

이것은 후성유전 정보를 전달하는 방법으로는 좀더 간접적이다. DNA 메틸화를 직접 전달하는 대신에 중간의 대리자(억제 히스톤 변형)를 사용한다. *agouti* 표현형이 다소 '모호한' 이유는 아마도 이 때문일 것이다. 모든 자식이 다 어미와 똑같지는 않는데, 자식 대에서 DNA 메틸화가 재수립되는 과정에 약간의 '자유 재량권'을 발휘할 여지가 있기 때문이다.

2010년 여름, 영국 언론에는 복제 가축에 대한 기사가 실렸다. 복제 소의 후손에게서 얻은 고기가 인간의 먹이 사슬로 흘러들어왔다.[31] 정확하게는 그 고기는 복제 소의 고기가 아니라, 복제 소를 가지고 전통적인 가축 육종을 통해 만든 그 후손의 고기였다. 자기도 모르게 프랑켄푸드(유전자 변형 식품)를 먹을 위험에 대해 경종을 울리는 기사도 있었지만, 주류 언론은 상당히 균형 잡힌 보도 태도를 유지했다.

여기에는 상당히 흥미로운 현상이 어느 정도 작용한 것으로 보이는데, 그것은 클로닝(복제)의 결과에 대해 과학자들이 원래 품고 있던 불안을 가라앉혔다. 복제 동물이 생식을 하면, 그 자식은 원래 복제 동물보다 더 건강한 경향이 있다. 이것은 원시 생식 세포의 재프로그래밍 때문임이 거의 확실하다. 원래의 복제 동물은 체세포 핵을 난자 속으로 옮겨 만들었다. 이 체세포 핵은 처음 한 차례의 재프로그래밍만 겪었는데, 그것은 정자가 난자를 수정시킬 때 정상적으로 일어나는 것이다. 이 후성유전적 재프로그래밍이 그 효과를 완전히 발휘하지 못했을 가능성이 높다. 난자에게 '잘못된' 세포핵을 재프로그래밍하게 하는 것은 상당히 무리한 요구이다. 복제 동물의 건강이 좋지 않은 경향은 이 때문일 가능성이 높다.

복제 동물이 생식을 할 때에는 정자나 난자를 전달한다. 복제 동물이 이 배우자를 만들기 전에 그 원시 생식 세포는 정상적인 원시 생식 세포 발달 경로의 일부로 두 번째 재프로그래밍을 겪는다. 이 두 번째 재프로그래밍 단계가 후성유전체를 적절히 리셋하는 것으로 보인다. 배우자들은 복제 동물인 부모가 가진 비정상 후성유전적 변형을 잃는다. 후성유전학은 복제 동물에게 왜 건강 문제가 나타나는지뿐만 아니라 그 후손에게서 왜 건강 문제가 나타나지 않는지까지 설명한다. 복제 동물의 후손은 자연적으로 만들어진 동물과 사실상 아무 차이가 없다.

인간의 보조 생식 기술(체외 수정 같은)은 클로닝에 사용된 일부 방법과 기술적으로 공통되는 측면이 있다. 특히 다능성 세포핵이 세포들 사이에서 이동할 수 있고, 세포를 실험실에서 배양했다가 자궁에 착상하는 것이 그렇다. 이런 절차들에서 발생하는 비정상 비율에 대한 논란이 과학 학술지에 상당히 많이 발표되었다.[32] 일부 저자들은 보조 생식 기술을 사용한 임신에서 각인 장애 발생 비율이 증가한다고 주장한다. 이것은 수정란을 체외에서 배양하는 것과 같은 절차가 재프로그래밍을 조절하는 섬세하게 균형 잡힌 경로들(특히 각인 지역에서)에 혼란을 초래할 수 있음을 의미한다. 하지만 이것이 정말로 임상적으로 의미가 있는 문제인지에 대해서는 아직 의견 일치가 이루어지지 않았다는 사실을 잊지 말아야 한다.

발달 초기의 유전체에 일어나는 재프로그래밍은 어떤 것이건 여러 가지 효과를 미친다. 그것은 분화가 많이 진행된 두 종류의 세포가 융합하여 하나의 다능성 세포가 되게 한다. 또, 서로 경쟁 관계에 있는 부계와 모계 유전체의 요구들이 균형을 잡도록 하며, 이러한 균형 잡기 행동이 모든 세대에서 다시 자리를 잡게 한다. 재프로그래밍은 또한 부적절한 후성유전적 변형이 부모로부터 자식에게 전달되지 않게 한다. 이것은 설사 세포에 잠재적 위험성이 있는 후성유전적 변화가 축적된다 하더라도, 그것이 자식에게 전달되기 전에 제거된다는 것을 뜻한다.

우리가 정상적으로는 획득 형질을 물려받지 않는 이유는 이 때문이다. 하지만 유전체에는 IAP 레트로트랜스포존처럼 재프로그래밍에 상대적으로 저항력이 강한 지역이 있다. 만약 어떤 특정 획득 형질(예컨대 빈클로졸린에 대한 반응이나 부계의 영양 섭취에 대한 반응)이 부모로부터 자식에게 어떻게 전달되는지 알아내고자 한다면, 우선 살펴보기에 유력한 장소는 IAP 레트로트랜스포존이다.

9장
X 세대

키스 소리는 대포 소리만큼 크지 않지만,
그 메아리는 훨씬 오래 지속된다.
—올리버 웬델 홈스Oliver Wendell Holmes

순수하게 생물학적으로 본다면, 특히 해부학적으로 본다면, 남성과 여성은 서로 다르다. 공격성에서부터 공간 처리 능력에 이르기까지 특정 행동에 생물학적 성별 편향이 있느냐 없느냐를 놓고 논쟁이 끊이지 않는다. 하지만 육체적 특징 중에는 분명히 성과 관련이 있는 것이 있다. 가장 기본적인 차이점은 생식 기관이다. 여성에게는 난소가 있고, 남성에게는 고환이 있다. 또, 여성에게는 질이 있고, 남성에게는 음경이 있다.

여기에는 분명한 생물학적 토대가 있는데, 별로 놀라운 일도 아니지만, 이 모든 것은 유전자와 염색체에서 비롯된다. 사람은 모든 세포에 염색체가 23쌍씩 들어 있으며, 양쪽 부모에게서 각각 한 벌씩을 물려받는다. 그중 22쌍(풍부한 상상력을 발휘해 1번부터 22번 염색체라는 이름을 붙인)은 상염색체(보통 염색체)라 부르는데, 각 쌍을 이루는 두 염색체는 서로 아주 비슷해 보인다. 세포 분열 중 특정 단계에서 염

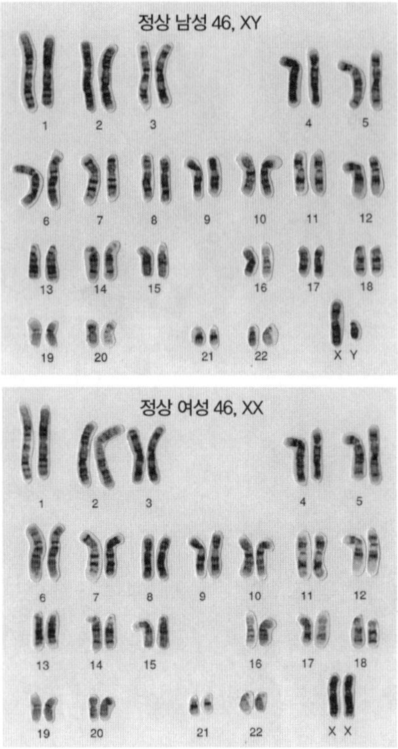

그림 9.1 남성(위)과 여성(아래)의 체세포에 들어 있는 모든 염색체로 이루어진 핵형. 여성 세포에는 X 염색체가 2개 있고 Y 염색체가 없다는 사실에 유의하라. 반면에 남성 세포에는 X 염색체와 Y 염색체가 1개씩 있다. X 염색체와 Y 염색체는 크기에 상당한 차이가 난다는 사실에도 유의하라. 사진 제공: Wessex Reg Genetics Center/Wellcome Images.

색체의 DNA는 예외적으로 심하게 꼬인다. 적절한 기술을 사용하면, 염색체를 현미경으로 직접 볼 수 있고, 사진으로 찍을 수도 있다. 디지털 시대 이전에는 임상유전학자들이 개개 염색체의 사진을 가위로 오려낸 뒤 쌍을 지어 배열해 질서정연한 사진을 만들었다. 오늘날에는 이미지 처리 과정이 컴퓨터로 이루어지지만, 어쨌든 양쪽 다 그 결과는 모든 염색체가 하나의 세포 안에 들어 있는 사진으로 나타난다. 이 그림을 핵형核型(각 종이 지닌 고유의 염색체 종류와 수)이라 부른다.

다운 증후군이 있는 사람의 세포에는 21번 염색체가 세 벌 들어 있다는 사실을 처음 발견한 것도 핵형 분석을 통해서였다. 이 상태를 21번 세염색체증이라 한다.

여성으로부터 사람의 핵형을 만들면, 염색체 23쌍을 얻는데, 각 쌍을 이루는 두 염색체는 서로 비슷해 보인다. 하지만 남성으로부터 사람의 핵형을 만들면, **그림 9.1**에서 보듯이 약간 차이가 있다. 상염색체 22쌍을 이루는 두 염색체는 여전히 서로 비슷해 보이지만, 나머지 한 쌍을 이루는 두 염색체는 서로 전혀 비슷해 보이지 않는다. 하나는 아주 큰 반면, 하나는 예외적으로 작다. 이 한 쌍의 염색체를 성염색체라 부른다. 그중에서 큰 것을 X 염색체, 작은 것을 Y 염색체라 부른다. 인간 남성의 염색체 구성은 46, XY로 표기한다. 여성은 46, XX로 표기하는데, Y 염색체가 없는 반면에 X 염색체가 2개 있기 때문이다.

Y 염색체에는 활성 유전자가 얼마 없다. Y 염색체에는 단백질 암호화 유전자가 40~50개뿐인데, 그중 약 절반은 완전히 남성에게만 나타난다. 남성 특이적 유전자는 Y 염색체에만 나타나기 때문에, 여성에게는 이 유전자가 없다. 이들 유전자 중 많은 것은 생식에서 남성 특이적 측면에 필요하다. 성 결정에 가장 중요한 것은 *SRY*라는 유전자이다. SRY 단백질은 배아에서 고환 결정 경로를 활성화시킨다. 이

것은 전형적인 '남성' 호르몬인 테스토스테론 생산으로 이어지고, 테스토스테론은 배아를 남성화시킨다.

표현형은 여성인데도 남성에 해당하는 46, XY 핵형을 가진 사람이 가끔 있다. 이런 경우에는 *SRY* 유전자가 활성화되지 않거나 삭제되어 그 결과로 태아가 기본값으로 설정된 여성 경로를 따라 발달할 때가 많다.[1] 가끔은 다른 시나리오가 펼쳐질 때도 있다. 표현형은 남성이지만 여성의 핵형인 46, XX를 가진 경우가 있다. 이런 사례는 아버지에게서 정자가 만들어질 때, Y 염색체에서 *SRY* 유전자를 포함한 아주 작은 부분이 다른 염색체로 옮겨간 경우가 많다. 이것은 태아를 남성화시키기에 충분하다.[2] 이동한 Y 염색체 지역은 너무 작아서 핵형 분석 과정으로는 발견할 수 없다.

X 염색체는 아주 다르다. X 염색체는 아주 크며, 유전자가 약 1300개나 있다. 이 중 상당수가 뇌의 기능에 관여한다. 많은 유전자는 난소나 고환이 생성되는 여러 단계에도 필요하며, 남성과 여성 모두에서 생식 능력의 다른 측면들을 나타내는 데에도 필요하다.[3]

적절한 양

그러니까 X 염색체에는 유전자가 1300여 개 있다. 이것은 흥미로운 문제를 제기한다. 여성은 X 염색체가 2개이지만, 남성은 1개뿐이다. 이것은 X 염색체에 있는 1300여 개의 유전자에 대해 여성은 각각의 유전자를 두 벌씩 갖고 있지만, 남성은 한 벌만 갖고 있다는 뜻이다. 그렇다면 여성의 세포들은 이 유전자들(X 연관 유전자라 부르는)이 암호화하는 단백질을 남성보다 두 배나 많이 생산할 것이라고 추론할 수 있다.

하지만 다운 증후군 같은 장애에 대해 우리가 알고 있는 지식에 비춰보면, 이런 일은 일어나지 않는 것 같다. 21번 염색체를 세 벌(정상적인 두 벌이 아니라) 가진 것이 다운 증후군의 원인이다. 대부분의 다른 염색체는 세염색체증이 너무나도 심각해 배아가 적절히 발달하지 못하므로 이런 조건을 가진 아이는 아예 태어나지 않는다. 예를 들면, 모든 세포에 1번 염색체가 세 벌씩 들어 있는 아기는 태어난 적이 없다. 만약 상염색체에서 유전자 발현이 50% 증가한 것이 세염색체증 문제의 원인이 된다면, X 염색체 시나리오는 어떻게 설명할 수 있단 말인가? 남성에 비해 두 배나 많은 X 염색체를 가진 여성이 어떻게 살아남을 수 있을까? 혹은 반대로 생각하면, 남성은 여성의 절반밖에 안 되는 X 염색체를 가지고 어떻게 살아남을 수 있을까?

그 답은 염색체 수의 차이에도 불구하고, X 연관 유전자의 발현이 실제로는 남성과 여성에게서 거의 동일하게 일어난다는 데 있다. 이 현상을 유전자 용량 보상이라 부른다. 다른 동물강에서는 성 결정 XY 체계가 존재하지 않기 때문에, X 염색체 유전자 용량 보상은 유태반류에만 국한돼 나타난다.

1960년대 초에 메리 라이언Mary Lyon이라는 영국 유전학자는 X 염색체에서 유전자 용량 보상이 어떻게 일어나는지 설명하는 가설을 만들었다. 여기서 라이언은 다음과 같이 예측했다:

1. 정상 여성의 세포에는 활성 X 염색체가 하나뿐일 것이다.
2. X 염색체 비활성화는 발달 초기에 일어날 것이다.
3. 비활성 X 염색체는 아버지에게서 유래한 것이 될 수도, 어머니에게서 유래한 것이 될 수도 있고, 어느 한 세포에서 일어나는

비활성화는 무작위적으로 일어날 것이다.
4. X 비활성화는 체세포와 모든 후손에서 되돌릴 수 없을 것이다.

이 예측들은 놀라운 선견지명이 있었던 것으로 드러났다.[4,5] 얼마나 뛰어난 선견지명이었던지, 많은 교과서에서는 X 비활성화를 라이언 현상Lyonisation이라 부르기까지 한다. 이 예측들을 하나씩 차례로 살펴보자.

1. 정상 여성의 개개 세포에서는 실제로 X 염색체 중 한 벌의 유전자만 발현된다. 나머지 한 벌은 사실상 기능이 정지된 상태로 존재한다.
2. X 비활성화는 발달 초기에, 즉 배아의 속세포덩이에 있는 다능성 세포가 다른 계통들로 분화해가기 시작하는 단계(와딩턴의 후성유전학 풍경에서 꼭대기 근처에 있을 때)에 일어난다.
3. 평균적으로 여성의 세포들 중 50%는 모계 X 염색체의 기능이 정지된다. 나머지 50%에서는 부계 X 염색체의 기능이 정지된다.
4. 일단 세포에서 X 염색체 쌍 중 한쪽의 스위치가 꺼지면, 그 여성이 살아가는 나머지 생애 동안 모든 딸세포에서도 그 X 염색체가 계속 스위치가 꺼진 상태로 존재한다. 설사 100세 이상까지 살더라도 말이다.

X 염색체는 돌연변이 때문에 비활성화되는 게 아니다. X 염색체는 DNA 서열을 온전한 상태로 유지한다. X 비활성화는 두드러지게 눈길을 끄는 후성유전 현상이다.

X 비활성화는 놀랍도록 풍부한 연구거리를 제공했다. 관련 메커니

즘 중 일부는 그 밖의 많은 후성유전 과정과 세포 과정에서도 아주 유사한 것이 발견되었다. X 비활성화의 결과는 인간의 많은 장애와 치료 목적의 클로닝에 중요한 의미를 지닌다. 하지만 메리 라이언의 획기적인 연구가 나온 지 50년이 지난 지금도 X 비활성화가 실제로 어떻게 일어나는지에 대해서는 많은 수수께끼가 남아 있다.

X 비활성화는 생각하면 할수록 더욱 기묘해 보인다. 무엇보다도 염색체 비활성화는 다른 상염색체에서는 전혀 일어나지 않고 오직 X 염색체에서만 일어나기 때문에, 세포는 X 염색체와 상염색체를 구별하는 방법이 있어야만 한다. 게다가 X 염색체에 일어나는 비활성화는 각인의 경우처럼 하나 또는 몇 개의 유전자에만 영향을 미치는 게 아니다. X 비활성화가 일어나면, 1000개 이상의 유전자가 수십 년 동안 스위치가 계속 꺼진 상태로 유지된다.

생산 공장이 일본에 하나, 독일에 하나 있는 자동차 제조업체를 생각해보라. 각인은 서로 다른 시장 상황에 맞춰 사양을 약간 변경하는 것과 비슷하다. 독일 공장은 핸들에 히터를 설치하는 기계의 스위치를 켜고 자동 방향제를 집어넣는 로봇의 스위치를 끄기로 한 반면, 일본 공장은 정반대로 하기로 결정할 수 있다. 반면에 X 비활성화는 한 공장 전체를 완전히 닫고 가동을 중단하기로 결정하는 것과 같다. 다른 자동차 제조업체가 그 회사를 인수하기 전까지는 공장이 다시 가동하는 일은 없다.

무작위적 비활성화

X 비활성화와 각인 사이의 또 한 가지 중요한 차이점은 X 염색체

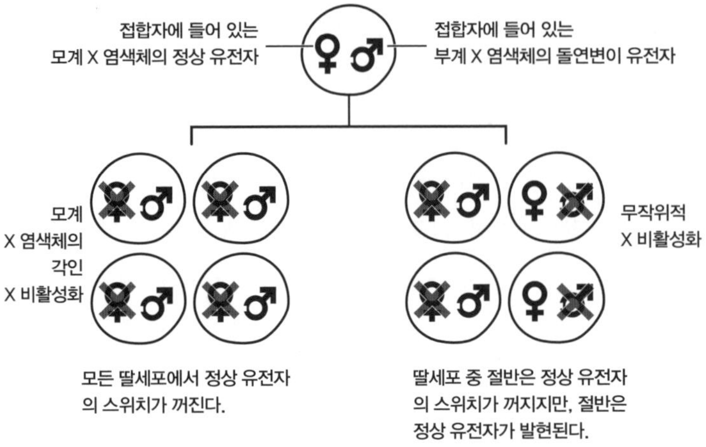

그림 9.2 각각의 원은 그 안에 X 염색체 2개가 들어 있는 여성 세포를 나타낸다. 어머니에게서 온 X 염색체는 여성 기호(♀)로 표시돼 있다. 아버지에게서 온 X 염색체는 남성 기호(♂)로 표시돼 있으며, 돌연변이(흰색 사각형으로 표시)를 포함하고 있다. 그림에서 왼쪽은 모계 X 염색체의 각인 비활성화가 일어나면, 모든 체세포는 돌연변이를 포함한 X 염색체(아버지에게서 물려받은)만 발현한다는 것을 보여준다. 그림에서 오른쪽은 X 염색체가 기원 부모에 상관없이 무작위적으로 비활성화된 상황을 보여준다. 그 결과, 평균적으로 모든 체세포 중 절반은 정상 버전의 X 염색체가 발현된다. 이 때문에 무작위적 X 비활성화는 각인 X 비활성화보다 진화에서 덜 위험한 전략이 된다.

각인에는 기원 부모 효과가 전혀 나타나지 않는다는 점이다. 체세포에서는 X 염색체가 아버지에게서 왔건 어머니에게서 왔건 전혀 문제가 되지 않는다. 각각의 X 염색체가 비활성화될 확률은 50%이다. 그 이유는 진화적으로 볼 때 완전히 이치에 닿는다.

각인은 서로 경쟁하는 부계 유전체와 모계 유전체의 요구들 사이에서(특히 발달 초기에) 균형을 잡는 노력이라 할 수 있다. 진화한 각인 메커니즘은 특히 태아의 성장에 영향을 미치는 개개 유전자나 유전자들의 작은 집단을 표적으로 삼는다. 그리고 포유류의 유전체 중에서 각인 유전자는 50~100개뿐이다.

하지만 X 비활성화는 훨씬 큰 범위에서 작용한다. 이것은 1000개 이상의 유전자를 집단적으로 그리고 영구히 그 스위치를 끄는 메커니즘이다. 1000개의 유전자라면 전체 단백질 암호화 유전자 중 5%에 해당할 정도로 꽤 많은 것이므로, X 염색체에 존재하는 특정 유전자에 돌연변이가 일어날 가능성이 항상 존재한다. **그림 9.2**는 각인 X 비활성화의 결과(왼쪽)와 무작위적 X 비활성화의 결과(오른쪽)를 비교해 보여준다. 설명의 편의를 위해 이 그림에서는 부계 유전자에 일어난 돌연변이만 모계 X 염색체의 각인 비활성화와 함께 나타냈다.

세포는 '무작위적' X 비활성화를 사용함으로써 X 연관 유전자에 일어난 돌연변이의 효과를 최소화할 수 있다.

비활성 X 염색체가 실제로 전혀 기능을 발휘하지 않는다는 사실을 기억하는 게 중요하다. 거의 모든 유전자는 영구적으로 스위치가 꺼지며, 이 비활성화 상태는 정상적으로는 깨뜨릴 수 없다. 활성 X 염색체를 언급할 때, 우리는 다소 애매한 약칭을 사용하는 셈이다. 이것은 모든 세포의 X 염색체에 있는 모든 유전자가 항상 기능을 발휘한다는 뜻이 아니다. 단지 그 유전자들이 기능을 발휘할 잠재력이 있다는 뜻일 뿐이다. 이 유전자들은 정상적으로 일어나는 모든 후성유전적 변형과 유전자 발현 조절에 노출돼 있어, 발달 촉진 신호나 환경 신호에 반응하여 선택된 유전자들의 스위치가 제어된 방식으로 켜지거나 꺼진다.

여성은 실제로 남성보다 더 복잡하다

X 비활성화로 인해 나타나는 한 가지 흥미로운 결과는 (후성유전학적으로) 여성이 남성보다 더 복잡하다는 사실이다. 남성은 모든 세포에 X 염색체가 1개만 있으므로, X 비활성화를 수행할 수 없다. 하지만 여성은 모든 세포에서 X 염색체 1개가 무작위적으로 비활성화된다. 그 결과, 아주 기본적인 차원에서 여성의 몸을 이루는 모든 세포는 어떤 X 염색체가 비활성화되느냐에 따라 두 진영으로 갈라질 수 있다. 이 때문에 여성을 후성유전적 모자이크라고 부른다.

여성에게 일어나는 이 정교한 후성유전적 조절은 복잡하고 엄격하게 제어되는 과정으로, 메리 라이언의 예측이 유용한 개념적 틀을 제공할 수 있었던 곳도 바로 여기였다. 그 예측은 다음과 같은 네 단계로 바꿔 표현할 수 있다.

1. X 염색체 수 세기: 정상 여성의 세포들은 활성 X 염색체가 단 1개만 있을 것이다.
2. 선택: X 비활성화는 발달 초기에 일어날 것이다.
3. 시작: 비활성 X 염색체는 아버지에게서 온 것이거나 어머니에게서 온 것일 수 있으며, 어느 한 세포에서 비활성화는 무작위적으

로 일어날 것이다.

4. 유지: X 비활성화는 체세포와 그 후대의 세포들에서 되돌릴 수 없다.

이 네 가지 과정 뒤에 숨어 있는 메커니즘을 파헤치느라 연구자들은 약 50년 동안 바쁘게 연구했는데, 그 노력은 지금도 계속되고 있다. 이 과정들은 믿기 힘들 정도로 복잡하며, 때로는 아무도 상상하지 못했던 메커니즘이 관여한다. 이것은 그다지 놀라운 일이 아닌데, 라이언 현상(X 비활성화)은 아주 특이하기 때문이다. X 비활성화는 세포가 동일한 염색체 2개를 180° 다르게, 그리고 상호 배타적인 방식으로 상대하는 절차이다.

X 비활성화는 실험적으로 연구하기가 매우 어렵다. X 비활성화는 세포 속에서 미묘하게 균형 잡힌 체계여서 사용 기술에 사소한 차이만 있어도 실험 결과에 큰 영향을 미칠 수 있다. 연구하기에 가장 적절한 종을 놓고도 많은 논쟁이 벌어지고 있다. 전통적으로 생쥐 세포가 선호되는 실험계로 사용돼왔지만, X 비활성화라는 측면에서 생쥐와 인간 세포는 동일하지 않다는 사실이 밝혀졌다.[6] 하지만 이러한 모호성이 있다 하더라도, 흥미로운 그림이 나타나고 있다.

염색체 수 세기

포유류의 세포는 X 염색체를 몇 개 포함하고 있는지 셀 수 있는 메커니즘이 있어야 한다. 그래야 수컷 세포에서 X 염색체의 스위치가 꺼지는 사태를 방지할 수 있다. 이 메커니즘의 중요성은 1980년대에

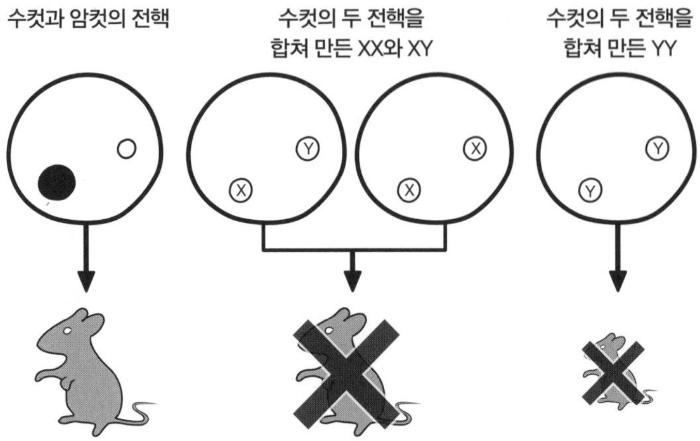

그림 9.3 제공 난자에 수컷과 암컷의 전핵을 집어넣거나 수컷의 전핵만 2개 집어넣어 실시한 제공 난자 재구성 실험. [그림 7.2]에서와 마찬가지로 수컷의 두 전핵으로 생겨난 배아는 완전히 발달하지 못했다. 두 전핵에 모두 Y 염색체만 들어 있고 X 염색체가 없는 경우에는 배아는 발달 초기에 죽었다. X 염색체를 최소한 1개 포함한 수컷의 두 전핵으로 생긴 배아는 더 발달했지만, 역시 끝까지 발달하지 못하고 죽었다.

다보르 솔테르가 입증했다. 그는 수컷의 전핵을 수정란으로 옮기는 방법으로 배아를 만들었다. 수컷은 XY 핵형을 가지기 때문에, 배우자를 만들 때 각각의 정자는 X 아니면 Y를 갖게 된다. 서로 다른 정자들에서 전핵을 끄집어내 '텅 빈' 난자에 집어넣으면, XX, XY, YY 접합자를 각각 만들 수 있다. 이것들 중 살아 있는 새끼로 발달하는 것은 하나도 없는데, 앞에서 이야기했듯이 접합자가 제대로 발달하려면 양쪽 부모 모두에게서 필요한 물질을 받아야 하기 때문이다. 그런데 이 실험 결과는 아주 흥미로운 사실을 알려주었는데, **그림 9.3**이 그 결과를 요약해 보여준다.

제대로 발달하지도 못하고 가장 먼저 죽은 배아는 Y 염색체 1개만 유일한 성염색체로 가진 수컷의 전핵 2개로 재구성한 것이었다.[7] 이들 배아는 X 염색체가 전혀 없었는데, 예외적으로 이른 발달 초기에 죽은 이유는 이 때문으로 보인다. 이것은 X 염색체가 생존을 위해 필수적임을 보여준다. 이것은 수컷(XY) 세포가 X 염색체 수를 세는 게 필요한 이유이기도 하다. 그래야 X 염색체를 하나만 가졌다는 사실을 알고서 그것을 비활성화하려는 시도를 피할 수 있다. 하나밖에 없는 X 염색체의 스위치를 끄는 것은 세포의 죽음을 자초하는 일이다.

X 염색체의 수를 세었으면, 암컷 세포는 X 염색체 하나를 무작위로 선택해 비활성화하는 메커니즘이 있어야 한다. 한 염색체를 선택하고 나면 세포는 비활성화 절차에 돌입한다.

X 비활성화는 암컷의 배아 발생 초기에 속세포덩이 세포들이 여러 종류의 세포들로 분화하기 시작할 때 일어난다. 실제 실험에서는 각각의 주머니배에서 얻을 수 있는 적은 수의 세포를 가지고 연구하기가 어렵기 때문에, 연구자들은 대개 암컷의 배아 줄기세포를 사용한다. 이 세포들에서는 분화하지 않은 속세포덩이에서처럼 X 염색체 2

개가 다 활성 상태에 있다. 배아 줄기세포를 와딩턴의 후성유전학 풍경에서 아래로 굴러 내려가게 하기는 쉬운데, 실험실에서 세포를 배양하는 조건을 약간 바꾸기만 하면 된다. 암컷 배아 줄기세포의 분화를 촉진하기 위해 조건을 바꾸면, X 염색체 비활성화가 시작된다. 배아 줄기세포는 실험실에서 거의 무한정 배양할 수 있기 때문에, 이것은 X 비활성화 연구에 편리한 모형계를 제공한다.

X 염색체에 페인트칠하기

X 비활성화에 대한 최초의 통찰은 생쥐와 염색체를 구조적으로 재배열한 세포주 연구에서 나왔다. 일부 연구에서는 X 염색체에서 다양한 부분들이 결실된 것으로 드러났다. 어떤 부분이 없느냐에 따라 X 염색체는 정상적으로 비활성화되거나 비활성화되지 않았다. 다른 연구들에서는 X 염색체에서 어떤 부분이 떨어져 나와 다른 상염색체로 이동해 들러붙었다. 어떤 부분이 이동했느냐에 따라 구조적으로 비정상인 상염색체의 스위치를 끄는 결과가 나타날 수 있었다.[8,9]

이 실험들은 X 염색체에 X 비활성화를 위해 아주 중요한 지역이 있음을 보여주었다. 그래서 이 지역을 X 비활성화 센터라고 부르게 되었다. 1991년, 캘리포니아 주 스탠퍼드 대학의 헌트 윌러드Hunt Willard 연구팀은 X 비활성화 센터에 *Xist* 유전자가 있음을 보여주었다. *Xist*('엑시스트'라고 발음)는 <u>X</u>-<u>i</u>nactive(X<u>i</u>) <u>s</u>pecific <u>t</u>ranscript(X 비활성 특이 전사)의 머리글자를 딴 이름이다.[10] 이 유전자는 '비활성' X 염색체에서만 발현되고, 활성 X 염색체에서는 발현되지 않는다. 이 유전자는 두 X 염색체 중 하나에서만 발현되기 때문에, 동일한 두 염색체가 서로 다르게 행동하는 곳에서 X 비활성화 제어를 좌우하는 주인공 후보로 유력하게 떠올랐다.

Xist 유전자가 암호화하는 단백질을 확인하려는 시도가 있었지만,[11] 1992년 무렵에 이르자 아주 기묘한 일이 일어난다는 사실이 분명히 드러났다. *Xist* 유전자는 전사되어 RNA를 복제했다. 이 RNA는 여느 RNA와 똑같이 처리되었다. 스플라이싱이 일어났고, 안정성을 높이기 위해 전사의 양쪽 끝 부분에 다양한 구조가 첨가되었다. 여기까지는 별 탈 없이 정상적으로 흘러갔다. 그런데 RNA 분자는 단백질을 암호화하기 전에 세포핵에서 빠져나와 세포질 속으로 들어가야 한다. 그래야 하는 이유는 리보솜—아미노산을 결합해 기다란 단백질 사슬을 만드는 세포 내 공장—이 세포질에만 있기 때문이다. 하지만 *Xist* RNA는 절대로 세포핵 밖으로 나가지 않는데, 이것은 *Xist* RNA가 단백질을 결코 만들지 않는다는 것을 의미한다.[12,13]

그래도 이것은 *Xist* 유전자가 처음 확인되었을 때 과학계를 어리둥절하게 했던 수수께끼 한 가지를 해결해주었다. 완전히 성숙한 단계에 이른 *Xist* RNA는 염기 1만 7000여 개(17kb. 여기서 kb는 kilobase, 즉 염기 1000개를 가리킨다)로 이루어진 긴 분자이다. 3장에서 이야기했듯이, 아미노산 하나를 암호화하는 데에는 염기 3개로 이루어진 코돈이 필요하다. 따라서 이론적으로 *Xist*의 염기 1만 7000여 개는 약 5700개의 아미노산으로 이루어진 단백질을 암호화할 수 있어야 한다. 하지만 단백질 예측 프로그램으로 *Xist*의 염기 서열을 분석한 과학자들은 *Xist*가 그만큼 긴 물질을 암호화할 수 없다는 사실을 발견했다. *Xist* 서열 전체에 걸쳐 종결 코돈(단백질의 끝 지점을 알리는)이 널려 있었는데, 종결 코돈 없이 가장 길게 뻗어나갈 것으로 예측되는 염기 서열은 겨우 아미노산 298개(염기 894개)만 암호화할 수 있을 뿐이었다.[14] 17kb에 이르는 전사를 만들도록 진화한 유전자가 왜 단백질을 암호화하는 데 그중에서 겨우 5%만 사용한단 말인가? 그렇다면 세포 내의 에너지와 자원을 매우 비효율적으로 사용하는 셈이다.

하지만 *Xist*는 실제로는 세포핵을 결코 떠나지 않기 때문에, 잠재적 단백질 암호화 능력이 모자란다고 말하는 것은 부적절하다. *Xist*는 단백질 합성 암호를 전달하는 전령 RNA(mRNA)로 행동하지 않는다. *Xist*는 비암호화 RNA(ncRNA)라 부르는 종류의 분자에 속한다. *Xist*는 단백질을 암호화하지 않을지 몰라도, 그렇다고 해서 아무 기능도 하지 않는 것은 아니다. 대신에 *Xist* ncRNA는 기능적 분자로 행동하며, X 비활성화에 아주 중요하다.

1992년 당시에 ncRNA는 아주 새로운 것이었고, 다른 종류는 딱 하나만 더 알려져 있었다. 지금도 *Xist*는 아주 특이한 점이 있다. 특이한 점은 *Xist*가 세포핵을 떠나지 않는다는 점만이 아니다. 배아 줄기세포가 분화를 시작할 때, 염색체 중 단 하나만 *Xist* RNA를 만든다. 나중에 비활성 염색체가 되는 것이 바로 이 염색체이다. *Xist*는 자신을 만든 염색체를 결코 떠나지 않는다. 대신에 염색체에 들러붙어 염색체와 함께 퍼져나가기 시작한다.

*Xist*는 흔히 비활성 X에 '페인트칠'을 한다고 묘사하는데, 이것은 아주 훌륭한 표현이다. DNA 암호를 대본에 비유한 이야기로 되돌아가보자. 이번에 우리는 대본이 벽에 적혀 있다고 상상해보자. 교실에서 흔히 낭송하는 감동적인 시나 연설문 같은 것일 수도 있다. 1학기가 끝나자, 학교가 매각되어 그 자리에 대신 아파트를 짓기로 했다. 실내장식가가 도착하여 대본 위에 페인트칠을 한다. 이제 새로운 거주자들에게 '당당하게 나서서 경기를 하라play up and play the game'고 말하거나, 정확하게 어떻게 '승리와 재앙에 대처해야meet with Triumph and Disaster' 할

지 알려주는 것은 아무것도 없다. 하지만 그 지시들은 실제로는 여전히 그곳에 있다. 다만, 페인트칠에 가려 보이지 않을 뿐이다.('play up and play the game'은 영국 시인 헨리 뉴볼트Henry Newbolt가 쓴 시 〈비타이 람파다Vitai Lampada〉에 나오는 구절이고, 'meet with Triumph and Disaster'는 러디어드 키플링이 쓴 시 〈만일If〉에 나오는 구절이다—옮긴이).

*Xist*가 그것을 만든 X 염색체 위에 들러붙으면, 서서히 진행되는 일종의 후성유전적 마비를 유발한다. *Xist*는 점점 더 많은 유전자를 뒤덮으면서 그 스위치를 끈다. 처음에는 유전자와 정상적으로는 유전자를 복제해 mRNA로 만드는 효소 사이를 차단하는 장벽으로 작용하면서 스위치를 끄는 것처럼 보인다. 하지만 X 비활성화가 좀더 확실히 자리를 잡으면, 염색체의 후성유전적 변형을 변화시킨다. 정상적으로는 유전자의 스위치를 켜는 히스톤 변형이 제거된다. 대신에 유전자의 스위치를 끄는 억제 히스톤 변형이 그 자리를 차지한다.

정상 히스톤 중 일부는 완전히 제거된다. 히스톤 H2A는 비슷하지만 미묘한 차이가 있는 macroH2A 분자로 대체된다. macroH2A는 유전자 억제와 밀접한 관련이 있다. 유전자의 프로모터 지역은 DNA 메틸화가 일어나는데, 이 지역의 DNA 메틸화는 유전자의 스위치를 끄는 데 더 확실한 방법이다. 이 모든 변화로 인해 점점 더 많은 억제 분자가 들러붙으면서 비활성 X의 DNA를 뒤덮음으로써 유전자를 전사하는 효소의 접근을 점점 더 어렵게 만든다. 결국 X 염색체의 DNA는 거대한 타월 양 끝을 잡고 비틀어 짜는 것처럼 아주 심하게 꼬이고, X 염색체 전체는 세포핵 가장자리 쪽으로 이동한다. 이 단계에서 X 염색체는 *Xist* 유전자를 제외한 나머지는 대부분 완전히 비활성 상태에 있다. *Xist* 유전자는 막막한 전사轉寫 사막 가운데에서 유일하게 생명의 활동을 보이는 작은 웅덩이와 같다.[15]

세포가 분열을 할 때마다 비활성 X에 일어난 변형은 모세포에서 딸세포로 복제되므로, 스타터 세포의 모든 후세대에서도 같은 X 염색체가 비활성 상태로 남게 된다.

*Xist*의 효과는 놀랍긴 하지만, 위의 설명은 여전히 많은 질문에 답을 내놓지 못한다. *Xist*의 발현은 어떻게 조절될까? 왜 *Xist*는 배아 줄기세포가 분화하기 시작할 때 스위치가 켜지는 것일까? *Xist*는 암컷의 세포에서만 기능을 발휘할까, 아니면 수컷의 세포에서도 기능을 발휘할까?

키스의 힘

마지막 질문에 대한 답을 찾기 위한 최초의 시도는 2장에서 iPS 세포와 야마나카의 연구를 이야기할 때 등장했던 루돌프 예니슈의 연구실에서 일어났다. 1996년, 예니슈와 그 동료들은 X 비활성화 센터를 유전공학으로 변형시킨 버전(X 비활성화 센터 전이 유전자)을 가진 생쥐를 만들었다. 이 전이 유전자는 크기가 450kb였고, 양쪽 모두에 *Xist* 유전자와 그 밖의 염기 서열들이 포함돼 있었다. 그들은 이것을 한 상염색체에 집어넣어 이 전이 유전자를 가진 수컷 생쥐를 만들었고, 이 생쥐에게서 배아 줄기세포를 채취해 연구했다. 수컷 생쥐는 정상 X 염색체가 1개뿐이었는데, 핵형이 XY라 그럴 수밖에 없었다. 하지만 X 비활성화 센터는 2개가 있었다. 하나는 정상 X 염색체에 있었고, 또 하나는 상염색체의 전이 유전자에 있었다. 이 생쥐에게서 채취한 배아 줄기세포를 분화시키자, 양쪽의 X 비활성화 센터 모두로부터 *Xist*를 발현시킬 수 있었다. *Xist*가 발현되자, 그것은 자신이 발현된

염색체를 비활성화시켰는데, 그것이 전이 유전자를 포함한 상염색체라 하더라도 그랬다.[16]

이 실험은 정상적으로는 수컷(XY)인 세포도 자신의 X 염색체 수를 셀 수 있음을 보여주었다. 더 구체적으로 말하면, 세포가 자신의 X 비활성화 센터 수를 셀 수 있음을 보여주었다. 또한, 이 실험 데이터는 염색체 수 세기의 중요한 특징인 선택과 시작이 *Xist* 유전자 주변에 있는 X 비활성화 센터의 450kb에 모두 존재한다는 것을 보여주었다.

이제 우리는 염색체 수 세기의 메커니즘에 대해 상당히 많은 것을 알아냈다. 세포는 보통은 자신의 상염색체 수를 세지 않는다. 예를 들면, 1번 염색체 2개는 각자 독립적으로 행동한다. 하지만 우리는 여성 배아 줄기세포의 X 염색체 2개가 서로 커뮤니케이션을 한다는 사실을 알고 있다. X 비활성화가 진행될 때, 세포 안의 두 X 염색체는 아주 기묘한 일을 한다.

둘은 키스를 한다.

키스라는 용어는 이 사건을 너무 의인화한 표현이긴 하지만, 아주 훌륭한 묘사이다. 이 '키스'는 겨우 두어 시간만 지속될 뿐이지만, 놀랍게도 그 결과로 세포 안에 자리 잡은 패턴은 다음 100년 동안(만약 여성이 그렇게 오래 산다면)이나 지속된다. 이 염색체 키스는 1996년에 지니 리Jeannie Lee가 처음 발견했다. 지니 리는 예니슈의 연구실에서 박사 후 연구원으로 경력을 시작했지만, 지금은 하버드 의학대학원에서 어엿한 교수로 일하고 있다.(그녀는 하버드 의학대학원에서 가장 어린 나이에 임용된 교수 중 한 명이기도 하다.) 리는 두 X 염색체가 사실상 서로를 찾아 물리적 접촉을 한다는 사실을 보여주었다. 이 물리적 접촉은 전체 염색체 지역 중 극히 일부에서만 일어나지만, 비활성화를 촉발

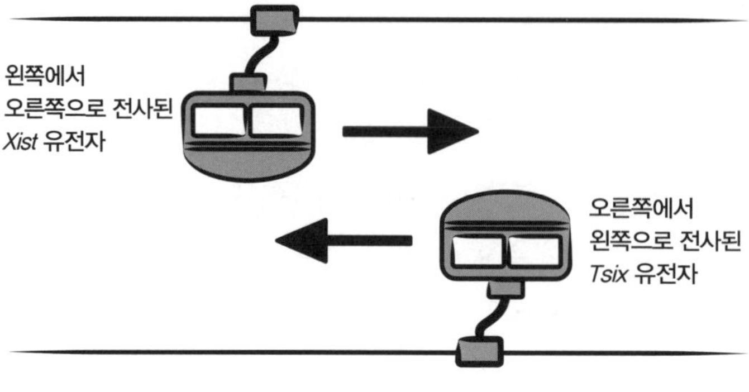

그림 9.4 X 염색체의 특정 위치에 있는 DNA 두 가닥은 각자 복제되어 mRNA 분자를 만들 수 있다. 두 뼈대는 서로 반대 방향으로 복제되어 X 염색체의 같은 지역에서 *Xist* RNA나 *Tsix* RNA가 만들어진다.

하는 데 꼭 필요하다.[17] 만약 물리적 접촉이 일어나지 않는다면, X 염색체는 세포 안에 자신이 혼자만 있는 줄로 알고 *Xist*의 스위치가 결코 켜지지 않으며, 따라서 X 비활성화도 일어나지 않는다. 이것은 염색체 수 세기 메커니즘에서 꼭 필요한 핵심 단계이다.

*Xist*의 발현을 조절하는 핵심 유전자 중 하나를 확인하는 개가도 지니 리의 연구실에서 일어났다.[18] DNA는 이중 나선 구조로 이루어져 있고, 염기들이 사닥다리의 단처럼 가로지르면서 양쪽 기둥을 제자리에 붙잡아두고 있다. 우리는 종종 DNA를 철도 선로처럼 생겼다고 생각하지만, 서로 반대 방향으로 달리는 두 케이블카로 생각하는 게 더 나을지 모른다. 이 비유를 사용한다면, X 비활성화 센터는 **그림 9.4**와 비슷해 보일 것이다.

*Xist*가 있는 곳과 같은 DNA 부분에 길이가 40kb쯤 되는 비암호화 RNA가 또 하나 있다. 이것은 *Xist*와 겹치지만, 반대편 DNA 가닥에 있다. 이것은 *Xist*와 반대 방향으로 RNA에 전사되기 때문에, 이런 종류의 전사를 안티센스 전사antisense transcript라고 한다. 이 유전자의 이름은 *Tsix*이다. 예리한 독자라면 *Tsix*가 *Xist*의 철자를 거꾸로 쓴 것임을 금방 눈치챌 것이다.

*Tsix*와 *Xist*의 위치가 겹친다는 사실은 둘이 상호작용하는 방식에 아주 중요한 의미를 지니지만, 결정적인 실험을 하는 것을 매우 어렵게 만든다. 그것은 한 유전자에 돌연변이가 일어나면 반대편 가닥에 있는 짝도 함께 돌연변이가 일어나기 십상이기 때문이다. 그럼에도 불구하고, 그동안 *Tsix*가 *Xist*에 영향을 미치는 방식을 이해하는 데 큰 진전이 있었다.

만약 한 X 염색체에서 *Tsix*가 발현된다면, 이것은 같은 염색체에서 *Xist*가 발현하지 못하게 막는다. 아주 기묘해 보이겠지만, *Xist*의 발현을 막는 것은 *Tsix* ncRNA 자체보다는 단순히 *Tsix*를 전사하는 행동일지 모른다. 이것은 문에 구멍을 뚫고 끼워넣는 방식의 자물쇠와 비슷하다. 만약 이런 자물쇠를 집 안쪽에서 잠그고, 열쇠를 자물쇠에 꽂은 채 내버려두면, 밖에서는 이 문을 열 수 없다. 나는 문을 계속 잠글 필요가 없이 그저 자물쇠에 열쇠를 꽂아두기만 하면, 반대편에서 누가 들어오려는 시도를 막는 데 충분하다. 따라서 *Tsix*의 스위치가 켜지면, *Xist*는 스위치가 꺼지고 X 염색체가 활성화된다.

두 X 염색체가 다 활성 상태인 배아 줄기세포의 상황이 바로 이런 것이다. 배아 줄기세포가 일단 분화하기 시작하면, 한 쌍의 X 염색체 중 하나는 *Tsix* 발현을 멈춘다. 그러면 그 X 염색체에서 *Xist*가 발현되고, 그 결과로 X 비활성화가 일어난다.

아마도 *Tsix* 혼자만으로는 *Xist*를 억제하기에 충분하지 않을 것이다. 배아 줄기세포에서 단백질 Oct4와 Sox2와 Nanog는 *Xist*의 첫 번째 인트론에 들러붙어 그 발현을 억제한다.[19] Oct4와 Sox2는 야마나카 신야가 체세포를 재프로그래밍해 다능성 iPS 세포로 만들 때 사용한 네 가지 인자 중 두 가지이다. 그 후의 실험들에서 Nanog(켈트족 신화에 나오는 영원한 젊음의 땅 이름을 딴 것)도 재프로그래밍 인자로 작용할 수 있는 것으로 드러났다. Oct4와 Sox2와 Nanog는 배아 줄기세포처럼 미분화한 세포들에서 아주 많이 발현되지만, 세포가 분화를 시작하면 발현 수준이 크게 떨어진다. 분화하는 여성 배아 줄기세포에서 이런 일이 일어나면, Oct4와 Sox2와 Nanog는 *Xist* 인트론에 들러붙는 행동을 멈춘다. 그러면 *Xist* 발현의 장애물 중 일부가 제거된다. 반대로 여성 체세포가 야마나카 방법을 사용해 재프로그래밍될 때에는 비활성 X 염색체가 다시 활성화된다.[20] 그 밖에 비활성 X 염색체가 유일하게 다시 활성화되는 시간은 발달 과정에서 원시 생식 세포가 생성되는 동안인데, 접합자가 활성 X 염색체 2개를 가지고 시작하는 이유는 이 때문이다.

우리는 한 쌍의 염색체에서 왜 X 비활성화가 상호 배타적으로 일어나는지 그 이유를 아직 확실히 모른다. 한 가지 이론에 따르면, 그것은 바로 X 염색체가 키스를 할 때 일어나는 일 때문이다. 이것은 발달 과정에서 *Tsix* 농도가 떨어지기 시작하고, 야마나카 인자의 농도 역시 감소하는 시점에 일어난다. 이 이론은 염색체 쌍이 일종의 타협에 도달한다고 한다. 각각의 X 염색체가 비암호화 RNA와 그 밖의 인자가 최적의 양에 못 미치는 것에 만족하는 대신에, 들러붙는 분자들이 모두 함께 한쪽 X 염색체로 이동한다. 이 일이 어떻게 일어나는지는 명확하게 밝혀지지 않았다. 염색체 쌍 중 하나가 다른 쪽보다 순전히 우연하게 핵심 인자를 조금 더 포함했기 때문일 수도 있다. 그러면 이 염색체는 특정 단백질들에게 조금 더 매력적으로 보일 것이다. 자기 영속적 방식으로 복합체가 점점 많이 만들어질 수 있는데, 그래서 한 염색체가 처음에 가진 복합체가 더 많을수록 짝에게서 더 많은 복합체를 끌어올 수 있다. 부자는 더 부자가 되고, 가난한 자는 더 가난해지는 것이다…….

메리 라이언의 획기적인 연구가 나온 지 50년이 지났지만, 아직도 X 비활성화에 대한 우리의 이해에 빈틈이 많이 남아 있다는 사실은 매우 놀랍다. 심지어 우리는 *Xist* RNA가 자신이 발현되는 염색체를 어떻게 뒤덮는지, 혹은 부정적인 억제 후성유전 효소와 변형을 모두 다 어떻게 끌어모으는지 제대로 알지 못한다. 그러니 이제 오리무중인 이곳에서 벗어나 기반이 더 튼튼한 곳으로 옮겨가는 게 좋을 것 같다.

이 장 앞부분에서 "일단 세포에서 X 염색체 쌍 중 한쪽의 스위치가 꺼지면, 그 여성이 살아가는 나머지 생애 동안 모든 딸세포에서도 그 X 염색체는 계속 스위치가 꺼진 상태로 존재한다. 설사 100세 이상까지 산다 하더라도 말이다."라고 한 이야기로 돌아가보자. 우리는 이 사실을 어떻게 알까? X 비활성화가 체세포에서 안정하게 유지될 것이라고 어떻게 그토록 확신할 수 있을까? 지금은 유전자 조작을 통해 생쥐 같은 종에서 이것을 보여주는 게 가능하다. 하지만 그런 일이 실제로 가능해지기 오래전부터 과학자들은 이미 그럴 것이라고 확신했다. 그 정보를 제공한 동물은 생쥐가 아니라 고양이였다.

후성유전 고양이가 알려준 것

하지만 그 고양이는 그냥 고양이가 아니라, 얼룩고양이였다. 여러분은 아마도 전형적인 얼룩고양이를 잘 알고 있을 것이다. 얼룩고양이는 검은색과 옅은 주황색 무늬가 섞여 있는데, 때로는 흰색을 배경으로 그런 무늬가 나타날 때도 있다. 각각의 털색은 색소를 만드는 멜라닌 세포 때문에 나타난다. 멜라닌 세포는 피부에 있으며, 특별한 줄기세포에서 발달한다. 멜라닌 세포 줄기세포가 분열을 할 때, 그 딸세포들은 서로 가까이 붙어 있으면서 동일한 부모 줄기세포로부터 생긴 클론 세포들의 집단을 형성한다.

여기서 놀라운 비밀을 하나 알려주겠다. 얼룩고양이는 모두 암컷이다.

털색에 나타나는 검은색이나 주황색 색소를 암호화하는 유전자가 있다. 이 유전자는 X 염색체에 있다. 고양이는 어미에게서 물려받은 X 염색체에서 검은색 색소 유전자를, 아비에게서 물려받은 X 염색체

얼룩고양이는 모두 암컷이다.

에서 주황색 색소 유전자를(혹은 그 반대로) 받을 수 있다. **그림 9.5**는 이럴 때 어떤 일이 일어나는지 보여준다.

따라서 얼룩고양이는 멜라닌 세포 줄기세포에서 무작위적으로 비활성화되는 X 염색체가 어느 쪽이냐에 따라 주황색 무늬와 검은색 무늬가 나타날 수 있다. 그 패턴은 고양이가 나이를 먹더라도 변하지 않고 평생 동안 유지된다. 이것은 이 털색 패턴을 만들어낸 세포들에서 X 비활성화가 똑같이 유지된다는 것을 말해준다.

우리가 얼룩고양이는 항상 암컷이라는 사실을 아는 이유는 털색을 발현하는 유전자가 Y 염색체가 아니라 X 염색체에만 있기 때문이다. 수컷은 X 염색체가 하나뿐이기 때문에, 털색이 검은색이나 주황색으로 나타날 수는 있지만, 두 가지가 동시에 나타날 수는 없다.

인간의 희귀 질환인 X 연관 땀저하외배엽형성이상증의 경우에도 이와 비슷한 일이 일어난다. 이 질환은 X 염색체에 있는 *ECTODYSPLASIN-A*라는 유전자의 돌연변이 때문에 생긴다.[21] 하나뿐인 X 염색체에 하나만 존재하는 *ECTODYSPLASIN-A*에 돌연변이가 일어난 남성은 땀샘이 전혀 없는 상태를 포함해 다양한 증상이 나타난다. 이것은 사교 생활에는 도움이 될 것처럼 보이지만, 실제로는 아주 위험하다. 땀은 우리 몸이 여분의 열을 배출하는 주요 통로 중 하나이다. 이 질환이 있는 남성은 열사병으로 조직 손상이 일어나거나 심지어는 목숨까지 위험할 수 있다.[22]

여성은 두 X 염색체에 *ECTODYSPLASIN-A* 유전자를 하나씩 갖고 있다. X 연관 땀저하외배엽형성이상증이 있는 여성의 경우, 한 X 염색체에는 정상 *ECTODYSPLASIN-A* 유전자가 있고, 다른 X 염색체에는 돌연변이 유전자가 있다. 그리고 세포에 따라 한쪽 X 염색체에 무작위적 비활성화가 일어난다. 따라서 일부 세포에서는 정

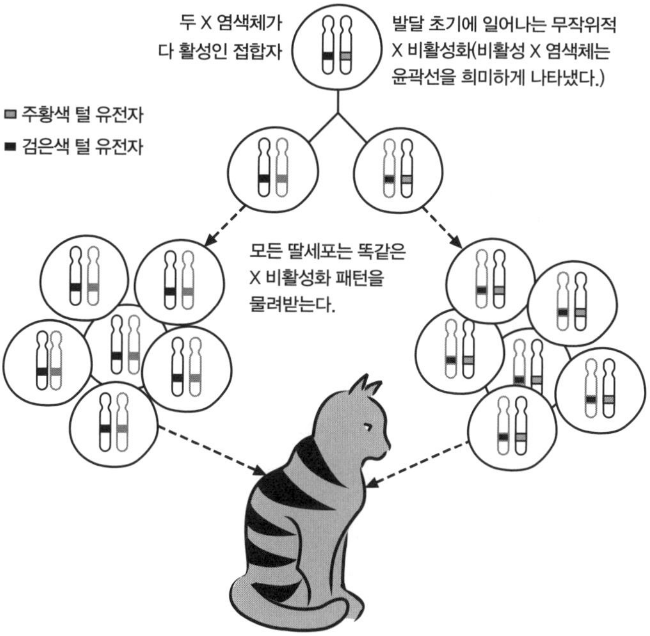

그림 9.5 암컷 얼룩고양이의 경우, 주황색 털과 검은색 털 유전자가 X 염색체를 통해 전달된다. 피부에서 X 염색체 비활성화 패턴에 따라 클론 세포들의 집단이 주황색과 검은색 무늬 패턴을 나타낸다.

상 *ECTODYSPLASIN-A* 유전자가 발현되는 반면, 어떤 세포들에서는 정상 유전자가 있는 X 염색체가 무작위적으로 비활성화되어 ECTODYSPLASIN-A 단백질이 발현되지 않는다. 얼룩고양이의 경우처럼 피부 지역들이 클론 세포들끼리 무리를 지어 발달하는 방식 때문에 이 여성의 피부에는 ECTODYSPLASIN-A가 발현되는 지역이 있고, 발현되지 않는 지역이 있다. ECTODYSPLASIN-A가 전혀 없는 지역에서는 피부가 땀샘을 만들 수 없다. 그 결과, 이 여성의 피부에는 땀이 나 몸을 식힐 수 있는 지역이 있고, 반대로 전혀 땀이 나지 않는 지역이 있다.

무작위적 X 비활성화는 X 염색체의 유전자에 일어난 돌연변이 때문에 여성에게 나타나는 증상에 큰 영향을 미칠 수 있다. 이것은 단지 돌연변이가 일어난 유전자의 종류뿐만 아니라, 그 유전자가 암호화한 단백질이 발현되고 그것이 필요한 조직에 따라 다르다. II형 점액다당류증mucopolysaccharidosis II은 X 염색체에 있는 *LYSOSOMAL IDURONATE-2-SULFATASE* 유전자의 돌연변이 때문에 일어난다. 하나뿐인 X 염색체에 있는 이 유전자에 돌연변이가 일어난 남자 아이는 커다란 특정 분자들을 분해하지 못해 이 분자들이 세포 안에 축적되어 독성을 나타내게 된다. 주요 증상은 기도 감염, 작은 키, 지라와 간 비대이다. 증상이 심한 남자 아이는 정신 지체를 겪고, 십대 때 죽을 수도 있다.

같은 유전자에 돌연변이가 있는 여성은 대개 아무 탈 없이 건강하게 살아간다. LYSOSOMAL IDURONATE-2-SULFATASE 단백질은 대개 그것을 만든 세포들이 분비하고, 이웃 세포들이 흡수한다. 이런 상황에서는 특정 세포에서 어느 쪽 X 염색체가 돌연변이를 일으켰는지는 별로 중요하지 않다. 이 유전자의 정상 버전이 있는 X 염색체를 비활성화한 세포 옆에는 다른 쪽 X 염색체가 비활성화되어 그 단백질을 분비하는 세포가 있을 가능성이 높다. 그래서 모든 세포는 스스로 그것을 만들건 만들지 않건 간에, LYSOSOMAL IDURONATE-2-SULFATASE 단백질을 충분히 얻게 된다.[23]

뒤셴근위축증은 X 연관 *DYSTROPHIN* 유전자에 일어난 돌연변이 때문에 생기는 심각한 근위축증이다. 큰 유전자인 *DYSTROPHIN*은 근섬유에서 필수적인 완충기 역할을 하는 큰 단백질을 암호화한다. *DYSTROPHIN*에 특정 돌연변이가 일어난 남자 아이는 심각한 근육 손실이 일어나 이 때문에 대개 십대 때 죽음을 맞이한다. 하지만 같은 돌연변이를 가진 여성은 대부분 아무 증상이 나타나지 않는다. 그 이유는 근육에 아주 특이한 구조가 있기 때문이다. 그것은 융합 조직이라 부르는데, 많은 개개 세포가 융합해, 독립적인 세포핵이 많지만 전체적으로 하나의 거대한 세포처럼 행동하기 때문에 붙은 이름이다. 돌연변이 *DYSTROPHIN* 유전자를 가진 여성에게 그 증상이 나타나지 않는 이유는 이 때문이다. 돌연변이 *DYSTROPHIN* 유전자의 스위치를 끈 세포핵들이 암호화한 정상 DYSTROPHIN 단백질이 충분히 많이 있기 때문에 이 융합 조직은 제대로 기능할 수 있다.[24]

이 체계가 무너지는 일이 가끔 일어난다. 둘 중 한 명만 뒤셴근위축증이 심하게 나타나고 나머지 한 명은 건강한 여성 일란성 쌍둥이 사례가 있다.[25] 뒤셴근위축증이 나타난 쌍둥이에게서는 X 비활성화가 비정상적으로 일어났다. 조직 분화 초기에 장차 근육을 만들 세포 대부분이 운 나쁘게도 정상 *DYSTROPHIN* 유전자가 있는 X 염색체의 스위치가 꺼졌다. 그래서 이 여성의 근육 조직 대부분에서는 돌연변이 형태의 DYSTROPHIN만 발현되었고, 그 결과로 심한 근위축증이 나타났다. 이것은 무작위적 후성유전 사건의 힘을 보여주는 궁극적 사례라고 할 수 있다. 유전적으로 동일하여 서로 동일한 X 염색체를 가진 것으로 보이는 두 개인이 후성유전적 힘의 균형이 이동하는 바람에 완전히 다른 표현형을 가지게 된 사례이다.

하지만 때로는 '개개 세포'가 특정 단백질을 정확한 양만큼 발현하는 게 중요하다. 4장에서 레트 증후군이 여자 아이에게만 나타난다고 했던 이야기를 기억하는가? 남자아이는 *MeCP2* 돌연변이의 효과에 저항력이 아주 강해서 그럴 것이라고 생각하기 쉽지만, 사실은 정반대이다. *MeCP2*는 X 염색체에 실려 전달되기 때문에, 레트 증후군 돌연변이가 있는 이 유전자를 물려받은 남자 태아는 정상 MeCP2 단백질을 발현할 방법이 없다. 정상 MeCP2 단백질이 전혀 발현되지 않으면, 일반적으로 태아는 발달 초기에 죽음을 맞이한다. 레트 증후군이 나타나는 남자 아이가 드문 이유는 이 때문이다. 여자 아이는 *MeCP2* 유전자를 각각의 X 염색체에 하나씩 모두 2개를 갖고 있다. 어느 세포에서 돌연변이가 일어나지 않은 *MeCP2* 유전자가 있는 X 염색체가 비활성화되어 그 세포에서 정상 MeCP2 단백질이 발현되지 않을 확률은 50%이다. 비록 여성 태아는 발달할 수는 있지만, 상당수의 신경세포에 MeCP2 단백질이 부족하면, 결국 태어난 후에 뇌가 정상적으로 발달하는 데 큰 지장이 생긴다.

하나, 둘, 많이

X 염색체 부근에서 일어날 수 있는 문제는 그 밖에도 많다. X 비활성화에 대해 우리가 답해야 할 질문 중 하나는 포유류 세포가 염색체 수를 얼마나 잘 세느냐 하는 것이다. 2004년, 컬럼비아 대학의 피

터 고든Peter Gordon은 브라질의 오지에서 살아가는 피라항족을 연구한 결과를 발표했다. 이 부족에게는 1과 2를 나타내는 단어가 있다. 하지만 2를 넘어서는 수는 모두 대충 '많이'에 해당하는 단어로 나타낸다.[26] 우리 세포도 이와 똑같을까, 아니면 2보다 큰 수를 셀 수 있을까? 만약 세포핵에 염색체가 2개보다 더 많이 들어 있다면, X 비활성화 기구는 이것을 인식하고 그 결과에 대처할 수 있을까? 여러 연구는 실제로 그럴 수 있다는 것을 보여주었다. 세포핵 속에 X 염색체(혹은 좀더 엄밀하게 말하면, X 비활성화)가 몇 개가 있건 상관없이, 세포는 그 수를 세어 X 염색체가 단 하나만 남을 때까지 복수의 X 염색체를 비활성화할 수 있다.

사람에게 상염색체 수에 비해 X 염색체 수가 비정상인 경우가 비교적 자주 나타나는 이유는 이 때문이다. 가장 흔한 사례들이 **표 9.1**에 실려 있다.

표 9.1 **사람에게서 가장 흔한 성염색체 수 이상의 주요 특징**

증후군 이름	핵형	성	생존 출생 빈도(필시 과소평가되었겠지만 알려진 사례를 기준으로)	일반적 증상
터너	45, X	여성	2500명당 1명	단신, 불임, 물갈퀴목, 신장 이상
X 세염색체증	47, XXX	여성	1000명당 1명	장신, 불임, 특이한 얼굴 특징, 근육 긴장 불량
클라인펠터	47, XXY	남성	1000명당 1명	홀쭉하거나 둥근 체형, 불임, 언어 장애

이들 장애에서 공통적인 특징인 불임은 정자나 난자를 만들 때(염색체들이 자신의 짝과 함께 나란히 정렬하는 게 중요할 때) 생기는 문제가 일부 원인이다. 만약 성염색체 수가 균일하지 않다면, 이 단계가 잘못되

어 배우자 생성에 심각한 장애가 생긴다.

불임 외에도 이 표에서 도출할 수 있는 명백한 결론이 두 가지 있다. 첫째, 표현형이 예컨대 21번 염색체의 세염색체증(다운 증후군)과 비교할 때 상대적으로 덜 심각하다는 것이다. 이것은 세포가 여분의 상염색체가 존재하는 상황보다 X 염색체가 더 많거나 적게 존재하는 상황을 훨씬 잘 견뎌낼 수 있음을 시사한다. 하지만 또 한 가지 명백한 결론은 X 염색체 수가 비정상이면 표현형에 어떤 효과가 나타난다는 것이다.

왜 그럴까? 결국 X 비활성화는 X 염색체가 몇 개가 있건 간에 하나만 빼고 나머지는 모두 발달 초기에 비활성화가 일어나도록 하는 것이 아닌가? 하지만 그렇게 된다면, (45, X) 여성이나 (47, XXX) 여성이나 정상인 (46, XX) 여성이나 그 표현형에는 아무 차이가 없어야 할 것이다. 마찬가지로 핵형이 정상인 (46, XY) 남성은 (47, XXY)인 남성과 표현형이 동일해야 할 것이다. 이 모든 경우에 세포에서 활성화되는 X 염색체는 결국 단 하나뿐이어야 하기 때문이다.

이 핵형들을 가진 사람들이 임상적으로 서로 다른 이유로 일부 세포에서 X 비활성화가 다소 비효율적으로 일어날 가능성을 생각할 수 있지만, 여기에는 해당하지 않는 것 같다. X 비활성화는 발달 과정 중 아주 초기에 일어나며, 모든 후성유전적 과정 중에서 가장 안정하다. 따라서 다른 설명이 필요하다.

그 답을 찾으려면 약 1억 5000만 년 전으로 돌아가야 한다. 그때는 유태반류의 성을 결정하는 XY 체계가 발달하던 시절이다. X 염색체와 Y 염색체는 필시 상염색체의 후손일 것이다. 그동안 Y 염색체는 아주 큰 변화가 일어났지만, 그에 비하면 X 염색체에 일어난 변화는 극히 미미하다.[27] 하지만 둘 다 자신의 뿌리인 상염색체의 흔적이 남아 있다. X 염색체와 Y 염색체에는 모두 거짓 상염색체 지역이라는 곳이 있다. 이 지역에 있는 유전자들은 X 염색체와 Y 염색체 모두에서 발견되는데, 쌍을 이룬 두 상염색체가 같은 지역에 각각의 부모로부터 물려받은 동일한 유전자가 있는 것과 마찬가지다.

한 X 염색체가 비활성화될 때, 이 거짓 상염색체 지역은 그 영향을 받지 않는다. 그래서 대부분의 X 연관 유전자와 달리 거짓 상염색체 지역에 있는 유전자는 스위치가 꺼지지 않는다. 그 결과, 모든 정상 세포는 이 유전자 두 벌을 발현할 잠재력을 갖고 있다. 두 벌의 유전자는 정상 여성의 두 X 염색체에서 발현되거나 정상 남성의 X와 Y 염색체에서 발현된다.

하지만 터너 증후군에 걸린 여성은 X 염색체가 하나뿐이기 때문에, 거짓 상염색체 지역에 있는 유전자들이 정상 여성의 절반인 단 한 벌만 발현된다. 반면에 X 세염색체증의 경우에는 거짓 상염색체 지역에 같은 유전자가 세 벌 있다. 그 결과, 해당 지역에 있는 세포들은 이 유전자들로부터 정상 수치보다 50% 더 많은 단백질을 생산한다.

X 염색체의 거짓 상염색체 지역에 있는 유전자들 중 하나는 *SHOX*이다. 이 유전자에 돌연변이가 일어난 환자는 키가 작다. 터너 증후군 환자가 키가 작은 경향도 이 때문일 가능성이 높다. 환자의 세포에서 SHOX 단백질을 충분히 만들지 못하기 때문이다. 반대로 X 세염색체증 환자는 SHOX 단백질을 정상보다 50% 더 많이 생산할 가능성이 있는데, 이들 환자의 키가 큰 경향은 이 때문일 것이다.[28]

성염색체에 세염색체증이 나타나는 종은 사람뿐만이 아니다. 다음에 기회가 있으면 친구가 키우는 얼룩고양이는 암컷이라고 자신만만하게 단언함으로써 친구를 놀라게 해보라. 그러면 친구는 수의사에게 성별 감별을 받았는데 수컷으로 나왔다면서 여러분의 기를 꺾으려고 할 것이다. 그러면 잘난 체하면서 이렇게 말하라. "오, 그렇다면 저 고양이는 핵형이 비정상인 게로군. 핵형이 XY가 아니라 XXY인 거야." 좀더 심술궂게 굴고 싶다면, 그 수컷 고양이는 불임이어서 새끼를 낳을 수 없다고 일러주라. 그러면 친구는 더 이상 대꾸를 하지 못하고 입을 다물 것이다.

10장

메시지는 매개체가 아니다•

교리를 채택하는 순간, 과학은 자살을 택한 거나 마찬가지다.

– 토머스 헨리 헉슬리 Thomas Henry Huxley

과학철학에서 가장 큰 영향력을 떨친 책 중 하나는 1962년에 출판된 토머스 쿤Thomas Kuhn의 『과학 혁명의 구조*The Structure of Scientific Revolutions*』이다. 쿤은 책에서 과학은 모든 발견을 완전히 공정한 방식으로 평가하면서, 질서정연하고 직선적이고 점잖은 방식으로 나아가지 않는다고 주장한다. 대신에 그 분야를 지배하는 주류 이론이 항상 있다. 그것을 부정하는 데이터가 새로 나오더라도, 주류 이론은 금방 무너지지 않는다. 약간 삐걱거리긴 하겠지만, 그것을 부정하는 증거가 충분히 나오기 전까지는 과학자들은 계속 그 이론을 믿을 수 있다.

이론을 창고 건물이라고 상상해보자. 그리고 이론에 어긋나는 새 데이터는 그 지붕 위에 올려놓은 기묘한 모양의 돌이라고 생각하자.

• The message is not the medium. 이 제목은 마셜 맥루한Marshall McLuhan이 한 말, "미디어는 메시지다(the medium is the message)."를 패러디한 것이다. —옮긴이

한동안 그런 돌을 상당량 계속 쌓아갈 수 있지만, 결국에는 돌 무더기의 무게를 이기지 못하고 창고가 무너지는 순간이 온다. 과학에서 새로운 이론이 발전하는 순간이 바로 이에 해당하는데, 모든 돌은 새로운 창고의 기초를 쌓는 데 사용된다.

쿤은 이러한 붕괴와 재건 과정을 패러다임 이동paradigm shift이라고 불렀다. 그 후 이 용어는 언론 매체에서 일상적인 용어가 되었다. 패러다임 이동은 순전히 합리성만을 바탕으로 일어나는 게 아니다. 주류 이론을 옹호하는 사람들의 마음에 일어나는 감정적, 사회적 변화도 중요한 역할을 한다. 토머스 쿤의 책이 나오기 오래전에 1918년도 노벨 물리학상 수상자이자 독일의 위대한 과학자인 막스 플랑크Max Planck는 이것을 훨씬 간결하게 표현했다. "과학 이론은 늙은 과학자들이 생각을 바꾸어서 변하는 게 아니다. 늙은 과학자들이 죽기 때문에 변한다."[1]

지금 생물학에서도 그런 패러다임 이동이 일어나고 있다.

1965년도 노벨 생리의학상은 "효소의 유전적 조절과 바이러스 합성에 관한 발견"으로 프랑수아 자코브François Jacob, 앙드레 르보프André Lwoff, 자크 모노Jacques Monod가 수상했다. 이 연구에는 3장에서 소개한 전령 RNA(mRNA)의 발견도 포함돼 있었다. mRNA는 비교적 수명이 짧은 분자로, 염색체 DNA의 정보를 전달하고, 단백질 생산에서 중간 주형 역할을 한다.

우리 세포에 다른 종류의 RNA가 있다는 사실은 오래전부터 알려져 있었다. 구체적으로는 운반 RNA(tRNA)와 리보솜 RNA(rRNA)가 있다. tRNA는 작은 RNA 분자로, 한쪽 끝에 특정 아미노산을 붙들 수 있다. mRNA를 판독해 단백질을 만들 때, tRNA는 성장하는 단백질 사슬 중 정확한 장소로 자신이 붙든 아미노산을 운반한다. 이것은 세포질 속에 있는 큰 구조인 리보솜에서 일어난다. 리보솜 RNA는 리보솜의 주요 성분으로, 거대한 비계 역할을 하면서 다양한 RNA와 단백질 분자를 제자리에 붙들어둔다. 따라서 RNA 세계는 아주 단순해 보인다. 이 세계는 크게 구조 RNA(tRNA와 rRNA)와 전령 RNA로 나누어진다.

수십 년 동안 분자생물학 무대의 스타는 DNA(근본적인 암호)와 단백질(세포에서 필요한 일을 처리하는 기능적 분자)이었다. RNA는 청사진의 정보를 공장 현장의 노동자들에게 전달하는 일이나 하는 매개 분자로 취급되어 상대적으로 큰 주목을 끌지 못했다.

분자생물학 분야에서 일하는 사람은 누구나 단백질이 아주 중요하다는 사실을 인정한다. 단백질은 아주 광범위한 기능을 수행하면서 생명을 나타나게 하고 살아가게 한다. 따라서 단백질을 암호화하는 유전자 역시 매우 중요하다. 단백질 암호화 유전자에 아주 작은 변화라도 일어나면, 혈우병이나 낭성섬유증을 일으키는 돌연변이처럼 매우 파괴적인 효과가 나타날 수 있다.

하지만 이러한 세계관은 과학계의 시야를 다소 좁게 한정하는 효과를 발휘했다. 단백질이, 그리고 그와 함께 단백질 암호화 유전자가 아주 중요하다고 해서 유전체에 있는 나머지 것들이 중요하지 않다고 여겨서는 안 된다. 그런데도 이러한 이론적 구조가 수십 년 동안 과학계를 지배해왔다. 사실, 이것은 아주 이상한 일인데, 우리는 단백질이 전부가 아님을 보여주는 데이터를 오래전부터 얻어왔기 때문이다.

쓰레기를 그냥 버려서는 안 되는 이유

얼마 전부터 과학자들은 청사진을 제작 현장의 작업자들에게 전달하기 전에 세포가 그것을 편집한다는 사실을 알아챘다. 이것은 3장에서 소개했던 인트론 때문이다. 인트론은 DNA에서 mRNA로 복제되는 염기 서열이지만, 리보솜이 그 메시지를 단백질 서열로 번역하기 전에 잘려나가는 부분이다. 인트론은 1975년에 처음 확인되었는데,[2] 리처드 로버츠Richard Roberts와 필립 샤프Phillip Sharp는 그것을 발견한 공로로 1993년에 노벨상을 수상했다.

1970년대에 과학자들은 단세포 생물과 사람처럼 복잡한 생물의 DNA를 비교했다. 두 생물의 세포 속에 들어 있는 DNA의 양은 두 생물의 차이점을 감안한다면 놀라울 정도로 비슷했다. 따라서 일부 유전체에는 아무 쓸모가 없는 DNA가 많이 들어 있는 게 분명했고, 여기서 '정크 DNAjunk DNA'라는 개념이 나왔다.[3] 정크 DNA란, 단백질을 암호화하지 않아 유용한 일을 전혀 하지 않는 DNA 서열을 말한다. 같은 무렵에 많은 연구실에서는 포유류의 유전체에는 같은 부분이 자꾸 반복되면서 단백질을 암호화하지 않는 DNA 서열(반복 DNA)이 많이 포함돼 있다는 사실을 밝혀냈다. 과학자들은 이 DNA 서열은 단백질을 암호화하지 않으므로 세포의 기능에 기여하는 게 아무것도 없을 것이라고 생각했다. 이들은 하는 일도 없이 그냥 함께 따라다니는 것처럼 보였다.[4,5] 프랜시스 크릭과 여러 과학자는 이 지역을 나타내기 위해 '이기적 DNA'라는 용어를 만들어냈다. 정크 DNA와 이기적 DNA라는 이 두 모형은 최근에 "유전체를 대체로 유전자 떠돌이 일꾼과 진화의 잔해가 자리 잡고 있는 모습으로 바라보는 새로운 관점"[6]으로 묘사되기도 했다.

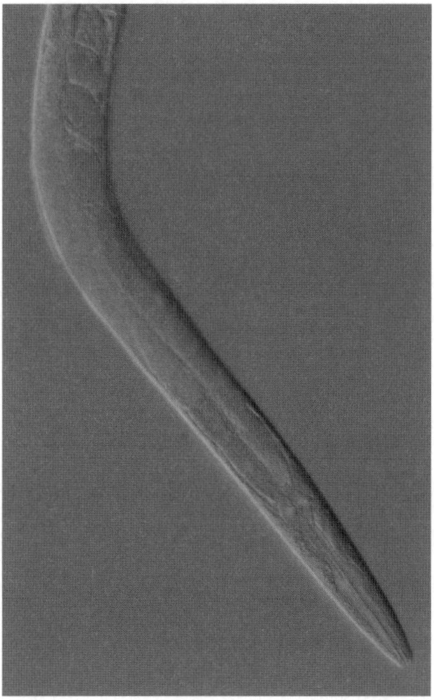

실험실에서 자주 사용하는 모델 동물 예쁜꼬마선충

수십조 개의 세포와 수백 종류의 세포, 수많은 조직과 기관으로 이루어진 우리 인간은 아주 놀라운 존재이다. 우리 자신을 먼 친척인 예쁜꼬마선충*Caenorhabditis elegans*과 비교해보자(약간 우쭐해하면서). 예쁜꼬마선충은 길이가 1mm 정도에 불과하며 흙 속에서 산다. 예쁜꼬마선충은 장이나 입이나 생식샘처럼 자신보다 더 높은 단계의 동물들이 가진 것과 같은 기관을 많이 갖고 있다. 하지만 그 몸은 겨우 1000여 개의 세포로 이루어져 있을 뿐이다. 놀랍게도 과학자들은 예쁜꼬마선충이 발달하는 동안 각각의 세포가 어떻게 생겨나는지 정확하게 확인할 수 있었다.

이 작은 선충은 아주 훌륭한 실험 도구인데, 세포와 조직의 발달에 대해 일종의 도로 지도를 제공하기 때문이다. 과학자들은 한 유전자의 발현을 변화시킨 뒤, 그 돌연변이 유전자가 정상적인 발달에 어떤 효과를 미치는지 아주 정확하게 알아낼 수 있다. 사실, 예쁜꼬마선충은 발생생물학 분야에서 일어난 많은 돌파구에 기초를 제공했기 때문에, 노벨위원회는 2002년에 이 동물을 연구한 업적으로 시드니 브레너Sydney Brenner, 로버트 호비츠Robert Horvitz, 존 설스턴John Sulston에게 노벨 생리의학상을 수상했다.

예쁜꼬마선충은 유용성 면에서는 흠잡을 데가 없지만, 우리에 비해 훨씬 덜 복잡한 동물이라는 점은 명백하다. 우리는 왜 그토록 복잡할까? 단백질이 세포의 기능에서 차지하는 중요성을 감안한다면, 맨 먼저 떠오르는 가설은 포유류 같은 복잡한 생물은 예쁜꼬마선충처럼 단순한 생물보다 단백질 암호화 유전자가 더 많을 것이라는 개념이다. 이것은 아주 그럴듯한 가설이지만, 토머스 헨리 헉슬리가 기술한 한 현상과 모순된다. 헉슬리는 19세기에 다윈을 적극적으로 옹호한 사람이었는데, 과학의 큰 비극은 "추악한 사실이 아름다운 가설을 살해하는 것"이라고 말한 사람도 그였다.

DNA 서열 분석 기술의 비용과 효율이 개선됨에 따라 전 세계의 많은 연구실에서 많은 동물을 대상으로 유전체의 DNA 서열 분석에 나섰다. 그들은 다양한 소프트웨어 도구를 사용해 서로 다른 유전체에서 단백질 암호화 유전자를 확인할 수 있었다. 그들이 발견한 사실은 실로 놀라웠는데, 단백질 암호화 유전자가 예상보다 훨씬 적었기 때문이다. 인간 유전체를 해독하기 전에 과학자들은 그런 유전자가 10만 개 이상 있을 것이라고 예상했다. 지금은 그 수가 2만~2만 5000개로 밝혀졌다.[7] 더욱 기묘한 사실은 예쁜꼬마선충의 유전자가 우리와 별로 차이가 나지 않는 약 2만 개나 된다는 점이다.[8]

우리와 예쁜꼬마선충은 유전자 수도 대략 비슷할 뿐만 아니라, 그 유전자들이 서로 상당히 비슷한 단백질을 만든다. 이것은 사람의 세포에서 한 유전자의 서열을 분석했을 때, 예쁜꼬마선충에서도 그것과 상당히 비슷한 서열을 가진 유전자가 발견된다는 뜻이다. 따라서 예쁜꼬마선충과 사람 사이의 표현형 차이는 호모 사피엔스가 다른 유전자를 가졌거나, 더 많은 유전자를 가졌거나, '더 나은' 유전자를 가져서 나타나는 것이 아니다.

물론 더 복잡한 생물일수록 유전자 스플라이싱 방식이 더 다양하게 일어나는 것은 사실이다. 3장에서 소개한 CARDIGAN의 예를 다시 비유로 사용한다면, 예쁜꼬마선충이 DIG와 DAN이란 단백질만 만들 수 있는 반면, 포유류는 이 두 단백질뿐만 아니라, CARD, RIGA, CAIN, CARDIGAN이란 단백질도 만들 수 있다.

이 때문에 사람은 분명히 길이 1mm의 선충보다 훨씬 다양한 단백질 목록을 만들 수 있지만, 여기서 새로운 문제도 생겨난다. 복잡한 생물은 더 복잡한 스플라이싱 패턴을 어떻게 조절할까? 이론상으로

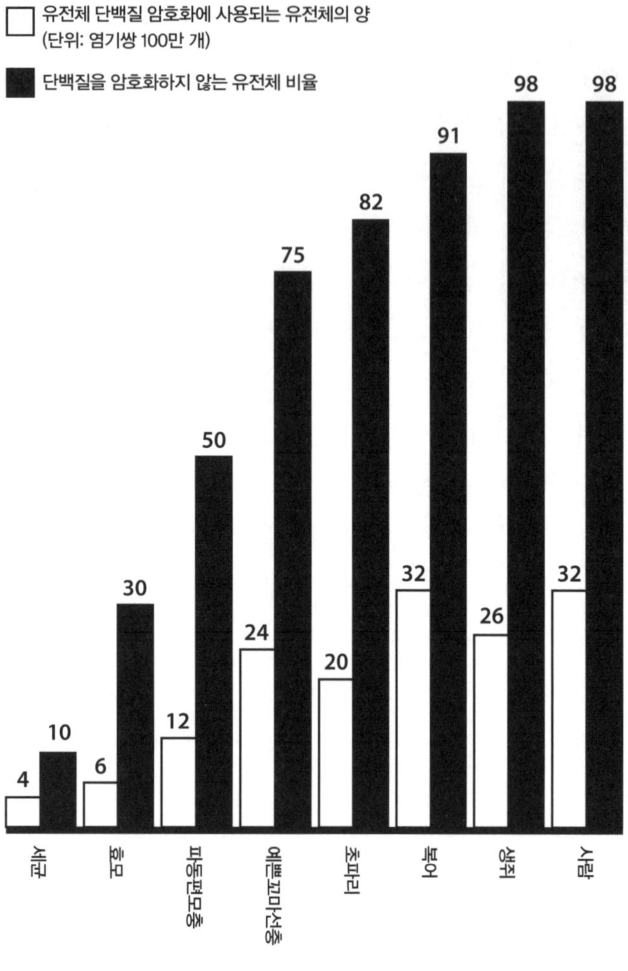

그림 10.1 이 그래프는 유전체에서 단백질을 암호화하는 염기쌍의 수(흰색 기둥)보다는 단백질을 암호화하지 않는 유전체 비율(검은색 기둥)이 생물의 복잡성을 훨씬 잘 나타냄을 보여준다. 이 데이터는 Mattick, J. (2007), *Exp Biol*. 210: 1526~1547에 실린 것을 약간 변형한 것이다.

는 순전히 단백질만으로 조절할 수 있을 것 같지만, 여기에는 다시 나름의 어려움이 따른다. 복잡한 네트워크에서 세포가 조절해야 할 단백질이 더 많을수록 그 조절을 하는 데 필요한 단백질도 더 많아진다. 수학 모형은 이것은 필요한 단백질 수가 우리가 실제로 가진 단백질 수를 추월하기 시작하는 상황으로 금방 치닫는다는 것을 보여준다. 따라서 이것은 애당초 가망이 없는 가설이다.

그렇다면 대안이 있는가? 그렇다. **그림 10.1**이 그것을 보여준다.

한쪽 끝에는 세균이 있다. 세균은 아주 작고 촘촘한 유전체를 갖고 있다. 단백질 암호화 유전자들은 약 400만 개의 염기쌍으로 이루어져 있어 전체 유전체 중 약 90%를 차지한다. 세균은 아주 단순한 생물이고, 유전자 발현을 조절하는 방식이 융통성 없이 상당히 엄격하다. 하지만 진화 계통수에서 위로 옮겨가면 상황이 변한다.

예쁜꼬마선충의 단백질 암호화 유전자들은 약 2400만 개의 염기쌍으로 이루어져 있지만, 이것은 유전체 중 25%에 불과하다. 나머지 75%는 단백질을 암호화하지 않는다. 사람에 이르면, 단백질 암호화 지역은 약 3200만 개의 염기쌍에 이르지만, 이것은 전체 유전체 중 2%도 되지 않는다. 단백질 암호화 지역을 계산하는 방법은 여러 가지가 있지만, 최종 결과에는 별 차이가 없다. 인간 유전체 중 98% 이상은 단백질을 암호화하지 않는다. 즉, 약 2%를 제외한 나머지는 모두 '정크junk', 즉 쓰레기인 것이다.

다시 말해서, 유전자 수나 크기는 복잡성과 비례하지 않는다. 생물이 점점 복잡해짐에 따라 함께 커지는 유전체의 특징은 오직 단백질을 암호화하지 '않는' 부분뿐이다.

언어의 함정

그렇다면 유전체 중에서 이 비암호화 지역들은 무슨 일을 하며, 왜 아주 중요한가? 이것을 생각하기 시작하면, 언어와 전문 용어가 사람의 사고 과정에 얼마나 큰 영향을 미치는지 깨닫게 된다. 이곳은 비암호화 지역이라고 부르지만, 실제 의미는 '단백질'을 암호화하지 않는다는 것이다. 이 말은 암호를 전혀 만들지 않는다는 뜻이 아니다.

증거의 부재는 부재의 증거가 아니라는 유명한 과학 속담이 있다. 예를 들면, 천문학에서 한 과학자가 적외선 복사를 포착할 수 있는 망원경을 개발하자, 이전에는 전혀 '보이지' 않던 별 수천 개를 발견할 수 있었다. 그 별들은 늘 그곳에 있었지만, 적외선 망원경이 개발되기 전에는 우리가 그 별들을 확실하게 감지할 수 없었다. 일상 생활 속의 예로는 휴대 전화 신호가 있다. 이 신호는 늘 우리 주변을 흘러다니지만, 휴대 전화가 없으면 그것을 전혀 감지할 수 없다. 다시 말해서, 우리가 발견하는 것은 우리가 보는 방식에 크게 좌우된다.

과학자들은 RNA 분자들을 분석함으로써 특정 종류의 세포에서 발현되는 유전자를 확인한다. 이것은 세포에서 모든 RNA를 추출한 뒤 다양한 기술을 사용해 분석함으로써 거기에 존재하는 모든 RNA 분자에 대한 데이터베이스를 만드는 방법을 통해 일어난다. 1980년대에 연구자들이 주어진 종류의 세포에서 어떤 유전자들이 발현되는지 조사하기 시작했을 때, 사용 가능한 기술들은 비교적 감도가 낮았다. 또, 그 기술들은 모두 중요한 것으로 간주되던 mRNA 분자만 포착하도록 설계돼 있었다. 이 방법들은 많이 발현되는 mRNA를 찾는 능력은 훌륭했지만, 잘 발현되지 않는 서열을 찾는 능력은 크게 떨어졌다. 혼란을 야기한 요인이 또 하나 있었는데, mRNA를 분석하는 소프트웨어가 반복적인 DNA, 즉 '정크' DNA에서 나오는 신호를 무시하도록 설정돼 있었다.

이 기술들은 이미 우리가 큰 관심을 갖고 있던 mRNA—단백질을 암호화하는 mRNA 분자—를 분석하는 데에는 아주 훌륭했다. 하지만 이미 앞에서 보았듯이 이 부분은 전체 유전체 중 겨우 2%에 불과하다. 새로운 탐지 기술이 크게 증가한 컴퓨터 능력과 결합되고 나서야 우리는 나머지 98%(우리 유전체 중 비암호화 부분)에서 아주 흥미로운 일이 일어난다는 사실을 알게 되었다.

이렇게 개선된 방법론으로 무장한 과학계는 실제로 단백질을 암호화하지 않는 유전체 부분에서 엄청난 양의 전사가 일어난다는 사실을 알게 되었다. 처음에 이것은 '전사 잡음'으로 무시당했다. 즉, 유전체 전체에서 기준선에 해당하는 중얼거림 수준의 발현이 일어나며, 이 DNA 지역들에서 가끔 탐지 문턱값을 넘어서는 RNA 분자가 만들어진다고 설명했다. 비록 우리는 훨씬 민감한 새 도구를 사용해 이 분자들을 탐지할 수는 있지만, 이것들은 생물학적으로 큰 의미가 있는 것은 아니라고 생각했다.

'전사 잡음'이란 표현은 기본적으로 무작위적 사건을 의미한다. 하지만 이 단백질 비암호화 RNA의 발현 패턴은 세포의 종류에 따라 달랐는데, 이것은 그 전사가 결코 무작위적으로 일어나는 게 아님을 시사했다.[9] 예를 들면, 뇌에서 이런 발현이 많이 일어난다. 지금은 발현 패턴이 뇌 지역마다 다르다는 사실이 분명히 밝혀졌다.[10] 여러 사람을 대상으로 다양한 뇌 지역을 비교해보아도 같은 효과가 발견된다. 이것은 만약 저수준 RNA 전사가 순전히 무작위적 과정일 때 일어나리라고 예상되는 결과와는 정반대이다.

단백질을 암호화하지 않는 유전자에서 일어나는 이 전사가 실제로 세포의 기능에 아주 중요하다는 사실이 점점 더 분명해지고 있다. 하지만 기묘하게도 우리는 스스로 만든 언어의 함정에서 벗어나지 못하고 있다. 이 지역들에서 만들어지는 RNA(이전에는 우리의 레이더망에서 벗어나 있던 RNA)는 여전히 비암호화 RNA(ncRNA)라 부른다. ncRNA는 아주 엉성한 약자인데, 이것이 실제로 의미하는 것은 '단백질' 비암호화non-protein-coding RNA이기 때문이다. 사실, ncRNA는 뭔가를 암호화한다. ncRNA는 기능성 RNA 분자인 스스로를 암호화한다. 단백질이라는 목적을 달성하기 위한 수단 역할을 하는 mRNA와 달리 ncRNA는 그 자체가 종착역이다.

쓰레기의 정의를 다시 내리다

이것은 패러다임 이동이다. 적어도 40년 동안 분자생물학자들과 유전학자들은 단백질을 암호화하는 유전자와 단백질 자체에만 관심을 집중했다. 물론 예외도 있었지만, 그것들은 창고 지붕 위에 올려진 기묘한 돌 조각으로 취급받았을 뿐이다. 하지만 비암호화 RNA는 마침내 완전한 기능성 분자로 단백질과 어깨를 나란히 하게 되었다. 다르지만 동격 취급을 받게 된 것이다.

ncRNA는 유전체 전체에서 발견된다. 인트론에서 나오는 것도 있다. 처음에는 인트론의 mRNA에서 잘려나온 부분은 세포 내에서 분해된다고 생각했다. 지금은 적어도 일부(전부나 대부분은 아니라 하더라도)는 실제로 어떤 과정을 거쳐 나름의 기능성 ncRNA로 행동할 가능성이 훨씬 높아 보인다. 어떤 ncRNA는 단백질 암호화 mRNA의 반대편 가닥에서 자주 전사되면서 유전자와 겹친다. 그런가 하면 어떤

ncRNA는 단백질 암호화 유전자가 전혀 없는 지역에서 발견된다.

앞장에서 우리는 두 종류의 ncRNA를 만났다. X 비활성화에 필요한 ncRNA인 *Xist*와 *Tsix*가 그것이었다. 이것들은 길이가 수천 kb로, 아주 긴 ncRNA이다. *Xist*가 처음 확인될 때만 해도 그것은 두 번째로 알려진 ncRNA에 불과했다. 최근의 연구에 따르면, 고등 포유류의 세포에는 그런 분자가 수천 개나 있을 것으로 추정되는데, 생쥐에서 '긴' ncRNA(길이가 염기 200개 이상인 ncRNA로 정의되는)가 3만 개 이상 발견되었기 때문이다.[11] 긴 ncRNA는 단백질 암호화 mRNA보다 많을지 모른다.

긴 ncRNA는 X 비활성화 외에 각인에도 중요한 역할을 하는 것으로 보인다. 많은 각인 지역은 긴 ncRNA를 암호화하는 부분을 포함하고 있는데, 이 부분은 그 주변의 유전자를 발현하지 못하게 한다. 이것은 *Xist*의 효과와 비슷하다. 단백질 암호화 mRNA는 긴 ncRNA가 발현되는 염색체에서 침묵을 지킨다. 예를 들면, 태반에서 발현되는 *Air*라는 ncRNA가 있는데, 오직 생쥐의 부계 11번 염색체에서만 발현된다. *Air* ncRNA의 발현은 가까이에 있는 *Igf2r* 유전자를 억제하는데, 오로지 같은 염색체에 있는 *Igf2r* 유전자만 억제한다.[12] 이 메커니즘은 *Igf2r*이 어미에게서 물려받은 염색체에서만 발현되도록 한다.

Air ncRNA는 과학자들에게 긴 ncRNA가 유전자 발현을 어떻게 억제하는지에 대해 중요한 통찰을 제공했다. ncRNA는 각인 유전자 무리의 특정 지역에 자리를 잡고서 G9a라는 후성유전 효소를 끌어당기는 자석처럼 작용한다. G9a는 DNA의 이 지역에 자리 잡은 뉴클레오솜에 있는 히스톤 H3 단백질에 억제 표지를 붙인다. 이 히스톤 변형은 유전자의 발현을 억제하는 염색질 환경을 만들어내고, 그 결과로 유전자들의 스위치가 꺼진다.

이 발견이 특히 중요한 이유는 후성유전학자들을 난처하게 만들었던 질문에 최초의 통찰을 제공했기 때문이다. 후성유전 표지를 붙이거나 떼어냄으로써 히스톤을 변형시키는 효소는 어떻게 유전체의 특정 지역에 자리를 잡을까? 히스톤 변형 효소는 특정 DNA 서열을 직접 인식할 수 없는데, 어떻게 유전체 중에서 정확한 장소를 찾아갈 수 있을까?

히스톤 변형 패턴은 세포의 종류에 따라 서로 다른 유전자에 국한돼 나타나면서 정교하게 조절된 유전자 발현을 낳는다. 예를 들면, EZH2라는 효소는 히스톤 H3의 27번 위치에서 라이신이라는 아미노산을 메틸화하지만, 세포의 종류에 따라 각각 다른 히스톤 H3 분자를 표적으로 삼는다. 간단하게 설명하면, 이 효소는 백혈구 세포의 유전자 A에 있는 히스톤 H3 단백질을 메틸화할 수 있지만, 신경세포에서는 그러지 못할 수 있다. 반대로 그것은 신경세포의 유전자 B에 있는 히스톤 H3 단백질을 메틸화할 수 있지만, 백혈구에서는 그러지 못할 수도 있다. 두 세포에서 똑같은 효소가 작용하지만, 그 표적은 각각 다르다.

후성유전적 변형의 표적 중 적어도 일부는 긴 ncRNA와의 상호작용으로 설명할 수 있다는 증거가 점점 쌓이고 있다. 지니 리와 그 동료들은 얼마 전에 어느 단백질 복합체에 들러붙는 긴 ncRNA를 조사했다. PRC2라 부르는 이 복합체는 히스톤에 억제 변형을 일으킨다. PRC2는 단백질을 많이 포함하고 있는데, 긴 ncRNA와 상호작용하는 단백질은 아마도 EZH2일 것이다. 연구자들은 생쥐의 배아 줄기세포에 있는 수천 가지의 긴 ncRNA 분자에 PRC2 복합체가 들러붙어 있다는 사실을 발견했다.[13] 이 긴 ncRNA는 미끼 역할을 하는지도 모른다. 이들 긴 ncRNA 분자는 자신이 만들어진 유전체의 특정 지역에 매여 지내다가 유전자 발현을 차단하는 억제 효소를 끌어당긴다. 이런 일이 일어나는 이유는 억제 효소 복합체에 RNA에 들러붙는 성질이 있는 EZH2 같은 단백질이 포함돼 있기 때문이다.

과학자들은 이론을 만들길 좋아하는데, 긴 ncRNA에 관해 훌륭한 이론이 하나 떠오르고 있다. ncRNA는 자신이 전사된 지역에 들러붙어 같은 염색체에서 유전자 발현을 억제하는 것처럼 보였다. 하지만 이 장 첫머리에서 소개한 비유로 다시 돌아간다면, 우리가 아주 작은 창고를 짓고 이미 그 지붕에 상당히 많은 돌을 올려놓았다는 사실이 점점 분명해지고 있다.

*HOX*라는 아주 놀라운 유전자 가족이 있다. *HOX* 유전자가 초파리(*Drosophila melanogaster*)에서 돌연변이를 일으키면, 그 결과로 머리에서 다리가 자라난다든가 하는 놀라운 표현형이 나타난다.[14] *HOTAIR*라는 긴 ncRNA가 있는데, 이것은 *HOX-D* 유전자군이라는 유전자 지역을 제어한다. 지니 리가 연구한 긴 ncRNA처럼 *HOTAIR*는 PRC2 복합체에 들러붙어 억제 히스톤 변형 표지가 붙은 염색질 지역을 만든다. 하지만 *HOTAIR*는 12번 염색체의 *HOX-D* 위치에서 전사되지 않는다. 대신에 2번 염색체의 *HOX-C*라는 유전자군에서 암호화된다.[15] *HOTAIR*가 어떻게 그리고 왜 *HOX-D* 위치에 들러붙는지 그 이유는 아무도 모른다.

긴 ncRNA 중에서 가장 잘 연구된 *Xist*에는 이것과 관련이 있는 수수께끼가 하나 있다. *Xist* ncRNA는 비활성 X 염색체에서 거의 전체에 퍼져 있지만, 어떻게 그렇게 널리 퍼져 있는지는 알 수 없다. 염색체는 정상적으로는 전체가 온통 RNA 분자로 뒤덮이는 일이 없다. *Xist* RNA가 왜 이런 식으로 들러붙는지 명백한 이유는 없지만, 우리는 이것이 염색체 서열과 아무 상관이 없다는 사실만큼은 알고 있다.

앞장에서 소개한 실험들(*Xist*가 X 비활성화 센터를 포함하고 있기만 하면, 상염색체 전체를 비활성화시킬 수 있었던)은 *Xist*가 일단 염색체 위에 자리 잡으면 계속 이동한다는 것을 보여주었다. 과학자들은 긴 ncRNA 중에서 가장 잘 연구된 *Xist*의 이러한 기본적인 특징을 제대로 이해하지 못한다.

놀라운 사실이 또 하나 있다. 얼마 전까지만 해도 긴 ncRNA는 모두 유전자 발현을 억제한다고 생각했다. 2010년, 필라델피아의 위스타연구소에서 일하던 라민 시카타르Ramin Shiekhattar 교수는 여러 종류의 인간 세포에서 3000개가 넘는 긴 ncRNA를 확인했다. 이 긴 ncRNA들은 세포의 종류에 따라 서로 다른 발현 패턴을 나타내 각자 특별한 역할을 한다는 것을 시사했다. 시카타르 교수와 그 동료들은 그 기능을 알아내기 위해 소수의 긴 ncRNA를 시험했다. 그들은 잘 확립된 실험 방법을 사용해 시험 대상인 ncRNA의 발현을 억제하고, 이웃 유전자들의 발현을 분석했다. **그림 10.2**는 예상 결과와 실제 결과를 보여준다.

12개의 ncRNA를 시험했는데, 그중 7개에서 과학자들은 **그림 10.2**의 오른쪽과 같은 결과를 얻었다. 이것은 예상과 반대되는 결과인데, 긴 ncRNA 중 약 50%는 이웃 유전자의 발현을 감소시키는 게 아니라 오히려 증가시키는 것으로 보이기 때문이다.[16]

논문 저자들은 "우리의 ncRNA가 유전자 발현을 증가시키도록 작용하는 그 정확한 메커니즘은 알려지지 않았다."라고 간결하게 결론지었다. 이것은 이의를 제기하기가 아주 어려운 결론이다. 현재 우리가 이 과정이 어떻게 일어나는지 전혀 모른다는 점을 명백히 했기 때문에 이 결론은 상당한 가치가 있다. 시카타르의 연구는 긴 ncRNA에 대해 우리가 모르는 것이 많이 있으며, 새로운 도그마를 너무 빨리 만

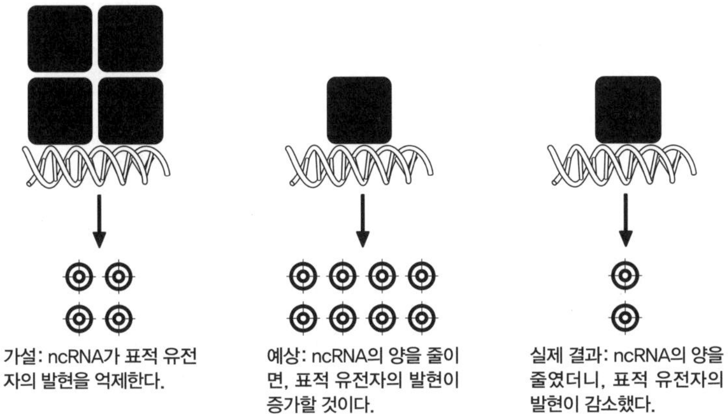

그림 10.2 ncRNA는 표적 유전자의 발현을 억제할 것이라고 예상했다. 만약 이 가설이 옳다면, 특정 ncRNA의 발현 감소는 표적 유전자의 발현 증가로 이어질 것이다. 가운데 그림은 이 예상 결과를 나타낸다. 하지만 지금은 ncRNA의 양이 많으면, 표적 유전자의 발현이 촉진된다는 사실이 분명하게 밝혀졌다. 이것은 실험적으로 ncRNA의 발현을 감소시켰을 때 오른쪽 그림과 같은 효과가 나타나는 사례들을 통해 입증되었다.

들려는 시도를 경계해야 한다는 사실을 설득력 있게 입증했다.

작은 것이 아름답다

우리는 또한 크기가 전부이며, 큰 것이 좋다는 편견도 경계해야 한다. 긴 ncRNA는 분명히 세포의 기능에 중요한 역할을 하지만, 세포에 미치는 영향 면에서 이에 못지않게 중요한 ncRNA가 또 하나 있다. 이 종류에 속한 ncRNA는 길이가 짧으며(대개 염기 20~24개), DNA가 아니라 mRNA 분자를 표적으로 삼는다. 이것은 우리가 애지중지하는 벌레인 예쁜꼬마선충에서 처음 밝혀졌다.

앞에서 이미 이야기했듯이, 예쁜꼬마선충은 모든 세포가 정상적으로 어떻게 발달하는지 우리가 정확하게 알고 있기 때문에 아주 유용한 모형계이다. 각 단계들의 시기와 순서는 아주 엄밀하게 조절된다. 핵심 조절 인자 중 하나는 LIN-14라는 단백질이다. *LIN-14* 유전자는 배아 초기 단계에 잘 발현되지만(그래서 LIN-14 단백질이 많이 생기지만), 애벌레 1단계에서 애벌레 2단계로 나아갈 때 하향 조절된다. 만약 *LIN-14* 유전자에 돌연변이가 일어난다면, 예쁜꼬마선충은 각 단계가 시작되고 끝나는 시기가 틀어지게 된다. 만약 LIN-14 단백질이 너무 오랫동안 머물러 있으면, 예쁜꼬마선충은 발달 초기 단계들을 반복하기 시작한다. 만약 LIN-14 단백질이 너무 일찍 사라지면, 예쁜꼬마선충의 발달 과정은 엉망이 되어 성충의 구조가 제대로 발달하지 못한다.

1993년, 각자 독자적으로 연구를 하던 두 연구팀이 *LIN-14* 발현이 어떻게 조절되는지 밝혀냈다.[17,18] 예상 밖으로 여기서 핵심 사건은

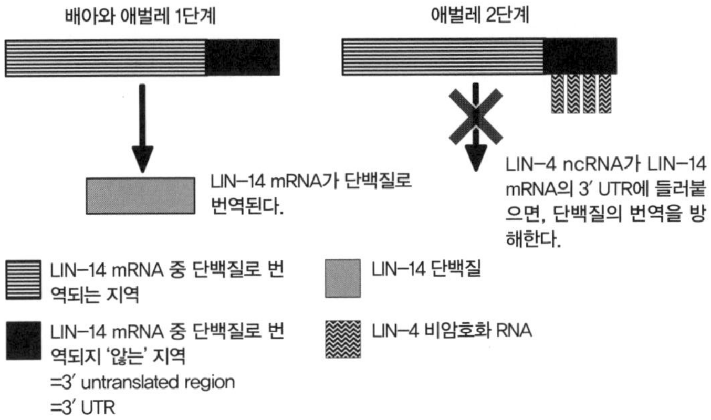

그림 10.3 특정 발달 단계에서 마이크로 RNA(miRNA)가 어떻게 발현되느냐에 따라 표적 유전자의 발현이 얼마나 극단적으로 변할 수 있는지 보여주는 그림.

작은 ncRNA가 *LIN-14* mRNA 분자에 들러붙는 것이었다. **그림 10.3**이 이것을 보여준다. 이것은 mRNA가 만들어지지만 단백질을 만들지 못하도록 방해를 받는 전사 후 유전자 침묵 사례이다. 이것은 긴 ncRNA가 사용하는 유전자 발현 조절 방법과는 아주 다른 방법이다.

이 연구의 중요성은 완전히 새로운 유전자 발현 조절 모형을 위한 기초를 놓았다는 데 있다. 이제 작은 ncRNA는 동물계와 식물계를 통틀어 생물들이 유전자 발현을 조절하는 데 사용하는 메커니즘으로 알려졌다. 작은 ncRNA의 종류는 아주 다양하지만, 우리는 주로 마이크로 RNA(miRNA)에 초점을 맞춰 살펴볼 것이다.

지금까지 포유류 세포에서 확인된 miRNA의 종류는 적어도 1000가지나 된다. miRNA의 길이는 뉴클레오티드(염기) 약 21개(이보다 약간 길거나 짧은 것도 있다)이며, 대부분은 유전자 발현의 전사 후 조절 인자로 작용하는 것처럼 보인다. miRNA는 mRNA의 생산을 멈추는 대신에 mRNA의 행동 방식을 조절한다. 대개는 mRNA 분자의 3′ UTR(untranslated region, 번역되지 않는 지역)에 들러붙음으로써 조절한다. **그림 10.3**에 이 지역이 표시돼 있다. 이 지역은 성숙한 mRNA에 존재하지만, 어떤 아미노산도 암호화하지 않는다.

유전체 DNA가 복제되어 mRNA를 만들 때, 원래의 전사는 엑손(아미노산을 암호화하는 부분)과 인트론(아미노산을 암호화하지 않는 부분)을 모두 포함하기 때문에 아주 긴 경향이 있다. 3장에서 보았듯이, 인트론은 스플라이싱이 일어나는 동안 단백질을 암호화하는 mRNA를 만들기 위해 제거된다. 하지만 3장의 설명에서 빼먹은 게 있다. 아미노산 암호를 만들지 않지만 인트론처럼 잘려나가지 않는 지역이 RNA의 시작 부분과 끝 부분에 있다.(시작 부분에 있는 것을 5′ UTR, 끝 부분에 있는 것을 3′ UTR이라 부른다.) 대신에 이 비암호화 지역들은 성숙한

mRNA에 그대로 남아 있으면서 조절 서열로 작용한다. 특히 3′ UTR의 기능 중 하나는 miRNA를 포함해 조절 분자를 들러붙게 하는 것이다.

miRNA는 어떻게 mRNA에 들러붙으며, 그럴 때 어떤 일이 일어날까? miRNA와 mRNA의 3′ UTR은 서로를 알아볼 때에만 상호작용한다. 이것은 이중 가닥 DNA에서 일어나는 일처럼 염기 짝짓기를 이용해 일어난다. G는 C와 결합할 수 있고, A는 U와 결합할 수 있다(RNA에서는 T가 U로 대체된다). 비록 miRNA는 대개 길이가 염기 21개에 불과하지만, 21개의 뉴클레오티드 전체가 mRNA와 일치할 필요는 없다. 핵심 지역은 miRNA의 2번에서 8번까지의 위치이다.

가끔 2번에서 8번까지 완벽하게 일치하지 않아도 두 분자가 짝을 짓기에 충분히 비슷할 때가 있다. 이렇게 miRNA가 들러붙으면, mRNA가 단백질로 번역되는 걸 막는다.(**그림** 10.3이 설명한 예에서 바로 이런 일이 일어났다.) 하지만 만약 일치가 완벽하게 일어나 miRNA가 mRNA와 결합하면, miRNA에 들러붙는 효소들이 mRNA를 파괴하기 시작한다.[19] miRNA의 9번부터 21번까지의 위치도 이 작은 분자가 표적으로 조준되는 방식에 덜 직접적인 방식으로 영향을 미치는지 혹은 그렇게 표적이 된 결과가 무엇인지는 아직 분명히 밝혀지지 않았다. 하지만 분명하게 밝혀진 한 가지 사실은 miRNA 하나가 2개 이상의 mRNA 분자를 조절할 수 있다는 것이다. 3장에서 한 유전자가 어떻게 많은 종류의 단백질 분자를 암호화할 수 있는지 보았는데, 전령 RNA가 스플라이싱되는 방식을 바꿈으로써 그렇게 할 수 있었다. 이렇게 서로 다른 방식으로 잘린 여러 가지 버전들에 하나의 miRNA가 동시에 영향을 미칠 수 있다. 혹은 하나의 miRNA가 서로 다른 유전자가 암호화해 서로 별로 관련은 없지만 3′ UTR 서열이 비슷한 단백질들에 영향을 미칠 수 있다.

이것은 miRNA가 세포 안에서 정확하게 어떤 일을 하는지 밝혀내는 작업을 매우 어렵게 만들 수 있는데, 그 효과가 세포의 종류와 어느 순간에 세포가 발현하는 다른 유전자들(단백질 암호화 유전자와 비암호화 유전자를 모두 포함해)에 따라 달라지기 때문이다. 이것은 실험적으로도 중요하지만, 건강과 질병에도 중요한 결과를 초래한다. 예를 들면, 염색체 수가 비정상인 상황에서 그 수가 변하는 것은 단백질 암호화 유전자뿐이 아닐 것이다. ncRNA(크거나 작거나 간에)의 생산도 비정상적으로 일어날 것이다. 특히 miRNA는 많은 유전자를 조절할 수 있기 때문에, 복제되는 miRNA의 수에 일어난 혼란이 초래하는 효과는 매우 광범위할 수 있다.

개입의 여지

인간 유전체의 98%가 단백질을 암호화하지 않는다는 사실은 ncRNA가 매개하는 복잡한 조절 과정의 발전을 위해 진화가 아주 많은 투자를 했음을 시사한다. 일부 저자들은 심지어 ncRNA가 호모 사피엔스의 가장 큰 특징—우리의 고등 사고 과정—의 발달을 주도한 유전적 특징이라고까지 주장한다.[20]

동물계에서 우리와 가장 가까운 친척은 침팬지인데, 그 유전체가 2005년에 발표되었다.[21] 사람과 침팬지의 유전체가 어느 정도나 비슷한지 단 하나의 평균 수치로 간단하고 의미 있게 표현할 수 있는 것은 없다. 통계 수치는 실제로는 매우 복잡한데, 유전체 지역(예컨대 반복되는 부분 대 단백질 암호화 유전자 지역)에 따라 통계 수치에 영향을 미치는 정도가 제각각 다르다는 사실을 감안해야 하기 때문이다. 하지만 확실하게 말할 수 있는 게 두 가지 있다. 하나는 사람과 침팬지의 단백질이 놀랍도록 비슷하다는 점이다. 우리와 침팬지의 전체 단백질 중 약 3분의 1은 정확하게 똑같고, 나머지는 아미노산 한두 개만 다를 뿐이다. 또 한 가지 공통점은 유전체 중 98% 이상이 단백질을 암호화하지 않는다는 점이다. 이것은 두 종이 모두 ncRNA를 사용해 유전자와 단백질 발현을 지배하는 복잡한 조절 네트워크를 만든다는 것을 시사한다. 하지만 사람과 침팬지 사이에는 특별한 차이점이 하나 있는데, 이것은 아주 중요한 의미를 지닐 수 있다. 그것은 두 종의 세포들에서 ncRNA를 처리하는 방식의 차이이다.

이것은 편집 과정과 관계가 있다. 사람의 세포는 주어진 상태 그대로 머물러 있길 싫어하는 것처럼 보이는데, ncRNA는 특히 그렇다.[22] 일단 ncRNA가 만들어지면, 사람의 세포는 다양한 메커니즘을 사용해 그것을 변형시키려고 한다. 특히 염기 A를 I(이노신)로 바꿀 때가 많다. 염기 A는 DNA의 T나 RNA의 U와 결합하지만, 염기 I는 A나 C 또는 G와 결합한다. 그러면 ncRNA가 들러붙어 조절할 수 있는 서열이 바뀐다.

우리 인간만큼 자신의 ncRNA 분자를 심하게 편집하는 종은 없다. 다른 영장류 중에서도 이 반응을 우리만큼 능숙하게 잘 해내는 종은 없다.[23] 우리는 또한 뇌에서 광범위한 편집이 일어난다. 이 때문에 우리와 영장류 친척들이 상당히 많은 DNA 주형을 공유하고 있는데도 불구하고, 왜 우리가 영장류 친척보다 정신적으로 훨씬 더 정교한지 설명하는 데에는 ncRNA 편집이 매력적인 후보로 떠오른다.

어떤 면에서 ncRNA의 아름다움은 여기에 있다. ncRNA는 생물이 세포 조절의 다양한 측면을 변화시키는 데 사용하기에 비교적 안전한 방법을 만들어낸다. 진화는 필시 이 메커니즘을 선호했을 것이다. 단백질을 변화시킴으로써 기능을 향상시키려고 시도하는 것은 너무 위험하기 때문이다. 단백질은 세포의 메리 포핀스라고 할 수 있다. 단백질은 '사실상 모든 면에서 완벽'하다.

망치는 어떤 망치나 다 비슷해 보인다. 크기가 크거나 작을 수는 있지만, 기본 설계 면에서는 다르게 바꿈으로써 성능을 더 개선할 수 있는 게 별로 없다. 단백질도 마찬가지다. 우리 몸의 단백질은 수십억 년의 진화를 거쳐 나온 산물이다. 한 가지 예를 살펴보자. 색소인 헤모글로빈은 적혈구에 포함되어 우리 몸 곳곳에 산소를 운반하는 일을 한다. 헤모글로빈은 폐에서 산소와 결합해 산소가 필요한 조직으로 가서 그것을 내려놓는 일을 아주 능숙하게 잘한다. 어떤 연구자도 실험실에서 이 천연 단백질을 변형시켜 기능을 더 훌륭하게 수행할 수 있는 버전의 헤모글로빈을 만들어내지 못했다.

불행하게도, 정상 버전보다 나쁜 헤모글로빈 분자를 만들기는 놀랍도록 쉽다. 사실, 낫적혈구빈혈(겸상적혈구빈혈) 같은 병에서 그런 일이 일어나는데, 이 병은 돌연변이로 인해 질이 나쁜 헤모글로빈 단백질이 만들어지기 때문에 생긴다. 대부분의 단백질도 이와 상황이 비슷하다. 따라서 환경 조건이 극적으로 변하지 않는 한, 단백질에 일어나는 변형은 대부분 나쁜 결과를 낳는다. 대부분의 단백질은 현재 상태가 최선의 상태인 것이다.

그렇다면 진화는 계속 더 복잡하고 정교한 생물을 만들어야 하는 문제를 어떻게 해결했을까? 기본적으로는 단백질 자체를 바꾸는 대신에 단백질 '조절' 방법을 바꿈으로써 해결했다. 이것은 복잡한 ncRNA 분자 네트워크를 사용해 특정 단백질이 발현되는 방식과 시기와 정도에 영향을 미치는 방법을 통해 할 수 있다. 그리고 실제로 그런 일이 일어났음을 보여주는 증거가 있다.

miRNA는 다능성과 세포 분화를 조절하는 데 중요한 역할을 한다. 배아 줄기세포는 배양 조건을 변화시킴으로써 다른 종류의 세포로 분화하도록 유도할 수 있다. 분화를 시작할 때, 배아 줄기세포에서 정상적으로는 배아 줄기세포를 계속 만들게 하는(자기 재생) 유전자 발현 경로의 스위치를 끄는 것이 꼭 필요하다. *let-7*이란 miRNA 가족이 이 스위치 차단 과정에 꼭 필요하다.[24]

let-7 가족이 사용하는 한 가지 메커니즘은 Lin28 단백질의 하향 조절이다. 이것은 Lin28이 친다능성pro-pluripotency 단백질임을 의미한다. 따라서 Lin28이 야마나카 인자로 작용할 수 있다는 사실은 전혀 놀랍지 않다. 일부 체세포에서 Lin28 단백질의 과잉 발현은 그 세포를 iPS 세포로 재프로그래밍할 가능성을 높인다.[25]

반대로 배아 줄기세포를 다능성 세포에 머물게 하고 자기 재생을 하도록 돕는 miRNA 가족도 있다. 이 miRNA 가족은 *let-7*과 달리 다능성 상태를 촉진한다. 배아 줄기세포에서 Oct4와 Sox2 같은 핵심 다능성 인자는 이러한 miRNA의 프로모터에 들러붙어 그 발현을 활성화시킨다. 배아 줄기세포가 분화를 시작하면, 이 인자들은 miRNA 프로모터에서 떨어져나가 그 발현 촉진 활동을 멈춘다.[26] Lin28 단백질과 마찬가지로 이 miRNA는 체세포를 iPS 세포로 재프로그래밍하는 과정을 촉진한다.[27]

줄기세포와 분화한 그 후손 세포를 비교해보면, 아주 다른 mRNA 분자 집단이 발현되었다는 사실을 발견하게 된다. 줄기세포와 분화한 세포는 서로 다른 단백질을 발현하기 때문에 이것은 충분히 이해할 수 있다. 하지만 일부 mRNA는 세포 속에서 분해하는 데 시간이 오래 걸린다. 이것은 줄기세포가 분화를 시작했을 때, 줄기세포 mRNA

를 여전히 많이 포함하고 있는 시기가 있음을 의미한다. 다행히도 줄기세포가 분화를 시작할 때, 새로운 miRNA 집단의 스위치도 켜진다. 이들은 잔여 줄기세포 mRNA를 표적으로 삼아 그 분해를 촉진한다. 기존의 mRNA를 이렇게 빨리 분해하는 과정은 세포가 분화된 상태로 최대한 빨리 그리고 돌이킬 수 없게 옮겨가도록 돕는다.[28]

이것은 중요한 안전 장치이다. 부적절한 줄기세포의 특징을 계속 지니고 있으면, 세포에게 좋지 않다. 그런 특징은 암세포의 경로로 나아갈 기회를 높인다. 초파리나 제브라피시처럼 배아 발달이 아주 빠르게 일어나는 종은 이 메커니즘을 더욱 극적인 방식으로 사용한다. 이 종들에서 이 과정은 수정란이 다능성 접합자로 변할 때, 난자에서 받은 모계 mRNA 전사가 빨리 분해되도록 촉진한다.[29]

miRNA는 또한 각인 조절에서 매우 중요한 단계인 원시 생식 세포 생성에도 핵심 역할을 한다. 원시 생식 세포 생성에서 핵심 단계 중 하나는 8장에 나왔던 Blimp1 단백질이 활성화되는 단계이다. Blimp1의 발현은 Lin28과 let-7의 활동 사이에 벌어지는 복잡한 상호작용을 통해 조절된다.[30] Blimp1은 또한 히스톤을 메틸화하는 한 효소와 PIWI 단백질 집단을 조절한다. PIWI 단백질은 PIWI RNA라는 또 다른 종류의 작은 ncRNA에 들러붙는다.[31] PIWI ncRNA와 단백질은 체세포에서 별 대단한 역할을 하는 것처럼 보이지 않지만, 수컷 생식세포 계열의 발생에 꼭 필요하다.[32] 사실, PIWI는 P element-induced wimpy testis(P 인자에서 유발된 허약 고환)의 머리글자를 딴 이름이다. 만약 PIWI ncRNA와 PIWI 단백질 사이의 상호작용이 제대로 일어나지 않으면, 수컷 태아의 고환이 정상적으로 발달하지 못한다.

ncRNA와 후성유전 사건 사이에 일어나는 교차 대화(생물학에서 말하는 교차 대화는 한 신호 전달 경로에 있는 여러 요소들이 상호간에 영향을 주고받는 현상을 가리킨다 — 옮긴이)와 상호작용 사례가 점점 더 많이 발견되고 있다. 유전적 침입자에 해당하는 레트로트랜스포존이 정상적으로는 생식 세포 계통에서 메틸화되어 그 활성화를 방해한다고 했던 이야기를 떠올려보라.[33,34]

상당수의 후성유전 단백질은 RNA와 상호작용할 수 있다. 비암호화 RNA가 유전체에 들러붙으면, 특정 종류의 세포에서 정확한 염색질 지역을 표적으로 하여 후성유전적 변형이 일어나도록 하는 일반적인 메커니즘으로 작용할 수 있다.[35]

ncRNA는 최근에 획득 형질의 전달에 관여하는 것으로 밝혀졌다. 한 사례에서는 생쥐의 수정란에 심장 조직의 성장에 관여하는 핵심 유전자를 표적으로 하는 miRNA를 집어넣었다. 이 수정란에서 발달한 생쥐는 비대한 심장(심장 비대)을 갖고 태어났는데, 이것은 발달 초기에 miRNA를 집어넣은 사건이 정상 발달 과정을 교란시켰음을 시사한다. 놀랍게도 이 생쥐의 후손들에서도 심장 비대 빈도가 높게 나타났다. 이것은 이 생쥐들의 정자가 생산되는 동안 miRNA의 비정상적 발현이 되살아났기 때문으로 보인다. 생쥐들의 DNA 암호에는 아무 변화가 없었으므로, 이것은 miRNA가 후성유전적 전달을 촉진한다는 것을 명백하게 보여주는 사례이다.[36]

머피의 법칙(만약 어떤 일이 잘못될 가능성이 있으면, 꼭 그런 일이 일어난다)

하지만 만약 ncRNA가 세포의 기능에 그토록 중요하다면, 가끔

ncRNA에 생긴 문제 때문에 질병이 발생하는 경우가 있을 것으로 예상된다. ncRNA의 생산이나 발현에 일어난 문제 때문에 임상적 장애가 나타나는 사례가 많이 있어야 하지 않을까? 음, 그렇기도 하고, 그렇지 않기도 하다. 이들 ncRNA는 주로 보완 메커니즘이 많은 네트워크에서 작용하는 조절 분자이기 때문에, 결함이 생기더라도 그 영향은 비교적 미묘한 수준에 그칠지 모른다. 이것은 실험에 문제를 야기할 수 있는데, 유전자 검사는 대부분 주요 단백질에 생긴 돌연변이 때문에 나타나는 주요 표현형을 탐지하는 데에는 뛰어나지만, 더 미묘한 효과를 탐지하는 데에는 별로 쓸모가 없을 수 있다.

생쥐의 특정 신경세포에서 발현되는 BCI라는 작은 ncRNA가 있다. 독일 뮌스터 대학 연구자들이 이 ncRNA를 제거한 뒤에도 생쥐는 멀쩡해 보였다. 하지만 엄격하게 통제하던 실험실 환경에서 더 자연스러운 환경으로 옮기자, 이 돌연변이 생쥐는 정상 생쥐와 다르다는 사실이 금방 드러났다. 돌연변이 생쥐는 주변 환경을 탐색하길 꺼려하고 초조해했다.[37] 만약 계속 실험실 우리 안에 가둬놓고 관찰했더라면, BCI ncRNA의 상실이 행동에 그토록 큰 효과를 나타낸다는 사실을 결코 알아내지 못했을 것이다. 이것은 우리가 보는 것은 어떻게 보느냐에 따라 달라진다는 것을 분명하게 보여주는 사례이다.

적어도 일부 사례에서는 임상 조건에서 ncRNA가 미치는 영향이 주목의 대상이 되고 있다. 텍셀종이라는 양이 있는데, 가장 큰 장점은 고기가 많다는 점이다. 텍셀종은 근육이 많은 것으로 유명한데, 육용으로 기르는 가축으로서는 좋은 점이다. 이 양의 근육이 많은 이유 중 하나는 특정 유전자의 3′ UTR에 miRNA가 들러붙는 장소가 변했기 때문으로 밝혀졌다. 이 유전자가 암호화하는 단백

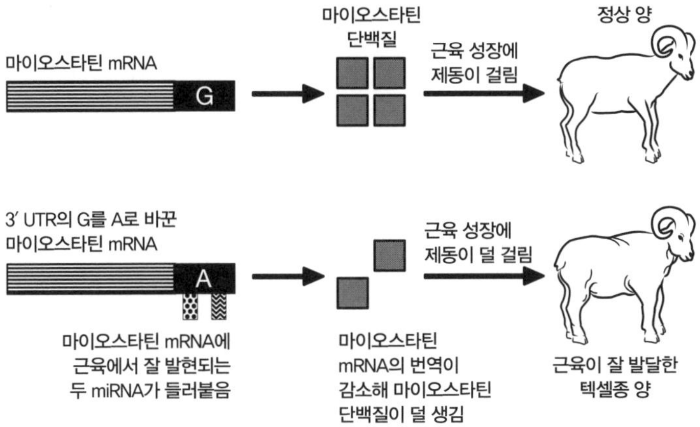

그림 10.4 단백질을 암호화하지 않는 마이오스타틴 유전자 일부에 단 하나의 염기가 바뀌었을 뿐인데도 텍셀종 양의 표현형에 극적인 영향을 미친다. 마이오스타틴 mRNA에서 염기 G가 A로 바뀐 것 때문에 특정 miRNA 2개가 들러붙는다. 이것은 마이오스타틴의 발현에 변화를 가져오고, 그 결과로 근육이 두드러지게 발달한 양이 태어난다.

질은 마이오스타틴myostatin이라 부르는데, 정상적으로는 근육의 성장을 늦추는 역할을 한다.[38] **그림 10.4**는 염기 하나의 변화가 초래하는 영향을 보여준다. 명확한 비교를 위해 텍셀종의 최종 크기는 약간 과장해 나타냈다.

투레트 증후군(흔히 틱장애 또는 틱증이라고 하는)이라는 신경 발달 장애가 있는 환자는 근육이 순간적으로 불수의 운동을 하면서 어떤 행동을 하거나 소리를 지르는 등의 경련(틱)이 일어난다. 이 장애가 있는 두 개인(서로 혈연 관계가 없는)을 조사한 결과, *SLITRK1*이라는 유전자의 3′ UTR에 있는 동일한 한 염기에 변화가 일어났다는 사실이 발견되었다.[39] *SLITRK1*는 신경 발달에 필요한 것으로 보인다. 투레트 증후군 환자에게 일어난 염기 변화는 miR-189라는 짧은 ncRNA가 들러붙는 장소를 제공한다. 이것은 그러한 결합을 통해 발달 도중의 중요한 시기에 *SLITRK1* 발현이 비정상적으로 하향 조절될 가능성을 시사한다. 이러한 변화는 투레트 증후군의 일부 사례에서만 나타나지만, 다른 환자들의 경우 다른 신경 유전자들의 miRNA 결합 부위에 일어난 조절 오류가 그 원인일지도 모른다는 감질나는 추측을 낳는다.

이 장 앞부분에서 인간 뇌가 복잡성과 정교성이 증가하며 발달하는 데 ncRNA가 중요한 역할을 했을지 모른다는 가설을 소개했다. 만약 실제로 그렇다면, 뇌는 ncRNA의 활동과 기능에 일어난 결함에 특별히 감수성이 높을 것이라고 예상할 수 있다. 실제로 투레트 증후군 사례들은 그러한 시나리오를 살짝 들여다볼 수 있는 흥미로운 기회를 제공한다.

사람에게 나타나는 질환 중 디조지 증후군이란 게 있는데, 22번 염색체 두 벌 중 하나에서 염기 약 300만 개가 있는 지역이 송두리째 상실돼 나타나는 질환이다.[40] 이 지역에는 유전자가 25개 이상 존재한다. 디조지 증후군 환자가 비뇨생식계와 심장혈관계, 골격계를 포함해 많은 기관계에 영향을 받는다는 사실은 놀랍지 않다. 디조지 증후군 환자 중 약 40%는 발작이 일어나고, 성인 환자 중 25%는 정신분열병에 걸린다. 경미한 수준과 중간 수준의 정신 지체도 보편적으로 나타난다. 이 질환에서 나타나는 여러 가지 측면은 필시 염기 300만 개가 존재하는 이 지역의 서로 다른 유전자들 때문에 나타날 것이다. 그중 한 유전자는 *DGCR8*인데, DGCR8 단백질은 miRNA를 정상적으로 만드는 데 꼭 필요하다. 연구자들은 제 기능을 발휘하는 *DGCR8* 유전자를 한 벌만 가진 유전자 변형 생쥐를 만들었다. 이 생쥐는 인지 기능에 문제가 있었는데, 특히 학습과 공간 처리 능력에 문제가 있었다.[41] 이것은 신경 기능에 miRNA 생산이 중요할지 모른다는 개념을 뒷받침한다.

우리는 세포의 다능성과 분화를 조절하는 데 ncRNA가 중요하다는 사실을 알고 있다. 여기서 논리적으로 크게 비약하지 않더라도, miRNA가 암에 중요한 역할을 할지 모른다는 가설을 쉽게 생각할 수 있다. 암은 전통적으로 세포가 무한정 증식을 반복하는 질환으로 알려졌다. 이것은 줄기세포와 비슷하다. 거기에 더해 암의 종양은 현미경으로 봤을 때 흔히 상대적으로 분화가 덜 일어나고 덜 조직적인 것처럼 보인다. 이것은 완전히 분화하고 잘 조직된 정상 세포하고는 아주 대조적이다. ncRNA가 암의 발생에 어떤 역할을 한다는 주장을 강하게 뒷받침하는 증거가 있다. **그림 10.5**가 보여주듯이, 특정 miRNA의 상실이나 다른 miRNA의 과잉 발현이 그 역할에 한몫을 할지 모른다.

만성림프구백혈병은 인간 백혈병 중 가장 보편적인 종류의 백혈병

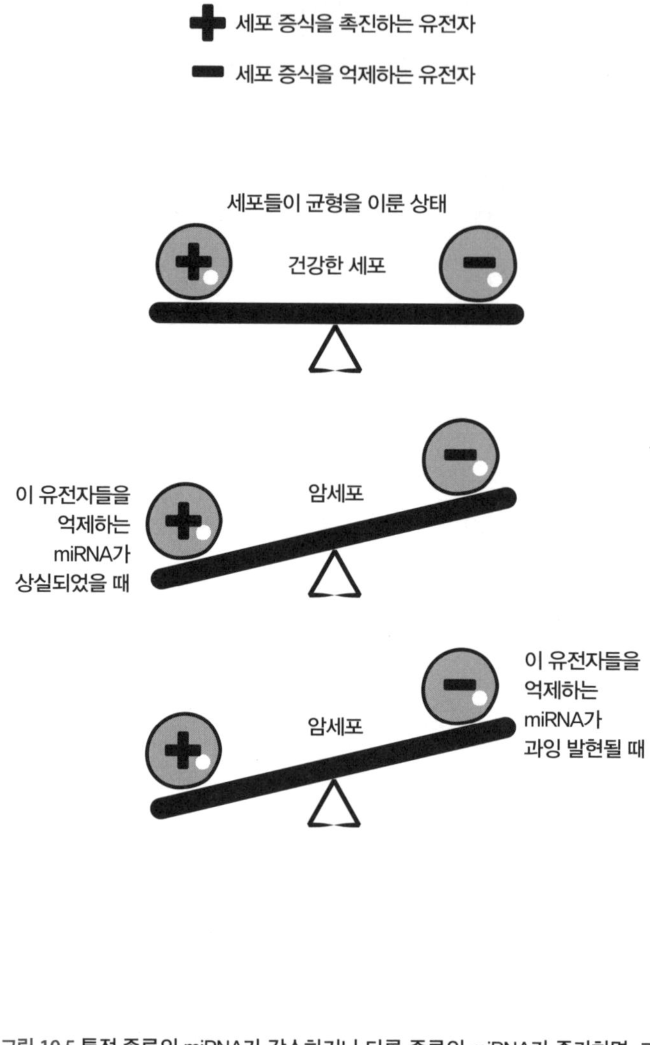

그림 10.5 특정 종류의 miRNA가 감소하거나 다른 종류의 miRNA가 증가하면, 그 결과는 똑같이 유전자 발현에 해로운 효과를 낳을 수 있다. 최종 결과는 세포의 무한정 증식을 촉진하는 유전자 발현 증가로 나타나 암의 발생 가능성을 높일 수 있다.

이다. 이 암에 걸린 전체 사례 중 약 70%[42]에서 *miR-15a*와 *miR-16-1*이라는 ncRNA의 상실이 일어난다. 암은 다단계 질병으로, 개개 세포가 암세포로 변하려면 많은 일이 비정상적으로 일어나야 한다. 가장 보편적인 인간 백혈병인 만성림프구백혈병 환자 중 많은 사람에게 이 특별한 miRNA가 없다는 사실은 이 서열의 상실이 질병 발달 초기에 일어남을 시사한다.

다른 메커니즘—암에서 miRNA의 과잉 발현—을 보여주는 한 가지 사례는 *miR-17-92* 무리이다. 이 miRNA 무리는 다양한 암에서 과잉 발현된다.[43] 사실, 암에서 miRNA의 이상 발현에 관한 보고는 상당히 많이 나왔다.[44] 게다가 일부 유전성 암에서는 *TARBP2*라는 유전자가 돌연변이를 일으킨다.[45] TARBP2 단백질은 miRNA를 정상적으로 처리하는 데 관여한다. 이것은 miRNA가 특정 암의 발생과 발달에 어떤 역할을 한다는 주장에 더욱 힘을 실어준다.

희망일까 과대 선전일까?

miRNA가 암에서 아주 중요한 역할을 한다는 데이터가 점점 쌓이자, 과학자들이 이 분자들을 이용한 암 치료 가능성에 흥분한 것은 놀라운 일이 아니다. 기본 개념은 '상실된' miRNA를 대체하거나 과잉 발현된 miRNA를 억제함으로써 암을 치료한다는 것이다. 암 환자에게 해당 miRNA나 인공적으로 만든 miRNA를 투여함으로써 그렇게 할 수 있을 것처럼 보였다. 이 방법은 miRNA의 비정상 발현이 원인인 다른 질병에도 적용할 수 있을 것이다.

거대 제약회사들은 이미 이 분야에 많은 투자를 하고 있다. 사노피

아벤티스와 글락소스미스클라인은 샌디에이고에 있는 레굴루스 세러퓨틱스라는 회사와 각각 협력 관계를 맺고 공동 연구에 수백만 달러를 투자했다. 그들은 암에서부터 자가 면역 질환에 이르기까지 광범위한 질병 치료에 사용할 목적으로 miRNA 대체물이나 억제제를 개발하려고 노력한다.

miRNA와 아주 비슷한 분자로 siRNA(small interfering RNA, 짧은 간섭 RNA)라는 것이 있다. siRNA는 miRNA와 거의 똑같은 과정을 사용해 유전자 발현을 억제하는데, 특히 mRNA의 분해를 억제한다. siRNA는 연구 도구로 아주 광범위하게 사용돼 왔는데, 실험 목적을 위해 배양 중인 세포에 집어넣어 어떤 유전자의 스위치를 끌 수 있기 때문이다. 2006년, 이 기술을 최초로 개발한 앤드루 파이어Andrew Fire와 크레이그 멜로Craig Mello는 노벨 생리의학상을 받았다.

제약회사들은 siRNA를 이용해 신약을 개발하는 데 큰 관심을 보였다. 이론적으로 siRNA 분자는 질병에서 해로운 역할을 담당하는 단백질의 발현을 억제하는 데 사용할 수 있다. 파이어와 멜로가 노벨상을 받은 해에 독일의 거대 제약회사인 메르크는 캘리포니아 주에 있는 siRNA 연구 회사인 서나 세라퓨틱스에 10억 달러 이상을 지불했다. 다른 대형 제약회사들도 이 연구에 거액을 투자했다.

하지만 2010년이 되자 제약업계에 찬바람이 불기 시작했다. 스위스의 거대 제약회사인 로슈는 이미 3년에 걸쳐 5억 달러 이상을 투자했는데도 불구하고, siRNA 개발 계획을 중단한다고 발표했다. 또, 스위스의 거대 제약회사인 노바티스는 매사추세츠 주의 siRNA 회사인 알나일람과 맺었던 협력 관계를 청산했다. 이 연구에 매달리고 있는 회사들은 아직도 많지만, 과거보다 이 기술에 대한 불안감이 한층 커진 것은 분명한 사실이다.

이런 종류의 접근 방법을 치료 목적으로 사용하는 데 따르는 큰 문제 중 하나는 다소 시시하게 들릴지도 모른다. DNA와 RNA 같은 핵산은 단순히 훌륭한 약으로 개발하기가 어렵다는 점이 그것이다. 기존의 훌륭한 약들—이부프로펜, 비아그라, 항히스타민제—은 공통점이 있다. 이 약들은 쉽게 삼킬 수 있고, 창자벽을 통해 흡수되며, 온몸으로 전달되고, 간에서 너무 빨리 분해되지 않으며, 세포에 흡수되어 세포 속의 분자들에 그 효과를 발휘할 수 있다. 이 모든 것은 아주 간단해 보이지만, 신약을 개발할 때 가장 큰 난관이 될 때가 많다. 이런 일들이 제대로 일어나도록 하기 위해 제약회사들은 수천만 달러(그것도 최소한)를 쏟아붓지만, 이것은 아직도 대체로 운에 맡기고 승부를 거는 과정에 머물러 있다.

핵산을 기초로 한 약을 만들려고 시도할 때에는 더 큰 어려움이 있다. 핵산의 크기가 한 가지 문제이다. 평균적인 siRNA 분자는 이부프로펜 같은 약 분자보다 50배 이상 크다. 약(특히 주사제보다 경구 투여 약) 개발에서 일반적으로 적용되는 원칙은 작을수록 좋다는 것이다. 약이 클수록 환자에게 충분한 용량을 투여하고, 그것을 몸 속에 충분히 오랫동안 머물게 하기가 더 어렵다. 이것은 로슈 같은 제약회사가 차라리 다른 곳에 투자하는 편이 더 효율적이라고 판단한 이유일지 모른다. 그렇다고 siRNA가 질병 치료에 효과가 없다는 뜻은 아니다. 사업적으로 모험을 하기에는 위험이 너무 크다는 뜻일 뿐이다. miRNA도 본질적으로 똑같은 문제점들을 지니고 있는데, 두 가지 접근 방법 모두에서 핵산들이 서로 아주 비슷하기 때문이다.

다행히도 대개의 경우, 문제를 해결하는 방법은 한 가지만 있는 게 아니다. 다음 장에서는 후성유전 효소를 표적으로 삼은 약이 어떻게 중증 암 환자들을 치료하는지 보게 될 것이다.

11장

내부의 적과 싸우기

과학에서 최고로 흥분했을 때 터져나오는 말,

곧 새로운 발견을 알리는 그 말은 "유레카!"가 아니라,

"그것 참 기묘하군…….."이다.

– 아이작 아시모프 Isaac Asimov

과학에서 우연한 사건이 놀라운 업적으로 이어진 사례는 아주 많다. 아마도 가장 유명한 사례는 알렉산더 플레밍Alexander Fleming이 우연히 배양 접시로 흘러든 곰팡이가 배양 접시에서 자라던 세균을 죽이는 것을 발견한 사건일 것이다. 이 우연한 사건 덕분에 페니실린이 발견되었고, 그 뒤를 이어 항생제 개발이라는 전체 분야가 발전하게 되었다. 이 우연한 발견 덕분에 수백만 명이 목숨을 구했다.

알렉산더 플레밍은 환자 치료용으로 사용하기 위해 페니실린을 대량 생산하는 방법을 찾아낸 언스트 체인Ernst Chain과 하워드 플로리Howard Florey와 함께 1945년도 노벨 생리의학상을 공동 수상했다. 이 장 서두에서 아시모프가 한 유명한 말은 플레밍이 단순히 운이 좋아 행운을 만난 사람에 불과한 게 아님을 말해준다. 그런 사건에 맞닥뜨렸을 때 그가 떠올린 통찰은 전혀 요행이 아니었다. 세균 배양 접시가 곰팡이에 감염되는 일을 목격한 과학자는 플레밍이 처음은 아니었을

것이다. 그의 위대한 업적은 뭔가 특이한 일이 일어났음을 깨닫고 그 중요성을 제대로 인식한 데서 나왔다. 그동안 갈고 닦은 지식과 훈련 덕분에 플레밍은 우연히 일어난 사건에서 위대한 발견을 할 준비가 돼 있었던 것이다. 그는 그전에 많은 사람이 본 것과 똑같은 것을 보았지만, 아무도 생각하지 못했던 것을 생각했다.

설사 가끔 기묘한 사건이 연구에서 중요한 역할을 한다는 사실을 받아들인다 하더라도, 과학은 일반적으로 논리적이고 질서정연한 방식으로 발전한다는 생각에서 위안을 얻을 수 있을 것이다. 후성유전학에서 그런 발전이 일어나는 방식을 상상해보자…….

후성유전적 변형은 세포의 운명을 좌우한다. 예컨대 간세포가 계속 간세포로 살아가고 다른 세포로 변하지 않는 것도 바로 이 과정 때문이다. 암은 세포의 운명을 정상적으로 조절하는 과정에 문제가 생길 때 발생한다. 간세포가 간세포로 머물러 있길 그만두고 암세포가 되는 것은 후성유전적 조절이 비정상적으로 일어났음을 뜻하기 때문이다. 따라서 이 후성유전적 조절 오류에 영향을 미치는 약을 개발하는 것을 목표로 삼아야 한다. 그런 약은 암을 치료하거나 제어하는 데 유용할지 모른다.

이것은 아주 말끔한 과정이며, 충분히 이치에 닿는다. 사실, 전 세계의 제약업계는 바로 이 목적을 위해 후성유전 치료제를 개발하기 위해 수억 달러를 쏟아붓고 있다. 하지만 위에서 요약 소개한 명백한 사고 과정은 암 치료제 발견 과정이 시작한 방식과 다르다.

후성유전 효소를 억제함으로써 작용하는 암 치료제가 이미 판매되고 있다. 이 약들은 후성유전 효소에 작용한다는 사실이 입증되기 '전에' 이미 암세포에 효과가 있음이 밝혀졌다. 사실, 이 약들의 성공 때문에 후성유전 요법과 후성유전학 자체에 대한 관심이 더욱 커졌다.

우연히 후성유전학자가 된 사람

1970년대 초에 남아프리카 공화국의 젊은 과학자 피터 존스Peter Jones는 5-아자사이티딘이라는 화합물을 연구했다. 이 화합물은 이미 항암 효과가 있다고 알려져 있었는데, 백혈병 세포의 분열을 멈추게 하고, 어린이 백혈병 환자에게 시험했을 때 좋은 효과가 나타났기 때문이다.[1]

피터 존스는 지금은 후성유전 항암 요법의 아버지로 인정받고 있다. 키가 크고 마른 체격에 햇볕에 그을린 피부와 짧은 머리를 가진 그는 어떤 회의장에서도 즉각 알아볼 수 있다. 이 책에서 언급한 훌륭한 과학자들과 마찬가지로 존스도 끊임없이 진화하는 분야에서 수십 년 동안 연구해왔다. 그는 후성유전체가 건강에 미치는 영향을 이해하려고 노력하는 분야에서 아직도 선두에 서 있다. 현재는 광범위한 종류의 세포와 질병에 존재하는 후성유전적 변형의 특성을 밝혀내려는 노력을 선봉에서 이끌고 있다. 지금은 그래도 고도로 전문화된 장비에서 쏟아져 나오는 수많은 데이터를 분석할 수 있는 기술에 의존할 수 있다. 하지만 그가 1970년대 초에 첫 번째 성과를 거두었을 때 의존할 수 있었던 것은 놀라운 관찰력과 철두철미한 절차밖에 없었다. 그것은 준비된 마음을 보여주는 고전적인 사례였다.

40년 전에는 5-아자사이티딘이 어떻게 작용하는지 확실히 아는 사람이 아무도 없었다. 화학 구조는 DNA와 RNA에 들어 있는 염기 C(사이티딘)와 아주 비슷하다. 5-아자사이티딘은 DNA와 RNA 사슬에 첨가된다고 생각했다. 일단 그곳에 당도하면, 어떻게 그러는지 자세히는 몰라도 DNA의 정상적인 복제 과정과 RNA의 전사나 활동을 방해했다. 백혈병에서 발견되는 것과 같은 암세포는 아주 활동적이다. 이 암세포는 단백질을 많이 합성할 필요가 있는데, 그러려면 mRNA를 아주 많이 전사해야 한다. 암세포는 아주 빨리 분열하기 때문에, 자신의 DNA도 아주 효율적으로 복제해야 한다. 만약 5-아자사이티딘이 이런 과정 중 하나 또는 둘 다에 간섭을 일으킨다면, 암세포의 성장과 분열을 방해할 것이다.

존스와 그 동료들은 광범위한 포유류 세포들을 대상으로 5-아자사이티딘의 효과를 시험했다. 많은 종류의 세포를 사람이나 다른 동물에게서 떼어내 실험실에서 성장시키는 일은 아주 성가신 작업이다. 설사 성장시키는 데 성공한다 하더라도, 몇 번의 세포 분열 뒤에 죽는 일이 허다하다. 이 문제를 해결하기 위해 존스는 세포주를 가지고 연구했다. 세포주는 원래 사람을 포함한 동물에서 유래하지만, 적절한 영양분과 온도와 환경 조건만 갖춰진다면, 우연이나 실험적 조작의 결과로 배양 상태에서 무한정 성장할 수 있다. 세포주는 몸에 있는 세포와 정확하게 똑같지 않지만, 유용한 실험계이다.

존스와 그 동료들이 시험한 종류의 세포는 보통은 편평한 플라스틱 플라스크에서 키운다. 이것은 휴대용 위스키나 브랜디 술병을 투명하게 만들어 옆으로 뉘어놓은 것과 비슷하다. 포유류 세포는 플라스크의 편평한 안쪽 표면에서 자란다. 이 세포들은 한 층을 이루어 자라는데, 옆쪽으로는 나란히 빽빽하게 채워나가지만, 결코 다른 세포의 위로 올라가지는 않는다.

5-아자사이티딘으로 몇 주일 동안 세포들을 배양하던 연구자들은 어느 날 아침에 한 배양 플라스크 안에서 기묘한 덩어리 같은 걸 보았다. 맨눈으로 보았을 때 처음에는 곰팡이에 감염된 것처럼 보였다. 보통 사람이라면 그 플라스크를 그냥 버리고, 다음에 세포를 배양할 때에는 이런 일이 일어나지 않도록 좀더 조심하자고 다짐할 것이다. 하

지만 존스는 그러지 않았다. 존스는 그 덩어리를 더 자세히 살펴보다가 그것이 결코 밖에서 흘러든 곰팡이가 아니라는 사실을 알아챘다. 그것은 큰 세포 집단으로, 많은 세포핵을 포함한 거대한 세포덩어리였다. 그것들은 아주 작은 근섬유로, 앞에서 X 비활성화를 이야기할 때 나왔던 융합체 조직이었다. 이 작은 근섬유들은 심지어 가끔 씰룩이기까지 했다.[2]

이것은 정말로 아주 기이했다. 비록 세포주가 원래 생쥐 배아에서 유래한 것이긴 했지만, 보통은 근육세포 같은 것을 만드는 일은 절대로 없었다. 대신에 상피세포(대부분의 기관 표면을 덮는 세포)를 만드는 경향이 있었다. 존스의 연구는 5-아자사이티딘이 배아 세포의 잠재력을 변화시켜 상피세포 대신에 근육세포가 되게 할 수 있음을 보여주었다. 하지만 DNA와 mRNA의 생산을 방해함으로써 암세포를 죽이는 화합물이 왜 이런 효과를 나타내는 것일까?

존스는 이 연구를 하다가 남아프리카 공화국에서 서던캘리포니아 대학으로 연구 장소를 옮겼다. 2년 뒤, 그는 자기 밑에서 박사 과정을 밟고 있던 셜리 테일러Shirley Taylor와 함께 5-아자사이티딘으로 처리한 세포주가 근육을 만들기만 하는 게 아님을 보여주었다. 그것은 다른 종류의 세포들도 만들 수 있었다. 그런 세포들에는 지방세포와 연골세포도 있었다. 이 세포들은 관절 표면을 덮고 있는 것과 같은 연골 단백질을 만들어 두 면이 서로 부드럽게 미끄러져 지나가게 한다.

이 데이터는 5-아자사이티딘이 특별한 근육 지정 인자가 아님을 보여주었다. 존스는 이 연구를 보고한 논문에서 "5-아자사이티딘은…… 다능성이 더 많은 상태로 되돌아가도록 한다."[3]라고 주장했는데, 이것은 탁월한 선견지명이었다. 다시 말해서, 이 화합물은 와딩턴의 후성유전학 풍경에서 공을 조금 더 위쪽으로 밀어올렸다. 그러고 나서 그 공은 언덕들 사이의 계곡으로 다시 굴러내려가 처음과는 다른 장소로 들어갔다.

하지만 5-아자사이티딘이 왜 이토록 특이한 효과를 나타내는지 설명하는 이론은 아직 없었다. 존스는 자신의 인식에 전환이 일어난 사건에 대해 자기 비하적인 이야기를 재미있게 들려준다. 그는 원래 서던캘리포니아 대학의 소아과학과에 임명되었지만, 생화학과 자리도 겸직하길 원했다. 겸직을 하려면 별도의 면접 절차를 거쳐야 했는데, 존스는 그 면접을 무가치한 것으로 여겼다. 면접에서 존스는 5-아자사이티딘에 대한 연구를 이야기하면서 왜 이 화합물이 세포의 다능성에 영향을 미치는지 아무도 모른다고 설명했다. 같은 대학에 근무하는 과학자로 면접관으로 참여한 로버트 스텔바겐Robert Stellwagen은 "DNA 메틸화는 생각해보셨나요?"라고 물었다. 존스는 DNA 메틸화는 생각은커녕 들어본 적도 없다고 솔직하게 인정했다.[4]

존스와 테일러는 즉시 DNA 메틸화에 초점을 맞춰 연구를 했고, 곧 정말로 그것이 5-아자사이티딘의 효과에서 핵심을 차지한다는 사실을 입증했다. 5-아자사이티딘은 DNA 메틸화를 억제했다. 존스와 셜리는 5-아자사이티딘과 관련이 있는 화합물을 많이 만들어 배양 세포를 대상으로 그 효과를 시험했다. DNA 메틸화를 억제하는 화합물은 원래 5-아자사이티딘의 효과에서 관찰된 표현형 변화도 초래했다. 반면에 DNA 메틸화를 억제하지 않는 화합물은 표현형에 아무 영향도 미치지 않았다.[5]

막다른 골목에 이른 메틸화

사이티딘(염기 C)과 5-아자사이티딘은 화학 구조가 아주 비슷하다. **그림 11.1**이 그것을 보여주는데, 단순성을 위해 구조 중에서 꼭 필요한 부분(각각 사이토신과 5-아자사이토신이라 부르는 부분)만 나타냈다.

그림에서 위쪽 절반은 사이토신이 DNA 메틸기 전이 효소(DNMT1, DNMT3A, DNMT3B)에 의해 메틸화되어 5-메틸사이토신을 만드는 것을 보여주는 **그림 4.1**과 아주 비슷하다. 5-아자사이토신에서는 정상적으로는 메틸화되어야 할 핵심 탄소 원자(C)가 질소 원자(N)로 대체된다. 이 질소 원자에는 DNA 메틸기 전이 효소가 메틸기를 들러붙게 할 수 없다.

4장으로 다시 돌아가 생각해보자. DNA에서 메틸화된 지역을 상상해보라. 세포가 분열할 때, DNA 이중 나선 두 가닥이 분리되면서 각각 하나씩 더 복제된다. 하지만 DNA를 복제하는 효소들은 직접 DNA 메틸화를 복제하진 못한다. 그 결과, 각각의 새로운 이중 나선은 메틸화된 가닥 하나와 메틸화되지 않은 가닥 하나를 갖게 된다. DNMT1이란 DNA 메틸기 전이 효소는 한 가닥에만 DNA 메틸화가 일어난 DNA를 식별하여 다른 가닥에서도 그 부분에 메틸화가 일어나게 할 수 있다. 그럼으로써 원래의 DNA 메틸화 패턴이 복원된다.

하지만 만약 분열하는 세포를 5-아자사이티딘으로 처리하면, 유전체가 복제될 때 이 비정상 사이티딘 염기가 새로운 DNA 가닥에 첨가된다. 비정상 염기에는 탄소 원자 대신에 질소 원자가 자리 잡고 있기 때문에, DNMT1 효소는 사라진 메틸기를 대체할 수 없다. 만약 세포가 계속 분열하는 동안 이런 일이 계속 일어난다면, DNA 메틸화가 희석되어 사라지고 만다.

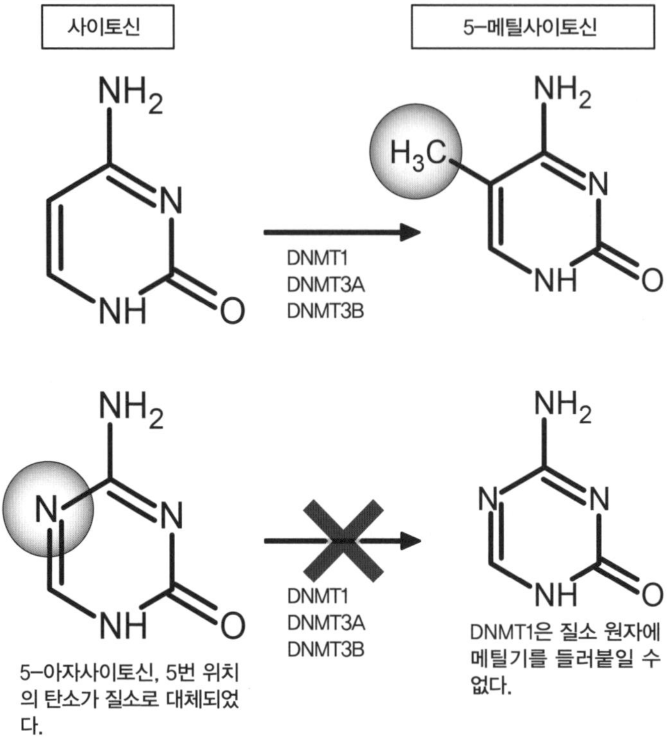

그림 11.1 세포 분열이 시작되기 전에 DNA가 복제되는 동안 DNA에 5-아자사이토신을 집어넣을 수 있다. 5-아자사이토신은 염기 C의 자리를 차지하지만, 원래 탄소 원자가 있던 자리에 질소 원자가 있기 때문에 DNMT1이 [그림 4.2]에서 설명한 방식대로 외부의 염기를 메틸화할 수 없다.

분열하는 세포를 5-아자사이티딘으로 처리하면, 또 다른 일이 일어난다. 이제 우리는 DNA에서 정상 사이티딘 대신에 5-아자사이티딘이 있는 지역에 DNMT1이 들러붙으면, DNMT1이 그곳에 자리를 잡는다는 사실을 알고 있다.[6] 이곳에 버림을 받은 효소는 세포의 다른 부분으로 보내져 분해된다. 이 때문에 세포 속에서 DNMT1 효소의 전체 양이 감소한다.[7,8] 이렇게 DNMT1의 양 감소와 5-아자사이티딘이 메틸화되지 않는다는 사실이 복합적으로 작용하여 세포 내의 DNA 메틸화 양은 계속 감소한다. DNA 메틸화 감소가 왜 항암 효과를 나타내는지에 대해서는 잠시 뒤에 다시 다룰 것이다.

따라서 5-아자사이티딘은 항암 치료제가 예상 밖으로 후성유전적으로 작용한다는 것을 보여주는 사례이다. 기묘하게도 지금은 암 치료제로 판매 허가가 난 두 번째 사례의 화합물에서도 이와 비슷한 일이 일어났다.[9]

또 다른 행운의 사고

1971년, 과학자 샬럿 프렌드Charlotte Friend는 DMSO(dimethyl sulfoxide, 디메틸설폭사이드)라는 아주 단순한 화합물이 백혈병에 걸린 생쥐 표본에서 채취한 암세포에 기묘한 효과를 나타낸다는 사실을 입증했다. 이 세포들을 DMSO로 처리하자, 세포들이 빨간색으로 변했다. DMSO가 적혈구에 빨간색을 나타내는 색소인 헤모글로빈 유전자의 스위치를 켰기 때문이었다.[10] 정상적으로는 백혈병 세포는 이 유전자의 스위치를 절대로 켜지 않는데, DMSO가 나타내는 이 효과가 어떤 메커니즘 때문에 일어나는지는 전혀 알려져 있지 않았다.

컬럼비아 대학의 로널드 브레슬로Ronald Breslow와 메모리얼 슬로언-케터링 암 센터의 폴 마크스Paul Marks와 리처드 리프킨드Richard Rifkind는 프렌드의 연구에 흥미를 느꼈다. 브레슬로는 DMSO의 구조를 출발점으로 삼아, 레고 벽돌들을 새롭게 조합하는 것과 비슷하게 일부 부분을 첨가하거나 변화시킴으로써 새로운 화학 물질 집단을 설계하고 만들기 시작했다. 마크스와 리프킨드는 이 물질들을 다양한 세포 모형에서 시험하기 시작했다. 일부 화합물은 DMSO에서 다른 효과를 얻었다. 이 화합물들은 세포의 성장을 멈추게 했다.

많은 반복 실험을 통해 각각의 새롭고 더 복잡한 구조로부터 새로운 것을 배우면서 이들은 SAHA(suberoylanilide hydroxamic acid 수베로일아닐라이드 히드록삼산)라는 분자를 만들었다. 이 화합물은 암세포주의 성장을 멈추고/멈추거나 죽게 하는 데 아주 큰 효과가 있었다.[11] 하지만 SAHA가 세포에서 하는 일을 확인한 것은 그로부터 다시 2년이 지나고 나서였다. 정말로 중요한 순간은 프렌드가 획기적인 연구를 발표하고 나서 25년 이상이 지난 뒤에야 찾아왔는데, 마크스 연구팀에서 일하던 빅토리아 리천Victoria Richon이 도쿄 대학의 한 연구팀이 1990년에 발표한 논문을 읽은 것이 그 계기가 되었다.

일본 연구팀은 트리코스타틴 ATrichostatin A, TSA라는 화합물을 연구했다. TSA는 세포의 증식을 멈추게 하는 능력이 있는 것으로 알려졌다. 일본 연구팀은 TSA로 처리하면 암세포주에서 히스톤 단백질에 아세틸기가 들러붙는 정도가 변한다는 사실을 입증했다. 히스톤 아세틸화는 4장에서 처음 소개했던 후성유전적 변형이다. 세포를 TSA로 처리하면, 히스톤 아세틸화 수준이 높아졌다. 이것은 TSA가 히스톤에 아세틸기를 붙이는 효소를 활성화시켜서 일어난 일이 아니었다. 그것은 TSA가 이 염색질 단백질로부터 아세틸기를 제거하는 효소를 억제해

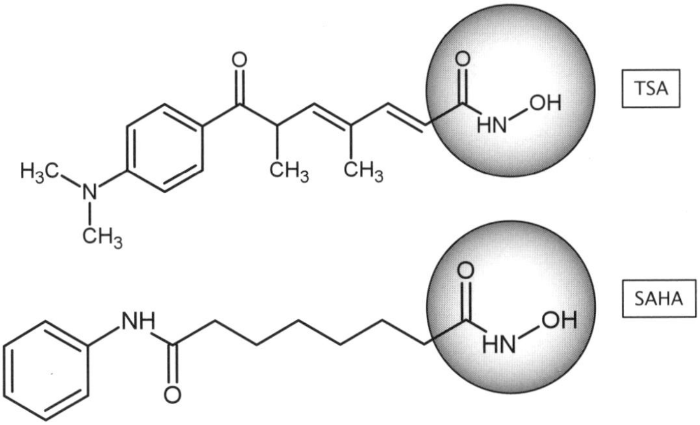

그림 11.2 TSA와 SAHA의 구조. 가장 비슷한 지역을 원으로 표시했다. C는 탄소, H는 수소, N은 질소, O는 산소를 나타낸다. 단순성을 위해 일부 탄소 원자는 명시적으로 표시하지 않았지만, 두 선이 만나는 점에는 탄소 원자가 존재한다.

서 일어났다. 이 단백질을 히스톤 탈아세틸화 효소histone deacetylase, HDAC라 부른다.[12]

빅토리아 리천은 TSA의 구조를 SAHA와 비교했는데, **그림 11.2**가 그것을 보여준다.

꼭 화학 학위가 있어야만 TSA와 SAHA가 아주 비슷하다는 사실(특히 각 분자의 오른쪽)을 알아챌 수 있는 것은 아니다. 리천은 SAHA가 TSA와 마찬가지로 HDAC 억제제라고 가정했다. 1998년에 리천은 동료들과 함께 실제로 그렇다는 것을 보여주는 논문을 발표했다.[13] SAHA는 HDAC 효소가 히스톤 단백질에서 아세틸기를 제거하는 일을 방해하고, 그 결과로 히스톤에 아세틸기가 많이 들러붙는다.

우연의 일치를 넘어

따라서 5-아자사이티딘과 SAHA는 둘 다 암세포의 증식을 감소시키고, 후성유전 효소의 활동을 억제한다. 우리는 이것을 후성유전 단백질이 암에서 중요하다는 가설을 뒷받침하는 증거로 간주할 수 있긴 하지만, 여기서 곧장 결론으로 나아갈 수 있을까? 두 약이 후성유전 단백질에 영향을 미치는 것은 그저 우연의 일치에 불과한 것일 수도 있다. 사실, 두 화합물이 표적으로 삼는 효소들은 서로 아주 다르다. 5-아자사이티딘은 DNA에 메틸기를 첨가하는 DNMT 효소를 억제한다. 반면에 SAHA는 히스톤 단백질에서 아세틸기를 제거하는 HDAC 효소 가족을 억제한다. 겉으로 보기에 이 두 가지는 서로 아주 다른 과정처럼 보인다. 그렇다면 5-아자사이티딘과 SAHA가 둘 다 후성유전 효소를 억제하는 것은 우연의 일치에 불과한 것이 아닐까?

후성유전학자들은 이것이 절대로 우연의 일치가 아니라고 믿는다. DNA 메틸기 전이 효소는 염기 사이티딘에 메틸기를 첨가한다. 이 염기는 CpG 섬, 즉 DNA에서 CG가 풍부한 기다란 부분에서 높은 농도로 발견된다. CpG 섬은 유전자에서 윗부분, 그러니까 유전자 발현을 조절하는 프로모터 지역에서 발견된다. CpG 섬의 DNA가 과도하게 메틸화되면, 그 프로모터가 조절하는 유전자의 스위치가 꺼진다. 다시 말해서, DNA 메틸화는 억제 변형이다. DNMT의 활동은 DNA 메틸화를 증가시키고, 따라서 유전자 발현을 억제한다. 5-아자사이티딘으로 이 효소들을 억제하면, 유전자 발현을 촉진할 수 있다.

히스톤 단백질은 유전자의 프로모터에서도 발견된다. 4장에서 보았듯이, 히스톤 변형은 아주 복잡할 수 있다. 하지만 히스톤 아세틸화는 유전자 발현에 미치는 효과 면에서 가장 단순한 것이다. 만약 유전자 윗부분에 위치한 히스톤들이 지나치게 아세틸화되면, 그 유전자는 잘 발현될 가능성이 높다. 만약 히스톤들에 아세틸화가 부족하면, 그 유전자는 스위치가 꺼질 가능성이 높다. 히스톤 '탈'아세틸화는 억제성 변화이다. 히스톤 탈아세틸화 효소(HDAC)는 히스톤 단백질에서 아세틸기를 제거함으로써 유전자 발현을 억제한다. 따라서 SAHA로 이 효소들을 억제하면, 유전자 발현을 촉진할 수 있다.

따라서 일관된 연구 결과들이 계속 나오고 있는 셈이다. 서로 아무 관련이 없는 두 화합물이지만, 배양 중인 암세포의 성장을 제어하는 화합물과 인간의 암 치료제로 판매 허가가 난 화합물은 둘 다 후성유전 효소를 억제한다. 그럼으로써 두 화합물은 유전자 발현을 촉진하는데, 이 상황은 왜 이것이 암 치료에 도움이 되는가 하는 질문을 낳는다. 그것을 이해하려면 암생물학에 대해 좀 알 필요가 있다.

암생물학 개론

암은 세포가 비정상적인 통제 불능 상태로 증식한 결과로 생긴다. 우리 몸의 세포는 정상적으로는 정해진 속도로 분열하고 증식한다. 이것은 세포 속에 있는 유전자들의 네트워크 사이에 작용하는 복잡한 균형 작용을 통해 제어된다. 일부 유전자는 세포의 증식을 촉진한다. 이 유전자를 가끔 원종양 유전자proto-oncogene라 부른다. 이 유전자들은 10장의 시소 그림에서 + 부호로 표시된 것들이다. 반면에 세포의 증식을 억제하는 유전자도 있다. 이 유전자는 종양 억제 유전자tumor suppressor라 부른다. 이 유전자들은 시소 그림에서 − 부호로 표시된 것들이다.

원종양 유전자와 종양 억제 유전자는 본질적으로 좋거나 나쁜 것이 아니다. 건강한 세포에서는 이 두 가지 유전자의 활동이 균형을 이룬다. 하지만 이 네트워크의 조절이 어긋날 경우, 세포 증식 조절도 틀어질 수 있다. 만약 원종양 유전자가 지나치게 활성화되면, 세포를 암성 상태canceous state로 향해 나아가게 할 수 있다. 반면에 종양 억제 유전자가 비활성화되면, 더 이상 세포 분열에 제동을 걸지 못하게 된다. 두 경우 모두 결과는 동일하다. 그 세포는 아주 빨리 증식하기 시작한다.

하지만 암은 단순히 세포 증식이 지나치게 많이 일어난 결과가 아니다. 만약 세포들이 너무 빨리 분열하지만 나머지 점에서는 정상이라면, 이 세포들은 양성 종양이라는 구조를 만든다. 양성 종양은 보기에 거슬리고 불편할 수 있지만, 핵심 기관을 짓눌러 그 활동에 영향을 미치지만 않는다면, 그 자체가 치명적 결과를 초래하진 않는다. 완전한 암에서는 세포들이 단순히 빨리 증식하기만 할 뿐만 아니라, 그 성

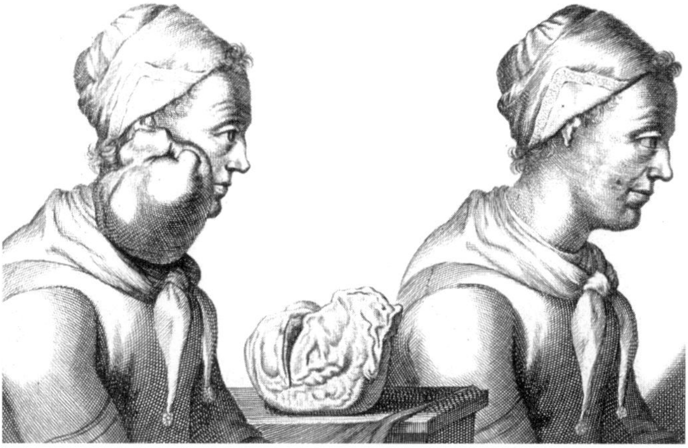

암은 세포가 비정상적인 통제 불능 상태로 증식한 결과로 생긴다.

질도 비정상이어서 다른 조직들을 침범하기 시작한다.

기태奇胎(임신 시 태반 같은 조직의 비정상적인 성장으로 융모막 상피가 증식하여 포도처럼 자라는 병적 상태)는 양성 종양이다. 큰창자 안쪽에 자라는 폴립polyp(점막에 발생하는 버섯 모양의 종양) 역시 양성 종양이다. 기태나 폴립은 그 자체로는 전혀 위험하지 않다. 문제는 기태나 폴립이 많아질수록 그중 하나가 다음 단계로 진행할 가능성이 커지고, 그래서 이상이 생겨 완전한 암으로 진행할 수 있다.

이것은 많은 연구에서 입증된 다소 중요한 사실을 암시한다. 암은 단번에 발생하는 사건이 아니다. 암은 다단계 과정으로, 한 단계가 추가될 때마다 세포는 악성 종양으로 향하는 길을 향해 한 걸음 더 다가간다. 이것은 환자가 암에 걸리기 아주 쉬운 소질을 타고난 경우에도 그렇다. 한 예는 일부 가족에게 유전 질환으로 나타나는 폐경 전 유방암이다. 돌연변이가 생긴 *BRCA1* 유전자를 물려받은 여성은 치료가 아주 어려운 공격적인 유방암에 일찍 걸릴 위험이 매우 높다. 하지만 이들 여성이 유방암에 걸린 채 태어나는 것은 아니다. 완전한 암으로 발전하기까지는 많은 세월이 걸리는데, 다른 결함들도 함께 축적되어야 하기 때문이다.

따라서 세포는 결함들이 축적되면서 점점 더 암을 향해 나아간다. 이 결함들은 모세포에서 딸세포로 전달되어야 하는데, 그러지 않으면 세포가 분열할 때마다 결함이 사라질 것이기 때문이다. 암이 발달하는 동안 축적되는 이 결함들은 세포들 간에 물려줄 수 있는 것이어야 한다. 충분히 이해할 수 있는 일이지만, 아주 오랫동안 과학계의 관심은 암의 발달에 관여하는 유전자에 일어난 돌연변이를 확인하는 데 중점을 두었다. 과학자들은 기본 청사진인 유전자 암호에 일어난 변형을 찾으려고 노력했다. 그들은 특히 종양 억제 유전자에 큰 흥미를 느꼈는데, 이것들은 보통 유전성 암에서 돌연변이를 일으키는 유전자이기 때문이다.

사람은 각각의 종양 억제 유전자를 두 벌씩 가진 경우가 많은데, 대부분이 상염색체에 존재하기 때문이다. 세포가 점점 암세포로 변해감에 따라 핵심 종양 억제 유전자는 대개 두 벌 다 스위치가 꺼진다(비활성화된다). 많은 경우, 이것은 암세포에서 이 유전자가 돌연변이를 일으켜 일어난다. 이것을 체세포 돌연변이라 부른다. 이것은 정상적으로 살아가다가 어느 순간에 체세포에서 일어난다. 체세포 돌연변이는 부모에게서 자식에게로 전달되는 유전적 돌연변이와 구별하기 위해 붙인 이름이다. 종양 억제 유전자 두 벌을 비활성화시키는 돌연변이는 매우 다양할지 모른다. 어떤 경우에는 아미노산 서열에 변화가 일어나 유전자가 기능 단백질을 더 이상 만들지 못할 수 있다. 또 어떤 경우에는 점점 암성으로 변해가는 세포에서 염색체 중 해당 부위가 상실될 수도 있다. 또, 특정 종양 억제 유전자 한 벌에 아미노산 서열을 변화시키는 돌연변이가 일어나고, 다른 한 벌에는 미소 결실이 일어난 환자도 있을 수 있다.

이런 사건들이 실제로 일어나고 그것도 아주 자주 일어난다는 사실은 명백하지만, 종양 억제 유전자에 돌연변이가 어떻게 일어났는지 정확하게 알기 어려울 때가 많다. 지난 15년 사이에 종양 억제 유전자가 비활성화되는 또 다른 방법이 있다는 사실이 밝혀졌다. 그것은 바로 후성유전적으로 유전자를 침묵시키는 방법이다. 만약 프로모터 지역의 DNA가 지나치게 메틸화되거나 히스톤이 억제 변형으로 뒤덮인다면, 종양 억제 유전자의 스위치가 꺼질 것이다. 그러면 그 유전자는 기본 청사진이 변하지 않고도 비활성화될 수 있다.

암 연구에서 만나는 후성유전학의 최전선

여러 연구소는 이런 일이 분명하게 나타나는 암들을 확인했다. 최초의 보고서 중 하나는 콩팥암(신장암)의 한 종류인 콩팥투명세포암종에 관한 것이었다. 이 암이 발달하는 한 핵심 단계는 *VHL*이라는 특정 종양 억제 유전자의 비활성화이다. 1994년, 볼티모어의 존스홉킨스 의학연구소에서 스티븐 베일린Stephen Baylin이 이끌던 연구팀은 *VHL* 유전자 앞에 위치한 CpG 섬을 분석했다. 분석한 콩팥투명세포암종 시료 중 19%에서 CpG 섬의 DNA가 과잉 메틸화되어 있었다. 이것은 이 핵심 종양 억제 유전자의 발현 스위치를 껐는데, 이 환자들에게서는 이것이 암의 진행 과정에서 하나의 중요한 사건이었던 게 거의 틀림없다.[14]

프로모터 메틸화가 일어난 것은 *VHL* 종양 억제 유전자와 콩팥암뿐만이 아니었다. 베일린과 그 동료들은 그 후에 유방암의 *BRCA1* 종양 억제 유전자를 분석했다. 이 질병의 가족력이 전혀 없는 사례들을 분석했는데, 이 암은 우리가 몇 단락 앞에서 보았던 *BRCA1*의 돌연변이 때문에 일어난 게 아니었다. 이 산발적인 유방암 발병 사례들 중에서 약 13%는 *BRCA1* CpG 섬이 과잉 메틸화된 경우였다.[15] 휴스턴의 MD앤더슨암센터에서 일하던 장-피에르 이사Jean-Pierre Issa는 스티븐 베일린과 협력하여 더 광범위한 비정상 DNA 메틸화 패턴을 보고했다. 이들의 협력 연구에서는 잘록창자암(결장암) 중 20% 이상은 많은 유전자에서 동시에 프로모터 DNA 메틸화가 높은 수준으로 일어났음이 밝혀졌다.[16]

후속 연구는 암에 걸렸을 때 변하는 것은 DNA 메틸화뿐만이 아님을 보여주었다. 히스톤 변형이 일어나 종양 억제 유전자의 억제를 초래했음을 보여주는 직접적 증거도 있다. 예를 들면, 유방암 사례들에서 *ARH1*이라는 종양 억제 유전자와 관련이 있는 히스톤들은 아세틸화 수준이 낮았다.[17] 폐암의 일종인 비소세포폐암의 경우, *PERI*라는 종양 억제 유전자에서도 비슷한 관계가 발견된다.[18] 두 경우 모두 히스톤 아세틸화 수준과 종양 억제 유전자의 발현 사이에 어떤 관계가 있었다. 아세틸화 수준이 낮을수록 유전자 발현 수준도 낮았다. 이 유전자들은 둘 다 종양 억제 유전자이기 때문에, 발현 수준이 낮으면 세포는 증식에 제동을 걸기가 더 어려울 수밖에 없다.

이러한 발견—종양 억제 유전자가 후성유전 메커니즘을 통해 스위치가 꺼진다는—은 해당 분야에서 큰 흥분을 불러일으켰는데, 암 치료에 새로운 길이 있음을 시사했기 때문이다. 만약 암세포에서 종양 억제 유전자를 하나 또는 그 이상 작동시킬 수 있다면, 미친 듯이 증식하는 암세포의 고삐를 잡을 기회가 생긴다. 즉, 폭주 열차의 속도를 늦출 가능성이 생긴다.

과학자들이 종양 억제 유전자가 돌연변이나 결실을 통해 비활성화된다고 생각하긴 했지만, 이 유전자들을 되살리기 위해 우리가 선택할 수 있는 방법은 많지 않았다. 현재 유전자 치료를 사용하는 방법이 효과가 있는지 알아보기 위한 임상 시험이 진행되고 있다. 유전자 치료가 효과가 있는 것으로 드러나는 상황이 있을지도 모르지만, 그 결과는 확실치 않다. 유전자 치료는 모든 종류의 질병에서 이 기술에 대한 희망을 불어넣으려고 애써왔다. 해당 유전자를 정확한 세포에 집어넣기가 매우 어렵거나 제자리에 들어가더라도 그 유전자의 스위치를 켜지게 하기가 아주 어려울지도 모른다. 설사 성공한다 하더라도, 우리 몸은 여분의 이 유전자를 제거할 때가 많다. 그 결과, 처음에 효과가 있는 듯이 보이다가도 금방 그 효과가 사라지고 만다. 비교적 희귀한 일이긴 하지만, 유전자 치료 자체가 암으로 발전한 사례도 있다. 유전자 치료가 전혀 예기치 못했던 효과를 나타내 세포 증식을 더 증가시키는 결과를 초래했기 때문이다. 과학계는 유전자 치료에 대한 희망을 버리지 않았으며, 어떤 조건에서는 올바른 접근 방법으로 증명될지 모른다.[19] 하지만 암처럼 치료해야 할 사람이 많은 질병의 경우에는 이 방법은 너무 값비싸고 사용하기가 어렵다.

후성유전 암 치료제 개발에 사람들이 열광적인 반응을 보인 이유는 이 때문이다. 정의상 후성유전적 변화는 기본적인 DNA 암호를 변화시키지 않는다. 앞에서 보았듯이, 후성유전 효소의 작용으로 종양 억제 유전자 한 벌이 비활성화되는 환자들이 있다. 이런 환자들의 경우에는 정상 종양 억제 단백질을 만드는 암호가 돌연변이에 의해 오염된 게 아니다. 따라서 이들에게서는 적절한 후성유전 치료제로 비정상 DNA 메틸화 패턴이나 히스톤 아세틸화 패턴을 되돌릴 가능성이 있다. 만약 그렇게 할 수 있다면, 정상 종양 억제 유전자의 스위치가 다시 켜질 테고, 암세포를 다시 제어하는 데 도움이 될 것이다.

미국 FDA는 DNMT1 효소를 억제하는 두 가지 약에 대해 암 환자에게 임상적으로 사용할 수 있는 판매 허가를 내주었다. 두 약은 5-아자사이티딘(상표명은 비다자Vidaza)과 2-아자-5′-데옥시사이티딘(상표명은 다코젠Dacogen)이다. HDAC 억제제 두 종도 판매 허가가 났다. 이 약들은 앞에 나왔던 SAHA(상표명 졸린자Zolinza)와 로미뎁신(상표명 이스토닥스Istodax)이라는 분자이다. 로미뎁신은 화학 구조가 SAHA와 아주 다르지만, 마찬가지로 HDAC 효소를 억제한다.

피터 존스는 5-아자사이티딘이 분자 차원에서 담당하는 역할을 밝혀낸 데 이어 스티븐 베일린과 장-피에르 이사와 함께 지난 30년 동안 이 화합물을 연구실에서 끄집어내 임상 시험을 거쳐 마침내 판매 승인을 얻은 제품으로 만드는 데 아주 중요한 역할을 했다.

두 종류의 효소를 억제하는 이 네 가지 화합물이 정식 의약품으로 판매 허가를 받는 데 성공한 것은 후성유전 요법 전체 분야에 큰 힘을 실어주었다. 하지만 이 약들은 모든 암을 치료할 수 있는 보편적인 마법의 탄약으로 입증되진 않았다.

기적의 치료제는 없다

그것은 암 연구와 치료 분야에서 일하는 사람들에게는 전혀 놀라운 일이 아니었다. 가끔 대중 언론의 일부 기자들은 특효가 있는 암 치료제에 대한 기사를 반드시 써야 한다는 강박 관념에 사로잡힌 것처럼 보인다. 일반적으로 과학자들은 너무 독단적인 견해를 갖지 않으려고 노력하지만, 대다수 과학자의 의견이 일치하는 사실이 하나 있다. 그것은 바로 모든 암을 확실하게 치료하는 한 가지 치료법은 결코 없다는 것이다.

그 이유는 암이 한 가지 형태만 있는 게 아니기 때문이다. 암이란 이름이 붙은 질병의 종류는 100가지가 넘는다. 한 가지 예(예컨대 유방암)만 살펴보더라도, 이 특정 종류의 암에는 여러 가지 형태가 있다는 사실을 발견하게 된다. 어떤 유방암은 에스트로겐이라는 여성 호르몬에 반응하여 성장한다. 어떤 유방암은 표피 성장 인자라는 단백질에 가장 강하게 반응한다. 일부 유방암에서는 *BRCA1* 유전자가 비활성화되거나 돌연변이를 일으키지만, 다른 유방암에서는 그러지 않는다. 일부 유방암은 알려진 암 성장 인자 중 어느 것에도 반응하지 않지만, 우리가 아직 확인할 수 없을지도 모르는 다른 신호에 반응한다.

암은 다단계 과정이기 때문에, 서로 아주 비슷해 보이는 암에 걸린 두 환자가 사실은 아주 다른 분자 과정 때문에 암에 걸렸을 수 있다. 종양의 성장과 공격성을 촉진하는 돌연변이와 후성유전적 변형과 기타 인자의 조합이 서로 다를 수 있다. 이것은 환자에 따라 종류와 조합이 제각각 다른 항암제 치료가 필요할지도 모른다는 것을 의미한다.

하지만 이런 점을 감안한다 하더라도, DNMT와 HDAC 억제제를 사용한 임상 시험 결과는 아주 놀라웠다. 이 중 어느 것도 유방암, 잘록창자암(결장암), 전립선암 같은 고형 종양에 대해서는 아직까지 큰 효과가 입증되진 않았다. 대신에 병원체에 대항하는 방어 체계 중 일부인 백혈구를 만드는 세포에서 발달한 암들에는 큰 효과가 있다. 이런 암들을 혈액 종양이라 부른다. 현재의 후성유전 치료제가 고형 종양에 왜 효과가 없는 것처럼 보이는지 그 이유는 명확하지 않다. 이 암들은 혈액 종양과 분자 차원의 메커니즘이 다를지도 모른다. 혹은 약이 고형 종양에 충분한 농도로 침투하지 못해 대부분의 암세포에 영향을 미치지 못하는지도 모른다.

혈액 종양도 종류에 따라 DNMT와 HDAC 억제제의 효과에 차이가 있다. DNMT 억제제는 두 종 모두 골수형성이상 증후군에 대해 판매 허가가 났다.[20,21] 골수형성이상 증후군은 골수에 장애가 생기는 병이다.

피부T세포림프종이라는 다른 종류의 혈액 종양에 대해서도 DNMT 억제제 두 종 모두 판매 허가가 났다.[22] 이 병에 걸린 사람은 피부에 T 세포라는 면역 세포가 침투해 마구 증식하면서 눈에 띄는 플라크와 큰 병터가 만들어진다.

골수형성이상 증후군이나 피부T세포림프종에 걸린 환자들이 모두 이 약들에서 임상적으로 이득을 얻는 것은 아니다. 반응이 나타나는 환자들도 이 약들이 병을 정말로 치료하는 것으로 보이진 않는다. 약 복용을 중단하면, 암이 다시 기세를 회복한다. DNMT1 억제제와 HDAC 억제제는 암세포 성장에 제동을 걸어 암의 진행을 늦추고 억제하는 것으로 보인다. 따라서 암을 치료하기보다는 제어한다고 볼 수 있다.

하지만 이것은 기대 수명을 늘리고/늘리거나 삶의 질을 개선함으로써 환자에게 아주 큰 도움을 준다. 예를 들면, 피부T세포림프종 환자 중 많은 사람은 항상 병터가 참기 힘들 정도로 가려워 심한 통증과 고통을 겪는다. HDAC 억제제는 이 증상을 진정시키는 데 큰 효과가 있는데, 심지어 이 약을 사용해 생존 시간이 늘어나지 않는 환자에게도 큰 효과가 있다.

일반적으로, 새로 개발된 항암제가 어떤 환자에게 큰 효과가 있을지 알기 어려울 때가 많다. 이것은 새로운 후성유전적 항암 치료제를 개발하는 회사들이 안고 있는 큰 문제 중 하나이다. FDA가 5-아자사이티딘과 SAHA에 판매 허가를 내준 지 몇 년이 지난 지금도 우리는 왜 이 약들이 다른 암보다 골수형성이상 증후군과 피부T세포림프종에 더 효과가 있는지 알지 못한다. 그저 사람을 대상으로 한 초기 임상 시험에서 이 병들에 걸린 환자들이 다른 종류의 암 환자들보다 더 강하게 반응했을 뿐이다. 임상 시험을 한 임상의들이 이 사실에 주목하자, 후속 임상 시험들은 이 환자군을 중심으로 설계되었다.

이것은 그다지 큰 문제가 될 것 같지 않다. 제약회사가 약을 개발한 뒤, 온갖 종류의 암을 대상으로 시험하고, 또 다른 항암제들과 함께 온갖 종류의 조합을 시험하여 최선의 사용 방법을 알아내는 것은 그다지 어려워 보이지 않는다.

문제는 비용이다. 미국 국립암연구소 웹사이트를 방문해보면, 특정 약의 임상 시험 횟수를 찾아볼 수 있다. 2011년 2월에는 SAHA의 임상 시험 횟수가 모두 88회나 되었다.[23] 임상 시험에 드는 비용이 정확히 얼마인지 알기는 어렵지만, 2007년의 자료를 바탕으로 계산한다면, 환자 1인당 약 2만 달러를 보수적인 추정치로 잡을 수 있다.[24] 한 번의 임상 시험에 참여하는 환자 수를 20명으로 가정한다면, 국립암연구소에서 SAHA의 임상 시험에 든 총 비용은 2500만 달러가 넘는다는 계산이 나온다. 이것도 전체 비용을 과소평가한 금액임이 거의 확실하다.

SAHA를 처음 개발한 컬럼비아 대학과 메모리얼 슬로언-케터링 암 센터의 연구자들은 그 특허를 얻었다. 그리고 나서 그들은 SAHA를 의약품으로 개발하기 위해 아톤파마라는 회사를 세웠다. 아톤파마의 초기 임상 시험에서 피부T세포림프종에 대해 유망한 결과가 나오자, 2004년에 거대 제약회사인 머크가 1억 2000만 달러가 넘는 금액을 치르고 아톤파마를 인수했다. 아톤파마는 SAHA를 이 단계까지 발전시키느라 수백만 달러를 쓴 게 거의 확실하다. 신약 발견과 개발은 비용이 아주 많이 드는 사업이다. DNMT1 억제제를 출시한 두 회사는 얼마 전에 더 큰 제약회사들이 각각 30억 달러에 이르는 거금을 들여 인수했다.[25] 만약 어떤 회사가 신약을 개발하거나 사들이기 위해 거액을 쏟아부었다면, 임상 시험에 밑 빠진 독에 물 붓듯이 돈을 흥청망청 쓰고 싶진 않을 것이다.

따라서 만약 운에 맡기고 무작정 시도하기보다는 어떤 환자에게 큰 효과가 있을지 잘 알고서 임상 시험을 한다면, 정말로 큰 도움이 될 것이다. 불행하게도 대부분의 연구자는 항암제 시험 대상으로 쓰이는 많은 동물 모형은 그 약이 인간의 어떤 암에 가장 효과가 있을지 예측하는 능력이 극히 제한적이라는 사실을 인정한다. 공정하게 말한다면, 이것은 비단 후성유전 효소를 표적으로 한 항암제에만 해당하는 게 아니라, 종양학 분야의 모든 신약 개발에 다 해당한다.

이 문제를 해결하기 위한 노력으로 현재 학계와 산업계의 연구자들은 차세대 후성유전 항암제를 찾고 있다. DNMT1은 비교적 작용 범위가 넓은 효소이다. DNA 메틸화는 대체로 전부 아니면 무(어느 CpG가 메틸화되거나 않거나) 방식으로 작용한다. HDAC도 무차별적으로 작용하는 경향이 있다. HDAC는 히스톤 꼬리의 아세틸화된 라이신에 접근할 수 있다면, 그 아세틸기를 떼어낼 것이다. 히스톤 꼬리에는 라이신이 많이 있다.(우선 히스톤 H3만 해도 7개가 있다.) SAHA가 억제할 수 없는 HDAC 효소는 최소한 열 가지가 있다. 이 열 가지 중 어떤 것이라도 H3 꼬리에 있는 7개의 라이신 중 어느 하나에서 아세틸기를 떼어낼 가능성이 아주 높다. 이것은 결코 미세 조정이라고 부를 만한 것이 못 된다.

쉽지 않은 승리

현재 이 분야의 연구자들이 암의 종류에 따라 어떤 것이 중요한 역할을 하는지 알아내기 위해 작용 범위가 훨씬 제한적인 다른 후성유전 효소들을 살펴보는 쪽으로 방향을 선회한 이유는 이 때문이다. 그 이면에는 작용 범위가 매우 제한적인 효소의 세포생물학은 이해하기가 훨씬 쉽고, 따라서 어떤 환자가 어떤 약에 가장 잘 반응하는지 알아내기도 훨씬 쉬울 것이라는 논리가 깔려 있다.

하지만 이 과정에서 맨 처음 맞닥뜨리는 문제는 결코 쉬운 게 아니다. 그렇다면 어떤 단백질을 살펴보아야 할까? 히스톤 변형을 첨가하거나 제거하는 효소(후성유전 암호를 쓰는 작가나 지우는 지우개)는 적어도 100가지는 있을 것이다. 그 후성유전 암호를 판독하는 단백질의 종류도 그만큼은 될 것이다. 설상가상으로 이러한 작가와 지우개와 판독기 중 많은 것은 상호작용을 한다. 이런 상황에서 신약 개발 계획에 가장 유력한 후보를 어떻게 알아낼 수 있을까?

5-아자사이티딘과 SAHA처럼 우리에게 길을 안내해줄 유용한 화합물이 전혀 없으므로, 비교적 불완전한 암과 후성유전학 지식에 의존해 나아갈 수밖에 없다. 한 유망한 분야는 히스톤과 DNA 변형이 어떻게 나란히 손을 잡고 작용하는지 살펴본다.

유전체에서 가장 많이 억제된 지역들은 DNA 메틸화가 높은 수준으로 일어나고, 또 매우 심하게 압축돼 있다. DNA는 아주 심하게 돌돌 말려 있고, 유전자를 전사하는 효소들의 접근을 예외적일 정도로 불허한다. 하지만 정말로 중요한 의문은 이 지역들이 어떻게 그토록 심하게 억제될 수 있느냐 하는 것이다. **그림 11.3**이 그 모형을 보여준다.

이 모형에서는 점점 억제가 심해지는 상태를 낳는 사건들의 악순환이 일어난다. 이 모형이 내놓는 예측 중 하나는 억제 히스톤 변형이 DNA 메틸기 전이 효소를 끌어들이고, DNA 메틸기 전이 효소가 히스톤 근처에 DNA 메틸화가 쌓이게 한다는 것이다. 이 메틸화는 다시 억제 히스톤 변형 효소를 더 끌어들여 자기 영속적인 순환 고리를 만들어 결국 이 지역은 점점 더 유전자 발현에 적대적인 지역으로 변해간다.

실험 데이터는 이 모형이 옳은 경우가 많다고 시사한다. 억제 히스톤 변형은 종양 억제 유전자의 프로모터 지역에 DNA 메틸화를 끌어

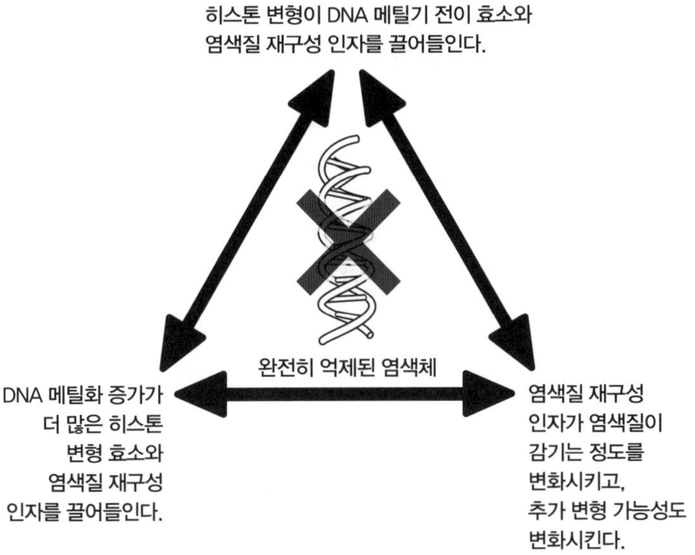

그림 11.3 서로 다른 종류의 후성유전적 변형들이 어떻게 함께 작용해 억제가 점점 더 심해지고 더 압축된 염색체 지역을 만들어 이 지역의 유전자 발현을 아주 어렵게 하는지 보여주는 모형

들이는 미끼 역할을 할 수 있다. 이것을 보여주는 대표적인 예는 앞장에 나왔던 EZH2라는 후성유전 효소이다. EZH2 단백질은 히스톤 H3의 27번 위치에 있는 라이신 아미노산에 메틸기를 첨가한다. 이 아미노산은 H3K27로 알려져 있다. K는 라이신을 나타내는 단일 문자 암호이다.(라이신을 왜 K로 나타내는지 의문이 생길 수 있는데, L은 류신 leucine이라는 다른 아미노산을 나타내는 암호로 쓰이기 때문이다.)

H3K27 메틸화 자체는 유전자 발현 스위치를 끄는 경향이 있다. 하지만 적어도 일부 종류의 포유류 세포에서는 이 히스톤 메틸화는 염색질의 같은 지역에 DNA 메틸기 전이 효소를 끌어들인다.[26,27] 그런 DNA 메틸기 전이 효소 중에는 DNMT3A와 DNMT3B도 포함돼 있다. 이 점은 중요한데, DNMT3A와 DNMT3B는 드노보 DNA 메틸화 de novo DNA methylation라는 과정을 수행할 수 있기 때문이다. 즉, 이 효소들은 처녀 DNA를 메틸화하여 염색질에서 억제가 아주 심하게 일어난 지역을 완전히 새로 만들어낼 수 있다. 그 결과, 세포는 상대적으로 불안정한 억제 표지(H3K27 메틸화)를 더 안정한 DNA 메틸화로 전환시킬 수 있다.

다른 효소들도 중요하다. LSD1이라는 효소는 히스톤에서 메틸기를 떼어낸다. 이 효소는 후성유전적 변형 지우개이다.[28] 특히 히스톤 H3의 4번 위치(H3K4)에서 이 일을 잘한다. H3K4는 H3K27와 정반대 행동을 보이는데, H3K4에서는 메틸기가 떨어져나가면 유전자의 스위치가 꺼지는 경향이 있기 때문이다.

메틸화되지 않은 H3K4에는 단백질이 들러붙을 수 있는데, 그 중 하나는 DNMT3L이다. 이름에서 짐작하겠지만, 이 단백질은 DNMT3A와 DNMT3B와 관련이 있다. DNMT3L은 DNA 자체를 메틸화하지 않지만, DNMT3A와 DNMT3B를 메틸화되지 않은

H3K4로 끌어들인다. 이것은 미개척지에 안정적인 DNA 메틸화가 일어나게 하는 또 한 가지 방법을 제공한다.[29]

종양 억제 유전자의 프로모터에 위치한 많은 히스톤은 십중팔구 이 억제 히스톤 표지—H3K27 메틸화와 H3K4 비메틸화—를 둘 다 가지고 있을 것이고, 이 둘이 함께 작용해 DNA 메틸기 전이 효소를 더 강하게 끌어들일 수 있다.

특정 종류의 암에서는 EZH2와 LSD1이 둘 다 상향 조절되며, 그 발현은 암의 공격성과 환자의 낮은 생존율과 상관관계가 있다.[30,31] 기본적으로 이 효소들이 더 활성화될수록 환자의 예후가 더 나쁘다.

따라서 히스톤 변형과 DNA 메틸화 경로는 상호작용한다. 이것은 기존의 후성유전 요법과 관련된 수수께끼 하나에 적어도 부분적인 설명을 내놓을 수 있다. 5-아자사이티딘과 SAHA 같은 화합물은 왜 암세포를 완전히 파괴하는 대신에 '제어'하는 데 그칠까?

우리의 모형에서 5-아자사이티딘을 사용하면 환자가 약을 복용하는 한 DNA 메틸화를 충분히 오랫동안 억제할 수 있다. 불행하게도 많은 항암제는 심한 부작용이 있는데, DNMT 억제제 역시 예외가 아니다. 결국에는 부작용이 문제가 되어 환자가 항암제 복용을 중단해야 할 수도 있다. 하지만 환자의 암세포에는 종양 억제 유전자에 여전히 히스톤 변형이 남아 있을 것이다. 환자가 5-아자사이티딘 복용을 중단하면, 이 히스톤 변형이 사방에서 DNMT 효소들을 다시 끌어들일 게 거의 확실하며, 그에 따라 안정적인 유전자 발현 억제가 다시 시작된다.

일부 연구자는 후성유전적 발현 억제 중 DNA와 히스톤 요소를 모두 방해하는 방법으로 이러한 사이클에 간섭하기 위해 5-아자사이티딘과 SAHA를 함께 사용하는 임상 시험을 하고 있다. 이 시도가 성공할지는 확실치 않다. 만약 성공하지 못한다면, DNA 메틸화를 재수립하는 데 가장 중요한 것은 히스톤 아세틸화 감소가 아님을 시사한다. 어쩌면 조금 전에 설명한 것과 같은 종류의 특정 히스톤 변형이 더 중요할지 모른다. 하지만 다른 후성유전 효소 중 단 하나라도 억제할 수 있는 약은 아직 개발되지 않았기 때문에, 현재로서는 우리에게 선택권이 전혀 없다.

어쩌면 장래에 우리는 DNMT 억제제를 전혀 쓸 필요가 없을지도 모른다. 암에서 DNA 메틸화와 히스톤 변형 사이의 연관 관계는 절대적인 것이 아니다. 만약 한 CpG 섬이 메틸화되면, 그 아래쪽에 있는 유전자가 억제된다. 하지만 메틸화되지 않은 CpG 섬 아래쪽에 위치한 종양 억제 유전자도 있고, CpG 섬이 전혀 없는 종양 억제 유전자도 있다. 이 유전자들도 순전히 히스톤 변형 덕분에 억제될지 모른다.[32] 이것은 휴스턴의 MD앤더슨암센터에서 일하는 장-피에르 이사가 입증했다. 그는 이 암 센터에서 후성유전 요법을 도입해 사용하는 데 핵심 역할을 했다. 만약 이런 시도들에서 억제 유전자를 표적으로 하는 적절한 후성유전 효소를 발견한다면, DNA 메틸화에 대해 염려할 필요 없이 종양 억제 유전자의 재발현을 촉진할 수 있을 것이다.

불안한 휴전

후성유전적 변형을 사용해 침묵시킨 종양 억제 유전자에는 뭔가 특별한 점이 있을까? 여기에는 서로 대조적인 가설이 두 가지 있다. 첫 번째 가설은 이 유전자들에는 특별한 점이 전혀 없으며, 그 과정은 완전히 무작위적이라는 것이다. 이 모형에서는 가끔 임의의 종양 억제 유전자가 후성유전적으로 비정상적으로 변형된다. 만약 이것이 해당 유전자의 발현에 변화를 초래한다면, 그 후성유전적 변형을 가진 세포는 이웃 세포들보다 약간 더 빨리 혹은 약간 더 잘 성장하게 된다. 그러면 이 세포는 성장하는 데 유리하여 주변 세포들보다 계속 더 빨리 성장하며, 그러면서 점점 더 많은 후성유전적 변화와 유전적 변화가 축적되어 암을 향해 나아간다.

두 번째 가설은 후성유전적으로 억제된 종양 억제 유전자가 알 수 없는 어떤 이유로 이 과정에서 표적이 된다고 본다. 이것은 단순히 무작위적인 불운이 아니다. 이 유전자들은 실제로 후성유전적 침묵에 빠질 위험이 평균보다 높다.

근래에 점점 더 많은 종류의 세포에서 후성유전적 변형의 프로필을 점점 더 높은 해상도로 알아내는 기술이 개발되면서 연구자들은 두 번째 가설을 선호하는 경향이 있다. 후성유전적으로 스스로 스위치가 꺼지기 쉬워 보이는 유전자들이 있다.

처음에 이것은 믿기 어려울 정도로 직관에 반하는 것처럼 보였다. 왜 수십억 년에 걸친 진화는 우리에게 암으로 변하기 쉬운 세포 체계를 남겼단 말인가? 이것은 전체 맥락에서 바라볼 필요가 있다. 대부분의 진화 압력은 가능하면 최대한의 후손을 남기려는 충동과 연결돼 있다. 사람이 생식 연령에 이르려면, 모든 발달이 최대한 효율적으로 일어나는 게 아주 중요하다. 어쨌든 배아 단계를 넘어서지 못한다면, 생식은 꿈도 꿀 수 없다. 일단 생식 연령에 이르러 생식 기회를 얻는다면, 그 후 수십 년 동안 더 살아남아봐야 진화 측면에서는 이익이 될 게 전혀 없다.

진화는 다양한 종류의 조직을 만드는 것을 포함해 효율적인 초기

성장과 발달을 촉진하는 세포 메커니즘을 선호했다. 이 조직들 중 많은 것은 그 조직에 특유한 줄기세포 저장고를 포함하고 있다. 우리 몸은 성장할 때 조직의 성장을 위해, 그리고 부상 뒤에 조직 재생을 위해 이 줄기세포들이 필요하다. 이러한 조직 특이적 줄기세포의 운명과 정체성은 정확한 후성유전적 변형 패턴을 통해 조절된다. 후성유전적 변형을 사용해 유전자 발현을 조절함으로써 세포는 약간의 유연성을 유지할 수 있다. 예를 들면, 세포는 더 분화한 세포로 변화할 잠재력을 갖고 있다. 암에 대해 생각할 때 더 중요한 사실은, 후성유전적 변형이 세포에게 분열을 통해 줄기세포를 더 많이 만들도록 하는 것이 아닌가 싶다. 우리가 100세까지 살더라도, 피부세포나 골수세포가 바닥나지 않는 이유는 이 때문이다.

유전자 발현 패턴이 완전히 고정돼 있지 않아야 한다는 이 조건은 종양 억제 유전자의 후성유전적 억제가 왜 무작위적 과정이 아닌지 설명해준다. 어떤 일이 서로 모순되는 두 가지 방식으로 다 일어날 수는 없다. 세포에 유연성을 제공하는 조절 체계는 다른 한편으로는 세포가 잘못된 길로 나아갈 여지도 남기게 마련이다. 진화의 관점에서 보면, 이것은 우리의 골디락스 시나리오를 위해 지불해야 하는 대가이다. 우리의 후성유전적 경로들은 일부 세포가 완전한 다능성 세포가 되거나 완전히 분화하지 않도록 한다. 대신에 이 세포들은 와딩턴의 후성유전학 풍경 꼭대기 근처 어딘가 딱 적절한 장소에 머물면서 언제라도 아래로 굴러내려갈 준비를 하고 있다.

피터 존스와 마찬가지로 서던캘리포니아 대학에서 일하는 피터 레어드Peter Laird는 이 체계가 암세포에 미치는 연쇄 효과를 입증했다. 그가 이끄는 연구팀은 암세포의 DNA 메틸화 패턴을 분석했는데, 특히 종양 억제 유전자의 프로모터에 초점을 맞춰 분석했다.

배아 줄기세포에서 EZH2 복합체에 의해 히스톤이 메틸화된 종양 억제 유전자는 EZH2가 표적으로 삼지 않은 종양 억제 유전자에 비해 DNA 메틸화 수준이 12배나 비정상적으로 높았다. 레어드는 이 효과를 아주 우아하게 묘사했다. "되돌릴 수 있는 유전자 발현은 영구적 침묵으로 대체된다. 그래서 세포는 영구적인 자기 재생 상태로 묶이고, 그럼으로써 차후에 악성 변형이 쉽게 일어날 수 있다."[33] 이것은 암이 줄기세포의 측면을 지니고 있다는 개념과 일치한다. 만약 세포가 줄기세포와 비슷한 상태로 고착되어 후성유전학 풍경의 바닥에 있는 세포로 분화해갈 수 없다면, 그것은 매우 위험할 것이다. 왜냐하면, 그런 세포는 늘 계속 분열하면서 자신과 같은 세포를 더 많이 만들 것이기 때문이다.

장-피에르 이사는 결장암에서 후성유전적으로 침묵하게 된 유전자들을 문지기라고 묘사했다. 이 유전자들이 평소에 수행하는 정상적인 역할은 세포들을 자기 재생에서 벗어나 완전히 분화한 세포로 옮겨가게 하는 것인 경우가 많다. 암세포에서 이 유전자들이 비활성화되면, 세포는 자기 재생하는 줄기세포와 같은 상태로 고착된다. 이것은 계속 분열하면서 후성유전적 변화와 돌연변이를 계속 축적하여 완전한 암 상태를 향해 나아가는 세포 집단을 만들어낸다.[34]

와딩턴의 풍경에서 세포들을 시각화할 때, 꼭대기 근처에 계속 머물러 있는 세포들을 시각화하기는 매우 어렵다. 그것은 그곳이 아주 불안정한 장소라는 사실을 우리가 본능적으로 알기 때문이다. 비탈을 굴러 내려가기 시작한 공은 뭔가 저지하는 것이 없는 한 계속 내려갈 가능성이 높다. 그리고 설사 도중에 공이 멈춰선다 하더라도, 곧 다시 움직이기 시작해 언덕을 굴러 내려갈 가능성이 항상 있다.

무엇이 세포를 이 불안정한 위치에 붙잡아두고 있을까? 2006년, 보스턴 브로드연구소의 에릭 랜더Eric Lander가 이끄는 연구팀은 적어도 부분적인 답을 발견했다. 배아 줄기세포에서 핵심 유전자 집단인 다능성 세포가 정말로 기묘한 히스톤 변형 패턴을 가진 것으로 드러났다. 이 유전자들은 배아 줄기세포가 다능성 상태로 머무느냐 아니면 분화하느냐를 조절하는 데 아주 중요한 역할을 했다. 이 유전자들이 있는 곳에서 정상적으로는 유전자 발현 스위치를 켜는 일에 관여하는 히스톤 H3K4가 메틸화되어 있었다. H3K27 역시 메틸화되어 있었다. H3K27는 정상적으로는 유전자 발현 스위치를 끄는 일에 관여한다. 그렇다면 어느 쪽 변형이 더 강한 것으로 나타날까? 이 유전자들은 스위치가 켜질까 꺼질까?

그 답은 둘 다인 것으로 드러났다. 혹은 바라보는 시각에 따라 둘 다 아닌 것이라고 할 수도 있다. 이 유전자들은 '아슬아슬한 균형' 상태에 있었다. 약간의 자극—예컨대 세포를 분화 쪽으로 향해 떠미는 배양 조건의 변화—만 있어도 이러한 메틸화 중 하나가 사라질 수 있었다. 후성유전적 변형에 따라 유전자의 스위치가 완전히 켜지거나 강하게 억제될 수 있었다.[35]

암에서 이것은 아주 중요하다. 스티븐 베일린은 피터 존스와 장-피에르 이사와 함께 후성유전 요법을 현실로 만드는 데 세 번째로 크게 기여한 사람이다. 그는 이 아슬아슬한 균형 상태에 있는 히스톤 변형이 초기의 암 줄기세포에서 발견되며, 암세포에서 DNA 메틸화 패턴을 결정하는 데 아주 중요한 역할을 한다는 사실을 입증했다.[36]

물론 다른 사건들도 함께 일어나야 한다. 많은 사람은 몇 살까지 살건 암에 걸리지 않는다. 암이 생기는 사람에게는 정상적인 줄기세포 패턴을 뒤집어엎고 세포들을 공격적이고 비정상적인 증식 상태로 고착시키는 사건이 일어나야 한다. 우리는 암 발생 위험에 환경이 실질적인 영향을 미친다는 사실을 알고 있지만(흡연자들 사이에 폐암 발생 비율이 현저히 높다는 사실을 생각해보라), 환경이 이러한 후성유전적 과정과 어떻게 상호작용하는지 혹은 과연 상호작용하기는 하는 것인지는 아직 분명하게 밝혀지지 않았다.

암이 발생하는 사람은 순전히 운이 나쁘기 때문일지도 모른다. 우리의 후성유전 암호를 표적으로 삼고 쓰고 해석하고 지우는 단백질의 활동이나 국재화 수준에는 필시 무작위적 요동이 있을 것이다. 그리고 비암호화 RNA도 있다.

*DNMT3A*와 *DNMT3B* mRNA의 3′UTR에는 miR-29라는 miRNA 가족이 들러붙는 장소가 있다. 정상적으로는 이 miRNA는 *DNMT3A*와 *DNMT3B* mRNA 분자에 들러붙어 이 분자들을 하향 조절한다. 폐암의 경우, 이 miRNA의 양이 감소하고, 그 결과로 *DNMT3A*와 *DNMT3B* mRNA의 양이, 그리고 그에 따라 단백질 발현이 높아진다. 이것은 감수성이 높은 종양 억제 유전자 프로모터에 드노보 메틸화의 양을 증가시킬 가능성이 높다.[37]

만약 그 경로 중 한 요소가 잘못 조절될 경우, miRNA와 그것이 조절하는 후성유전 효소 사이에 피드백 고리가 생길 가능성도 높다. 이것은 세포에서 비정상적 조절 메커니즘을 강화하여 또 다른 악순환을 낳게 되는데, **그림 11.4**는 이 과정을 보여준다. 이 예에서는 miRNA가 특정 후성유전 효소를 조절하는데, 이 효소는 miRNA의 프로모터를 변형시킨다. 이 경우에 후성유전 효소는 억제 변형을 빚어낸다.

암 환자를 치료하기 위한 차세대 후성유전 의약품을 개발하려면, 아직도 이해해야 할 것이 많이 남아 있다. 어떤 약이 어떤 병에 가장 효과가 있으며, 어떤 환자가 가장 큰 혜택을 얻을 수 있는지 알 필요

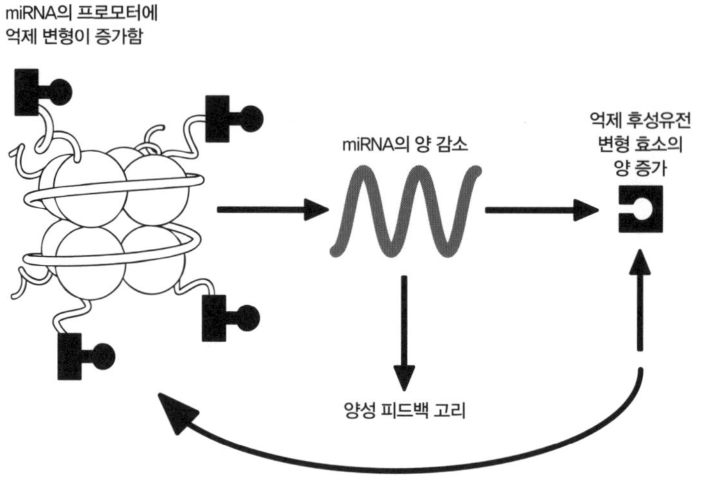

그림 11.4 여기서 miRNA는 정상적으로는 억제된 염색질 상태를 만들어내는 후성유전 효소의 발현을 조절해야 하지만, 양성 피드백 고리가 이 miRNA의 발현을 지속적으로 억제한다.

가 있다. 우리는 최선의 결과가 나오길 간절히 기대하면서 많은 임상 시험을 할 필요가 없도록 하기 위해 이것을 미리 알아내길 원한다. 적어도 5-아자사이티딘과 SAHA는 비록 개선의 여지가 많긴 하지만 후성유전 요법을 암에 사용할 수 있다는 사실을 알려주었다.

다음 장에서 보게 되겠지만, 후성유전적 문제는 비단 암에만 국한된 게 아니다. 하지만 불행하게도 서양 세계에서 의학의 도움이 절실히 필요하지만 적절한 도움을 주지 못하고 있는 종류의 질환이 아직 있는데, 여기에 후성유전 요법을 적용하기까지는 갈 길이 더 멀다. 그것은 바로 정신 질환이다.

12장
모든 것은 마음에 달려 있다

마음은 그 자체가 자신이 존재하는 장소이며,
스스로 지옥을 천국으로, 천국을 지옥으로 만들 수 있다.
– 존 밀턴John Milton

지난 10년 동안의 출판 경향에서 가장 눈에 띄는 특징 중 하나는 불운한 과거를 고백하는 자서전의 붐이다. 이 장르의 작품들은 저자가 어린 시절에 겪은 불행한 일들과 그것을 극복하고 성공한 이야기를 들려준다. 이 장르는 다시 크게 두 범주로 나눌 수 있다. 첫 번째 범주는 가난했지만 행복했던 이야기로, "우리는 가진 게 없었지만 사랑이 있었다"는 유의 이야기이다. 두 번째 범주는 가난이 포함되기도 하고 포함되지 않기도 하지만, 훨씬 더 충격적이다. 이 작품들은 아동 방임과 학대에 관한 비참한 이야기에 초점을 맞추는데, 일부 작품은 큰 성공을 거두었다. 이 범주의 책 중에서 아마도 가장 유명한 작품인 데이브 펠저Dave Pelzer의 『세상이 나를 버리려 해*A Child Called It*』는 〈뉴욕 타임스〉 베스트셀러 목록에 6년 동안이나 올랐다.

이 작품들의 매력은 역경을 딛고 성공하는 이야기에 있는 것처럼 보인다. 독자들은 주인공이 아주 불운한 인생을 보내다가 마침내 불

살아가면서 겪는 경험이 후성유전을 통해 행동에 지속적이고 장기적인 효과를 미친다.

운을 극복하고 훌륭한 사람으로 성장하는 이야기에서 감동을 받는다. 우리는 역경에 맞서 승리를 거둔 사람에게 찬사와 환호를 보낸다.

이것은 아주 흥미로운 사실을 알려준다. 즉, 우리는 어린 시절에 일어난 사건들이 나중에 어른으로 살아가는 삶에도 아주 중요한 영향을 미친다고 믿는다는 것을 보여준다. 또, 우리가 어린 시절의 트라우마를 극복하기가 아주 어렵다고 믿는다는 사실도 보여준다. 우리가 성공한 사람들을 높이 평가하는 이유는 그런 역경을 극복하고 성공하는 사례가 아주 드물기 때문일지도 모른다.

이 가정들은 많은 점에서 옳은데, 어린 시절의 경험이 실제로 나중에 어른이 되어 살아가는 삶에 극적인 영향을 미친다는 것이 사실이기 때문이다. 온갖 방법으로 그 영향을 측정한 조사들이 있는데, 정확한 수치는 조사에 따라 차이가 나지만, 그래도 분명한 추세가 드러난다. 어린 시절에 학대와 방임을 경험한 어른이 자살을 할 위험은 일반 인구에 비해 3배나 높다. 어린 시절에 학대를 경험한 어른이 심각한 우울증에 걸릴 위험은 일반 인구보다 최소한 50% 더 높으며, 회복하기도 더 어렵다. 아동 학대와 방임을 겪은 어른은 정신분열병, 식사장애, 인격장애, 양극성장애, 범불안장애를 포함해 다양한 장애를 겪을 위험도 훨씬 더 높다. 또, 약물이나 알코올 남용에 빠질 위험도 더 높다.[1]

어린 시절의 학대나 방임 환경은 훗날 정신신경 장애 발생 가능성을 높이는 위험 인자인 게 분명하다. 우리는 사회적으로 이것을 너무나도 잘 알고 있기 때문에, 왜 그럴까 하는 의문조차 품지 않을 때가 많다. 그것은 너무나도 자명해 보이기 때문이다. 그러나 사실은 그렇지 않다. 예를 들어 단 2년 동안만 계속된 사건이 어떻게 수십 년 뒤에 그 사람에게 나쁜 영향을 끼칠 수 있을까?

흔히 제시되는 한 가지 설명은 어린 시절의 경험을 통해 당사자가 '심리적 손상'을 입는다는 것이다. 이것은 사실이긴 하지만, 그다지 도움이 되는 진술은 아니다. 왜 도움이 되지 않느냐 하면, '심리적 손상'이라는 용어는 제대로 된 설명이 아니기 때문이다. 그것은 그저 하나의 기술記述에 지나지 않는다. 듣기에는 그럴싸해 보이지만, 어느 수준에 이르면 제대로 말해주는 것이 아무것도 없다.

이 문제를 다루는 과학자라면 이 기술을 바탕으로 다른 차원에서 탐구해보길 원할 것이다. 심리적 손상 이면에서 일어나는 분자 차원의 사건들은 어떤 것일까? 학대받거나 방임된 아동의 뇌에는 어떤 일이 일어나길래 나중에 어른이 된 뒤에 정신 건강에 문제가 생길까?

다른 개념적 틀을 바탕으로 연구하는 다른 분야들은 이 접근 방법에 가끔 반대하는데, 이런 태도는 다소 의아해 보인다. 만약 생물학적 효과 뒤에 분자 차원의 기반이 있다는 사실을 받아들이지 않는다면, 우리에게 무엇이 남는가? 프로이트주의 치료사가 정신을 들먹이길 좋아하는 것처럼 종교적인 사람은 영혼을 들먹이길 좋아할 수 있다. 둘 다 물리적 기반이 없는 이론적 구성 개념을 언급한다. 검증 가능한 가설은 모든 과학적 탐구의 초석이며, 대부분의 과학자는 그런 가설을 개발하는 게 아예 불가능한 모형 체계에 전혀 매력을 느끼지 못한다. 우리는 어떤 물리적 실체도 없이 그저 우리의 일부로 가정되는 무엇이 있다는 시나리오를 생각 없이 덥석 받아들이기보다는 물리적 기반이 있는 메커니즘을 탐구하는 쪽을 선호한다.

이것은 문화적 충돌을 낳을 수 있지만, 그런 충돌은 오해에서 비롯된다. 과학자는 관찰 가능한 사건이라면 물리적 기반이 있다고 생각한다. 이 장의 주제를 위해 제안된 가설은 어린 시절의 끔찍한 경험이 중요한 발달 시기 동안 뇌에서 어떤 물리적 측면을 변화시킨다는 것이다. 그리고 이것은 어른이 되었을 때 정신 건강 문제가 발생할 가능성에 영향을 미친다. 이것은 기계론적 설명이다. 세부 내용이 부족하다는 점은 인정하지만, 이 장에서 그중 일부를 채우려고 노력할 것이다. 기계론적 설명은 우리 사회에서 다소 불편하게 받아들여지는 경우가 종종 있는데, 너무 결정론적인 것으로 들리기 때문이다. 기계론적 설명을 잘못 해석하여 인간을 본질적으로 특정 자극에 대해 특정 방식으로 반응하도록 프로그래밍된 로봇으로 보는 견해라고 생각하는 사람들이 있다.

하지만 이것은 전혀 사실이 아니다. 만약 어떤 계가 충분한 유연성을 갖고 있다면, 한 가지 자극이 항상 똑같은 결과를 낳는 것은 아니다. 학대나 방임을 경험한 아동이 모두 다 취약하고 건강하지 못한 어른으로 성장하는 것은 아니다. 현상에는 결정론적으로 작용하지 않는 기계론적 기반이 존재할 수 있다.

인간의 뇌는 충분한 유연성을 갖고 있어 어린 시절에 비슷한 경험을 하더라도, 어른이 되었을 때 제각각 다른 결과가 나올 수 있다. 우리 뇌에는 신경세포(뉴런)가 약 1000억 개 있다. 각각의 신경세포는 다른 신경세포 약 1만 개에 연결돼 있어 전체 신경세포망은 믿기 어려울 만큼 복잡한 3차원 구조로 얽혀 있다. 따라서 이 신경세포망에는 신경세포들 사이의 연결이 약 1000조 개나 포함돼 있다. 이것은 상상하기 어려운 수이므로, 얼마나 큰 수인지 감을 잡기 위해 각각의 연결을 1mm 두께의 원판이라고 생각해보자. 1000조 개의 원반을 차곡차곡 쌓으면, 그 높이는 지구와 태양을 세 번 왕복하고도 남을 만큼 높다.

그것은 실로 엄청난 수의 연결이므로, 우리 뇌는 아주 큰 유연성을 갖고 있다고 상상해도 무리가 없다. 그런데 이 연결들은 무작위적인 것이 아니다. 이 거대한 신경세포망 안에 다른 곳보다 서로 연결이 훨씬 잘 일어나는 세포들의 네트워크가 있다. 바로 이 거대한 유연성의 조합(특정 집단 내에 한정돼 있긴 하지만)은 기계론적이면서도 완전히 결정론적이지 않은 계와 양립 가능하다.

아이는 어른의 (후성유전적) 아버지이다

과학자들이 어린 시절의 학대 경험이 어른이 된 뒤에 영향을 미치는 결과에 후성유전적 요소가 있을지 모른다고 가정한 이유는 우리가 유발 사건 자체가 사라지고 나서 한참 후까지도 유발 사건이 계속해서 효과를 나타내는 시나리오를 다루고 있기 때문이다. 어린 시절의 트라우마가 미치는 장기적 효과는 후성유전적 계가 조정하는 많은 효과를 떠오르게 한다. 그리고 우리는 이미 일부 사례를 보았다. 분화한 세포는 콩팥세포나 피부세포가 되라고 지시한 신호가 사라지고 나서 한참 지난 뒤에도 자신이 어떤 세포인지 기억한다. 오드리 헵번은 십대 시절에 네덜란드 대기근을 겪으면서 영양실조를 경험한 일 때문에 평생 동안 건강이 나빠 고생했다. 각인 유전자는 발달 동안 특정 시기에 스위치가 켜지며, 나머지 생애 동안 그 상태로 머문다. 사실, 후성유전적 변형은 세포를 예외적으로 긴 시간 동안 특정 상태에 머물게 하는 것으로 알려진 유일한 메커니즘이다.

후성유전학자들이 검증하려고 노력하는 가설은 어린 시절의 트라우마가 뇌에서 유전자 발현에 변화를 초래하며, 그 변화가 후성유전 메커니즘을 통해 만들어지거나 유지된다는(혹은 만들어지고 유지된다는) 것이다. 이렇게 후성유전적 조정을 통해 생겨난 유전자 발현 이상은 나중에 어른이 되었을 때 정신 질환 위험에 취약하게 만든다.

최근에 과학자들은 이것이 그저 그럴싸한 가설에 불과한 게 아님을 시사하는 데이터를 얻기 시작했다. 후성유전 단백질은 어린 시절의 트라우마가 미치는 영향을 프로그래밍하는 데 중요한 역할을 한다. 그뿐만이 아니다. 후성유전 단백질은 어른의 우울증, 약물 중독, '정상' 기억하고도 관련이 있다.

이 분야의 많은 연구는 코르티솔이라는 호르몬에 초점을 맞춰 진행되었다. 코르티솔은 콩팥 위쪽에 자리 잡은 부신(콩팥위샘)에서 만들어진다. 코르티솔은 스트레스에 반응해 만들어지는데, 스트레스를 많이 받을수록 더 많이 생산된다. 코르티솔의 평균 생산량은 어린 시절에 트라우마를 겪은 어른에게서 높게 나타나는 경향이 있는데, 설사 측정 시점에 당사자가 건강하다 하더라도 같은 경향이 나타난다.[2,3] 이것은 어린 시절에 학대나 방임을 경험한 어른은 배경 스트레스 수준이 다른 사람에 비해 더 높다는 것을 말해준다. 이런 사람의 계들은 만성적으로 스트레스를 받는다. 많은 사례에서 정신 질환의 발병은 암의 발병과 유사한 면이 있다. 임상적으로 증상이 나타나려면, 그 전에 분자 차원에서 잘못된 일이 많이 일어나야 한다. 학대를 받은 사람에게 나타나는 만성 스트레스 수준은 그 사람을 그 문턱을 향해 더 가까이 다가가게 만든다. 이것은 질병에 대한 취약성을 높인다.

이러한 코르티솔 과잉 발현은 어떻게 일어나는 것일까? 그것은 콩팥에서 멀리 떨어진 뇌에서 벌어지는 사건들의 결과로 일어난다. 여기에는 전체적인 신호 연쇄 반응이 관여한다. 뇌의 한 지역에서 만들어지는 화학 물질은 다른 지역들에 영향을 미친다. 그러면 이 지역들은 이에 반응하여 다른 화학 물질을 만들고, 이런 과정이 계속 연쇄적으로 일어난다. 그러다가 결국 어떤 화학 물질이 뇌를 떠나 부신에 신호를 보내 코르티솔을 만들게 한다. 어린 시절에 학대를 받는 동안 이러한 신호 연쇄 반응이 아주 활발하게 일어난다. 학대를 경험한 많은 사람들에게서 이 체계는 마치 그 사람이 아직도 학대 상황에 놓여 있는 것처럼 계속 신호를 발사한다. 이것은 마치 중앙 난방의 자동 온도 조절 장치가 고장나 여름에도 겨울의 추운 날씨를 바탕으로 보일러와 방열기가 계속 열을 내보내는 것과 비슷하다.

이 과정은 뇌의 해마海馬라는 지역에서 시작된다. 해마라는 이름은 이 지역이 해마라는 동물과 비슷하게 생겼기 때문에 붙었다. 해마는 코르티솔계를 얼마나 활성화해야 하는지 조절하는 마스터 스위치처럼 작용한다. **그림 12.1**이 그 과정을 보여준다. 이 그림에서 (+) 부호는 연쇄 사건에서 다음 연결 부위를 자극하는 사건을 나타낸다. 반면에 (−) 부호는 그 반대 효과, 즉 연쇄 사건에서 다음 사건의 활동 수준을 감소시키는 사건을 나타낸다.

스트레스에 대한 반응에서 해마의 활동에 일어나는 변화 때문에 시상하부는 코르티코트로핀 분비 호르몬과 아르지닌 바소프레신이라는 두 가지 호르몬을 분비한다. 이 두 호르몬은 뇌하수체를 자극하여 그 결과로 뇌하수체는 아드레노코르티코트로핀 호르몬을 혈액 속으로 분비한다. 부신 세포가 이 호르몬을 흡수하면, 코르티솔을 분비한다.

이 계에서는 아주 똑똑한 메커니즘이 작동한다. 코르티솔은 혈액에 실려 온몸을 순환하는데, 그중 일부는 뇌로 돌아간다. 앞의 그림에 나온 뇌의 세 구조에는 모두 코르티솔을 인식하는 수용체가 있다. 코르티솔이 이 수용체에 들러붙으면, 이 구조들에게 진정하라는 신호를 만들어낸다. 특히 해마에서 이 일이 일어나는 게 아주 중요한데, 그래야 해마가 이 신호 발사에 관여하는 나머지 모든 구조에게 진정하라는 신호를 보낼 수 있기 때문이다. 이것은 전형적인 음성 피드백 고리

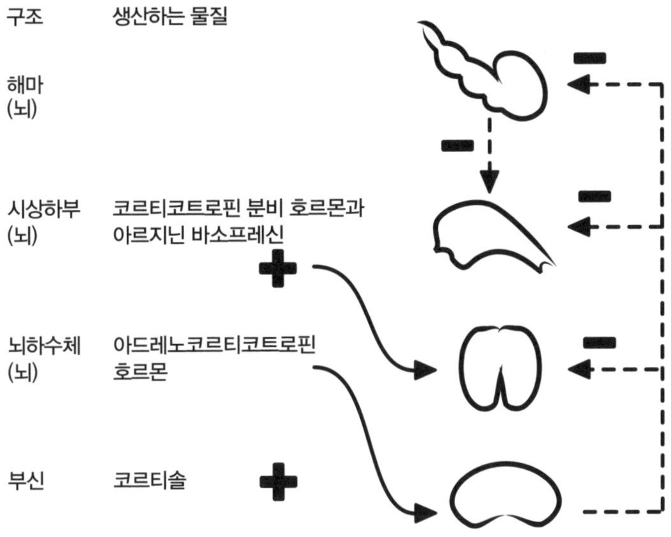

그림 12.1 스트레스에 반응해 신호를 발사하는 사건들은 뇌에서 선택적인 지역들에 연쇄 사건을 일으키고, 이것은 결국 부신에서 스트레스 호르몬인 코르티솔을 분비하는 결과를 낳는다. 정상 상황에서 이 계는 스트레스 반응 경로의 활성화를 줄이고 제한하는 방향으로 작용하는 일련의 음성 피드백 고리를 통해 조절된다.

이다. 코르티솔 생산 정보는 다양한 조직에 피드백되고, 최종 효과는 코르티솔 생산 감소로 나타난다. 이것은 우리가 항상 과도한 스트레스 상태에 빠지지 않게 해준다.

하지만 우리는 어린 시절에 트라우마를 겪은 어른이 실제로 과도한 스트레스 '상태에 있다는' 사실을 안다. 이들은 늘 코르티솔을 너무 많이 만든다. 그러니 이 피드백 고리에 뭔가 잘못된 일이 일어난 게 분명하다. 실제로 그렇다는 것을 보여주는 연구 결과가 일부 있다. 이 연구들은 뇌와 척수에 차 있는 액체에서 코르티코트로핀 분비 호르몬의 농도를 조사했다. 예상대로 어린 시절에 학대를 경험한 사람은 그렇지 않은 사람보다 코르티코트로핀 분비 호르몬의 농도가 더 높았다. 심지어 조사 당시에 건강했던 사람들에게서도 똑같은 결과가 나왔다.[4,5] 인간을 대상으로 이것을 완전하게 조사하기는 아주 어렵기 때문에, 이 분야에서 일어난 큰 진전 중 많은 것은 특정 조건의 동물 모형을 사용한 연구 결과를 인간을 대상으로 한 연구 결과와 비교 검토하여 나왔다.

평온한 쥐와 온화한 생쥐

유용한 모형 하나는 쥐의 모성애 기술을 바탕으로 한 것이다. 태어난 뒤 처음 일주일 동안 새끼 쥐는 어미가 핥아주고 털을 골라주는 걸 좋아한다. 그런데 어떤 어미 쥐는 천성적으로 이 기술에 아주 뛰어난 반면, 어떤 어미 쥐는 그렇지 못하다. 이 기술이 뛰어난 어미는 새끼를 낳을 때마다 동일한 수준의 기술을 보여준다. 마찬가지로 새끼를 핥고 털을 고르는 기술이 서툰 어미는 낳는 새끼 모두에게 그렇게 한다.

이렇게 서로 다른 어미 쥐에게서 난 새끼들이 나이가 들어 독립해 살아가는 것을 관찰해보면, 흥미로운 효과가 나타나는 걸 볼 수 있다. 어른이 된 이 쥐들을 스트레스를 약간 받는 상황에 집어넣으면, 어릴 때 어미에게서 사랑을 많이 받은 쥐는 비교적 평온한 상태를 유지했다. 반면에 어미의 사랑을 많이 받지 못한 쥐는 약간의 스트레스에도 아주 강한 반응을 보였다. 기본적으로, 어릴 때 어미에게 사랑을 많이 받은 쥐는 느긋하고 침착한 쥐로 자랐다.

연구자들은 갓 태어난 쥐를 '좋은' 어미에게서 '나쁜' 어미에게로 옮기는 실험과 그 반대로 하는 실험을 했다. 실험 결과는 쥐가 어른이 되고 나서 보이는 최종 반응이 태어나서 처음 일주일 동안에 받는 사랑에 완전히 좌우된다는 것을 보여주었다. 모성애 기술이 부족한 어미에게서 태어난 쥐도 모성애 기술이 뛰어난 어미 밑에서 자라면 느긋하고 침착한 쥐로 성장했다.

어릴 때 사랑을 듬뿍 받고 자란 어른 쥐의 스트레스 수준이 낮다는 사실은 약한 자극을 받을 때 보이는 행동을 측정함으로써 알아낼 수 있었다. 호르몬 농도도 측정해 보았는데, 그 결과는 예상대로였다. 느긋하고 침착한 쥐는 해마의 코르티코트로핀 분비 호르몬 농도가 낮았고, 혈액 속의 아드레노코르티코트로핀 호르몬 농도도 낮았다. 코르티솔 농도도 어미의 사랑을 잘 받지 못하고 자란 쥐보다 더 낮았다.

어미의 사랑을 많이 받고 자란 쥐에게서 스트레스 반응을 감소시키는 분자 차원의 핵심 인자는 해마에서 일어나는 코르티솔 수용체의 발현이었다. 이 쥐들은 이 수용체가 많이 발현되었다. 그 결과, 해마 세포는 적은 양의 코르티솔도 감지하는 데 뛰어났고, 이것을 방아쇠로 사용해 그 아래의 호르몬 경로를 억제하는(음성 피드백 고리를 통해)

데에도 뛰어났다.

이것은 핥고 털을 골라주는 어미의 행동이 그친 지 한참 지난 후에도 새끼의 해마에서 코르티솔 수용체의 반응 수준이 높게 유지된다는 것을 보여주었다. 생후 일주일 동안 일어난 사건이 그 새끼가 살아가는 평생 동안 지속되는 효과를 낳은 것이다.

이 효과가 이토록 오래 지속되는 이유는 최초의 자극—어미가 핥고 털을 골라준 행동—이 일련의 연쇄 반응을 일으켜 그것이 코르티솔 수용체 유전자에 후성유전적 변화를 낳았기 때문이다. 이 변화는 뇌의 '가소성'이 아주 높은 발달 초기에 일어났다. 가소성이 높다는 것은 유전자 발현 패턴과 세포 활동을 변형시키기가 아주 쉽다는 뜻이다. 동물은 나이가 들수록 이런 패턴이 점점 고정돼간다. 쥐에게 생후 일주일이 그토록 중요한 영향을 미치는 이유는 이 때문이다.

이때 일어나는 변화를 **그림 12.2**가 보여준다. 어미에게서 핥고 털을 골라주는 사랑을 많이 받은 새끼 쥐는 포유류의 뇌에서 기분을 좋게 하는 물질인 세로토닌을 분비한다. 세로토닌은 해마에서 후성유전 효소의 발현을 자극하고, 이것은 결국 코르티솔 수용체 유전자의 DNA 메틸화 감소를 가져온다. DNA 메틸화 감소는 유전자 발현 증가와 연관 관계가 있다. 그 결과, 해마에서 코르티솔 수용체가 높은 수준으로 발현되어 그 쥐는 비교적 차분한 상태를 유지할 수 있다.[6]

이것은 생애 초기에 일어난 사건이 장기적 행동에 어떻게 영향을 미치는지 설명할 수 있는 아주 흥미로운 모형이다. 하지만 단 한 가지 후성유전적 변화—심지어 중요한 뇌 지역에 있는 아주 중요한 한 유전자에 일어난 DNA 메틸화처럼 아주 중요한 것이라 하더라도—가 유일한 답일 가능성은 거의 없다. 위에서 소개한 연구가 일어난 지 5년 뒤, 다른 연구팀이 또 하나의 논문을 발표했다. 이 연구 역시 후성

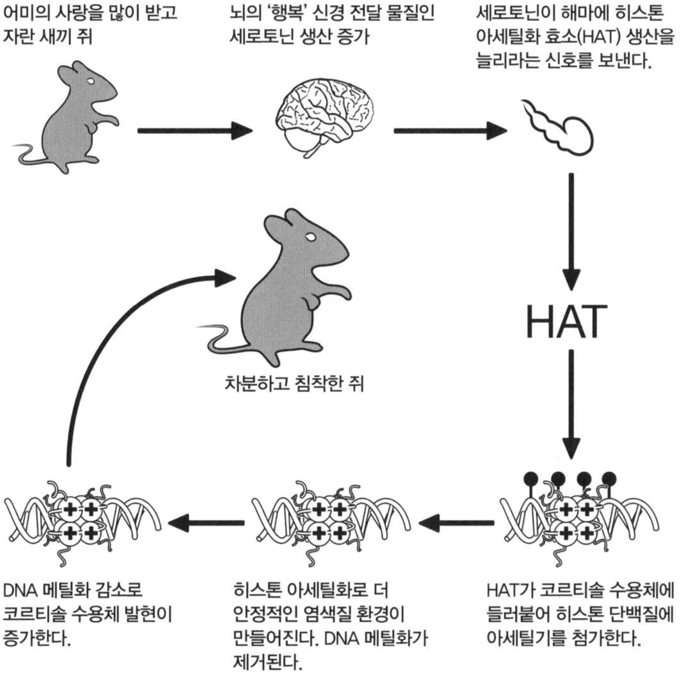

그림 12.2 어미의 사랑을 많이 받은 새끼 쥐는 분자 차원에서 연쇄적인 사건들이 일어나고, 이것은 뇌에서 코르티솔 수용체 발현을 증가시킨다. 코르티솔 수용체 발현이 증가하면, 뇌는 [그림 12.1]이 보여주는 것처럼 코르티솔에 반응하고 음성 피드백 고리를 통해 스트레스 반응을 하향 조절하는 데 매우 효율적으로 변한다.

유전적 변화의 중요성을 보여주었지만, 그것은 다른 유전자에 일어난 것이었다.

이 연구팀은 생애 초기에 스트레스를 받은 생쥐 모형을 사용했다. 이 모형에서는 새끼 생쥐를 태어난 뒤 처음 열흘 동안 매일 세 시간씩 어미 곁에서 떼어냈다. 어미가 많이 핥아주고 털을 골라주지 않은 새끼 쥐와 마찬가지로 이 새끼 생쥐도 '스트레스를 많이 받는' 어른으로 성장했다. 이 생쥐들도 어미의 사랑을 제대로 받지 못하고 자란 쥐처럼 코르티솔 농도가 증가했는데, 특히 약한 스트레스를 받는 상황에서 더욱 그랬다.

연구자들은 아르지닌 바소프레신 유전자를 조사했다. 아르지닌 바소프레신은 시상하부에서 분비되어 뇌하수체의 분비를 자극한다. 그 과정은 **그림 12.1**에 나와 있다. 어릴 때 어미 곁에서 떨어져 스트레스를 받은 생쥐는 아르지닌 바소프레신 유전자의 DNA 메틸화가 감소했다. 그 결과로 아르지닌 바소프레신 생산이 증가했고, 이것은 스트레스 반응을 자극했다.[7]

쥐와 생쥐를 대상으로 한 실험 연구는 중요한 사실을 두 가지 알려주었다. 첫째는 생애 초기에 일어난 사건이 어른의 스트레스로 이어질 때, 이에 관여하는 유전자가 2개 이상 있을지 모른다는 것이다. 코르티솔 수용체 유전자와 아르지닌 바소프레신 유전자는 둘 다 설치류에서 이 표현형에 기여할 수 있다.

둘째, 이 연구들은 또한 특정 집단의 후성유전적 변형은 그 자체가 좋거나 나쁜 것이 아님을 보여준다. 중요한 것은 변형이 어느 장소에 일어나느냐 하는 것이다. 쥐 모형에서는 코르티솔 수용체 유전자의 DNA 메틸화 감소가 '좋은' 일이다. 이것은 이 수용체의 생산 증가를 낳고, 전반적으로 스트레스 반응의 감소를 가져온다. 생쥐 모형에서는 아르지닌 바소프레신 유전자의 DNA 메틸화 감소가 '나쁜' 일이다. 이것은 이 호르몬의 발현 증가와 스트레스 반응의 자극을 낳는다.

생쥐 모형에서 아르지닌 바소프레신 유전자의 DNA 메틸화 감소는 쥐의 해마에서 코르티솔 수용체 유전자를 활성화하기 위해 사용한 것과는 다른 경로를 통해 일어났다.

생쥐 연구에서는 새끼가 어미와 떨어지는 사건이 시상하부에서 신경세포들의 활동에 방아쇠를 당겼다. 이것은 MeCP2 단백질에 영향을 미치는 신호 연쇄 반응을 촉발했다. MeCP2는 4장에 나왔던 단백질로, 메틸화된 DNA에 들러붙어 유전자 발현 억제에 도움을 준다. MeCP2는 심각한 신경 질환인 레트 증후군에서 돌연변이를 일으키는 유전자이기도 하다. 에이드리언 버드는 MeCP2 단백질이 신경세포에서 믿기 힘들 정도로 많이 발현된다는 사실을 보여주었다.[8]

정상적으로는 MeCP2 단백질은 아르지닌 바소프레신 유전자에서 메틸화된 DNA에 들러붙는다. 하지만 스트레스를 받은 새끼 생쥐의 경우, 앞 단락에서 언급한 신호 연쇄 반응이 인산기라는 작은 기를 MeCP2 단백질에 첨가하는데, 이 때문에 아르지닌 바소프레신 유전자에서 MeCP2가 떨어져나간다. MeCP2의 중요한 역할 중 하나는 다른 후성유전 단백질들을 자신이 유전자에 붙어 있는 장소로 끌어들이는 것이다. 이 단백질들은 모두 협력하여 유전체 중 그 지역에 점점 더 많은 억제 표지를 추가한다. 인산화된 MeCP2가 아르지닌 바소프레신 유전자에서 떨어져나가면, 더 이상 다른 후성유전 단백질들을 끌어들일 수 없다. 이 때문에 염색질은 억제 표지를 잃게 된다. 대신에 높은 수준의 히스톤 아세틸화 같은 활성화 변경이 추가된다. 결국 DNA 메틸화조차도 영구적으로 잃고 만다.

놀랍게도 생쥐에게서는 이 모든 것이 생후 첫 열흘 동안에 일어난다. 그 이후에는 신경세포들은 사실상 가소성을 잃는다. 이 단계가 끝날 무렵에 자리를 잡은 DNA 메틸화 패턴은 이 장소에서 안정적인 패턴이 된다. 만약 DNA 메틸화 수준이 낮으면, 이것은 정상적으로는 아르지닌 바소프레신 유전자가 비정상적으로 높게 발현되는 결과로 이어질 것이다. 이런 식으로 생애 초기에 일어난 사건은 후성유전적 변화를 촉발하고, 그것은 사실상 '고정'된다. 이 때문에 그 동물은 처음의 스트레스가 사라진 지 한참 지나서까지도 호르몬을 비정상적으로 많이 분비하면서 스트레스를 크게 받는 상태가 지속된다. 사실, 이 반응은 동물이 어미가 곁에 있느냐 없느냐에 '신경'을 쓰는 시기가 한참 지난 뒤까지도 계속된다. 어쨌든 생쥐는 늙어가는 부모 곁에 계속 머물면서 부모를 돌보는 동물은 아니다.

뇌 깊숙한 곳에서 일어나는 일

초기에 스트레스를 받은 설치류 모형에서 관찰된 것과 같은 일부 변화가 사람에게서도 나타날지 모른다고 시사하는 데이터가 점점 쌓이고 있다. 앞에서 이야기한 것처럼 사람에게 같은 종류의 연구를 하는 걸 불가능하게 만드는 물리적 문제, 아니 더 중요하게는 윤리적 문제가 있다. 그래도 흥미로운 상관관계가 일부 드러나고 있다.

쥐 모형에 대한 원래 연구는 몬트리올에 있는 맥길 대학의 마이클 미니Michael Meaney가 수행했다. 그 후에 그의 연구팀은 자살한 사람들에게서 채취한 뇌 시료를 가지고 흥미로운 연구를 했다. 그들은 해마에 있는 코르티솔 수용체의 DNA 메틸화 수준을 분석했다. 그 데이터는 어린 시절에 학대나 방임을 경험한 적이 있는 사람들의 시료에 DNA

메틸화가 더 높게 나타나는 경향이 있음을 보여주었다. 이와는 대조적으로, 어린 시절에 그런 트라우마를 겪지 않은 자살자의 시료에서는 이 유전자의 DNA 메틸화 수준이 상대적으로 낮았다.[9] 학대를 받은 경험이 있는 자살자의 높은 DNA 메틸화 수준은 코르티솔 수용체 유전자의 발현을 억제했을 것이다. 이것은 음성 피드백 고리를 덜 효율적으로 만들고, 혈액 속에 순환하는 코르티솔의 농도를 높였을 것이다. 이것은 어미에게 사랑을 덜 받고 자라 스트레스를 많이 받은 동물은 해마에 있는 코르티솔 수용체 유전자의 DNA 메틸화 수준이 높다는 쥐 연구 결과와 일치한다.

물론 반드시 어린 시절에 학대를 받은 사람만 정신 질환이 생기는 것은 아니다. 전 세계적으로 우울증 환자의 수는 아주 놀라운 수준이다. 세계보건기구는 전 세계의 우울증 환자 수가 1억 2000만 명이 넘는다고 추정한다. 우울증 관련 자살 건수는 연간 85만 건에 이르며, 2020년경에는 전 세계적인 질병 부담 중 두 번째로 큰 비중을 차지할 것으로 예상된다.[10]

1990년대 초에 미국 FDA가 SSRI(selective serotonin reuptake inhibitor, 선택 세로토닌 재흡수 억제제) 계열의 약을 판매 승인함으로써 효과적인 우울증 치료에 큰 진전이 일어났다. 세로토닌은 신경 전달 물질 분자로, 신경세포들 사이에서 신호를 전달한다. 세로토닌은 뇌에서 즐거운 자극에 반응해 분비되는데, 행복한 새끼 쥐 연구에서 기분을 좋게 한다고 소개했던 그 분자이다. 우울증 환자의 뇌는 세로토닌 수치가 낮다. SSRI 약은 뇌에서 세로토닌 수치를 높인다.

세로토닌 수치를 높이는 약이 우울증 치료에 도움이 된다는 것은 충분히 납득이 간다. 하지만 그 작용에는 기묘한 점이 있다. SSRI를 투여한 환자의 뇌에서 세로토닌 수치는 아주 빨리 증가한다. 하지만 심각한 우울증 증상이 사라지기까지는 대개 4~6주일은 기다려야 한다.

이것은 우울증이 단순히 뇌에 있는 한 가지 화학 물질의 농도하고만 관련이 있는 게 아님을 시사하는데, 이것은 전혀 놀라운 사실이 아니다. 하룻밤 사이에 우울증이 생기는 일은 극히 드물다. 우울증은 감기처럼 나타나지 않는다. 우울증이 발전하는 동안 뇌에서 장기간에 걸친 변화가 일어난다는 것을 보여주는 데이터가 아주 많다. 그런 변화 중에는 신경세포들 간에 일어나는 접촉 횟수의 변화도 포함된다. 이것은 또 신경 영양 인자라고 부르는 화학 물질의 농도에 따라 변한다.[11] 이 화학 물질은 뇌세포의 건강한 생존과 기능을 지원한다.

우울증을 연구하는 과학자들은 신경 전달 물질 수치를 바탕으로 한 단순한 모형에서 더 복잡한 네트워크 체계로 옮겨갔다. 이것은 신경세포의 활동과 광범위한 인자들 사이에 일어나는 아주 복잡한 상호작용을 포함한다. 그런 인자들에는 스트레스, 신경 전달 물질 생산, 유전자 발현에 미치는 효과, 신경세포에 미치는 장기적 결과, 인자들 간의 상호작용 방식 등이 있다. 이 체계가 균형을 이루고 있을 때에는 뇌가 건강하게 작동한다. 하지만 균형이 깨지면, 복잡한 네트워크가 흐트러지기 시작한다. 그러면 뇌의 생화학과 기능이 건강한 상태에서 점점 멀어지며, 기능 장애와 질병을 향해 다가간다.

이 분야의 과학자들은 관심의 초점을 후성유전학 쪽으로 옮기기 시작했는데, 유전자 발현에 어떤 패턴을 만들어내고 장기간 유지할 수 있는 후성유전의 잠재력 때문이다. 이 연구에 가장 많이 사용되는 모형계는 설치류이다. 쥐나 생쥐는 자신의 감정을 말로 표현할 수 없기 때문에, 연구자들은 인간 우울증의 다른 측면들을 모형화하는 데 사용할 수 있는 특정 행동 테스트를 만들었다.

사람마다 스트레스에 반응하는 방식이 다르다는 건 누구나 안다. 어떤 사람은 스트레스를 아주 잘 견뎌내는 반면, 어떤 사람은 같은 상황에서 잘 버텨내지 못하며, 심지어는 우울증이 생기기까지 한다. 서로 다른 순계에 속한 생쥐들에게서도 이와 같은 양상이 나타난다. 연구자들은 두 순계의 생쥐들을 스트레스를 약간 받는 자극에 노출시켰다. 스트레스 상황이 지난 뒤에 연구자들은 인간 우울증의 특정 측면들을 모방한 검사를 통해 생쥐들의 행동을 평가했다. 한 순계는 상대적으로 덜 불안한 모습을 보인 반면, 다른 순계는 불안한 모습을 보였다. 이 두 순계를 B6과 BALB라 부르지만, 여기서는 편의상 '침착한'과 '불안한'으로 부르기로 하자.

연구자들은 중격의지핵이라는 뇌 지역에 초점을 맞추었다. 이 지역은 감정적으로 중요한 여러 가지 뇌 기능에 중요한 역할을 한다. 그런 것들에는 공격성, 두려움, 즐거움, 보상 등이 포함된다. 연구자들은 중격의지핵에서 다양한 신경 영양 인자의 발현을 분석했다. 가장 흥미로운 결과는 *Gdnf*(glial cell–derived neurotrophic factor, 신경아교세포 유래 신경 영양 인자)라는 유전자에서 나왔다.

침착한 생쥐의 경우, 스트레스는 *Gdnf* 유전자의 발현 증가를 초래했다. 반면에 불안한 생쥐의 경우, 스트레스는 같은 유전자의 발현 감소를 가져왔다. 각자 다른 순계에 속한 생쥐들은 DNA 암호가 서로 다를 수 있으므로, 연구자들은 *Gdnf* 유전자의 발현을 조절하는 프로모터 지역을 분석했다. *Gdnf*의 프로모터 지역에 있는 DNA 서열은 침착한 생쥐나 불안한 생쥐나 동일했다. 하지만 이 프로모터 지역의 후성유전적 변형을 조사했더니 차이가 나타났다. 불안한 생쥐의 히스톤은 침착한 생쥐에 비해 아세틸기가 더 적게 붙어 있었다. 히스톤 아세틸화 감소는 유전자 발현 감소와 관련이 있으므로, 불안한 생쥐에게서 나타나는 *Gdnf* 발현 감소라는 결과와 일치한다.

이 결과를 본 과학자들은 중격의지핵의 신경세포들에 무슨 일이 일어났는지 궁금했다. 왜 불안한 생쥐의 *Gdnf* 유전자에서 히스톤 아세틸화 수준이 감소했을까? 과학자들은 히스톤에 아세틸기를 들러붙게 하거나 떨어지게 하는 효소들의 농도를 조사했다. 그 결과, 두 생쥐 집단 사이의 차이점은 단 한 가지밖에 없었다. 침착한 생쥐에 비해 불안한 생쥐의 신경세포들에서 Hdac2라는 특정 히스톤 탈아세틸화 효소(아세틸기를 제거하는 단백질 집단의 한 구성원)가 훨씬 많이 발현돼 있었다.[12]

다른 연구자들은 사회적 패배라는 우울증 모형을 사용해 생쥐들을 실험했다. 이 실험에서 생쥐는 기본적으로 심한 모멸을 경험한다. 즉, 실험 대상 생쥐를 더 크고 위협적인 생쥐에게서 도망갈 수 없는 상황으로 몰아넣는 것이다. 다만, 신체적으로 손상을 입기 전에 거기서 벗어나게 한다. 어떤 생쥐는 이런 경험을 했을 때 아주 심한 스트레스를 받는 반면, 어떤 생쥐는 대수롭지 않게 넘기는 것처럼 보인다.

이 실험에서는 어른 생쥐를 열흘 동안 사회적 패배를 경험하는 상황으로 몰아넣았다. 열흘이 지난 뒤 각각의 생쥐를 그 경험에서 얼마나 잘 회복하느냐에 따라 민감한 집단과 저항력이 강한 집단으로 분류했다. 그러고 나서 2주일 후에 생쥐들을 다시 조사했다. 저항력이 강한 생쥐는 코르티코트로핀 분비 호르몬 수치가 정상이었다. 코르티코트로핀 분비 호르몬은 시상하부에서 분비하는 화학 물질이다. 이것은 결국 스트레스 호르몬인 코르티솔의 생산을 자극한다. 민감한 생쥐는 코르티코트로핀 분비 호르몬 수치가 높고, 이 유전자의 프로모터 지역에서 DNA 메틸화 수준이 낮았다. 이것은 이 유전자의 발현 수준이 높은 결과와 일치했다. 또, Hdac2 농도가 낮고 히스톤 아세틸

화 수준이 높았는데, 이것 역시 코르티코트로핀 분비 호르몬의 과다 발현과 일치한다.[13]

한 모형계에서 민감한 생쥐의 Hdac2 농도가 증가한 반면, 다른 생쥐의 Hdac2 농도가 감소한 것은 이상해 보일 수 있다. 하지만 이 모든 후성유전적 사건에는 무엇보다 환경이 중요하다는 사실을 기억해야 한다. Hdac2(혹은 이 점에서는 후성유전과 관련이 있는 어떤 유전자에서 발현된 히스톤 탈아세틸화 효소라도) 수준을 조절하는 방법은 단 한 가지만 있는 게 아니다. 그 조절은 뇌에서 해당 지역과 자극에 반응해 활성화되는 정확한 신호 경로에 달려 있다.

효과가 있는 약

스트레스에 대한 반응에서 후성유전학이 중요한 역할을 한다는 사실을 뒷받침하는 증거가 더 있다. 천성적으로 불안한 B6 생쥐는 중격의지핵에서 Hdac2의 발현이 증가하고, *Gdnf* 유전자의 발현이 감소했다. 이런 생쥐는 히스톤 탈아세틸화 효소 억제제인 SAHA로 치료할 수 있다. SAHA는 *Gdnf* 프로모터 지역의 아세틸화 증가를 낳는다. 이것은 *Gdnf* 유전자 발현 증가와 관련이 있다. 중요한 사실은 이런 치료를 받은 생쥐가 불안한 모습이 사라지고 대신에 침착한 모습을 보인다는 점이다.[14] 즉, 그 유전자의 히스톤 아세틸화 수준을 변화시키자 생쥐의 행동이 변한 것이다. 이것은 스트레스에 대한 생쥐의 반응을 조절하는 데 히스톤 아세틸화가 정말로 중요하다는 개념을 뒷받침한다.

스트레스에 대한 반응으로 생쥐가 우울증에 얼마나 심하게 빠지나 조사하는 데 사용하는 한 가지 검사법은 설탕 선호도 검사라 부른다. 정상적이고 행복한 생쥐는 설탕물을 좋아하지만, 우울증에 빠지면 설탕물에 대한 흥미가 떨어진다. 즐거운 자극에 대한 반응이 이렇게 감소하는 것을 무쾌감증이라 부른다. 이것은 동물에게서 인간의 우울증에 해당하는 것을 나타낼 수 있는 최선의 대리 표지 중 하나이다.[15] 심한 우울증에 빠진 사람은 이전에 인생을 즐겁게 해주던 모든 일에 흥미를 잃었다고 이야기한다. 스트레스를 받은 생쥐에게 SSRI 항우울제를 투여하자, 설탕물에 대한 관심이 점점 되살아났다. 그리고 HDAC 억제제인 SAHA를 투여하자, 좋아하던 음료에 대한 관심이 훨씬 빨리 되살아났다.[16]

히스톤 탈아세틸화 효소 억제제가 행동을 변화시킬 수 있는 대상은 불안한 생쥐나 침착한 생쥐뿐만이 아니다. 어미의 사랑을 많이 받지 못한 새끼 쥐에게도 효과가 있다. 이 쥐들은 코르티솔 생산 경로가 과다 활성화되어 만성적으로 스트레스를 받는 상태로 성장한다. '사랑을 받지 못하고' 자란 이 쥐에게 최초의 히스톤 탈아세틸화 효소 억제제로 확인된 TSA를 투여하면, 스트레스를 훨씬 덜 받는 쥐로 성장한다. 이 쥐는 어릴 때 어미의 사랑을 많이 받은 쥐와 비슷하게 반응한다. 해마에서 코르티솔 수용체 유전자의 DNA 메틸화 수준이 감소하면서 이 수용체의 발현이 증가하고, 무엇보다 중요한 음성 피드백 고리의 감수성이 개선된다. 이것은 히스톤 아세틸화와 DNA 메틸화 경로 사이의 교차 대화 때문에 일어나는 것으로 추정된다.[17]

생쥐의 사회적 패배 모형 실험에서는 민감한 동물에게 SSRI 항우울제를 투여했다. 투여한 지 3주일이 지나자, 이 생쥐들은 저항력이 강한 생쥐와 아주 비슷한 행동을 보였다. 그런데 이 항우울제를 투여한 결과는 단순히 뇌에서 세로토닌 수치를 높이는 데 그치지 않았다. 코르티코트로핀 분비 호르몬의 프로모터 지역에서 DNA 메틸화도 증가하는 결과까지 낳았다.

이 모든 연구들은 신경 전달 물질에서 오는 즉각적인 신호들 사이에 교차 대화가 일어나며, 세포의 기능에 미치는 장기적 효과를 후성유전 효소들이 조절한다는 모형과 잘 일치한다. 우울증 환자를 SSRI 약으로 치료하면, 뇌에서 세로토닌 수치가 올라가기 시작하면서 신경세포들로 더 강한 신호를 내보낸다. 앞 단락에서 설명한 동물 연구는 이 신호들이 모든 경로의 방아쇠를 당겨 결국에는 세포들에서 후성유전적 변형 패턴에 변화를 초래하기까지는 몇 주일이 걸린다고 시사한다. 이 단계는 뇌 기능을 정상으로 회복하는 데 꼭 필요하다.

후성유전학은 심한 우울증의 흥미롭지만 고통스러운 특징을 설명하는 데에도 그럴듯한 가설을 제시한다. 우울증을 한 번 앓은 적이 있는 사람은 장래에 우울증이 또 찾아올 가능성이 일반 인구에 비해 훨씬 높다. 어떤 후성유전적 변형은 되돌리기가 예외적으로 어려워 신경세포들이 또 한 차례의 발병에 더 취약한 상태에 놓여 있을 가능성이 높다.

아직 나오지 않은 결론

여기까지는 좋다. 모든 것이 우리의 이론, 즉 살아가면서 겪는 경험이 후성유전을 통해 행동에 지속적이고 장기적인 효과를 미친다는 이론과 잘 들어맞는 것처럼 보인다. 하지만 아직 문제가 남아 있다. 가끔 신경후성유전학이라 부르는 이 분야는 아마도 전체 후성유전학 연구 중에서 과학적으로 가장 논란이 많은 분야일 것이다.

논란이 얼마나 많은지 감을 잡기 위해 이렇게 생각해보자. 우리는 앞에서 에이드리언 버드 교수를 만났다. 그는 DNA 메틸화 분야의 아버지로 인정받고 있다. DNA 메틸화 과학에서 큰 명성을 떨치고 있는 또 한 사람은 컬럼비아대학의학센터의 팀 베스터Tim Bestor 교수이다. 버드와 베스터는 나이와 체격이 비슷하고, 둘 다 대화를 할 때 신중하고 말을 삼가는 편이다. 그런데 두 사람은 DNA 메틸화에 관한 거의 모든 문제에서 의견이 엇갈리는 것처럼 보인다. 두 사람이 함께 참석한 학회를 가보면, 틀림없이 두 사람 사이에 분위기를 고조시키는 열정적 토론이 벌어지는 것을 보게 될 것이다. 하지만 두 사람의 의견이 공식적으로 일치하는 것처럼 보이는 게 한 가지 있는데, 그것은 바로 신경후성유전학 분야에서 나오는 일부 보고에 대한 회의적 태도이다.[18]

두 사람과 그들의 많은 동료가 회의적 태도를 보이는 이유는 세 가지가 있다. 첫 번째 이유는 지금까지 관찰된 후성유전적 변화는 대부분 비교적 미소한 것이다. 회의론자들은 그토록 미소한 분자 차원의 변화가 눈길을 끄는 표현형을 낳을 수 있다는 사실을 쉽게 믿으려 하지 않는다. 이들은 그런 변화가 나타난다고 해서 반드시 기능적 효과까지 있다고 볼 수는 없다고 주장한다. 이들은 후성유전적 변형에 일어난 변화는 인과적인 게 아니라 단순히 상관관계에 불과한 게 아닐까 의심한다.

서로 다른 설치류의 계들에서 행동 반응을 연구해온 과학자들은 분자생물학자들이 온–오프식으로 결과가 나오는 분자적 변화를 광범위하게 연구할 수 있는 인공 실험 모형에 너무 익숙해져 있다고 반박한다. 행동주의자들은 이 때문에 분자생물학자들이 결과가 온–오프식이 아니라 더 '모호한' 형태로 나오고, 변이의 폭이 더 큰 현실 세계의 실험을 해석하는 데에는 상대적으로 미숙하지 않나 의심한다.

두 번째 이유는 후성유전적 변화가 매우 국지적인 것에 국한되는 성격에 있다. 유아기의 스트레스는 중격의지핵 같은 뇌의 특정 지역에만 영향을 미치고, 다른 지역에는 영향을 미치지 않는다. 후성유전 표지는 일부 유전자에서만 변경되고, 다른 유전자들에서는 변경되지 않는다. 이것은 회의적 태도를 취해야 할 이유로는 좀 약해 보인다. 비록 우리는 뭉뚱그려 '뇌'라고 이야기하지만, 수억 년에 걸친 진화의 산물인 이 기관에는 고도로 전문화된 중추와 지역이 아주 많다. 발달하는 동안 그리고 그 이후까지 어찌어찌하여 이 모든 지역들이 생겨나고 유지되며, 따라서 자극에 분명히 다르게 반응할 수 있다. 이것은 우리의 모든 조직에 있는 모든 유전자도 마찬가지다. 후성유전적 변형이 어떻게 그토록 정확하게 표적으로 조준되거나 신경 전달 물질 같은 화학 물질에서 나온 신호가 어떻게 이 같은 표적 조준을 낳는지 우리가 제대로 모른다는 것은 사실이다. 하지만 우리는 정상적인 발달이 일어나는 동안 이와 비슷한 특정 사건들이 일어난다는 사실을 안다. 그렇다면 왜 스트레스나 다른 환경적 교란이 일어나는 비정상적 시기에는 일어나지 않겠는가? 우리가 어떤 일이 일어나는 메커니즘을 모른다고 해서 그 일이 일어나지 않는 것은 아니다. 존 거든은 어른의 세포핵이 어떻게 난자의 세포질에 의해 재프로그래밍되는지 몰랐지만, 그렇다고 해서 그가 실험을 통해 발견한 사실들이 무효화되는 것은 아니었다.

세 번째 이유는 아마도 가장 중요한 것으로 보이는데, DNA 메틸화 자체와 관련이 있다. 뇌의 표적 유전자에서 일어나는 DNA 메틸화는 설치류의 경우에는 아주 일찍 확립된다. 태어나기 전에 확립될 수도 있지만, 태어난 지 하루 안에는 틀림없이 확립된다. 이것은 실험에서 관찰하는 새끼 생쥐나 새끼 쥐가 모두 해마의 코르티솔 수용체 유전자에 기본적인 특정 DNA 메틸화 패턴이 확립된 채 삶을 시작한다는 걸 의미한다. 이 프로모터 지역의 DNA 메틸화 수준은 태어난 지 처음 일주일 동안에 어미가 새끼를 얼마나 핥아주고 털을 골라주느냐에 따라 변한다. 앞에서 보았듯이, 어미의 사랑을 덜 받은 새끼는 많이 받은 새끼에 비해 DNA 메틸화 수준이 더 높다. 하지만 이것은 어미의 사랑을 덜 받은 생쥐에게서 DNA 메틸화가 증가했기 때문이 아니다. 어미의 사랑을 많이 받은 생쥐에게서 DNA 메틸화가 '감소'했기 때문이다. 어미에게서 떨어진 새끼 생쥐의 아르지닌 바소프레신 유전자에도 같은 일이 일어난다. 사회적 패배에 민감한 어른 생쥐의 코르티코트로핀 분비 호르몬 역시 마찬가지다.

따라서 모든 사례에서 과학자들이 관찰한 것은 자극에 반응해 DNA 메틸화가 감소하는 현상이었다. 분자 차원에서 문제가 되는 것은 바로 이것인데, 이것이 어떻게 일어나는지 아무도 모르기 때문이다. 4장에서 우리는 메틸화가 일어난 DNA를 복제할 때 어떻게 한 가닥은 메틸기를 포함하고 또 한 가닥은 포함하지 않는 결과가 나오는지 보았다. DNMT1 효소는 새로 합성된 가닥을 따라 이동하면서 원래의 가닥을 주형으로 사용해 메틸기를 첨가함으로써 메틸화 패턴을 복원한다. 우리의 실험 동물들에서는 DNMT1 효소가 적게 존재하여 해당 유전자에서 메틸화 수준이 감소했다고 추측할 수 있다. 이것을 수동적 DNA 탈메틸화라 부른다.

문제는 이것이 신경세포에는 적용되지 않는다는 데 있다. 신경세포는 분화가 끝까지 다 일어난 상태이다. 신경세포는 와딩턴의 풍경에서 맨 밑바닥에 있어 더 이상 분열할 수 없다. 신경세포는 분열을 하지 않기 때문에 자신의 DNA를 복제할 수 없다. 그래야 할 이유도 없다. 그래서 신경세포는 4장에서 소개한 방법으로 자신의 DNA 메틸화 패턴을 잃을 수 없다.

한 가지 가능성은 신경세포가 DNA에서 메틸기를 그냥 제거할지도 모른다는 것이다. 어쨌든 히스톤 탈아세틸화 효소는 히스톤에서 아세틸기를 떼어내지 않는가? 하지만 DNA에 붙은 메틸기는 다르다. 화학적으로 볼 때, 히스톤 아세틸화는 작은 레고 벽돌을 더 큰 레고 벽돌에 결합하는 것과 비슷하다. 두 벽돌을 다시 분리하기는 아주 쉽다. 하지만 DNA 메틸화는 이와 다르다. DNA 메틸화는 두 레고 벽돌을 갖다대고 강력 접착제로 들러붙게 하는 것에 가깝다.

DNA에서 메틸기와 사이토신 사이의 화학 결합은 아주 강해서 그것을 되돌리는 것은 오랫동안 불가능하다고 생각했다. 2000년, 베를린의 막스플랑크연구소에서 한 연구팀은 반드시 그렇진 않음을 증명했다. 그들은 포유류에서 부계 유전체는 발달 초기에 광범위한 DNA 탈메틸화를 겪는다는 것을 보여주었다. 우리는 7장과 8장에서 그것을 보았다. 거기서 대충 얼버무리고 넘어간 사실이 하나 있는데, 바로 접합자가 분열을 시작하기 전에 이 탈메틸화가 일어난다는 사실이다. 즉, DNA 복제가 전혀 일어나지 않고도 DNA 메틸화가 제거되는 것이다.[19] 이것을 능동적 DNA 탈메틸화라 부른다.

이것은 분열하지 않는 세포에서 DNA 메틸화를 제거하는 선례가 있음을 뜻한다. 아마도 신경세포에도 이와 비슷한 메커니즘이 있을 것이다. DNA 메틸화가 능동적으로 제거되는 방식에 대해서는 발달 초기의 잘 확립된 사건에서조차 아직 많은 논란이 있다. 신경세포에서 그것이 어떻게 일어나느냐에 대해서는 의견 일치가 더 어렵다. 이것을 연구하기가 그토록 어려웠던 한 가지 이유는 능동적 DNA 탈메틸화에는 각자 많은 단계를 수행하는 단백질이 매우 많이 관여할지 모르기 때문이다. 이것은 실험실에서 그 과정을 재현하는 일(이런 종류의 연구에서 표준적 방법인)을 아주 어렵게 만든다.

침묵시키는 것을 침묵시키기

앞에서 반복적으로 보았듯이, 과학 연구에서는 전혀 예상치 못했던 결과가 나올 때가 많은데, 여기서도 그런 일이 일어났다. 후성유전학 분야에서 많은 사람들이 DNA 메틸화를 제거하는 효소를 찾고 있을 때, 한 연구팀이 메틸화된 DNA에 뭔가 추가로 첨가하는 효소를 발견했다. **그림 12.3**이 그것을 보여준다. 정말 놀랍게도 이것은 핵산의 탈메틸화와 동일한 결과를 많이 낳는 것으로 드러났다.

산소 원자 하나와 수소 원자 하나로 이루어진 작은 분자 하이드록시기(수산기라고도 함)가 메틸기에 들러붙어 5-하이드록시메틸사이토신을 만든다. 이 반응에는 TET1이나 TET2 또는 TET3이라는 효소가 관여한다.[20]

이것은 DNA 탈메틸화 문제와 밀접한 관련이 있는데, 이 변화를 중요하게 만드는 요소가 바로 DNA 메틸화 효과이기 때문이다. 사이토신의 메틸화는 유전자 발현에 영향을 미치는데, 메틸화된 사이토신에 MeCP2 같은 특정 단백질들이 들러붙기 때문이다. MeCP2는 다른 단백질들과 함께 작용해 유전자 발현을 억제하고, 히스톤 탈아세틸화처럼 다른 억제 변형을 불러들인다. TET1 같은 효소가 하이드록시기를 5-메틸사이토신에 첨가해 5-하이드록시메틸사이토신 분자를 만들 때, 후성유전적 변형의 형태도 변하게 한다. 만약 메틸화된 사이토신이 테니스공에 포도알을 붙인 것과 같다면, 5-하이드록시메틸사이

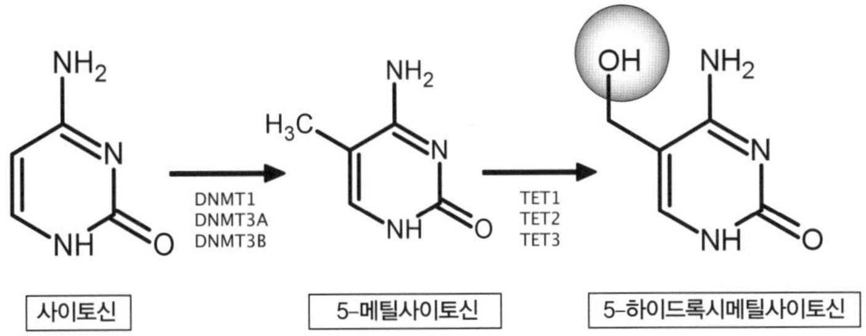

그림 12.3 5-메틸사이토신이 5-하이드록시메틸사이토신으로 바뀌는 과정. C는 탄소, H는 수소, N은 질소, O는 산소를 나타낸다. 단순성을 위해 일부 탄소 원자는 명시적으로 나타내지 않았지만, 2개 이상의 선이 교차하는 점에는 모두 탄소 원자가 있다.

토신은 테니스공에 붙은 포도알에 다시 콩을 붙인 것과 같다. 이러한 형태 변화 때문에 MeCP2 단백질은 변형된 DNA에 더 이상 들러붙을 수 없다. 따라서 세포는 메틸화되지 않은 DNA를 판독하는 것과 동일한 방식으로 5-하이드록시메틸사이토신을 '판독'한다.

얼마 전까지 사용된 기술 중 많은 것은 DNA 메틸화를 찾는 데 주력했다. 이 방법들은 메틸화되지 않은 DNA와 5-하이드록시메틸화된 DNA를 구별하지 못할 때가 많았다. 이것은 DNA 메틸화 증가를 관찰했다고 보고한 논문 중 상당수는 실제로는 5-하이드록시메틸화 증가를 관찰했으면서 그것을 알아채지 못했을지도 있음을 뜻한다. 이것은 현재로서는 입증되지 않았지만, 일부 행동 연구에서 보고된 것처럼 실제로 DNA 탈메틸화가 일어나는 대신에 신경세포들이 5-메틸사이토신을 5-하이드록시메틸사이토신으로 전환하는지도 모른다. 5-하이드록시메틸사이토신을 연구하기 위한 기술은 아직도 개발 중에 있지만, 우리는 다른 종류의 세포들보다 신경세포에 이 화학 물질이 더 많이 들어 있다는 사실을 알고 있다.[21]

기억하고 기억하라

이런 논란에도 불구하고, 후성유전적 변형이 뇌의 기능에 얼마나 중요한 영향을 미치는지 밝혀내기 위한 연구가 계속되고 있다. 많은 관심을 불러일으킨 한 분야는 기억을 연구하는 분야이다. 기억은 놀랍도록 복잡한 현상이다. 기억에는 해마와 피질(겉질)이 관여하는데, 서로 다른 방식으로 작용한다. 해마는 뇌가 무엇을 기억해야 할지 결정할 때처럼 주로 기억을 굳히는 일에 관여한다. 해마는 작동 방식이 상당히 유연하며, 이것은 DNA 메틸화의 일시적 변화와 관련이 있는 것으로 보이는데, 이것 역시 잘 알려지지 않은 메커니즘을 통해 일어난다. 피질은 기억을 장기 보관하는 일을 한다. 기억이 피질에 저장될 때, DNA 메틸화에는 오래 지속되는 변화가 일어난다.

컴퓨터에 비유하자면 피질은 기가바이트 용량의 하드 드라이브와 같다. 해마는 램RAM 칩에 가까운데, 삭제하거나 영구 보관을 위해 하드 드라이브로 옮기기 전에 관련 데이터를 해당 작업을 위해 일시적으로 처리하는 장소이다. 뇌는 각각의 기능을 종류에 따라 서로 다른 해부학적 지역에 있는 선택된 세포 집단들로 분배한다. 기억 상실이 전체적으로 완전히 일어나는 일이 드문 이유는 이 때문이다. 예컨대 임상 조건에 따라 단기 기억이나 장기 기억 중 하나가 상대적으로 상실되거나 상대적으로 온전한 상태로 남을 수 있다. 우리 뇌에서 이렇게 기능들이 나누어져 있다는 주장은 상당히 일리가 있다. 우리가 딱 한 번만 걸었던 전화 번호, 기차에서 만났던 따분하고 낯선 사람이 했던 말의 모든 단어, 3년 전 비 오는 수요일에 나왔던 구내 식당 메뉴를 비롯해 과거에 일어난 모든 일을 기억하는 삶을 한번 상상해보라.

기억 체계의 복잡성은 기억을 연구하기 아주 어려운 분야로 만드는 이유 중 하나인데, 사용하는 실험 기술로 다루는 것이 기억의 어떤 측면인지 확신할 수 있는 실험을 설계하기가 어렵기 때문이다. 하지만 우리가 확실히 아는 게 한 가지 있다. 그것은 유전자 발현에 일어난 장기적 변화와 신경세포들이 서로 연결하는 방식에 일어난 장기적 변화가 기억과 관련이 있다는 사실이다. 이것은 다시 후성유전 메커니즘이 어떤 역할을 할지 모른다는 가설을 낳는다.

포유류에서는 DNA 메틸화와 히스톤 변형이 둘 다 기억과 학습에 어떤 역할을 한다. 설치류를 대상으로 한 연구는 이런 변화들이 뇌의 서로 다른 지역에 있는 특정 유전자를 표적으로 할지 모른다는 것을 보여주었다. 예를 들면, 특정 학습 및 기억 모형에서 DNA 메틸기 전이 효소 DNMT3A와 DNMT3B는 어른 쥐의 해마에서 발현이 증가한다. 반대로 이 쥐들에게 5-아자사이티딘 같은 DNA 메틸기 전이 효소 억제제를 투여하면, 기억 생성이 차단되고, 해마와 피질 모두에 영향을 미친다.[22]

사람에게 나타나는 루빈스타인-테이비 증후군의 경우에는 특정 히스톤 아세틸기 전이 효소(히스톤에 아세틸기를 첨가하는 단백질) 유전자에 돌연변이가 일어난다. 정신 지체는 이 질환에서 자주 나타나는 증상이다. 이 유전자의 돌연변이 버전을 가진 생쥐도 예상대로 해마에서 히스톤 아세틸화 수준이 낮다. 이 생쥐는 해마에서 처리하는 장기 기억에도 큰 문제가 있다.[23] 이 생쥐에게 히스톤 탈아세틸화 효소 억제제인 SAHA를 투여했더니, 해마의 아세틸화 수준이 높아지고, 기억 문제가 개선되었다.[24]

SAHA는 그 밖에도 많은 히스톤 탈아세틸화 효소를 억제할 수 있지만, 뇌에서 일부 표적은 다른 표적들보다 더 중요한 것처럼 보인다. 이 종류의 효소 중 가장 많이 발현되는 것 두 가지는 HDAC1과 HDAC2이다. 이 둘은 뇌에서 발현되는 방식에 차이가 있다. HDAC1은 주로 신경 줄기세포와 그것을 지지하고 보호하는 비신경세포인 신경아교세포 집단에서 발현된다. HDAC2는 주로 신경세포에서 발현되는데,[25] 따라서 학습과 기억에서 가장 중요한 것이 이 히스톤 탈아세틸화 효소라는 사실은 별로 놀랍지 않다.

신경세포가 Hdac2를 과잉 발현하는 생쥐는 단기 기억은 좋아도 장기 기억이 나쁘다. 신경세포가 Hdac2를 전혀 발현하지 않는 생쥐는 기억이 아주 좋다. 이 데이터는 Hdac2가 기억 저장에 부정적 효과를 미친다는 사실을 보여준다. Hdac2가 과잉 발현된 신경세포들은 정상보다 연결이 훨씬 적게 일어난 반면, Hdac2가 없는 신경세포들은 그 반대의 일이 일어났다. 이것은 유전자 발현에 일어난 후성유전적 변화가 결국 뇌에서 복잡한 네트워크를 변화시킨다는 우리의 모형을 뒷받침한다. SAHA는 Hdac2를 과잉 발현하는 생쥐의 기억을 향상시키는데, 히스톤 아세틸화와 유전자 발현에 미치는 효과가 줄어듦으로써 이런 결과를 낳는 것으로 보인다. SAHA는 또한 정상 생쥐의 기억도 향상시킨다.[26]

사실, 뇌에서 아세틸화 수준 증가는 기억 향상과 일관된 연관이 있는 것처럼 보인다. 환경을 강화한 조건에 둔 생쥐는 학습과 기억이 모두 향상되었다. 환경을 강화했다고 하는 것은 생쥐에게 쳇바퀴 2개와 두루마리 화장지 안쪽 면에 접근을 허용했다는 것을 고상하게 표현한 것이다. 더 즐거운 환경에 놓인 생쥐는 해마와 피질에서 히스톤 아세틸화 수준이 증가했다. 심지어 이 생쥐들도 SAHA를 투여하자, 히스톤 아세틸화 수준과 기억 기술이 높아졌다.[27]

여기서 일관된 경향이 나타나는 것을 볼 수 있다. 다양한 모형계에서 동물에게 DNA 메틸기 전이 효소 억제제를 투여하면, 특히 히스톤 탈아세틸화 효소 억제제를 투여하면, 학습과 기억이 증가한다. 앞 장에서 보았듯이, 이 두 종류의 약 중에서 5-아자사이티딘과 SAHA처럼 판매 허가가 난 것들이 있다. 이러한 항암제를 알츠하이머병처럼 기억 상실이 주요 임상 문제로 나타나는 곳에 사용하고 싶은 충동이 든다. 어쩌면 더 광범위한 집단에서 일반적인 기억 증진제로 쓸 수 있을지도 모른다.

불행하게도 그렇게 하기에는 실질적인 어려움이 있다. 이 약들은 심한 피로와 욕지기, 감염 위험 증가 등의 부작용이 있다. 만약 대안

이 암의 진행으로 인해 가까운 시일에 죽는 것밖에 없다면, 이런 부작용은 충분히 감내할 수 있다. 하지만 환자가 아직도 비교적 괜찮은 삶의 질을 누리고 있는 치매 초기 단계라면, 이런 약을 쓰는 것은 받아들이기 쉽지 않다. 그리고 일반 인구를 대상으로 사용하는 것은 절대로 받아들일 수 없을 것이다.

게다가 한 가지 문제가 더 있다. 이러한 약들은 대부분 뇌에 도달하는 데 큰 어려움이 있다. 많은 설치류 실험에서는 약을 직접 뇌에 집어넣었고, 해마처럼 특정 지역에 직접 집어넣은 경우도 있었다. 하지만 사람에게는 이런 식으로 약을 직접 투여할 수 없다.

뇌에 도달하는 히스톤 탈아세틸화 효소 억제제가 일부 있다. 발프로산나트륨이라는 약은 수십 년 동안 간질 치료에 사용돼왔는데, 그러려면 분명히 뇌에 도달해야 한다. 최근에 이 화합물이 히스톤 탈아세틸화 효소 억제제이기도 하다는 사실이 밝혀졌다. 이것은 알츠하이머병에 후성유전 의약품을 사용하려는 시도에 매우 고무적인 소식이지만, 불행하게도 발프로산나트륨은 히스톤 탈아세틸화 효소를 아주 약하게 억제한다. 동물의 학습과 기억 실험에서 얻은 모든 데이터는 이런 결핍을 되돌리는 데에는 약한 억제제보다는 강한 억제제가 훨씬 효과가 좋다는 것을 보여주었다.

적절한 의약품을 개발하기만 한다면, 후전유전 요법이 효과를 볼 수 있는 질환은 비단 알츠하이머병과 비슷한 장애뿐만이 아니다. 코카인을 정기적으로 사용하는 사람들 중 5~10%는 이 약물에 중독되는 바람에 이 자극 물질에 대한 갈망을 주체할 수 없어 고통을 받는다. 설치류에서도 코카인에 무제한 접근을 허용할 경우에 이와 비슷한 현상이 나타난다. 코카인 같은 자극 물질에 중독되는 것은 뇌의 기억과 보상 회로에서 부적절한 적응이 일어나는 것을 보여주는 전형적 사례이다. 이러한 적응 장애는 장기간 지속되는 유전자 발현의 변화를 통해 조절된다. DNA 메틸화 변화와 MeCP2가 메틸화를 판독하는 방식이 이 중독의 기반을 이룬다. 이것은 신호 인자, DNA와 히스톤 변형 효소와 판독기, miRNA 등을 포함해 제대로 알려지지 않은 일련의 상호작용을 통해 일어난다. 관련 경로들은 암페타민 중독의 기반이기도 하다.[28,29]

이 장이 시작된 지점으로 돌아간다면, 어린 시절에 트라우마를 경험한 어린이가 정상보다 높은 정신 질환 위험이 있는 어른으로 성장하지 않도록 막아야 할 필요가 크다는 게 분명하다. 이들의 삶의 질을 개선하기 위해 후성유전 요법을 사용하는 것은 매우 매력적으로 보인다. 불행하게도 학대나 방임을 겪은 어린이를 위한 요법을 설계하는 데에는 한 가지 문제가 있는데, 어른이 되고 나서 영구적 손상을 입는 사람은 어떤 사람이고, 행복하고 건강하게 살아가는 사람은 어떤 사람인지 가려내기가 현실적으로 매우 어렵다. 어느 개인에게 실제로 그 치료가 필요한지 확신할 수 없다면, 어린이에게 약을 투여하는 것에 대한 윤리적 딜레마도 아주 크다. 게다가 약이 실제로 효과가 있는지 알아내기 위한 임상 시험은 수십 년 동안 계속해야 하는데, 막대한 비용 때문에 애당초 이 약의 개발에 뛰어들 제약 회사는 거의 없을 것이다.

하지만 너무 부정적인 결론을 내려서는 안 될 것이다. 후성유전적 사건과 행동에 관한 위대한 이야기가 있다. *Grb10*이라는 유전자가 있는데, 다양한 신호 전달 경로에 관여하는 유전자이다. 이것은 각인 유전자로, 뇌는 부계에서 물려받은 유전자만 발현시킨다. 만약 이 부계 유전자의 스위치를 끈다면, 생쥐는 Grb10 단백질을 전혀 만들지 못해 아주 기묘한 표현형이 발달한다. 이 생쥐는 같은 우리에 있는 다른 생쥐의 얼굴 털과 수염을 갉아먹는다. 이것은 일종의 공격적 털고르기로, 닭에게서 볼 수 있는 우열 순위와 비슷하다. 게다가 모르는 큰 생쥐와 맞닥뜨렸을 때, *Grb10* 돌연변이 생쥐는 물러서지 않고 당당히 맞선다.[30]

뇌에서 *Grb10*의 스위치가 꺼지면, 생쥐는 다소 공격적으로 변한다. 이 유전자는 정상적으로는 뇌에서 스위치가 켜지기 때문에 이것은 더욱 기묘해 보일 수 있다. 그렇다면 *Grb10*의 스위치가 꺼진 생쥐가 가장 거칠고 성공적인 생쥐가 되지 않을까? 실제로는 처절한 응징을 당하는 생쥐가 될 가능성이 더 높다. 세상에는 생쥐가 아주 많고, 서로 자주 마주친다. 상대가 더 강해 보일 때에는 꼬리를 내리는 게 상책이다.

뇌에서 *Grb10* 유전자의 스위치가 꺼지는 것은 생쥐에게는 금요일 밤의 악몽과 같다. 왜 그런지 그 이유를 분명히 알고 싶다면, 이것을 인간의 상황에 적용해보자. 술집에 갔는데, 덩치가 나보다 두 배나 크고 온통 근육질인 남자와 부딪치는 바람에 내가 맥주를 쏟았다고 하자. 이 유전자의 스위치가 꺼져 있다면, 이것은 마치 옆에 "어이, 용기를 내. 넌 저 덩치를 충분히 이길 수 있어. 겁내지 마!"라고 응원하는 친구가 있는 것과 같다. 우리는 이런 시나리오가 어떤 결과를 가져올지 익히 안다. 그러니 "이봐, 친구. 그만 참아. 굳이 그럴 필요까진 없잖아."라고 말하길 좋아하는 각인 유전자 *Grb10*을 위해 건배를 하면서 이 장을 마치기로 하자.

13장

내리막길

나는 늙는 것에는 그다지 신경 쓰지 않는다.

다만, 뚱뚱해지면서 늙는 것에 신경을 쓸 뿐이지.

– 벤저민 프랭클린Benjamin Franklin

시간은 흐르고, 우리는 늙어간다. 이것은 피할 수 없는 자연의 섭리이다. 그리고 나이를 먹으면 몸이 변한다. 30대 중반을 지나면, 대부분의 사람들은 신체 수행 능력을 이전과 같은 상태로 유지하기가 점점 어려워진다는 사실을 절감한다. 이젠 빨리 달리거나, 쉬지 않고 아주 멀리까지 자전거를 타고 달리거나, 광란의 밤을 지새우고 나서 빨리 회복하는 게 문제가 아니다. 나이를 먹을수록 모든 것이 점점 더 힘들어진다. 새로운 병이나 통증이 나타나고, 자질구레한 감염에 이전보다 더 쉽게 무너진다.

우리는 주변 사람들의 노화를 쉽게 알아챈다. 아주 어린 아이도 비록 그 중간에 있는 사람들은 좀 헷갈리더라도, 젊은이와 노인의 차이를 구별할 수 있다. 어른은 20대와 40대를 쉽게 구별할 수 있고, 40세와 65세인 두 사람의 차이도 금방 알아챈다.

우리는 본능적으로 사람들을 대략적인 연령 집단으로 분류할 수 있

나이가 들면 세포들의 기능이 떨어져 암, 당뇨병, 심장혈관 질환, 치매 등 많은 질병에 더 잘 걸리게 된다.

는데, 그것은 사람들이 이 세상에 태어난 보낸 햇수를 전파 신호로 내보내기 때문이 아니라, 노화 징후가 신체에 나타나기 때문이다. 그중 하나는 피하 지방이 줄어드는 것인데, 이 때문에 얼굴이 수척해지고 '동안'에서 점점 멀어지게 된다. 그 밖의 징후로는 주름이 생기고, 근육 긴장이 감소하고, 허리가 구부정해지는 것 등이 있다.

성형 수술 산업은 성장세가 꺾일 줄 모르는데, 이것은 우리가 노화 증상을 감추려고 얼마나 절박하게 노력하는지 잘 보여준다. 국제미용성형수술학회가 2010년에 발표한 통계 수치를 보면, 상위 25개국에서 시술된 성형 수술은 850만 건이 넘으며, 보톡스나 박피술 같은 비수술 절차 시술 건수도 그에 맞먹는다. 이 순위에서 미국이 1위를 차지했고, 브라질과 중국이 2위 자리를 놓고 각축을 벌였다.[1]

사람들은 살아온 햇수에 대해서는 그다지 신경 쓰지 않는 것처럼 보이지만, 그에 수반되는 신체적 쇠퇴만큼은 아주 싫어한다. 이것은 결코 사소한 문제가 아니다. 암 발병의 가장 큰 위험 인자 중 하나는 바로 단순히 나이가 많아지는 것이다. 알츠하이머병이나 뇌졸중 같은 질환도 마찬가지다.

지금까지 인간의 건강 관리에서 일어난 발전들은 수명과 삶의 질을 크게 향상시켰는데, 어린 시절의 조기 사망을 막는 데 초점을 주력한 것이 중요한 이유였다. 예를 들면, 소아마비 같은 심각한 질병을 예방하는 백신은 어린이 사망률(어린이 사망률 감소)과 이환율morbidity(소아마비의 결과로 영구 마비되는 어린이 수 감소)에 모두 큰 개선을 가져왔다.

지금은 인간 수명 연장(인생의 반대편 끝인 노년기를 연장하는 것)으로 알려진 문제를 둘러싸고 논쟁이 점점 뜨거워지고 있다. 인간 수명 연장은 의학적으로 개입하여 개인을 더 오래 살 수 있게 하는 것을 말한다. 하지만 이 문제는 우리를 사회적으로나 과학적으로 어려운 영역으로 몰아넣는다. 그 이유를 알려면, 노화가 실제로 무엇이며, 왜 단순히 오래 사는 것보다 더 중요한 것이 있는지 확실히 정의하는 게 중요하다.

노화의 정의는 여러 가지가 있지만, 한 가지 훌륭한 정의는 "결국에는 죽음에 이르는 조직 기능의 점진적 기능 저하"이다.[2] 대부분의 사람들에게 노화가 가져다주는 가장 우울한 측면은 종착역이라기보다는 바로 이 기능 저하이다.

일반적으로, 대부분의 사람들은 이 삶의 질 문제가 얼마나 중요한지 잘 알고 있다. 예를 들면, 2010년에 오스트레일리아 성인 605명을 대상으로 조사한 결과에서 약 절반은 노화를 늦추는 약이 개발되더라도 복용하지 않겠다고 대답했다. 그러한 선택 뒤에 숨어 있는 논리는 삶의 질에 바탕을 두고 있다. 응답자들은 그런 약이 건강한 삶을 연장해준다고는 믿지 않았다. 나쁜 건강과 신체 장애가 심해지는 가운데 단순히 더 오래 사는 것은 그다지 매력적이라고 생각하지 않았다. 응답자들은 노년기의 건강 개선을 동반하지 않는 수명 연장을 원치 않았다.[3]

따라서 노화에 대한 과학적 논의는 두 가지 측면이 있다. 하나는 수명 자체이고, 또 하나는 노화와 관련해 노년기에 찾아오는 장애를 제어하는 문제이다. 적어도 인간에게서 이 둘을 분리하는 것이 어느 정도 가능하거나 합리적인지는 분명치 않다.

후성유전학은 노화 문제에서도 분명히 어떤 역할을 할 수 있다. 중요한 인자는 후성유전학뿐만이 아니겠지만, 그래도 후성유전학이 아주 중요하다는 것은 부정할 수 없다. 이 장 끝 부분에 나오겠지만, 이 후성유전학 분야와 노화는 최근에 제약 부문에서 매우 치열한 논란을 불러일으켰다.

나이가 들면 왜 세포들의 기능이 떨어져 암, 제2형 당뇨병, 심장혈관 질환, 치매를 비롯해 많은 질병의 위험에 더 취약해지는가 하는 질문에 대한 답을 찾아야 한다. 한 가지 이유는 우리 몸의 세포들에 들어 있는 DNA 대본이 나쁜 쪽으로 변하기 시작하기 때문이다. 나이가 들수록 그 서열에 무작위적 변형이 축적된다. 생식 세포에는 영향을 미치지 않고, 몸의 조직 세포에만 영향을 미치는 체세포 돌연변이도 일어난다. 많은 암은 DNA 서열에 변화가 일어나는데, 염색체들 사이에 일어나는 큰 규모의 재배열(즉, 한 염색체의 유전 물질이 다른 염색체로 옮겨가는 것)이 그 원인이 될 때가 많다.

후성유전적 변형의 변화가 노화의 원인일까

하지만 앞에서 보았듯이, 우리 몸의 세포에는 DNA 청사진을 가능하면 온전한 상태로 유지하기 위한 메커니즘이 많이 있다. 세포는 기본적으로 유전체를 원래의 상태대로 최대한 유지하도록 설정돼 있다. 하지만 후성유전체는 다르다. 후성유전체는 본질적으로 유전체보다 더 유연하고 가소성이 크다. 이 때문에 동물이 나이를 먹으면 후성유전적 변형이 변하는 것은 놀라운 일이 아니다. 나이가 들면 후성유전체는 결국 유전체보다 변하기가 훨씬 쉬울 수 있는데, 후성유전체는 유전체보다 자연적으로 변하기가 더 쉽기 때문이다.

우리는 5장에서 유전적으로 동일한 쌍둥이가 나이를 먹으면서 어떻게 점점 더 달라지는지 논의하면서 그런 사례를 일부 보았다. 나이를 먹으면서 후성유전체가 어떻게 변하는가 하는 문제에 대해서는 더 직접적인 연구가 이루어졌다. 연구자들은 장기적 인구 연구 대상이던 아이슬란드와 유타 주의 큰 표본 집단 둘을 조사했다. 11~16년 간격으로 이들에게서 채취한 혈액 시료로 DNA를 얻었다. 혈액에는 적혈구와 백혈구가 들어 있다. 적혈구는 온몸으로 산소를 실어나르며, 사실상 헤모글로빈이 가득 든 작은 주머니와 같다. 백혈구는 감염에 대항해 면역 반응을 나타내는 세포이다. 백혈구는 적혈구와 달리 세포핵과 DNA가 있다.

연구자들은 일부 개인들에게서 백혈구의 전반적인 DNA 메틸화 수준이 시간에 따라 변했다는 사실을 발견했다. 이 변화는 늘 똑같이 나타나지 않았다. 나이를 먹으면서 DNA 메틸화 수준이 증가한 사람이 있는가 하면, 반대로 감소한 사람도 있었다. 변화 방향은 같은 가족 사이에 동일하게 나타나는 경향이 있었다. 이것은 나이와 관련해 나타나는 DNA 메틸화의 변화는 유전적으로 영향을 받거나 아니면 같은 가족이 공유한 환경 인자에 영향을 받는다는 것을 뜻할 수 있다. 과학자들은 유전체 중 1500군데가 넘는 특정 CpG 장소에서 메틸화 수준을 자세히 조사해보았다. 이 장소들은 주로 단백질 암호화 유전자와 관련이 있었다. 그들은 이 장소들에서도 전반적인 DNA 메틸화 수준과 똑같은 경향을 발견했다. 개인에 따라 장소 특이적 DNA 메틸화 수준이 증가한 사람이 있는가 하면, 반대로 감소한 사람도 있었다. DNA 메틸화 수준이 최소한 20% 증가하거나 감소한 사람들은 전체 조사 대상 중 약 10%에 이르렀다.

저자들은 결론에서 "이 데이터는 나이를 먹으면서 나타나는 정상적인 후성유전적 패턴의 상실을 일반적인 인간 질환의 후기 발병 메커니즘으로 보는 개념을 지지한다."라고 썼다.[4] 이 데이터가 후성유전적 메커니즘이 후기 발병을 낳는다는 모형과 일치하는 것은 사실이지만, 여기에는 한계도 있다는 점을 잊지 말아야 한다.

특히 이런 유형의 연구들은 후성유전적 변화와 노년기 질환 사이의 중요한 상관관계를 강조하지만, 한 사건이 다른 사건의 원인임을 증명하진 못한다. 익사 사고는 자외선 차단제가 가장 많이 팔리는 시기에 가장 많이 일어난다. 이 사실로부터 자외선 차단제가 사람들에게 익사 사고를 당하게 하는 효과가 있다는 추론을 이끌어낼 수 있다. 물론 실제로는 자외선 차단제가 더운 계절에 많이 팔리고, 같은 계절에 사람들이 수영을 더 많이 할 뿐이다. 수영을 하는 사람이 많을수록 익사자 역시 늘어나게 마련이다. 우리가 살펴본 두 인자(자외선 차단제 판매와 익사 사고) 사이에는 상관관계가 있지만, 한 인자와 다른 인자 사이에 인과 관계가 있는 것은 아니다.

따라서 비록 우리가 시간이 지남에 따라 후성유전적 변형이 변한다는 사실을 알고 있긴 하지만, 이러한 변형이 노화와 관련된 질환이나 변성의 원인이라고 증명하는 것은 아니다. 이론적으로 그 변화는 기능적 결과를 전혀 수반하지 않는 무작위적 변이에 불과한 것일 수도 있다. 그것은 세포 안에서 후성유전적 배경 잡음에 일어난 변화에 불과한 것일 수도 있다. 많은 경우, 우리는 후성유전적 변형 패턴의 변화가 유전자 발현의 변화를 낳는지도 아직 확실히 모른다. 이 질문의 답을 알아내기는 아주 어려운데, 인간 집단을 대상으로 그것을 평가하기는 특히 더 어렵다.

DNA 메틸화 감소와 암

그렇다 하더라도, 병의 발병이나 진행에는 일부 후성유전적 변형이 관여하는 게 분명하다. 이를 뒷받침하는 가장 강한 근거는 11장에서 보았듯이 암에서 찾을 수 있다. 그런 증거 중에는 특정 종류의 암을 치료할 수 있는 후성유전 치료제가 있다. 실험계에서 얻은 많은 데이터도 그런 근거를 제공한다. 이 데이터는 세포에서 후성유전적 조절이 변하면 세포가 암세포로 변하거나 이미 암세포로 변한 세포를 더 공격적으로 변하게 할 가능성이 더 커진다는 것을 보여준다.

11장에서 우리가 다룬 분야 중 하나는 종양 억제 유전자에서 자주 일어나는 DNA 메틸화 증가였다. DNA 메틸화 증가는 종양 억제 유전자의 발현 스위치를 끈다. 기묘하게도, 특정 장소에서 일어나는 이 DNA 메틸화 증가는 동일한 암세포의 유전체 중 나머지 많은 지역에서 DNA 메틸화가 전반적으로 감소하는 추세 속에서 나타난다. 이러한 메틸화 감소는 유지 DNA 메틸기 전이 효소인 DNMT1의 발현 감소나 활동 감소가 그 원인일지 모른다. 이러한 전반적인 DNA 메틸화 감소는 암의 발달을 촉진할지도 모른다.

이것을 조사하기 위해 루돌프 예니슈는 세포에서 Dnmt1 단백질을 정상 수준의 약 10%만 발현하는 생쥐를 만들었다. 이 생쥐들의 세포에서 일어나는 DNA 메틸화 수준은 정상 생쥐에 비해 아주 낮았다. 이러한 Dnmt1 돌연변이 생쥐는 태어날 때부터 발육이 저하되었을 뿐만 아니라, 생후 4개월에서 8개월 사이에 면역계를 공격하는 종양(T세포림프종)이 생겼다. 이것은 특정 염색체의 재배열과 관련이 있는데, 특히 암세포에 15번 염색체가 한 벌 더 생기는 경우가 많다.

예니슈는 DNA 메틸화 감소가 염색체를 매우 불안정하게 만들어 손상되기 쉽게 만든다고 생각했다. 이 때문에 염색체는 부적절한 방식으로 서로 결합할 위험이 커진다. 이것은 분홍색 막대 사탕과 초록색 막대 사탕을 부러뜨려 전부 네 조각으로 만드는 것과 같다. 사탕을 녹임으로써 다시 들러붙게 해 완전한 막대 사탕 2개를 다시 만들 수 있다. 하지만 캄캄한 곳에서 이 작업을 한다면, 가끔 반은 분홍색이고 반은 초록색인 '잡종' 막대 사탕이 만들어질 것이다.

에니슈의 생쥐에게 염색체 불안정을 증가시킨 최종 결과는 비정상적인 유전자 발현으로 나타났다. 이것은 다시 매우 침습적이고 공격적인 세포들이 지나치게 증식하여 결국 암으로 발전하는 결과로 이어졌다.[5,6] 이 데이터는 DNMT 억제제가 암 이외의 다른 질병 치료제로 사용될 가능성이 없는 이유 중 하나이다. 이 약이 정상 세포의 DNA 메틸화 감소를 초래하여 일부 종류의 세포를 암으로 발전하게 할 염려가 있기 때문이다.

이 데이터는 DNA 메틸화 수준 자체는 중요한 문제가 아님을 시사한다. 중요한 것은 유전체 중에서 DNA 메틸화에 변화가 일어나는 '장소'이다.

나이가 듦에 따라 찾아오는 일반적인 DNA 메틸화 감소는 사람과 생쥐 외에 쥐에서부터 곱사연어(홍연어라고도 함)에 이르기까지 다른 종들에서도 보고되었다.[7] 낮은 수준의 DNA 메틸화가 왜 유전체 불안정과 관련이 있는지는 명확하게 밝혀지지 않았다. 높은 수준의 DNA 메틸화가 매우 치밀한 DNA 구조를 낳기 때문일지 모르는데, 치밀한 DNA는 구조적으로 더 안정하다. 어쨌든 절단기로 한 가닥의 기다란 철사를 자르기는 쉽지만, 철사를 찌부러뜨려 촘촘한 금속 매듭으로 만들어놓았다면 자르기가 훨씬 어렵다.

세포가 자신의 염색체를 돌보기 위해 얼마나 많은 노력을 기울이는지 아는 게 중요하다. 만약 염색체가 끊어지면, 세포는 할 수 있는 한 절단 부위를 복구하려고 애쓴다. 만약 복구가 힘들면, 세포는 자기 파괴 메커니즘을 작동시켜 사실상 세포 자살을 택한다. 이런 선택을 하는 이유는 손상된 염색체는 위험할 수 있기 때문이다. 손상된 유전 물질을 가지고 살아남게 하기보다는 차라리 세포 하나를 죽이는 게 낫다. 예를 들어 같은 세포에서 9번 염색체 한 벌과 22번 염색체 한 벌이 끊어졌다고 상상해보자. 절단된 부위들은 적절하게 복구될 수 있지만, 가끔 복구가 잘못되어 9번 염색체 조각이 22번 염색체 조각과 합쳐질 수 있다.

9번 염색체와 22번 염색체의 이러한 재배열은 실제로 면역계 세포들에서 비교적 자주 일어난다. 사실, 이런 일은 너무 자주 일어난 나머지 이 9:22 잡종에는 구체적인 이름까지 붙어 있다. 이 잡종 염색체는 필라델피아 염색체라 부르는데, 이 염색체를 처음 기술한 도시의 이름을 딴 것이다. 만성 골수성 백혈병이라는 암에 걸린 사람들 중 95%는 암세포에 필라델피아 염색체가 있다. 이 비정상 염색체가 면역계 세포에 이 암이 생기게 하는 이유는 유전체 중에서 절단과 재결합이 일어나는 장소 때문이다. 두 염색체 지역의 융합은 *Bcr-Abl*이라는 잡종 유전자를 탄생시킨다. 이 잡종 유전자가 암호화하는 단백질은 세포 증식을 매우 공격적으로 일어나게 한다.

그래서 우리 몸의 세포들은 이런 종류의 융합을 방지하기 위해 염색체 절단을 최대한 빨리 복구하도록 아주 정교하고 빠르게 작용하는 경로들을 발전시켰다. 이를 위해 우리 몸의 세포들은 DNA의 너덜너덜한 끝 부분을 인식할 수 있어야 한다. 너덜너덜한 끝 부분은 염색체가 둘로 끊어질 때 생긴다.

하지만 문제가 하나 있다. 모든 염색체는 자연적으로 끝 부분이 양쪽 끝에 하나씩 모두 2개가 있다. 따라서 DNA 복구 기구가 이 양 끝 부분을 복구해야 할 대상으로 생각하지 않도록 하는 어떤 장치가 있어야 한다. 그 어떤 장치는 말단소체(텔로미어)라는 특별한 구조이다.

말단소체는 모든 염색체의 양쪽 끝에 있기 때문에, 사람의 경우에는 모든 세포에 말단소체가 92개씩 들어 있다. 말단소체는 DNA 복구 기구가 염색체 양 끝 부분을 표적으로 삼지 않도록 막는다.

말단소체와 노화의 관계

말단소체는 노화를 제어하는 데 중요한 역할을 한다. 세포가 분열하는 횟수가 많아질수록 말단소체가 더 짧아진다. 기본적으로 우리가 나이를 먹을수록 말단소체는 점점 더 짧아진다. 그러다가 결국 너무 짧아져서 말단소체는 더 이상 제 기능을 하지 못하게 된다. 그러면 세포는 분열을 멈추고, 심지어 자기 파괴 메커니즘을 작동시킬 수도 있다. 여기서 유일한 예외는 생식 세포뿐인데, 생식 세포는 결국 정자나 난자가 된다. 생식 세포의 경우에는 말단소체가 항상 긴 상태를 유지하며, 나이가 들어 다음 세대가 되어도 짧게 변하지 않는다. 2009년도 노벨 생리의학상은 말단소체가 어떻게 기능하는지 밝힌 엘리자베스 블랙번Elizabeth Blackburn, 캐럴 그라이더Carol Greider, 잭 쇼스탁Jack Szostak에게 돌아갔다.

말단소체는 노화 과정에서 이렇게 중요한 역할을 담당하기 때문에, 말단소체가 후성유전적 계와 어떻게 상호작용하는지 알아볼 필요가 있다. 척추동물의 말단소체 DNA는 TTAGGG 서열이 수백 번 반복된 것으로 이루어져 있다. 말단소체에는 유전자가 전혀 없다. 이 서열로부터 말단소체에는 CpG 모티프도 전혀 없으며, 따라서 DNA 메틸화도 전혀 있을 수 없다는 사실을 알 수 있다. 따라서 만약 말단소체에 어떤 차이를 만들어내는 후성유전적 효과가 있다면, 그것은 히스톤 변형을 바탕으로 할 것이다.

말단소체와 염색체의 주요 부분 사이에는 아말단소체 지역이라 부르는 DNA 부분이 있다. 여기에는 반복 DNA 부분이 아주 많이 포함돼 있다. 이 반복 부분들은 말단소체보다 그 서열에 제약을 덜 받는다. 아말단소체 지역에는 유전자가 낮은 빈도로 포함돼 있다. CpG 모티프도 약간 있기 때문에, 이 지역은 히스톤 변형에 더해 DNA 메틸화를 통해서도 변할 수 있다.

말단소체와 아말단소체 지역에서 정상적으로 발견되는 후성유전적 변형은 유전자 발현을 억제하는 성질이 매우 강하다. 어쨌든 이 지역에는 유전자가 아주 적기 때문에, 이러한 변형은 개개 유전자의 스위치를 끄는 데에는 사용되지 않을 것이다. 대신에 이 억제 후성유전적 변형은 필시 염색체 양 끝 부분을 '찌그러뜨리는' 데 관여할 것이다. 이 후성유전적 변형은 염색체 끝 부분을 둘러싸는 단백질들을 끌어들이고, 염색체를 최대한 돌돌 말리게 해 아주 빽빽하고 접근 불가능한 상태로 만드는 데 도움을 준다. 이것은 관 양 끝 부분을 절연체로 씌우는 것과 비슷하다.

모든 말단소체가 똑같은 DNA 서열을 가지면, 세포에 문제가 될 수 있다. 세포핵 속에서 동일한 서열은 서로를 찾아 결합하려는 경향이 있기 때문이다. 서로간의 거리가 아주 가깝다 보니 서로 다른 염색체 끝 부분들이 연결될 위험이 아주 큰데, 특히 염색체가 손상을 입어 끝 부분이 너덜너덜해지면 더욱 그렇다. 이것은 온갖 종류의 오류를 낳을 수 있는데, 세포가 염색체 사슬들을 분류하려고 노력하면서 만성 골수성 백혈병을 초래하는 것과 비슷한 '혼합' 염색체를 만들 수 있기 때문이다. 염색체 끝 부분을 빽빽하게 채워진 상태로 만드는 억제 변형으로 말단소체를 둘러싸면, 서로 다른 염색체들이 부적절하게 들러붙을 가능성이 줄어든다.

하지만 **그림 13.1**에서 보듯이, 세포는 딜레마에 빠진다.

만약 말단소체가 너무 짧아지면, 세포는 작동을 멈추는 경향이 있다. 하지만 말단소체가 너무 길어지면, 서로 다른 염색체들이 연결되어 암을 유발하는 새 유전자를 만들 위험이 커진다. 세포의 작동 정지는 아마도 새로운 암 유발 유전자가 만들어지는 위험을 최소화하기 위해 진화한 방어 메커니즘일 것이다. 이것은 암 발생 위험의 증가 없이 수명을 늘리는 약을 만들기가 매우 어려운 이유 중 하나이다.

새로운 다능성 세포를 만들 때에는 어떤 일이 일어날까? 이것은 1장에서 보았듯이 체세포 핵 이식을 사용하거나 2장에서 보았듯이 iPS 세포를 만듦으로써 할 수 있다. 이 기술들을 사용해 인간이 아닌 복제 동물을 만들거나 퇴행병 치료를 위한 인간 줄기세포를 만들 수 있을지 모른다. 두 경우 모두 우리는 정상 수명을 가진 세포를 만들길 원한다. 어쨌든 만약 그렇게 만든 말이나 세포가 '늙은' 말단소체 때문에 일찍 죽는다면, 새로운 종마를 만들거나 당뇨병에 걸린 십대의 췌장에 착상시킬 세포를 만들어봐야 아무 의미가 없다.

이것은 말단소체의 길이가 정상 배아에 있는 것과 같은 세포를 만들 필요가 있다는 것을 의미한다. 자연에서 이런 세포들이 만들어지는 이유는 생식 세포에 들어 있는 염색체들이 말단소체 단축으로부터 보호받기 때문이다. 하지만 어른 세포로 다능성 세포를 만든다면, 그 세포핵에 들어 있는 말단소체는 이미 짧아져 있을 가능성이 높은데, 나이가 들어 염색체가 짧아진 어른에게서 '스타터' 세포를 채취했기 때문이다.

다행히도 실험실에서 다능성 세포를 만들 때에는 특이한 일이 일어난다. iPS 세포가 만들어질 때 텔로머레이스telomerase라는 유전자를 발

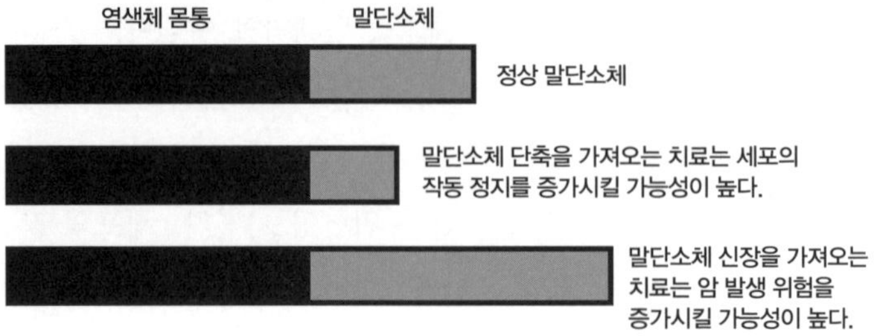

그림 13.1 말단소체의 비정상 단축과 신장은 세포에 해로운 결과를 초래할 가능성이 있다.

현시키는 스위치가 켜진다. 텔로머레이스는 정상적으로는 말단소체를 건강하고 긴 상태로 유지한다. 하지만 우리가 나이가 들면, 세포 안에서 텔로머레이스의 활동이 줄어들기 시작한다. iPS 세포에서는 텔로머레이스의 스위치를 켜는 게 중요한데, 그러지 않으면 세포는 말단소체가 아주 짧아서 딸세포를 많은 세대에 걸쳐 만들지 못한다. 야마나카 인자는 iPS 세포에서 텔로머레이스의 발현을 높은 수준으로 유도한다.

하지만 텔로머레이스를 사용해 인간의 노화를 역전시키거나 늦출 수는 없다. 설사 이 효소를 세포 안에 집어넣는다 하더라도(아마도 유전자 치료를 사용해), 암을 유발할 가능성이 아주 크다. 말단소체계는 아주 정교하게 균형이 잡혀 있으며, 노화와 암 사이의 트레이드오프 tradeoff(어느 하나를 얻으려면 다른 것을 희생해야 하는 관계) 역시 그렇다.

히스톤 탈아세틸화 효소 억제제와 DNA 메틸기 전이 효소 억제제는 모두 야마나카 인자의 효율을 높인다. 이 화합물들이 말단소체와 아말단소체 지역에서 일부 억제 변형을 제거하는 데 도움을 주는 게 일부 이유일지 모른다. 그러면 세포가 재프로그래밍될 때 텔로머레이스가 말단소체를 재건하기가 더 쉬울지 모른다.

후성유전적 변형과 말단소체계의 상호작용은 우리를 후성유전학과 노화 사이의 단순한 상관관계를 찾던 노력으로부터 다소 멀어지게 한다. 그리고 후성유전적 메커니즘이 적어도 노화의 일부 측면에서 실제로 인과적 역할을 할지도 모른다는 자신감이 생겨나기 시작한 모형으로 더 가까이 다가가게 한다.

맥주도 늙을까?

이것을 좀더 자세히 연구하기 위해 과학자들은 우리가 일상 생활에서 매일 빵을 먹거나 맥주를 마실 때마다 마주치는 생물을 광범위하게 사용했다. 이 모형 생물의 학명은 사카로미케스 케레비시아이 *Saccharomyces cerevisiae*이지만, 우리는 일반적으로 효모라고 부른다. 여기서도 편의상 그냥 효모라고 부르기로 하자.

효모는 단세포 생물이지만, 일부 기본적인 측면에서는 우리와 아주 비슷하다. 효모는 세포에 핵이 있으며(세균은 핵이 없다), 포유류 같은 고등 생물과 동일한 단백질과 생화학 경로를 많이 갖고 있다.

효모는 아주 단순한 생물이기 때문에, 실험적으로 다루기가 아주 쉽다. 효모 세포(모세포)는 비교적 단순한 방법으로 새로운 세포(딸세포)를 만들 수 있다. 모세포는 자신의 DNA를 복제한다. 그리고 모세포 옆쪽에서 새로운 세포가 돋아나 떨어져 나간다. 이 딸세포는 정확한 양의 DNA를 갖고 있어 완전히 독립적인 새로운 단세포 생물로 살아간다. 효모는 출아법을 통해 새로운 세포를 아주 빠른 속도로 만들기 때문에, 고등 동물, 특히 포유류를 대상으로 실험을 할 때 걸리는 몇 달이나 몇 년 대신에 불과 몇 주일 만에 필요한 실험을 할 수 있다. 효모는 액체 수프에서 기를 수도 있고 페트리 접시에서 배양할 수도 있어 다루기도 아주 쉽다. 흥미로운 유전자를 가진 돌연변이를 만드는 것도 비교적 간단하다.

효모가 후성유전학자들이 선호하는 모형계가 된 특징이 하나 있다. 효모는 자신의 DNA를 절대로 메틸화하지 않아 후성유전적 효과는 모두 다 히스톤 변형을 통해 '일어나야' 한다. 게다가 효모는 이점이 한 가지 더 있다. 모세포가 딸세포를 만들 때마다 딸세포가 떨어져

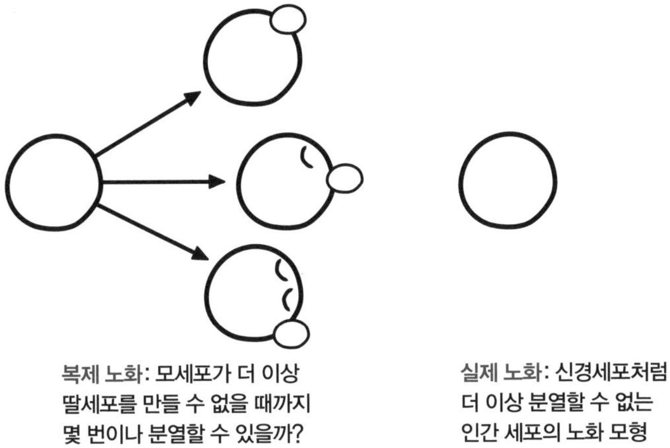

그림 13.2 효모의 두 가지 노화 모형. 하나는 분열하는 세포에, 또 하나는 분열하지 않는 세포에 해당한다.

나간 자리에 상처가 남는데, 이것을 출아 흔적이라 한다. 이것을 보고 효모 세포가 출아법으로 분열을 몇 번이나 했는지 쉽게 알 수 있다. 효모가 늙어가는 방식에는 두 종류가 있는데, **그림 13.2**에서 보듯이 인간의 노화에도 이에 대응하는 것이 있다.

노화 연구는 대부분 복제 노화와 세포가 왜 분열 능력을 잃는지 그 이유를 알아내는 데 초점을 맞춰 진행되었다. 포유류의 복제 노화는 나이가 들면서 명백하게 나타나는 일부 증상과 분명히 관련이 있다. 예를 들면, 골격근에는 위성세포라는 특수한 줄기세포가 있다. 위성세포는 정해진 횟수만큼만 분열할 수 있다. 그래서 위성세포가 고갈되면, 더 이상 새로운 근섬유를 만들 수 없다.

효모의 복제 노화를 이해하는 노력에서는 많은 진전이 있었다. 이 과정을 조절하는 핵심 효소 중 하나는 Sir2인데, 이것은 후성유전 단백질이다. Sir2는 두 가지 경로를 통해 효모의 복제 노화에 영향을 미친다. 하나는 효모에게만 특유하게 나타나는 것으로 보이지만, 다른 하나는 사람에 이르기까지 계통수 전체에 걸쳐 많은 종에서 나타난다.

Sir2는 히스톤 탈아세틸화 효소이다. Sir2를 과잉 발현하는 돌연변이 효모는 복제 수명이 정상 효모보다 적어도 30% 더 길다.[8] 반대로 Sir2를 발현하지 않는 효모는 수명이 짧은데,[9] 정상 효모보다 약 50% 더 짧다. 2009년, 분자후성유전학 분야에서 영향력이 매우 큰 연구팀을 이끌고 있는 펜실베이니아 대학의 셸리 버거Shelley Berger 교수는 효모를 대상으로 실시한 아주 우아한 유전 실험과 분자 실험 결과를 발표했다.

그의 연구는 Sir2 단백질이 노화에 영향을 미치는 작용은 히스톤 단백질에서 아세틸기를 떼어냄으로써 일어나며, 이 효소가 수행할지도 모르는 그 밖의 다른 역할을 통해서 일어나지 않음을 보여주었다.[10] 이것은 아주 중요한 실험이었는데, Sir2는 많은 히스톤 탈아세틸화 효소와 마찬가지로 다소 방탕한 분자 도덕 규범을 따르기 때문이다. Sir2는 히스톤 단백질에서만 아세틸기를 떼어내는 것이 아니다. 세포 안에 있는 적어도 60종의 다른 단백질에서도 아세틸기를 떼어낸다. 이 단백질 중 많은 것은 염색질이나 유전자 발현과 아무 상관이 없다. 셸리 버거의 연구는 Sir2가 히스톤 단백질에 미치는 효과 때문에 노화에 영향을 미친다는 사실을 입증하는 데 아주 중요한 역할을 했다. 히스톤에서 변한 후성유전적 패턴은 다시 유전자 발현에 영향을 미쳤다.

히스톤의 후성유전적 변형이 정말로 노화에 큰 영향을 미친다는 것을 보여주는 이 데이터는 이 분야에 종사하는 과학자들에게 자신들이 길을 제대로 가고 있다는 자신감을 주었다. Sir2의 중요성은 효모에서만 발견된 것이 아니다. 우리가 사랑하는 벌레인 예쁜꼬마선충에게서 Sir2를 과잉 발현시키면,[11] 예쁜꼬마선충의 수명이 늘어난다. Sir2가 과잉 발현된 초파리는 수명이 최대 57%까지 늘어났다.[12] 그렇다면 이 유전자는 인간의 노화에서도 중요한 역할을 할까?

포유류에서는 *Sir2* 유전자가 *SIRT1*부터 *SIRT7*까지 일곱 가지 버전으로 존재한다. 인간의 경우에는 특이한 히스톤 탈아세틸화 효소인 *SIRT6*가 많은 관심을 끌었다. 이 분야의 획기적인 성과는 스탠퍼드 장수연구소의 젊은 조교수인 캐트린 추아Katrin Chua의 연구실에서 나왔다.(캐트린 추아는 큰 논란을 불러일으킨 자녀 교육서 『타이거 마더*Battle Hymn of the Tiger Mother*』의 저자 에이미 추아Amy Chua와 자매간이다.)

캐트린 추아는 심지어 발달하는 동안에도 Sirt6 단백질을 전혀 발현하지 않는 생쥐(이 생쥐를 *Sirt6* 녹아웃 생쥐knockout mouse라 부른다. 녹아웃 생쥐는 특정 유전자를 제거한 형질 전환 생쥐로, 유전자 적중 생쥐라고도 한다.)를 만들었다. 이 생쥐는 태어날 때에는 크기는 좀 작아도 정상으로 보였다. 하지만 생후 2주일 무렵부터 노화 과정을 닮은 온갖 종류의 증상이 나타나기 시작했다. 그중에는 피하 지방 상실, 척주 만곡, 대사 결핍 등도 포함돼 있었다. 정상 생쥐는 실험실 조건에서 최대 2년까지 살 수 있지만, 이 생쥐들은 생후 한 달 무렵에 죽었다.

히스톤 탈아세틸화 효소는 대부분 매우 문란하다. 이 말은 아세틸화된 히스톤을 발견하는 족족 탈아세틸화한다는 뜻이다. 그리고 앞에서 언급한 것처럼 많은 히스톤 탈아세틸화 효소는 비단 히스톤만 표적으로 삼는 게 아니라 온갖 종류의 단백질에서 아세틸기를 떼어낸다. 하지만 SIRT6는 그렇지 않다. SIRT6는 오직 두 가지 아미노산에서만 아세틸기를 떼어내는데, 그 두 가지는 라이신 9와 라이신 56으로, 모두 히스톤 H3에 있는 아미노산이다. SIRT6는 또한 말단소체에 있는 히스톤을 선호하는 것처럼 보인다. 캐트린 추아는 인간 세포에서 *SIRT6* 유전자를 제거했을 때, 이 세포들의 말단소체가 손상되어 염색체들이 연결되기 시작하는 것을 발견했다. 세포는 분열 능력을 잃었고, 대부분의 활동이 정지되었다.[13]

이것은 인간 세포가 말단소체의 구조를 건강하게 유지하려면 SIRT6이 필요하다는 것을 의미한다. 그런데 SIRT6 단백질의 역할은 비단 이것에만 그치지 않는다. 히스톤 3의 9번 아미노산이 아세틸화되는 사건은 유전자 발현과 관련이 있다. SIRT6이 이 변형을 제거하면, 이 아미노산은 세포 안에 존재하는 다른 효소에 의해 메틸화될 수 있다. 히스톤의 이 위치에서 일어나는 메틸화는 유전자 발현과 밀접한 관련이 있다. 캐트린 추아는 추가 실험을 통해 SIRT6의 발현 수준을 변화시키면 특정 유전자의 발현이 변한다는 사실을 확인했다.

SIRT6는 특정 단백질과 복합체를 만듦으로써 특정 유전자를 표적으로 삼는다. 일단 이 유전자에 자리를 잡으면, SIRT6는 전형적인 악순환을 통해 그 유전자의 발현을 계속 억제하는 피드백 고리에 합류한다. *SIRT6* 유전자를 제거하면, 이 유전자에서 히스톤 아세틸화 수준이 높게 유지되는데, 피드백 고리의 스위치가 켜지지 않기 때문이다. 이것은 *SIRT6* 녹아웃 생쥐에서 이 표적 유전자들의 발현을 촉진한다. 이 표적 유전자들은 자기 파괴를 촉진하거나 세포를 노쇠라고 부르는 영구적인 정체 상태로 몰아넣는다. 이 효과는 왜 *SIRT6* 유전자의 기능 저하가 조로早老와 관련이 있는지 설명해준다.[14] 노화와 관련이 있는 과정들을 가속시키는 유전자들이 젊은 나이에 너무 일찍 스위치가 켜지거나 너무 격렬하게 스위치가 켜지기 때문이다.

이것은 교활한 제조업자가 제품 안에 몰래 노쇠 메커니즘을 설치하는 것과 비슷하다. 정상적으로는 이 메커니즘은 일정 햇수가 지나기 전에는 작동하지 않는데, 너무 일찍 작동하면 제조업자는 얼마 안 가 조잡한 제품을 만든다는 악평을 듣게 될 것이고, 아무도 그의 제품을 사려고 하지 않을 것이기 때문이다. 세포에서 *SIRT6*를 제거하는 것은 2년이 아니라 한 달 만에 내장된 노쇠 경로를 작동시키는 소프트웨어 결함과 비슷하다.

다른 *SIRT6* 표적 유전자들은 염증 및 면역 반응을 촉발하는 것과 관련이 있다. 이것은 노화하고도 관계가 있는데, 우리가 나이를 먹으면서 점점 더 보편적으로 변하는 일부 상태는 이 경로들의 작동이 증가한 결과이기 때문이다. 그런 상태에는 심장혈관 질환과 류마티스관절염 같은 만성 질환의 특정 측면이 포함된다.

베르너 증후군이라는 희귀 유전병이 있다. 베르너 증후군 환자는 건강한 사람에 비해 더 일찍 노화가 시작되고 더 빨리 늙는다. 이 유전병은 DNA의 3차원 구조에 관여하는 유전자의 돌연변이 때문에 생기는데, 이 유전자는 특정 종류의 세포에서 DNA가 정확한 입체 형태를 유지하고 적정 수준으로 치밀하게 감기도록 한다.[15] 정상 단백질은 말단소체에 들러붙는다. 정상 단백질은 말단소체에 있는 히스톤들이 히스톤 H3의 9번 아미노산에서 아세틸기를 잃었을 때 가장 효율적으로 들러붙는다. 제거되는 아세틸기는 SIRT6 효소가 제거하는 바로 그 변형이다. 이것은 노화 제어에서 SIRT6가 어떤 역할을 한다는 주장을 뒷받침하는 근거가 된다.[16]

SIRT6가 히스톤 탈아세틸화 효소라는 사실을 감안한다면, 히스톤 탈아세틸화 효소 억제제가 노화에 미치는 효과를 검증해보는 것도 흥미로울 것이다. 우리는 이것이 SIRT6 효소의 발현을 억제하는 것과 같은 효과를, 즉 노화를 촉진하는 효과를 나타낼 것이라고 예상할 수 있다. 이 때문에 우리는 SAHA 같은 히스톤 탈아세틸화 효소 억제제를 사용해 환자를 치료하려고 할 때 잠시 고민에 빠질 수 있다. 어쨌든 환자를 더 빨리 늙게 만드는 항암제는 효과가 있다 하더라도 그다지 매력적인 것이 못 된다.

다행히도 암 치료라는 관점에서 볼 때, SIRT6은 시르투인$_{sirtuin}$이라는 특별한 히스톤 탈아세틸화 효소 집단에 속한다. 시르투인은 11장에서 소개했던 효소들과 달리 SAHA나 그 밖의 히스톤 탈아세틸화 효소 억제제에 아무 영향을 받지 않는다.

오래 살고 싶으면 적게 먹어라

이 모든 연구와 발견은 수명을 늘리는 약을 찾으려는 노력에서 조금이라도 앞으로 나아가는 데 도움이 되었는가 하는 질문을 낳는다. 지금까지 나온 데이터를 보면 그다지 전망이 밝지 않다. 노화를 촉진하는 기본 메커니즘 중 많은 것이 암 발병을 막아준다는 것이 사실이라면 특히 그렇다. 장수 약이 수명을 50년 더 늘리지만, 그 때문에 종양이 생겨 5년 안에 죽을 위험이 커진다면, 구태여 그런 약을 개발할 이유가 없을 것이다. 하지만 효모에서부터 초파리, 그리고 벌레에서부터 포유류에 이르기까지 수명을 늘리는 데 놀라운 효과가 입증된 방법이 하나 있다. 그것은 바로 칼로리 제한이다.

설치류에게 먹이를 자유롭게 먹게 하는 대신에 비해 칼로리 섭취량을 그것의 60%로 줄이면, 수명과 나이 관련 질병의 발병에 극적인 효과가 나타난다.[17] 이 효과를 보려면, 칼로리 섭취 제한은 생애의 이른 시기부터 시작해야 하고, 평생 동안 계속 이어져야 한다. 효모의 경우, 배양액의 포도당 농도를 2%에서 0.5%로 낮추면, 수명이 약 30% 늘어났다.[18]

칼로리 제한 효과에 시르투인(효모에서는 Sir2, 다른 동물에서는 Sir2의 여러 가지 버전)이 관여하는지 관여하지 않는지를 놓고 많은 논쟁이 있었다. Sir2는 한 핵심 화학 물질을 통해 부분적으로 조절되는데, 이 화학 물질의 농도는 세포가 섭취할 수 있는 영양분의 양에 영향을 받는다. 일부 저자가 이 둘 사이에 연관 관계가 있을지 모른다고 주장한 이유는 이 때문이며, 이것은 매력적인 가설이다. Sir2가 장수에 중요하다는 사실에 대해서는 이견이 없다. 칼로리 제한 역시 분명히 아주 중요하다. 남은 의문은 이 두 가지가 서로 손을 잡고 작용하느냐 아니면 각자 별개로 작용하느냐 하는 것이다. 이 질문에 대한 답은 과학자들의 의견 일치가 이루어진 것이 나오지 않았으며, 실험 결과들은 사용한 모형계에 큰 영향을 받는다. 사용한 효모의 종류나 배양액에 포함된 포도당의 정확한 농도처럼 얼핏 보기에는 아주 사소해 보이는 지엽적 내용이 문제가 될 수 있다.

칼로리 제한이 어떻게 그런 효과를 나타내느냐 하는 질문은 그것이 실제로 효과가 있다는 사실보다 훨씬 덜 중요한 것으로 보일 수 있다. 하지만 노화 방지 전략을 찾는다면 그 메커니즘을 알아내는 게 아주 중요한데, 칼로리 제한을 사람에게 사용하는 데에는 큰 제약이 여러 가지 따르기 때문이다. 음식은 단순히 우리에게 에너지를 공급하는 연료에 그치지 않고, 사회적 · 문화적 측면에서도 중요한 의미가 있다. 칼로리 제한은 이러한 심리적, 사회적 문제에 더해 부작용도 따른다. 가장 명백한 부작용은 근육 쇠약과 성욕 상실이다. 더 오래 살 수 있지만 이러한 부작용이 따른다고 하면, 대다수 사람들이 시큰둥한 반응을 보이는 것은 놀라운 일이 아니다.[19]

이것은 하버드 의학대학원의 데이비드 싱클레어David Sinclair가 이끈 연구팀이 2006년에 〈네이처〉에 발표한 논문이 큰 분노를 불러일으킨 한 가지 이유였다. 그들은 레스베라트롤resveratrol이라는 화합물이 생쥐의 건강과 생존에 미치는 효과를 연구했다. 레스베라트롤은 포도를 포함해 식물 재료로 합성한 복합 화합물이다. 레스베라트롤은 적포도주에 들어 있는 성분 중 하나이기도 하다. 논문 발표 당시에 레스베라트롤은 이미 효모와 예쁜꼬마선충과 초파리의 수명을 연장한다는 사실이 입증돼 있었다.[20,21]

싱클레어와 그 동료들은 고칼로리 먹이로 생쥐를 기르면서 6개월 동안 레스베라트롤을 투여했다. 6개월이 지난 뒤에 생쥐의 건강에 나타나는 온갖 종류의 결과를 조사했다. 레스베라트롤을 투여했건 하지 않았건 고칼로리 먹이를 실컷 먹고 자란 생쥐들은 모두 뚱뚱하게 살이 쪘다. 하지만 레스베라트롤을 투여한 생쥐는 그렇지 않은 뚱뚱한 생쥐보다 더 건강했다. 간에는 지방이 덜 끼었고, 운동 기술도 더 나았으며, 당뇨병 증상도 덜 나타났다. 태어난 지 114주가 지났을 때, 레스베라트롤을 투여한 생쥐의 사망률은 레스베라트롤을 투여하지 않은 생쥐에 비해 31% 더 낮았다.[22]

이 논문이 왜 그토록 큰 관심을 불러일으켰는지 그 이유는 즉각 알 수 있다. 만약 사람에게서도 같은 효과가 나타난다면, 레스베라트롤은 비만에 대한 걱정을 떨칠 수 있는 카드가 될 것이다. 먹고 싶은 대로 실컷 먹더라도 건강하게 오래 살 수 있을 테니까 말이다. 식사 때마다 음식을 3분의 1씩 남기지 않아도 되고, 근육과 성욕 상실을 겪지 않아도 된다.

어떻게 레스베라트롤은 이런 일을 했을까? 동일한 연구팀이 앞서 발표한 논문은 레스베라트롤이 시르투인 단백질(이 경우에는 Sirt1)을 활성화한다는 것을 보여주었다.[23] Sirt1은 당과 지방 대사를 조절하는 데 중요한 역할을 하는 것으로 여겨진다.

싱클레어 교수는 서트리스 제약회사를 세워 레스베라트롤의 구조를 바탕으로 새 화합물을 계속 만들었다. 2008년, 글락소스미스클라인은 서트리스 제약회사에 그 전문 지식과 노화 질환 치료용 화합물 목록에 접근하는 권리를 얻는 대가로 7억 2000만 달러를 지불했다.

산업계의 많은 관계자들은 이것을 너무 값비싼 거래라고 생각했는데, 사실 이 거래에는 문제가 있었다. 2009년, 경쟁 제약 회사인 암겐의 연구팀이 논문을 발표했다. 그들은 레스베라트롤이 Sirt1을 작동시키지 않으며, 원래의 발견은 기술적 문제 때문에 생긴 허상이라고 주장했다.[24] 얼마 후 또 다른 거대 제약 회사인 파이저(우리나라에서는 '화이자'로 알려져 있음—옮긴이)의 과학자들도 암겐이 발표한 것과 아주 유사한 내용의 논문을 발표했다.[25]

거대 제약 회사들이 단순히 다른 제약 회사가 발견한 것을 반박하기 위해 연구 결과를 발표한 것은 아주 이례적이었다. 그렇게 해서 얻을 수 있는 실익이 별로 없기 때문이다. 제약 회사는 궁극적으로 성공적으로 출시한 제품으로 판단을 받으며, 신약 개발의 초기 단계에 경쟁 회사를 비판해봤자 상업적으로 얻을 수 있는 이익이 전혀 없다. 그런데도 암젠과 파이저가 연구 결과를 발표한 것은 레스베라트롤 이야기가 얼마나 큰 논란을 빚었는지 보여주는 증거이다.

레스베라트롤이 어떻게 작용하는지를 밝히는 것이 과연 그토록 중요할까? 어쨌든 그토록 극적인 효과가 있다는 사실이 무엇보다 중요하지 않은가? 만약 여러분이 인간의 질병 치료를 위해 신약을 개발하려고 한다면, 불행하게도 작용 방식을 알아내는 게 아주 중요하다. 신약의 판매를 승인하는 관계 당국은 작용 방식이 정확하게 밝혀진 화합물에 더 많은 관심을 보인다. 한 가지 이유는 그래야 무엇에 주의해야 할지에 대해 더 나은 이론을 만들 수 있어 부작용을 감시하기가 훨씬 쉽기 때문이다. 하지만 또 다른 쟁점은 레스베라트롤 자체가 의약품으로 사용하기에 이상적인 화합물이 아닐지 모른다는 점이었다.

이것은 식물에서 추출한 레스베라트롤 같은 천연 제품에 종종 일어나는 문제이다. 천연 화합물은 몸속에서 잘 순환하도록 하기 위해, 그리고 원치 않는 부작용이 나타나지 않도록 하기 위해 다소 변형할 필요가 있다. 예를 들면, 아르테미시닌은 쓴쑥에서 추출한 화합물로, 말라리아 기생충을 죽이는 효과가 있다. 아르테미시닌 자체는 인체에 잘 흡수되지 않기 때문에, 연구자들은 이 천연 물질의 화학 구조를 변형시킨 화합물을 만들었다. 이 변형 화합물은 말라리아 기생충을 죽일 뿐만 아니라, 아르테미시닌보다 인체에 훨씬 잘 흡수된다.[26]

하지만 특정 화합물이 어떻게 작용하는지 정확하게 모른다면, 새로운 화합물을 설계하고 시험하는 일이 아주 어렵다. 새로운 화합물이 여전히 정확한 단백질에 영향을 미치는지 쉽게 확인할 수 있는 방법을 알 수 없기 때문이다.

글락소스미스클라인은 시르투인 개발 계획을 계속 추진하고 있지만, 신장 독성 문제 때문에 다발골수종에 대해 특별한 조성의 레스베라트롤을 임상 시험하려는 시도를 중단하는 일이 일어났다.[27]

시르투인 히스톤 탈아세틸화 효소 활성제의 개발 진전 상황은 모든 거대 제약 회사들에게 큰 관심사이다. 이 후성유전적 변형 조절제가 수명을 늘리거나 노화에 맞서 싸우는 것을 목표로 한 치료법 개발에 물꼬를 틀지 아니면 조종弔鐘을 울릴지는 아직 알 수 없다. 그러니 지금 당장은 전통적인 지혜에 의존할 수밖에 없다. 채소를 많이 먹고, 운동을 열심히 하고, 강한 햇빛에 노출되는 것을 피하라. 강한 햇빛은 누구에게도 전혀 도움이 되지 않는다.

14장

여왕 만세!

한순간만 더 살 수 있다면, 내 모든 재산이라도.

– 영국 여왕 엘리자베스 1세가 임종 시에 했다고 전하는 말

영양 섭취가 포유류의 건강과 수명에 미치는 효과는 아주 극적이다. 앞장에서 보았듯이, 지속적인 칼로리 제한은 생쥐의 수명을 최대 3분의 1이나 늘릴 수 있다.[1] 6장에서 보았듯이, 우리 자신의 건강과 수명은 부모와 조부모의 영양 섭취에 영향을 받을 수 있다. 이것들은 아주 놀라운 발견이지만, 자연은 영양 섭취가 수명에 미치는 효과에 대해 훨씬 극적인 사례를 보여준다. 한 종 안에서 특별한 식이 요법을 제공받은 선택된 소수가 나머지 동료들보다 수명이 20배나 더 늘어나는 상황을 한번 상상해보라. 무려 20배나 더 오래! 만약 인간 사회에서 그런 일이 일어난다면, 영국은 아직도 엘리자베스 1세가 여왕 자리에 앉아 있을 테고, 앞으로도 400년 동안 더 왕좌를 지킬 것이다.

물론 이런 일은 인간 사회에서는 절대로 일어나지 않겠지만, 주변에 비교적 흔히 존재하는 한 종에서는 실제로 일어난다. 이 종은 매년 봄과 여름에 우리가 흔히 볼 수 있는 종이다. 우리는 이 종이 땀 흘려 만든 결과물을 이용해 양초와 가구용 광택제를 만들며, 인류 역사가

유전적으로 동일하더라도 어떤 개체는 여왕벌이 되고 어떤 개체는 일벌이 된다.

시작된 초기부터 이 종이 힘들게 모은 수확물을 먹어왔다. 그렇다, 이 종은 바로 꿀벌이다.

꿀벌*Apis mellifera*은 정말로 특별한 동물이다. 대표적인 사회적 곤충이기도 하다. 꿀벌은 군체群體(같은 종류의 개체가 모여 일을 분담하여 사회생활을 하며 살아가는 집단)를 이루어 사는데, 수만 마리가 함께 모여 살기도 한다. 그중 대다수는 일벌이다. 일벌은 생식 능력이 없는 암컷으로, 꽃가루를 모으거나 집을 짓거나 새끼를 돌보는 등 각자 전문화된 역할을 수행한다. 소수의 수컷도 있는데, 수컷은 짝짓기를 하는 것(그것도 운이 좋으면) 말고는 마땅히 하는 일이 없이 지낸다. 그리고 여왕벌이 있다.

새로운 군체를 만들 때에는 처녀 여왕벌이 한 무리의 일벌을 이끌고 벌집을 떠난다. 여왕벌은 일부 수벌과 짝짓기를 한 뒤에 정착하여 새로운 군체를 만든다. 여왕벌은 수천 개의 알을 낳는데, 대부분은 부화하여 일벌이 된다. 몇몇 알은 부화하여 여왕벌로 자라고, 이 여왕벌이 독립해 나가 다시 새로운 군체를 만드는 식으로, 전체 순환 과정이 반복된다.

군체를 새로 만드는 여왕벌은 짝짓기를 여러 차례 하므로, 같은 군체 안에 있는 벌들이 모두 유전적으로 동일하지는 않은데, 서로 아비가 다를 수 있기 때문이다. 하지만 모든 군체에는 유전적으로 동일한 꿀벌이 수천 마리씩 있다. 이러한 유전적 동일성은 단지 일벌에만 국한되지 않는다. 새로 태어난 여왕벌도 수천 마리의 일벌과 유전적으로 동일하다. 우리는 이들을 자매라고 부를 수 있지만, 이들의 관계를 적절하게 나타내는 호칭으로는 충분하지 않다. 이들은 모두 클론이다.

하지만 새 여왕벌과 클론 자매 일벌들은 신체 조건으로 보나 평소에 하는 활동으로 보나 그렇게 다를 수가 없다. 여왕벌은 일벌보다 몸집이 두 배나 크다. 여왕벌은 혼인 비행을 할 때 처음으로 군체를 떠나 짝짓기를 한 뒤로는 벌집을 다시 떠나는 일이 거의 없다. 여왕벌은 어두운 벌집 속에 머물면서 여름 동안 매일 알을 최대 2000개씩 낳는다. 여왕벌은 일벌과 달리 밀랍샘과 꽃가루통(하기야 집 밖으로 나설 일이 없는데 쇼핑 백이 무슨 소용이 있겠는가?)이 없으며, 침에 미늘도 달려 있지 않다. 일벌의 수명은 몇 주 정도에 지나지 않지만, 여왕벌은 몇 년이나 살 수 있다.[2]

반대로 일벌은 여왕벌이 하지 못하는 일을 많이 할 수 있다. 그중에서 가장 중요한 일은 식량을 구해오는 것과 나머지 무리에게 식량이 있는 장소를 알리는 것이다. 이 정보는 그 유명한 '8자 춤'을 춤으로써 전달한다. 여왕벌은 어둠 속에서 온갖 호사를 누리며 살아가지만, 춤을 추는 일은 절대로 없다.

따라서 꿀벌 군체에는 유전적으로 동일한 개체가 수천 마리 있지만, 그중 극소수는 체격이나 행동이 나머지 벌들과 아주 다르다. 이 차이는 순전히 애벌레 시절에 먹는 먹이의 차이 때문에 나타난다. 어릴 때 무엇을 먹느냐에 따라 일벌이 될지 여왕벌이 될지 결정된다.

꿀벌들은 DNA 대본이 모두 동일하지만, 그 결과는 전혀 다르게 나타난다. 그 결과는 이른 시기에 일어난 사건(영양 섭취 패턴)에 좌우되는데, 이 사건이 나머지 평생 동안 유지될 표현형을 결정한다. 이것은 우리를 향해 후성유전학이 중요하다고 외치는데, 지난 수 년 동안 과학자들은 이 과정의 바탕을 이루는 분자 차원의 사건들을 밝혀내기 시작했다.

꿀벌에게 운명의 주사위는 생후 3일이 지났을 때, 아직 제대로 움직이지도 못하는 애벌레 상태일 때 일어난다. 생후 3일째 되는 날까지는 모든 애벌레가 같은 먹이를 먹는다. 그 먹이는 바로 특별한 일벌 집단이 만드는 로열젤리이다. 보모벌nurse bee이라 부르는 이 어린 일벌들은 머리에 있는 샘에서 로열젤리를 분비한다. 로열젤리는 영양분이 듬뿍 포함된 액체이다. 로열젤리에는 주요 아미노산과 특별한 지방, 특정 단백질, 비타민, 아직 명확하게 밝혀지지 않은 그 밖의 영양분을 포함해 많은 성분이 농축돼 있다.

애벌레가 생후 3일째가 되면, 보모벌은 대부분의 애벌레에게 더 이상 로열젤리를 먹이지 않는다. 대신에 대부분의 애벌레는 꽃가루와 꿀을 먹고 자란다. 이 애벌레들은 모두 일벌이 된다.

그런데 보모벌은 선택받은 극소수 애벌레에게 로열젤리를 계속 먹이는데, 그 이유는 아무도 정확하게 모른다. 이 애벌레들이 어떻게 선택되며 왜 선택되는지 우리는 모른다. 이들은 질이 낮은 먹이로 전환한 애벌레들과 유전적으로 동일하다. 계속해서 로열젤리를 먹고 자란 이 애벌레들은 여왕벌이 되며, 평생 동안 같은 먹이를 먹고 산다. 로열젤리는 여왕벌이 성숙한 난소를 가지는 데 꼭 필요하다. 일벌은 난소가 제대로 발달하지 않는데, 이것은 일벌에게 생식 능력이 없는 이유 중 하나이다. 로열젤리는 또한 여왕벌에게 꽃가루통처럼 아무 소용 없는 기관이 생기지 않게 한다.

우리는 이 과정 뒤에서 작동하는 일부 메커니즘을 안다. 꿀벌 애벌레에게는 우리의 간과 똑같은 기능을 일부 가진 기관이 있다. 애벌레가 로열젤리를 계속 섭취하면, 이 기관은 복잡한 먹이를 처리하여 인슐린 경로를 활성화한다. 이것은 혈당량을 조절하는 포유류의 호르몬 경로와 아주 유사하다. 꿀벌에게서 이 경로가 활성화되면, 소아 호르몬이라는 또 다른 호르몬의 생산이 증가한다. 소아 호르몬은 다시 다른 경로들을 활성화시킨다. 이 중 일부는 성숙하는 난소 같은 조직의

성장과 발달을 자극한다. 또 일부는 여왕벌에게 아무 필요가 없는 기관의 생산을 차단한다.[3]

왕족 모방하기

꿀벌의 성숙 과정에는 후성유전 현상의 특징이 아주 많이 나타나기 때문에, 연구자들은 여기에 후성유전 기구가 관여할 것이라고 추측했다. 실제로 그렇다는 것을 시사하는 최초의 증거는 2006년에 나왔다. 2006년은 연구자들이 기본적인 유전 청사진을 확인하기 위해 이 종의 유전체 서열을 밝혀낸 해였다.[4] 그들의 연구는 꿀벌의 유전체에는 척추동물 같은 고등 동물의 DNA 메틸기 전이 효소 유전자와 아주 유사한 유전자들이 있음을 보여주었다. 꿀벌의 유전체에는 CpG 모티프도 많이 포함돼 있는 것으로 밝혀졌다. 이것은 대개 DNA 메틸기 전이 효소의 표적이 되는, 뉴클레오티드 2개로 이루어진 서열이다.

같은 해에 일리노이 주에서 진 로빈슨Gene Robinson이 이끄는 연구팀은 꿀벌의 유전체에서 암호화된 DNA 메틸기 전이 효소 단백질이 활성화된다는 것을 보여주었다. 이 단백질은 DNA의 CpG 모티프에 남아 있는 사이토신에 메틸기를 첨가할 수 있었다.[5] 꿀벌은 또한 메틸화된 DNA에 들러붙을 수 있는 단백질을 발현했다. 이 데이터는 꿀벌의 세포가 후성유전 암호를 '쓰는' 동시에 '판독할' 수 있음을 보여주었다.

이 데이터가 발표되기 전에는 아무도 꿀벌이 DNA 메틸화 체계를 갖고 있는지 없는지 추측할 생각조차 하지 않았다. 그 이유는 곤충 중에서 가장 많이 사용되는 실험계인 초파리*Drosophila melanogaster*가 자신의

DNA를 메틸화하지 않기 때문이었다.

꿀벌이 온전한 DNA 메틸화 체계를 갖고 있다는 사실은 아주 흥미롭다. 하지만 이것은 로열젤리에 대한 반응에 DNA 메틸화가 관여한다는 것을 증명하거나, 로열젤리가 성숙한 꿀벌의 신체 형태와 행동에 지속적인 효과를 미친다는 것을 증명하는 것은 아니다. 이 문제는 캔버라에 있는 오스트레일리아 국립대학의 리샤르트 말레슈카Ryszard Maleszka가 이끄는 연구팀이 우아한 연구를 통해 다루었다.

말레슈카와 그 동료들은 꿀벌 애벌레에게서 *Dnmt3* 유전자의 스위치를 끔으로써 한 DNA 메틸기 전이 효소의 발현을 억제했다. Dnmt3는 이전에 메틸화되지 않은 DNA 지역에 메틸기를 첨가하는 기능을 한다. **그림 14.1**은 이 실험 결과를 보여준다.

꿀벌 애벌레에게 *Dnmt3*의 발현을 감소시키자, 로열젤리를 먹인 것과 동일한 결과가 나왔다. 대부분의 애벌레는 일벌 대신에 여왕벌로 성장했다. *Dnmt3*을 억제하는 것이 로열젤리를 먹이는 것과 같은 효과를 나타냈기 때문에, 이 결과는 로열젤리의 주요 효과 중 하나가 중요한 유전자들에서 DNA 메틸화 패턴을 변화시키는 것과 관계가 있음을 시사했다.[6]

이 가설을 뒷받침하기 위해 연구자들은 다른 꿀벌 집단에서 실제 DNA 메틸화와 유전자 발현 패턴도 조사해보았다. 그 결과는 여왕벌과 일벌의 뇌에서 일어난 DNA 메틸화 패턴이 서로 다르다는 것을 보여주었다. *Dnmt3*을 억제한 꿀벌의 DNA 메틸화 패턴은 로열젤리를 먹여 정상적으로 발달시킨 여왕벌의 그것과 비슷했다. 이것은 두 집단의 표현형을 고려할 때 예상되는 바로 그 결과였다. 정상 여왕벌과 *Dnmt3*를 억제해 만든 여왕벌의 유전자 발현 패턴도 서로 아주 비슷했다. 저자들은 로열젤리를 계속 먹여서 나타난 영양 효과는 DNA

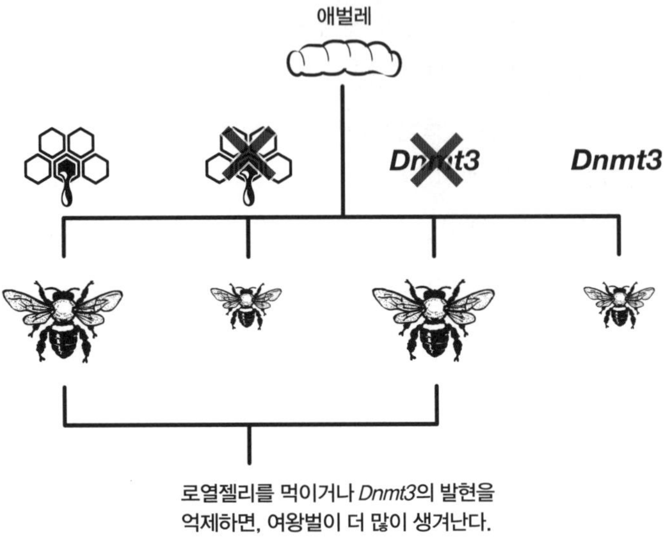

그림 14.1 로열젤리를 오랫동안 계속 먹이면 애벌레는 여왕벌로 성장한다. 그런데 *Dnmt3* 유전자의 발현을 억제하면, 로열젤리를 계속 먹이지 않더라도 같은 효과가 나타난다. Dnmt3 단백질은 DNA에 메틸기를 첨가하는 기능을 한다.

메틸화를 통해 일어났다고 결론지었다.

꿀벌 애벌레에게서 영양이 어떻게 DNA 메틸화 패턴에 변화를 가져오는지에 대해 우리가 알아낸 지식에는 아직도 빈틈이 많이 남아 있다. 위의 실험에 기초한 한 가지 가설은 로열젤리가 DNA 메틸기 전이 효소를 억제한다고 이야기한다. 하지만 아직까지 이것을 실험을 통해 입증한 사람은 아무도 없다. 따라서 로열젤리가 DNA 메틸화에 미치는 효과는 간접적으로 일어날 가능성도 있다.

우리가 확실히 아는 것은 로열젤리가 꿀벌에게서 호르몬 신호 발사와 전달에 영향을 미치며, 이것이 유전자 발현 패턴을 변화시킨다는 사실이다. 유전자 발현 수준이 변하면 그 유전자의 후성유전적 변형에 영향을 미칠 때가 많다. 어떤 유전자의 스위치가 더 많이 켜질수록 그 히스톤들은 유전자 발현을 촉진하는 쪽으로 더 많이 변한다. 꿀벌에서도 이것과 비슷한 일이 일어나는지 모른다.

우리는 또한 DNA 메틸화 체계와 히스톤 변형 체계가 자주 함께 손을 잡고 협력한다는 사실을 알고 있다. 이것은 꿀벌의 발달과 활동을 제어하는 데 히스톤 변형 효소가 담당하는 역할에 대한 관심을 불러일으켰다. 꿀벌의 유전체 서열이 밝혀졌을 때, 네 가지 히스톤 탈아세틸화 효소가 확인되었다. 이것은 큰 호기심을 불러일으키는데, 한동안 로열젤리에 페닐 부티레이트라는 화합물이 들어 있다고 알려졌기 때문이다.[7] 아주 작은 이 분자는 히스톤 탈아세틸화 효소를 억제할 수 있지만, 그 효과는 다소 약하다. 2011년, 휴스턴의 MD앤더슨암센터에서 마크 베드퍼드Mark Bedford가 이끄는 연구팀이 로열젤리의 다른 성분에 대해 흥미로운 연구 결과를 발표했다. 이 논문의 또 다른 주요 저자는 암 치료에 후성유전 의약품의 사용을 널리 권장하는 데 큰 영향력을 발휘한 장-피에르 이사였다.

연구자들은 로열젤리에서 발견된 (E)-10-하이드록시-2-데센산, 줄여서 10HDA라 부르는 화합물을 분석했다. **그림 14.2**는 이 화합물의 구조를 11장에서 보았던 히스톤 탈아세틸화 효소 억제제이면서 항암제로 판매 허가가 난 SAHA와 함께 보여준다.

두 화합물의 구조는 전혀 똑같지 않지만, 비슷한 곳이 일부 있다. 둘 다 탄소 원자들의 긴 사슬로 이루어져 있고(측면에서 바라본 악어의 모습과 비슷해 보인다), 오른쪽 부분은 상당히 비슷하다. 베드퍼드와 그 동료들은 10HDA가 히스톤 탈아세틸화 효소 억제제일지 모른다고 가정했다. 그들은 시험관과 세포를 사용해 실험을 많이 한 결과, 실제로 그렇다는 것을 보여주었다. 이것은 이제 로열젤리에서 발견된 주요 성분 중 하나가 핵심 후성유전 효소 집단을 억제한다는 사실을 우리가 알게 되었다는 것을 의미한다.[8]

건망증이 심한 벌과 유연한 연장통

후성유전학은 꿀벌이 일벌이 되느냐 여왕벌이 되느냐를 결정하는 것보다 훨씬 더 많은 영향을 미친다. 말레슈카는 꿀벌이 기억을 처리하는 방식에도 DNA 메틸화가 관여한다는 사실을 보여주었다. 좋은 꽃가루나 꽃꿀이 있는 장소를 발견한 꿀벌은 벌집으로 돌아가 동료들에게 어디로 가면 그 좋은 식량을 발견할 수 있는지 알려준다. 이 사실은 꿀벌에 대해 정말로 중요한 정보를 제공한다. 즉, 꿀벌이 정보를 기억할 수 있다는 사실을 알려준다. 꿀벌은 정보를 기억하지 않으면 안 되는데, 기억하지 못한다면 다른 꿀벌들에게 그 장소를 알려줄 수 없기 때문이다. 물론 꿀벌이 낡은 정보를 잊어버리고 새 정보로 대체

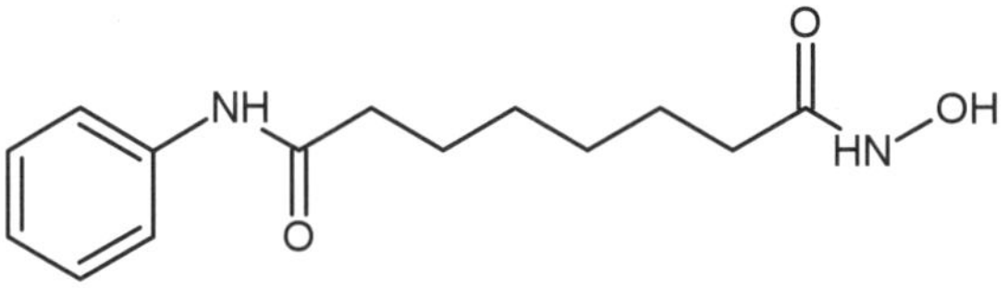

SAHA

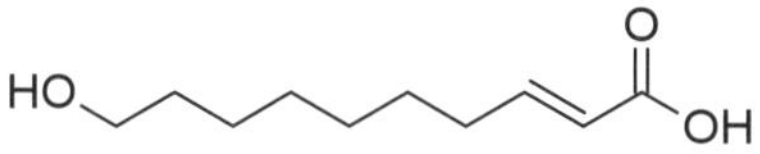

10HDA

그림 14.2 히스톤 탈아세틸화 효소 억제제 SAHA와 로열젤리에서 발견된 화합물인 10HDA의 화학 구조. C는 탄소, H는 수소, N은 질소, O는 산소 원자를 각각 나타낸다. 단순성을 위해 일부 탄소 원자는 명시적으로 나타내지 않았지만, 2개 이상의 선이 교차하는 점에는 모두 탄소 원자가 있다.

하는 것도 그에 못지않게 중요하다. 지난주에 꽃이 활짝 피었지만 지금은 당나귀가 다 뜯어먹어버린 엉겅퀴밭을 동료들에게 가르쳐줘봤자 아무 소용이 없다. 꿀벌은 지난주에 본 엉겅퀴밭은 잊어버리고 이번 주에 발견한 라벤더밭을 기억할 필요가 있다.

꿀벌을 먹이와 관계가 있는 특정 자극에 반응하도록 훈련시키는 게 실제로 가능하다. 말레슈카와 그 동료들은 꿀벌이 이 훈련을 받을 때, 학습에 중요한 뇌 지역에서 Dnmt3 단백질 양이 증가한다는 사실을 보여주었다. 만약 꿀벌에게 Dnmt3 단백질을 억제하는 약을 투여한다면, 이 화합물은 꿀벌이 기억을 저장하는 방식과 함께 기억을 잃는 속도도 변화시킨다.[9]

비록 우리는 DNA 메틸화가 꿀벌의 기억에 중요하다는 사실은 알아냈지만, 이것이 실제로 어떻게 작용하는지는 정확하게 모른다. 이것은 꿀벌이 학습을 하고 새로운 기억을 얻을 때 어떤 유전자가 메틸화되는지 아직 명백하게 밝혀지지 않았기 때문이다.

지금까지 우리는 꿀벌뿐만 아니라 우리와 친척 포유류를 포함한 더 고등한 동물들도 모두 DNA 메틸화를 똑같은 방식으로 사용한다고 가정해도 별 문제가 없었다. DNA 메틸화에 일어난 변화가 사람과 꿀벌 모두에서 일어나는 발달 과정의 변화와 관련이 있는 것은 틀림없이 사실이다. 기억을 처리할 때 포유류와 꿀벌 모두 뇌에서 DNA 메틸화를 사용한다는 것 역시 사실이다.

하지만 기묘하게도 꿀벌과 포유류는 DNA 메틸화를 서로 아주 다른 방식으로 사용한다. 목수는 연장통에 톱이 있고, 그것을 사용해 책장을 만든다. 소아과 의사는 수술대에 톱이 있고, 그것을 사용해 다리를 절단한다. 이렇게 가끔 같은 연장이 서로 아주 다른 방식으로 쓰인다. 포유류와 꿀벌은 둘 다 DNA 메틸화를 하나의 도구로 사용하지만, 진화 과정에서 서로 아주 다른 방식으로 그것을 사용했다.

포유류가 DNA를 메틸화할 때에는 대개 유전자의 프로모터 지역을 메틸화하며, 아미노산을 암호화하는 부분은 메틸화하지 않는다. 포유류는 또한 5장에서 소개한 에마 화이트로의 연구에서 본 것처럼 반복 DNA 성분과 트랜스포존을 메틸화한다. 포유류에서 DNA 메틸화는 유전자 발현 스위치를 끄고, 우리의 유전체에 문제를 야기할 수 있는 트랜스포존 같은 위험한 요소의 작동을 중지시키는 것과 관련이 있다.

꿀벌은 DNA 메틸화를 완전히 다른 방식으로 사용한다. 꿀벌은 반복 DNA 지역이나 트랜스포존을 메틸화하지 않으므로, 잠재적 말썽의 소지가 있는 이 요소들을 아마도 다른 방식으로 조절할 것이다. 꿀벌은 유전자의 프로모터 지역보다는 아미노산을 암호화하는 유전자 부분에 있는 CpG 모티프를 메틸화한다. 꿀벌은 DNA 메틸화를 유전자의 스위치를 끄는 데 사용하지 않는다. 꿀벌의 경우 DNA 메틸화는 모든 조직에서 발현되는 유전자들에서 발견되며, 그 밖의 많은 곤충 종에서 발현되는 경향이 있는 유전자들에서도 발견된다. DNA 메틸화는 꿀벌의 조직에서 미세 조정 메커니즘으로 작용한다. DNA 메틸화는 온-오프 스위치로 작동하기보다는 볼륨을 약간 더 높게 혹은 더 낮게 조절하는 기능을 하면서 유전자의 활동을 조정한다.[10] DNA 메틸화 패턴은 꿀벌 조직에서 mRNA 스플라이싱을 조절하는 것하고도 밀접한 관계가 있다. 하지만 우리는 아직 이 후성유전적 변형이 어떤 메시지를 처리하는 방식에 실제로 어떻게 영향을 미치는지 잘 모른다.[11]

우리는 사실 꿀벌에게서 후성유전적 조절이 얼마나 미묘하게 일어나는지 이제 막 이해하기 시작했다. 예를 들면, 꿀벌의 유전체에는

CpG 부위가 약 1000만 개나 있지만, 어떤 조직에서 이 부위가 메틸화된 비율은 1%도 되지 않는다. 불행하게도 이렇게 낮은 비율의 메틸화는 이 후성유전적 변형의 효과를 분석하는 일을 아주 어렵게 만든다. *Dnmt3* 억제 효과는 꿀벌의 발달에 DNA 메틸화가 아주 중요하다는 것을 보여준다. 하지만 꿀벌에게서 DNA 메틸화가 미세 조정 메커니즘이란 사실을 감안하면, *Dnmt3* 억제가 소수의 유전자에 극적인 변화를 초래하기보다는 비교적 많은 수의 유전자에 각각 작은 효과를 많이 초래할 가능성이 높다. 이런 종류의 미세한 변화들은 분석하거나 실험적으로 조사하기가 아주 어렵다.

유전적으로 동일한 개체들이 서로 다른 형태와 기능을 가지고 살아가는 복잡한 사회를 발전시킨 곤충 종은 꿀벌뿐만이 아니다. 이 모델은 많은 종의 말벌, 흰개미, 벌, 개미에서 여러 차례 독립적으로 진화했다. 이 모든 사례에 동일한 후성유전적 과정이 적용되는지는 아직 밝혀지지 않았다. 13장에서 노화에 대한 연구를 다룰 때 나왔던 펜실베이니아 대학의 셸리 버거는 개미의 유전학과 후성유전학에 초점을 맞춘 대형 협력 연구에 참여하고 있다. 이 연구는 최소한 개미 두 종도 자신의 유전체에서 DNA를 메틸화할 수 있음을 이미 보여주었다. 발현되는 후성유전 효소의 종류는 군체 내의 사회 집단에 따라 다르다.[12] 이 데이터는 사회적 곤충에게서 군체 구성원을 후성유전적으로 조절하는 메커니즘이 단 한 번만 진화한 게 아니라, 두 번 이상 진화한 메커니즘으로 밝혀질지도 모른다고 시사한다.

하지만 현재 후성유전학 연구실 밖의 세계에서 가장 큰 관심은 로열젤리에 쏠리고 있는데, 로열젤리가 건강 보조 식품으로 오랜 역사를 자랑해온 전력이 있기 때문이기도 하다. 하지만 로열젤리가 인간에게 큰 효과가 있음을 뒷받침하는 구체적 증거는 거의 없다. 마크 베드퍼드와 그 동료들이 히스톤 탈아세틸화 효소 억제제라는 것을 입증한 10HDA는 혈관세포의 성장에 영향을 미칠 수 있다.[13] 이론적으로 이것은 암에 도움을 줄 수 있는데, 종양은 계속 성장하려면 혈액 공급을 잘 받아야 하기 때문이다. 하지만 로열젤리가 정말로 암을 물리칠 수 있는지, 혹은 다른 방식으로 우리의 건강에 도움을 주는지 입증하려면 아직도 갈 길이 멀다. 우리가 이미 알고 있는 사실 한 가지는 벌과 인간은 후성유전학적으로 동일하지 않다는 것이다. 군주제를 열렬히 찬양하는 사람이 아니라면, 이것은 그나마 다행스러운 일이다…….

15장

녹색 혁명

한 알의 모래에서 세계를 보고,
한 송이 들꽃에서 천국을 보려면,
손바닥 안에 무한을 거머쥐고
한 시간 안에 영원을 가두어라.

— 윌리엄 블레이크William Blake

아마도 여러분은 '동물일까, 식물일까, 광물일까?'라는 추측 게임을 들어보았을 것이다. 스무고개의 일종인 이 게임 뒤에는 동물과 식물은 서로 완전히 다르다는 가정이 숨어 있다. 동물과 식물은 둘 다 살아 있는 생물이지만, 우리가 비슷하다고 느끼는 것은 거기서 끝난다. 우리는 진화의 역사에서 아득한 과거에 인간과 미생물의 조상이 같았던 적이 있었다는 개념을 받아들일 수는 있다. 하지만 우리가 식물과 공유한 생물학적 유산에 대해 생각해본 적은 거의 없을 것이다. 여러분은 카네이션이 우리의 사촌일지도 모른다고 생각해본 적이 있는가?

하지만 동물과 식물은 많은 점에서 놀랍도록 비슷하다. 친척 식물 중 가장 고등한 꽃식물을 살펴보면 특히 더 그렇다. 꽃식물에는 풀, 우리의 주식인 곡류, 그리고 양배추에서부터 떡갈나무, 또 진달래속 식물에서부터 갓류 식물에 이르는 잎이 넓은 식물 등이 포함된다.

동물과 꽃식물은 모두 많은 세포로 이루어진 다세포 생물이다. 그중 많은 세포는 특정 기능을 위해 전문화돼 있다. 꽃식물의 경우에 그런 세포들의 예로는 물과 당류를 식물 내에서 수송하는 세포, 잎에서 광합성을 하는 세포, 뿌리에서 영양분을 저장하는 세포 등이 있다. 동물과 마찬가지로 식물도 유성 생식을 위해 특별히 전문화된 세포들이 있다. 정핵은 꽃가루에 실려 운반되어 큰 난세포를 수정시켜 결국 접합자와 새로운 식물을 낳는다.

동물과 식물 사이의 유사성은 이렇게 눈에 띄는 특징보다 훨씬 기본적인 데 있다. 식물에게도 동물의 유전자에 상응하는 유전자가 많이 있다. 무엇보다도 식물은 고도로 발달한 후성유전 체계를 갖고 있다. 식물도 동물처럼 히스톤 단백질과 DNA를 변형시킬 수 있으며, 사람을 비롯해 동물이 사용하는 것과 아주 비슷한 후성유전 효소를 사용하는 경우가 많다.

이러한 유전적 및 후성유전적 유사성은 동물과 식물이 공통 조상에서 유래했음을 시사한다. 그렇기 때문에 우리는 모두 비슷한 유전적 및 후성유전적 연장통을 물려받았다.

물론 동물과 식물 사이에는 아주 중요한 차이점도 있다. 식물은 필요한 영양분을 스스로 만들지만, 동물은 그러지 못한다. 식물은 환경에서 기본 화학 물질을 흡수하는데, 특히 물과 이산화탄소는 영양분을 만드는 기본 재료가 된다. 식물은 이 단순한 화학 물질을 가지고 햇빛 에너지를 이용해 포도당 같은 복잡한 당류를 만든다. 지구 상에 사는 거의 모든 생명은 이 놀라운 광합성 과정에 직접적으로건 간접적으로건 의존해 살아간다.

동물과 식물의 큰 차이점은 이것 말고도 두 가지가 더 있다. 원예가는 자라는 식물의 일부(예컨대 새로운 싹 하나)를 잘라내 심으면 거기서 새로운 식물이 자라난다는 사실을 잘 안다. 이런 묘기를 보여줄 수 있는 동물은 거의 없으며, 고등 동물 중에서는 하나도 없다. 도마뱀 중에 꼬리를 잃으면 잘린 자리에서 새로운 꼬리가 자라나는 종이 일부 있긴 하다. 하지만 그 반대의 일은 일어나지 않는다. 잘려나간 꼬리에서 도마뱀이 새로 자라난 이야기는 들어본 적이 없다.

이것은 대부분의 어른 동물에서 유일한 다능성 줄기세포는 엄격하게 통제되는 생식 세포들(정자나 난자가 될)뿐이기 때문이다. 하지만 식물의 경우에는 활동적인 다능성 줄기세포가 보편적으로 존재한다. 식물에서 이 다능성 줄기세포는 줄기 끝이나 뿌리 끝에서 발견된다. 조건만 맞으면 이 줄기세포들은 계속 분열하면서 식물을 자라게 한다. 하지만 어떤 조건에서는 이 줄기세포들이 꽃처럼 특정 종류의 세포들로 분화한다. 예를 들면, 그런 세포가 일단 꽃잎의 일부가 되기로 결정되었다면, 그것은 다시 줄기세포로 되돌아갈 수 없다. 식물 세포조차도 결국에는 와딩턴의 후성유전학 풍경에서 아래로 굴러내려간다.

동물과 식물 사이의 또 다른 차이점은 아주 명백한 것이다. 식물은 이동할 수 없다. 환경 조건이 변하면, 식물은 그 자리에서 적응하거나 아니면 죽어야 한다. 식물은 자신에게 맞지 않는 기후 변화를 피해 달아날 수 없다. 그래서 식물은 주변의 모든 환경 자극에 반응하는 방법을 찾아야 한다. 식물은 일 년 중 적절한 시기에, 그러니까 자손이 새로운 개체로 살아남을 확률이 가장 높은 시기에 생식을 할 수 있도록 충분히 오래 살아야 할 필요가 있다.

이것을 남아프리카에서 겨울을 보내는 유럽제비 같은 종과 비교해 보라. 여름이 다가와 환경이 견디기 힘들어지면, 제비는 서사시적인 먼 여행길에 나선다. 유럽제비는 아프리카와 유럽을 지나 영국까지

날아와 여름을 보내며 새끼를 낳고 키운다. 그리고 6개월이 지난 뒤에는 다시 남아프리카로 돌아간다.

식물이 환경에 대응해 나타내는 반응 중 많은 것은 세포의 운명에 일어나는 변화와 관계가 있다. 그중에는 다능성 줄기세포였다가 유성생식을 위해 갈 데까지 분화한 꽃의 일부가 되는 변화도 포함돼 있다. 이 두 사건 모두에서 후성유전적 과정이 중요한 역할을 하며, 식물 세포의 다른 경로들과 상호작용하여 번식 성공의 기회를 최대화한다.

모든 식물이 정확하게 똑같은 후성유전 전략을 사용하는 것은 아니다. 그 특징이 가장 잘 드러난 모형계는 애기장대*Arabidopsis thaliana*라는 하찮아 보이는 작은 꽃식물이다. 십자화과에 속하는 애기장대는 황무지 어디에서나 볼 수 있는 별 특징 없는 잡초처럼 보인다. 잎은 대부분 지면 가까이에서 로제트rosette(지면에 바짝 붙어 방사상으로 퍼져 나는 잎)를 이루어 자란다. 높이 20~25cm의 줄기에 작은 흰색 꽃이 핀다. 애기장대가 연구자들에게 유용한 모형계로 쓰이는 이유는 그 유전체가 아주 작아 유전자 확인을 위한 서열 분석이 수월하기 때문이다. 애기장대를 유전적으로 변형시키는 기술도 잘 개발돼 있다. 그래서 그 기능을 조사하기 위해 유전자 속에 돌연변이를 도입하기가 비교적 쉽다.

야생 자연에서 애기장대 씨는 대개 초여름에 발아한다. 어린 싹은 자라나면서 로제트 형태의 잎들이 돋는다. 이 단계를 생장 단계라 부른다. 애기장대는 자손을 만들기 위해 꽃을 피운다. 꽃 속의 구조들이 새로운 정자와 난자를 만들고, 이것들이 결국 새로운 접합자를 만들어 씨를 통해 확산된다.

그런데 여기서 문제가 생긴다. 만약 일 년 중 늦은 시기에 꽃이 핀다면, 애기장대가 만드는 씨는 낭비되고 말 것이다. 씨가 발아하기에

유용한 모형계로 쓰이는 애기장대

날씨가 알맞지 않기 때문이다. 설사 씨가 발아한다 하더라도, 연약한 싹은 서리 같은 혹독한 날씨에서 살아남기 힘들 것이다.

따라서 어른 애기장대는 만약의 사태에 대비할 필요가 있다. 만약 다음 봄이 될 때까지 기다려 꽃을 피울 수 있다면, 자신의 많은 자손이 살아남을 확률이 훨씬 높다. 어른 애기장대는 어린 싹을 죽여 없애는 겨울 날씨를 견디고 살아남을 수 있다. 애기장대는 정확하게 이런 일을 한다. 봄이 될 때까지 '기다렸다가' 그때 가서야 꽃을 피우는 것이다.

봄맞이 의식

이것을 전문 용어로 '춘화vernalization'라 한다. 춘화는 식물이 일정 기간 추운 기간(대개 겨울)을 보내야만 꽃이 피는 현상을 말한다. 이것은 다년생 식물에서 자주 볼 수 있으며, 특히 사계절의 변화가 뚜렷한 온대 지방에서 흔히 나타난다. 춘화는 애기장대처럼 넓은 잎 식물에서만 나타나는 것은 아니다. 많은 곡류에서도 볼 수 있는데, 특히 겨울보리와 가을밀 같은 작물에서 볼 수 있다. 많은 경우, 꽃이 피려면 추운 기간이 한동안 계속된 뒤 낮의 길이가 길어지는 시기가 이어지는 게 필요하다. 이 두 가지 자극이 결합하여 일 년 중 가장 적절한 시기에 꽃이 피도록 보장한다.

춘화에는 아주 흥미로운 특징이 몇 가지 있다. 식물이 추위를 처음 감지하고 반응하기 시작하고 나서 꽃이 피기까지는 몇 주일 또는 몇 개월이 걸릴 수 있다. 추위가 계속되는 기간에도 식물은 세포 분열을 통해 생장을 계속할 수 있다. 모식물의 춘화가 일어난 후에 새로운 씨가 만들어지면, 이 씨는 '리셋'된다. 씨에서 만들어진 새 식물은 다시 추운 시기를 보내야만 꽃이 필 수 있다.[1]

춘화의 이런 특징은 동물에서 일어나는 후성유전 현상들을 떠오르게 한다. 구체적으로는 다음과 같은 것들이 있다.

1. 식물은 일종의 분자 기억을 보여주는데, 자극과 최종 사건 사이의 간격이 몇 주일 또는 몇 개월이나 되기 때문이다. 이것은 어릴 때 부모의 사랑을 받지 못하고 자란 어른 설치류에게서 나타나는 비정상 스트레스 반응과 비교할 수 있다.

2. 그 기억은 세포가 분열한 후에도 계속 유지된다. 이것은 정상 발달 과정에서나 암의 진행 과정에서 나타나는 것처럼 모세포에 작용하는 자극이 사라진 후에도 특정 방식으로 계속 기능을 수행하는 동물 세포와 비교할 수 있다.

3. 다음 세대(씨)에서는 그 기억이 사라진다. 이것은 동물의 체세포 조직에 일어난 대부분의 변화가 '지워지는' 방식(그래서 라마르크식 유전이 보편적인 것이 아니라 예외적인 것이 되게 하는)과 비교할 수 있다.

따라서 현상 차원에서 춘화는 후성유전적 성격이 아주 강한 것처럼 보인다. 최근에 많은 연구팀이 이 이면에 후성유전 과정이 숨어 있다는(염색질 변형 단계에) 사실을 확인했다.

춘화에 관여하는 핵심 유전자는 *FLOWERING LOCUS C* 또는 줄여서 *FLC*라 부른다. *FLC*는 전사 억제 물질$_{\text{transcriptional repressor}}$이라는 단백질을 암호화한다. 이 단백질은 다른 유전자에 들러붙어 스위치가 켜지지 않게 방해한다. 애기장대가 꽃을 피우는 데 특히 중요한 역할을 하는 유전자는 *FT*, *SOC1*, *FD*, 이렇게 세 가지가 있다. **그림 15.1**

은 *FLC*가 이 유전자들과 어떻게 상호작용하며, 꽃이 피는 데 이것이 어떤 결과를 빚어내는지 보여준다. 또, 오랜 기간 추위가 계속된 뒤에 *FLC*의 후성유전적 지위가 어떻게 변하는지도 보여준다.

겨울이 오기 전에는 *FLC* 유전자 프로모터에 유전자 발현 스위치를 켜는 히스톤 변형이 많이 있다. 이 때문에 *FLC* 유전자는 잘 발현되고, 그것이 암호화한 단백질은 표적 유전자에 들러붙어 그 유전자를 억제한다. 이것은 식물을 정상적인 생장 단계에 머물게 한다. 겨울이 오면, *FLC* 유전자 프로모터에 일어난 히스톤 변형이 억제적인 것으로 변한다. 이것은 *FLC* 유전자의 스위치를 끈다. FLC 단백질 양이 감소하고, 이에 따라 표적 유전자의 억제도 풀린다. 봄 동안에 일조량이 늘어나면 *FT* 유전자의 발현이 활성화된다. 이 단계에서 FLC의 양이 떨어져 있는 게 꼭 필요한데, 만약 FLC 양이 많다면 *FT* 유전자가 햇빛에서 받는 자극에 반응하기 어렵기 때문이다.[2]

후성유전 효소의 돌연변이 버전을 대상으로 한 실험들은 *FLC* 유전자의 히스톤 변형에 일어난 변화가 개화 반응을 조절하는 데 아주 중요하다는 것을 보여주었다. 예를 들면, 히스톤 H3의 4번 위치에 있는 라이신 아미노산에 메틸기를 첨가하는 *SDG27*이라는 유전자가 있는데, 따라서 이 유전자는 후성유전학 작가인 셈이다. 이 메틸화는 활발한 유전자 발현과 관련이 있다. *SDG27* 유전자는 실험적 방법으로 돌연변이를 일으킴으로써 더 이상 활성 단백질을 암호화하지 못하게 할 수 있다. 이 돌연변이가 있는 식물은 *FLC* 유전자 프로모터에 이 활성 히스톤 변형이 적다. 그래서 FLC 단백질을 덜 만들며, 개화를 촉진하는 유전자를 억제하는 능력이 떨어진다. *SDG27* 돌연변이는 정상 식물보다 더 일찍 꽃이 핀다.[3] 이것은 *FLC* 프로모터에 일어난 후성유전적 변형이 단순히 그 유전자의 활성 수준을 반영한 것이 아님을 보여

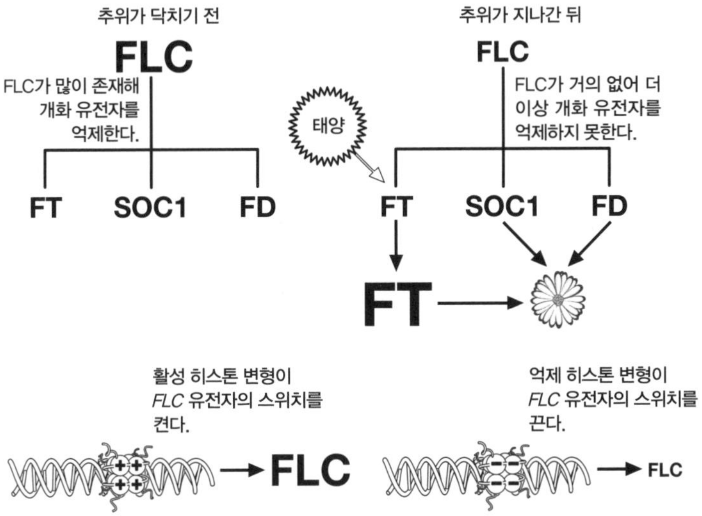

그림 15.1 후성유전적 변형이 개화 촉진 유전자를 억제하는 *FLC* 유전자의 발현을 조절한다. *FLC* 유전자의 후성유전적 변형은 온도에 따라 조절된다.

준다. 후성유전적 변형은 실제로 발현에 변화를 가져온다.

추위는 식물 세포에 VIN3이라는 단백질을 만들게 한다. VIN3은 *FLC* 프로모터에 들러붙을 수 있다. VIN3은 염색질 개조 인자라 부르는 종류의 단백질이다. 이 단백질은 염색질이 촘촘하게 감기는 정도에 변화를 가져올 수 있다. VIN3이 *FLC* 프로모터에 들러붙으면, 염색질의 국지적 구조가 변해 다른 단백질이 접근하기가 더 쉬워진다. 이렇게 염색질이 다른 단백질들에 개방되면, 유전자 발현이 증가하는 경우가 많다. 하지만 이 경우에는 VIN3이 히스톤 단백질에 메틸기를 첨가할 수 있는 또 다른 효소를 끌어들인다. 그런데 이 특별한 효소는 히스톤 H3의 27번 위치에 있는 라이신 아미노산에 메틸기를 첨가한다. 이 변형은 유전자 발현을 억제하며, 식물 세포가 *FLC* 유전자의 스위치를 끄는 데 사용하는 아주 중요한 방법 중 하나이다.[4,5]

하지만 그래도 추위가 어떻게 특별히 *FLC* 유전자에 후성유전적 변화를 초래할 수 있느냐 하는 질문이 여전히 남는다. 표적을 조준하는 메커니즘은 무엇일까? 우리는 아직 모든 세부 내용을 잘 모르지만, 그중 한 단계만큼은 명확하게 밝혀졌다. 추위가 지난 뒤에 애기장대 세포들은 단백질을 암호화하지 않는 긴 RNA를 만든다. 이 RNA는 COLDAIR라 부른다. COLDAIR 비암호화 RNA는 바로 *FLC* 유전자에 자리를 잡고 있다. 이곳에 국지적으로 자리를 잡은 COLDAIR는 히스톤 H3의 27번 위치에 중요한 억제 표지를 만드는 효소 복합체에 들러붙는다. 따라서 COLDAIR는 효소 복합체를 표적으로 조준하는 메커니즘으로 작용한다.[6]

애기장대가 씨를 새로 만들 때, *FLC* 유전자에 붙어 있던 억제 히스톤 표지가 제거된다. 이것은 활성 염색질 변형으로 대체된다. 이것은 씨가 발아할 때 *FLC* 유전자의 스위치가 켜지도록 함으로써 새 식물이 겨울을 나기 전까지 개화를 억제한다.

이 데이터에서 꽃식물이 많은 동물 세포와 똑같은 후성유전 기구를 일부 사용한다는 사실을 분명히 알 수 있다. 그런 후성유전 기구에는 히스톤 단백질 변형과 그리고 이 변형을 표적으로 조준하기 위한 비암호화 RNA의 사용이 포함된다. 물론 동물 세포와 식물 세포가 이 도구들을 서로 다른 목적을 위해 사용하는 것은 사실이지만(앞장에서 비유로 든 소아과 의사와 목수의 예처럼), 이것은 공통 조상과 동일한 기본 연장의 존재를 강하게 뒷받침하는 증거이다.

동물과 식물 사이의 후성유전적 유사성은 여기서 그치지 않는다. 동물과 마찬가지로 식물도 작은 RNA 분자를 수천 가지나 만든다. 이것들은 단백질을 암호화하지 않으며, 대신에 유전자를 침묵시킨다. 아주 작은 RNA 분자들이 한 세포에서 다른 세포로 이동할 수 있으며, 그럼으로써 유전자 발현을 침묵시킬 수 있다는 사실을 처음 알아낸 사람들은 식물을 연구하던 과학자들이었다.[7,8] 이것은 자극에 대한 후성유전적 반응을 처음의 한 장소에서 같은 생물의 몸에서 멀리 떨어진 곳들로 확산시킨다.

자살 유전자

애기장대 연구는 식물이 후성유전적 변형을 사용해 수천 가지 유전자를 조절한다는 사실을 보여주었다.[9] 이러한 조절은 아마도 동물 세포에서와 동일한 목적을 위해 일어날 것이다. 이것은 세포들이 환경 자극에 대해 적절한 단기적 반응을 유지하는 데 도움을 주며, 또한 분화한 세포들을 특정 유전자 발현 패턴에 영구히 고정시킨다. 우리 눈알에 이가 나지 않고, 식물 뿌리에서 잎이 돋아나지 않는 것은 바로 후성유전 메커니즘 때문이다.

꽃식물이 포유류와 공유하지만 동물계의 나머지 동물 집단하고는 공유하지 않는 특징적인 후성유전 현상이 하나 있다. 우리가 아는 바로는 유태반류 외에 유전자가 각인되는 생물은 꽃식물뿐이다. 각인은 8장에서 소개했던 개념인데, 어떤 유전자의 발현 패턴이 그 유전자가 부계와 모계 중 어느 쪽에서 왔느냐에 따라 달라지는 상황을 말한다.

얼핏 보기에 꽃식물과 포유류 사이의 이 유사성은 아주 기묘해 보인다. 하지만 우리와 꽃식물 친척 사이에는 흥미로운 유사점이 있다. 모든 고등 포유류의 경우, 수정된 접합자는 배아와 태반의 근본 바탕이 된다. 태반은 발달하는 배아에게 영양분을 공급하지만, 새로운 개체의 일부가 되진 않는다. 꽃식물에서 수정이 일어날 때에도 이와 비슷한 일이 벌어진다. 그 과정은 다소 복잡하지만, 수정이 일어난 씨 안에는 **그림 15.2**에서 보는 것처럼 배아와 함께 배젖이라는 보조 조직이 들어 있다.

포유류의 발달 과정에서 태반이 담당하는 역할과 비슷하게, 배젖은 배아에 영양분을 공급한다. 배젖은 발달과 발아를 촉진하지만, 유전적으로는 다음 세대에 전혀 기여하지 않는다. 태반이 되었건 배젖이 되었건, 발달하는 동안에 그러한 보조 조직이 있으면, 선택된 유전자 집단의 발현을 각인 조절하는 데 더 유리한 것으로 보인다.

사실, 배젖에는 아주 정교한 일이 일어난다. 꽃식물의 유전체에는 대부분의 동물 유전체와 마찬가지로 레트로트랜스포존이 들어 있다. 이것은 흔히 transposable element(전이 요소)의 머리글자를 따 TE라 부른다. TE는 단백질을 암호화하지 않는 반복 요소이지만, 활성화되면 큰 파괴와 혼란을 낳을 수 있다. 특히 TE는 유전체 내에서 돌아다니

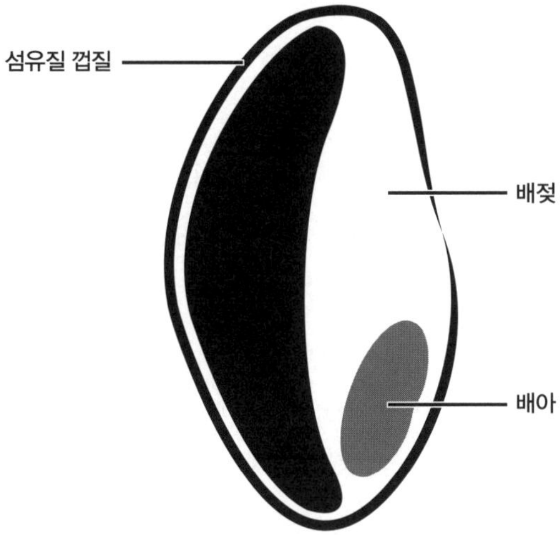

그림 15.2 씨의 주요 구성 성분. 태반이 포유류 배아에게 영양분을 공급하는 것과 비슷한 방식으로 배젖은 장차 새로운 식물이 될 비교적 작은 배아에 영양분을 공급한다.

면서 유전자 발현을 어지럽힐 수 있기 때문에 피해가 커진다.

정상적으로는 그러한 TE는 엄격하게 억제되지만, 배젖에서는 이 서열의 스위치가 켜진다. 배젖세포는 이 TE로부터 작은 RNA 분자를 만든다. 작은 RNA는 배젖에서 나와 배아로 옮겨간다. 그리고 배아의 유전체에서 자신과 정확하게 똑같은 염기 서열을 가진 TE를 발견한다. 그러면 이 작은 RNA 분자는 잠재적 위험성을 지닌 이 유전체 요소를 영구적으로 비활성화하는 기구를 작동시키는 것으로 보인다. TE의 재활성화가 일어날 때, 배젖 유전체에 미치는 위험은 상당히 높다. 하지만 배젖은 유전적으로 다음 세대에 기여하지 않기 때문에, 더 큰 선善을 위해 이 자살 임무를 얼마든지 떠맡을 수 있다.[10,11,12,13]

비록 포유류와 꽃식물은 둘 다 각인을 수행하지만, 서로 약간 다른 메커니즘을 사용하는 것으로 보인다. 포유류는 DNA 메틸화를 사용해 각인 유전자 중에서 적절한 쪽을 비활성화한다. 식물의 경우 DNA 메틸화가 있는 쪽은 항상 부계 유래 유전자이다. 하지만 메틸화된 이 유전자가 항상 비활성화되는 것은 아니다.[14] 따라서 식물의 각인에서는 DNA 메틸화가 세포에게 유전자를 어떻게 전달해야 하는지 알려주지만, 유전자가 어떻게 발현되어야 하는지는 알려주지 않는다.

기본적인 DNA 메틸화 중에서 동물과 식물이 서로 아주 유사한 측면이 일부 있다. 식물 유전체는 활성 DNA 메틸기 전이 효소를 암호화하고, 메틸화된 DNA를 '판독'할 수 있는 단백질도 암호화한다. 포유류의 원시 생식 세포처럼 일부 식물 세포는 DNA에서 메틸화를 적극적으로 제거할 수 있다. 심지어 우리는 식물에서 이 반응을 수행하는 효소가 어떤 것인지도 알고 있다.[15] 하나는 그리스 신화에서 페르세포네Persephone의 어머니로 나오는 데메테르Demeter의 이름을 따 DEMETER라고 부른다. 데메테르는 수확의 여신인데, 신화에서는 계절 변화가 나타나는 이유가 데메테르가 하계의 신인 하데스Hades와 맺은 계약 때문이라고 설명한다.

하지만 DNA 메틸화는 식물과 고등 동물이 동일한 기본 체계를 사용하는 방식에 분명한 차이를 드러내는 후성유전학의 한 측면이기도 하다. 가장 명백한 차이점 중 하나는 식물은 CpG 모티프(사이토신 다음에 구아닌이 붙어 있는 곳)만 메틸화하지 않는다는 점이다. 비록 CpG 모티프는 식물의 DNA 메틸기 전이 효소가 표적으로 삼는 가장 흔한 서열이긴 하지만, 식물은 그 다음에 다른 염기가 따르는 사이토신도 메틸화한다.[16]

식물에서 DNA 메틸화는 포유류에서와 마찬가지로 발현되지 않는 반복 요소 부근에 집중된다. 하지만 발현된 유전자에서 DNA 메틸화 패턴을 조사해보면, 아주 큰 차이점이 나타난다. 발현된 식물 유전자 중 약 5%는 프로모터 지역에 눈에 띄는 DNA 메틸화가 일어나지만, 30% 이상은 아미노산을 암호화하는 지역, 소위 유전자 몸통에 DNA 메틸화가 일어난다. 몸통 지역에 메틸화가 일어난 유전자는 광범위한 조직에서 발현되는 경향이 있으며, 이 조직들에서 중간 수준이나 높은 수준으로 발현된다.[17]

식물의 반복 요소에서 DNA 메틸화가 높은 수준으로 일어나는 양상은 포유류 같은 고등 동물의 염색질에 있는 반복 요소에서 나타나는 패턴과 아주 비슷하다. 이와는 대조적으로, 광범위하게 발현되는 유전자 몸통의 메틸화는 꿀벌(반복 요소를 메틸화하지 않는)에서 나타나는 것과 훨씬 비슷하다. 그렇다고 해서 식물이 곤충과 포유류의 기묘한 후성유전적 잡종이라는 뜻은 아니다. 대신에 진화는 쓸 수 있는 원재료가 제한돼 있지만, 그것을 사용하는 방식에 대해 지나치게 강박적으로 집착하지 않음을 시사한다.

16장

앞으로 나아갈 길

예측은 아주 어려운데, 미래를 예측하는 것은 특히 어렵다.

– 닐스 보어Neils Bohr

후성유전학에서 아주 흥미로운 사실 하나는 어떤 면에서는 비전문가도 아주 쉽게 접근할 수 있다는 점이다. 모든 사람이 최신 실험 기술에 접근할 수 있는 것은 아니며, 따라서 우리 모두가 후성유전 사건의 바탕을 이루는 염색질 변화의 비밀을 풀 수 있는 것은 아니다. 하지만 누구나 주변 세계를 조사하고 예측할 수 있다. 그저 어떤 현상이 후성유전학의 가장 필수적인 기준 두 가지를 충족시키는지 살펴보기만 하면 된다. 이렇게 함으로써 우리는 완전히 새로운 시각에서 인간을 포함한 자연계 전체를 바라볼 수 있다. 두 가지 기준은 이 책 전체를 통해 계속 반복해서 다루었던 바로 그것들이다. 만약 다음 두 가지 조건 중 어느 하나 또는 둘 다 충족한다면, 그 현상은 DNA에 일어나는 후성유전적 변형과 그에 수반하는 단백질에 영향을 받을 가능성이 높다:

동일한 DNA 대본을 갖고 있더라도 이 대본으로 만들어낸 최종 결과물은 항상 다르다.

1. 유전적으로 동일한 두 개체의 표현형에 차이가 날 때
2. 어떤 사건이 일어난 지 한참 지난 뒤에도 생물이 그 사건에 계속 영향을 받을 때

물론 우리는 항상 상식이라는 필터를 사용해야 한다. 만약 누가 오토바이 사고로 한쪽 다리를 잃고 나서 20년 뒤에도 여전히 다리가 없다면, 이 사실은 여기에 후성유전 메커니즘을 적용할 여지가 없다는 것을 의미한다. 반면에 그 사람은 여전히 두 다리가 다 붙어 있다는 느낌이 계속 들 수 있다. 이러한 헛팔다리 감각(환상 사지 감각이라고도 함)은 중추신경계의 프로그래밍된 유전자 발현 패턴에 영향을 받았을 수 있는데, 그것은 부분적으로 후성유전적 변형을 통해 유지된다.

우리는 가끔 현대 생물학이 사용하는 기술에 압도된 나머지 신중하게 생각하는 것만으로도 아주 많은 것을 배울 수 있다는 사실을 망각한다. 예를 들면, 표현형이 서로 다른 두 개체가 유전적으로 동일한지 아닌지 결정하는 데 항상 정교한 실험 장비가 필요한 것은 아니다. 우리에게 익숙한 두 가지 예를 살펴보자. 구더기는 파리로 변하고, 애벌레는 나비로 변한다. 구더기와 그것이 발달해 생긴 파리는 분명히 동일한 유전자 암호를 갖고 있다. 구더기가 변신을 하면서 새로운 유전체가 생기는 게 아니다. 따라서 구더기와 파리는 똑같은 유전체를 완전히 다른 방식으로 사용한다. 작은멋쟁이나비 애벌레는 온몸에 흥미로운 가시가 나 있고, 몸 색깔은 상당히 칙칙하다. 구더기처럼 날개는 없다. 반면에 작은멋쟁이나비는 아주 아름다운데, 검은색과 선명한 주황색이 섞인 큰 날개가 있고, 몸에는 큰 가시가 전혀 없다. 여기서도 애벌레와 그것이 발달해 생긴 작은멋쟁이나비는 분명히 동일한 DNA 대본을 갖고 있다. 하지만 이 대본으로 만들어낸 최종 결과물

은 서로 아주 다르다. 따라서 여기에는 후성유전적 사건이 개입했을 가능성이 높다고 가정할 수 있다.

흰담비족제비*Mustela erminea*는 유럽과 북아메리카에 서식한다. 족제빗과에 속한 흰담비족제비는 탄탄하고 작은 포식 동물인데, 여름에는 등의 털색이 갈색으로 변하고 몸 앞쪽은 크림 같은 흰색으로 변한다. 하지만 날씨가 추워져 겨울이 되면, 꼬리 끝 부분만 계속 검은색으로 남아 있고 온몸의 털이 모두 흰색으로 변한다. 그러다가 봄이 오면 털색이 다시 여름철의 색으로 변한다. 우리는 이러한 털색의 계절적 변화에는 호르몬의 효과가 필요하다는 사실을 안다. 여기서 호르몬이 염색질의 후성유전적 변형을 포함한 방법을 통해 털색 유전자의 발현에 영향을 미친다고 가정하는 것은 아주 합리적이다.

포유류의 경우, 수컷이 수컷이 되고 암컷이 암컷이 되는 데에는 대개 분명한 유전적 이유가 있다. 제대로 작동하는 Y 염색체가 수컷의 표현형을 나타낸다. 크로커다일과 앨리게이터를 포함해 많은 파충류 종은 양성이 유전적으로 동일하다. 그래서 염색체만 보고서는 악어의 성을 알아맞힐 수 없다. 악어의 성은 알이 발달하는 어느 단계의 온도에 따라 결정된다. 즉, 동일한 청사진이 수컷 악어를 만드는 데에도 쓰이고 암컷 악어를 만드는 데에도 쓰이는 것이다.[1] 우리는 이 과정에 호르몬 신호가 관여한다는 사실을 알고 있다. 성 특이적 유전자 발현 패턴을 확립하거나 안정시키는 데 후성유전적 변형이 어떤 역할을 하는지 않는지에 대해서는 연구가 많이 이루어지지 않았지만, 어떤 역할을 할 가능성이 충분히 있어 보인다.

악어와 그 친척 파충류들에서 성 결정 메커니즘을 이해하는 것은 가까운 장래에 보전을 위해 중요해질지 모른다. 개체군의 성비가 어느 한쪽으로 심하게 기울어진다면, 지구 온난화로 인한 전 지구적인 기온 변화는 이들 파충류에게 해로운 결과를 가져올 수 있다. 일부 저자들은 심지어 공룡의 멸종에도 이 효과가 영향을 미쳤을 거라고 추측한다.[2]

위에 소개한 가설들은 아주 단순하고 쉽게 검증할 수 있다. 우리는 단순한 관찰만으로 이것과 같은 가설을 많이 만들 수 있다. 앞으로 후성유전학 연구에서 일어나리라고 예상되는 더 일반적인 발전들에 대해 막연한 주장을 하는 것은 이보다 훨씬 위험하다. 이 분야는 아직 생긴 지 얼마 안 되었고, 예상치 못한 온갖 방향으로 나아가고 있다. 하지만 운에 맡기고 과감하게 몇 가지 예측을 해보자.

상당히 구체적인 예측부터 해보기로 하자. 2016년까지 이 분야의 선구적인 연구자들 중에서 노벨 생리의학상을 받는 사람이 적어도 한 명은 나올 것이다. 문제는 과연 누가 받느냐 하는 것인데, 자격을 갖춘 후보가 아주 많기 때문이다.

이 분야에 종사하는 많은 사람들은 메리 라이언이 X 비활성화에 관한 선견지명이 있는 연구를 했음에도 불구하고 노벨상을 아직 수상하지 않았다는 사실을 의아하게 생각한다. 비록 X 비활성화에 관한 개념적 틀을 제시한 그녀의 핵심 논문들에 원천 실험 데이터가 많이 포함되지 않은 것은 사실이지만, 이 점은 DNA 구조에 관한 제임스 왓슨과 프랜시스 크릭의 원래 논문도 마찬가지였다.[3] 성별 때문에 노벨상 수상에서 불이익을 당하는 게 아닐까 하는 추측이 고개를 들지만, 이런 생각은 로절린드 프랭클린Rosalind Franklin을 둘러싼 전설이 부추긴 측면이 강하다. 프랭클린은 X선 결정학을 전문으로 한 과학자였는데, 그녀가 얻은 데이터는 왓슨과 크릭이 DNA 모형을 만드는 데 결정적 도움을 주었다. 왓슨과 크릭이 1962년에 노벨상을 받았을 때, 프랭클린의 연구실 책임자였던 킹스 칼리지의 모리스 윌킨스Maurice

Wilkins도 그 상을 공동 수상했다. 하지만 프랭클린은 여성이어서 노벨상에서 배제된 게 아니다. 그녀가 노벨상을 받지 못한 것은 불행하게도 난소암에 걸려 37세의 나이로 죽었기 때문이다. 노벨상은 죽은 사람에게는 수상하지 않는 규칙이 있다.

브루스 캐터내치도 이 책에 등장한 과학자이다. 그는 기원 부모 효과에 대한 연구 외에도 X 비활성화 이면에 있는 분자 메커니즘에 대한 초기의 중요한 실험 연구를 몇 가지 했다.[4] 대부분의 연구자들에게 그는 메리 라이언과 함께 노벨상을 공동 수상할 자격이 충분히 있다는 평가를 받을 것이다. 메리 라이언과 브루스 캐터내치는 중요한 연구를 대부분 1960년대에 했고, 지금은 은퇴한 지 오래되었다. 하지만 체외 수정의 개척자인 로버트 에드워즈는 80대 중반의 나이인 2010년에 노벨상을 수상했으므로, 라이언과 캐터내치에게도 아직 시간과 희망이 남아 있다.

세포의 재프로그래밍에 관한 존 거든과 야마나카 신야의 연구는 세포의 운명이 어떻게 조절되는지 이해하는 데 혁명을 가져왔기 때문에, 이들 역시 곧 스톡홀름으로 초청받을 자격이 충분히 있는 후보들이다.(앞에서도 말했지만, 야마나카 신야는 2012년에 존 거든과 함께 노벨 생리의학상을 공동 수상했다. 이 책은 그 전에 쓴 것이어서 저자의 예측이 들어맞은 셈이다.—옮긴이) 주류에서 약간 벗어나긴 하지만 그래도 아짐 수라니와 에마 화이트로도 매력적인 조합이다. 두 사람의 획기적인 연구는 후성유전체가 유성 생식 때 보통 어떻게 리셋되는지뿐만 아니라, 이 과정이 어떻게 가끔 뒤집어져 획득 형질의 유전을 허용하는지 보여주었다. 히스톤의 후성유전적 변형 연구 분야를 이끈 데이비드 앨리스도 매력적인 후보인데, DNA 메틸화 연구의 선구자들, 특히 에이드리언 버드와 피터 존스와 공동 수상 후보로 내세워도 좋을 것이다.

피터 존스는 후성유전 요법을 개발하는 데 선구적인 업적을 세웠는데, 후성유전 요법은 전체 후성유전학 중에서도 빠르게 성장하는 부문이다. 히스톤 탈아세틸화 효소 억제제와 DNA 메틸기 전이 효소 억제제가 선봉에 서서 이 접근 방법을 이끌었다. 이 화합물들을 사용한 임상 시험은 대부분 암을 표적으로 삼아 실시되었지만, 이런 추세가 변하기 시작했다. 히스톤 탈아세틸화 효소 억제제 중에서 시르투인 계열의 억제제가 유전성 신경 변성 질환인 헌팅턴병의 초기 임상 시험에 사용되고 있다.[5] 암이나 종양이 아닌 질환 모두에 대해 현재 가장 기대를 모으는 연구는 후성유전 효소에 초점을 맞춘 억제제 개발이다. 그런 효소 중에는 히스톤 단백질의 특정 아미노산 위치에 일어난 단 하나의 변형을 변화시키는 효소도 포함된다. 전 세계의 신생 생명공학 회사와 거대 제약회사가 이 분야에 수억 달러를 투자하고 있다. 향후 5년 안에 이런 노력에서 나온 신약들이 암 치료 목적의 임상 시험에 들어가고, 10년 안에는 당장 생명을 위협하지 않는 다른 종류의 질환을 치료하기 위한 임상 시험에 들어갈 가능성이 높다.[6]

후성유전학, 그중에서도 특히 세대 간 유전에 대한 지식이 증가하면, 신약 개발에 기회뿐만 아니라 문제도 야기할 수 있다. 후성유전적 과정에 간섭하는 신약을 만든다면, 이 약은 생식 세포가 만들어지는 동안 정상적으로 일어나는 재프로그래밍에 영향을 미치지 않을까? 이것은 이론적으로는 단지 치료를 받는 사람뿐만 아니라 그 자식과 손자에게까지 영향을 미치는 생리적 변화를 낳을 수 있다. 어쩌면 우려해야 할 물질은 후성유전 효소를 표적으로 삼는 화학 물질뿐만이 아닐지도 모른다. 8장에서 보았듯이, 환경 오염 물질인 빈클로졸린은 설치류에게 많은 세대에 걸쳐 영향을 미칠 수 있다. 신약 판매 승인을 담당하는 관계 당국이 세대 간 연구를 요구하기 시작하면, 신약 개발 비용과 복잡성이 크게 증가할 것이다.

얼핏 보기에 이것은 충분히 합리적인 조처로 보인다. 어쨌든 우리는 최대한 안전한 약을 원하지 않는가? 하지만 생명을 위협하는 질병에서 자신을 구해줄 신약을 간절히 원하는 환자들과 고통과 장애 없이 건강하고 품위 있는 삶을 살기 위해 더 나은 약이 필요한 환자들은 어떻게 될까? 신약 출시에 걸리는 시간이 길어질수록 환자들의 고통도 그만큼 길어질 것이다. 제약 회사와 규제 당국과 환자 권익 옹호 집단이 향후 10~15년 안에 이 문제를 놓고 어떤 합의를 이끌어낼지 지켜보는 것도 흥미로울 것이다.

앞으로 수십 년 동안 약이나 오염 물질 때문이 아니라 식품과 영양 때문에 후성유전적 변화의 세대 간 효과는 인간의 건강에 가장 큰 영향을 미칠 분야 중 하나가 될 것이다. 우리는 네덜란드 대기근을 살펴보는 것으로 후성유전학 풍경을 둘러보는 이 여행을 시작했다. 네덜란드 대기근은 그 시절을 살았던 사람뿐만 아니라 그 후손에게까지 영향을 미쳤다. 오늘날 우리는 전 세계적인 비만 유행병에 시달리고 있다. 설사 우리 사회가 이것을 어떻게 제어하는 데 성공한다 하더라도(서양에서는 그런 징후를 보이는 사회가 거의 없다), 우리는 이미 자식과 손자에게 최상에 못 미치는 후성유전적 유산을 이미 만들었을지 모른다.

일반적으로 영양은 향후 10년 안에 후성유전학이 중요한 역할을 할 것이라고 예상되는 분야 중 하나이다. 현재 우리가 알고 있는 사례를 몇 가지만 살펴보자.

엽산(폴산)은 임신부에게 권장하는 비타민 보충제 중 하나이다. 임신 초기에 엽산 섭취를 늘리게 한 것은 공중 보건이 거둔 개가 중 하나였는데, 그 덕분에 신생아의 척추갈림증 발생 비율이 크게 낮아졌다.[7] 엽산은 SAM(S-adenosyl methionine, S-아데노실 메티오닌)이라는 화학 물질을 만드는 데 꼭 필요하다. SAM은 DNA 메틸기 전이 효소가 DNA를 변형시킬 때 메틸기를 제공하는 분자이다. 새끼 쥐에게 엽산이 부족한 먹이를 먹이면, 유전체 중에서 각인 지역이 비정상적으로 조절되는 증상이 나타난다.[8] 우리는 엽산의 이로운 효과 중 얼마나 많은 것이 후성유전 메커니즘을 통해 조정되는지 그 비밀을 이제 막 밝혀내기 시작했다.

우리의 식품 속에 포함된 히스톤 탈아세틸화 효소 억제제도 암과 그 밖의 장애를 예방하는 역할을 할지 모른다. 현재까지 나온 데이터는 비교적 추측 수준에 머문다. 치즈에 들어 있는 부티르산나트륨, 브로콜리에 들어 있는 설포라판, 마늘에 들어 있는 다이알릴 다이설파이드는 모두 약한 히스톤 탈아세틸화 효소 억제제이다. 연구자들은 식품이 소화될 때 이 화합물들이 나오면 창자에서 유전자 발현과 세포 증식을 조절하는 데 도움을 줄 것이라는 가설을 세웠다.[9] 이론적으로 이것은 잘록창자(결장)에서 정상 세포가 암세포로 변할 위험을 낮출 수 있다. 우리 창자에 사는 세균은 자연적으로 음식을 분해하면서 부티르산을 만든다.[10] 특히 식물성 식품을 분해할 때 부티르산이 많이 만들어지는데, 이것은 채소를 많이 섭취해야 할 또 한 가지 이유이다.

음식이 후성유전적으로 어떻게 질병에 영향을 미칠 수 있는지 보여주는 이론적이지만 흥미로운 사례 연구가 아이슬란드에서 나왔다. 그것은 유전성 시스타틴 C 아밀로이드 혈관병이라는 희귀 유전병에 관한 것으로, 이 병에 걸리면 뇌졸중으로 일찍 죽음을 맞이한다. 이 병에 걸리는 사람이 가끔 나오는 아이슬란드 인 가족들을 조사했더니,

환자는 핵심 유전자에 특별한 돌연변이가 있었다. 아이슬란드 사회들이 비교적 격리된 채 존재한다는 사실과 아이슬란드 인의 훌륭한 기록 관습 덕분에 연구자들은 해당 가족들을 통해 이 병을 역추적할 수 있었다. 그 결과, 아주 놀라운 사실이 드러났다. 1820년 무렵까지는 이 돌연변이 유전자가 있는 사람은 약 60세까지 살다가 병에 걸려 사망했다. 1820년부터 1900년 사이에는 같은 병에 걸린 사람의 기대 수명은 약 30세로 떨어졌고, 그 이후로 같은 상태가 유지되고 있다. 과학자들은 최초 논문에서 1820년 이후에 일어난 환경 변화 때문에 세포가 돌연변이의 효과에 반응하고 그것을 조절하는 방식에 변화가 일어났을 것이라고 추측했다.[11]

2010년에 케임브리지에서 열린 회의에서 같은 저자들은 1820년부터 현재까지 아이슬란드에서 일어난 주요 환경 변화 중 하나는 식습관이 전통 음식에서 유럽 주류 사회의 음식에 더 비슷하게 변한 것이라고 보고했다.[12] 아이슬란드의 전통 음식에는 말린 생선과 발효 버터가 예외적으로 많이 포함돼 있었다. 발효 버터에는 약한 히스톤 탈아세틸화 효소 억제제인 부티르산이 아주 많이 들어 있다. 히스톤 탈아세틸화 효소 억제제는 혈관 근섬유의 기능을 변화시킬 수 있는데,[13] 이것은 이 돌연변이를 가진 환자에게 나타나는 종류의 뇌졸중과 밀접한 관련이 있다. 이 환자군의 수명이 줄어든 이유가 음식을 통한 히스톤 탈아세틸화 효소 억제제 섭취가 줄어들었기 때문이라는 추측을 공식적으로 뒷받침하는 증거는 없지만, 그래도 이것은 매우 흥미로운 가설이다.

후성유전학이라는 기본 과학은 예측을 하기가 아주 어려운 분야이다. 하지만 틀림없이 후성유전 메커니즘은 예상치 못했던 다른 과학 분야들에서 계속 나타날 것이다. 최근의 좋은 예는 일주기 리듬 분야에서 나타났다. 일주기 리듬은 생물의 생리학과 생화학이 24시간을 주기로 반복되는 걸 말하는데, 대부분의 생물 종에서 발견된다. 한 히스톤 아세틸기 전이 효소가 이 리듬의 설정에 관여하는 핵심 단백질이고,[14] 이 리듬의 조정에 관여하는 후성유전 효소는 적어도 하나가 더 있는 것으로 드러났다.[15]

우리는 또한 일부 후성유전 효소가 세포에 여러 가지 방식으로 영향을 미치는 것을 발견할 가능성이 높다. 그 이유는 이 효소들 중 상당수는 단순히 염색질을 변형하는 데 그치지 않기 때문이다. 이 효소들은 세포 안에 있는 다른 단백질들도 변형시킬 수 있어 한 번에 많은 경로에 영향을 미칠지도 모른다. 사실, 히스톤 변형 유전자 중 일부는 실제로 세포에 히스톤이 포함되기 이전에 진화했다는 주장이 나왔다.[16] 이 주장은 이 효소들은 원래 다른 기능을 담당했는데, 진화에 강요를 받아 유전자 발현을 조절하는 역할을 떠맡게 되었다고 시사한다. 따라서 이 효소들 중 일부가 우리 세포에서 이중 기능을 수행하는 것이 발견되더라도 그다지 놀랄 일은 아니다.

후성유전학의 분자 기구를 둘러싼 가장 기본적인 쟁점 중 일부는 여전히 수수께끼로 남아 있다. 특정 변형이 유전체 내에서 선택된 위치에 어떻게 자리를 잡는지에 대해 우리가 아는 지식은 개략적인 것에 불과하다. 이 과정에서 비암호화 RNA가 어떤 역할을 한다는 사실이 발견되기 시작했지만, 아직도 우리의 지식에는 구멍이 많다. 또, 히스톤 변형이 모세포에서 딸세포로 어떻게 전달되는지에 대해서는 아는 게 거의 없다. 이것이 일어난다는 사실은 확신할 수 있는데, 이것은 세포의 운명을 유지하는 세포의 분자 기억 중 일부이기 때문이다. 하지만 어떻게 그런 일이 일어나는지에 대해서는 우리가 아는 게 거의 없다. DNA가 복제될 때, 히스톤 단백질들은 한쪽으로 밀려난다. 새로 생겨난 DNA는 변형된 히스톤이 비교적 적을지 모른다. 대신에 변형이 거의 없는 처녀 히스톤들로 덮여 있을지 모른다. 이것은 금방 바로잡히지만, 이 일이 어떻게 일어나는지에 대해서도 우리가 아는 게 거의 없다. 이것은 후성유전학 전체 분야를 통틀어 가장 기본적인 쟁점 중 하나인데도 불구하고 말이다.

우리가 2차원적 사고를 멈추고 3차원 세계로 옮겨갈 수 있는 기술과 상상력을 갖기 전에는 이 수수께끼를 풀지 못할 가능성이 있다. 우리는 유전체를 직선적으로, 즉 단순한 방식으로 그냥 읽을 수 있는 염기들의 문자열로 생각하는 것에 너무 익숙해져 있다. 하지만 실제로는 유전체의 각 부분은 구부러지거나 겹치기도 하면서 서로 맞닿아 새로운 조합과 조절 기능을 하는 아집단을 만들어낸다. 우리는 유전물질을 평범한 대본으로 생각하지만, 사실은 〈매드*Mad*〉 잡지 뒤표지에서 볼 수 있는 종이접기에 더 가깝다. 뒤표지를 특정 방식으로 접으면, 원래 그림과는 다른 새로운 그림이 나타난다.(호기심을 느낀다면, http://www.nytimes.com/interactive/2008/03/28/arts/20080330_FOLD_IN_FEATURE.html?scp=3&sq=interactive%20feature&st=cse&_r=0을 방문해 직접 경험해보라. 뒤표지 오른쪽 가장자리를 붙잡고 왼쪽으로 옮기면서 접어보면, 새로운 그림이 나타나는 걸 볼 수 있다.—옮긴이) 후성유전적 변형과 유전자 조합이 어떻게 협력하여 벌레나 떡갈나무나 악어의 기적을 만들어내는지 그 비밀을 밝혀내는 데에는 이 과정을 이해하는 것이 매우 중요할지 모른다.

혹은 우리의 기적에 관한 비밀도.

그렇다면 다음 10년 동안 후성유전학 연구가 어떻게 일어날지 요약해보자. 희망과 과대 선전, 지나친 약속, 막다른 길, 잘못된 방향 전환, 때로는 심지어 완전히 틀린 것으로 드러나는 연구도 일부 있을 것이다. 과학도 인간의 노력이 빚어내는 결과물이고, 때로는 잘못된 방향으로 나아갈 수 있다. 하지만 다음 10년이 끝날 무렵에 우리는 생물학의 가장 중요한 질문 중 일부에 대해 더 정확한 답을 얻을 것이다. 지금 당장은 그 답이 어떤 것일지 예측할 수 없고, 어떤 경우에는 심지어 그 질문조차 제대로 모르지만, 한 가지만큼은 확실하다.

바로 지금 후성유전학 혁명이 일어나고 있다는 것!

나는 지난 몇 년 동안 아주 놀라운 과학자들과 함께 연구하는 특권을 누렸다. 그 수가 너무 많아 여기서 이름을 다 열거할 수는 없지만, 그래도 다음 사람들에게는 특별한 감사를 표시하고 싶다: 미셸 바턴Michelle Barton, 스테판 벡Stephan Beck, 마크 베드퍼드Mark Bedford, 셸리 버거Shelley Berger, 에이드리언 버드Adrian Bird, 크리스 보쇼프Chris Boshoff, 섀런 덴트Sharon Dent, 디디에 데비스Didier Devys, 루치아노 디 크로체Luciano Di Croce, 앤 퍼거슨-스미스Anne Ferguson-Smith, 장-피에르 이사Jean-Pierre Issa, 피터 존스Peter Jones, 밥 킹스턴Bob Kingston, 토니 쿠자리데스Tony Kouzarides, 피터 레어드Peter Laird, 지니 리Jeannie Lee, 다네시 모아제드Danesh Moazed, 스티브 맥마흔Steve McMahon, 울프 레이크Wolf Reik, 라민 시카타르Ramin Shiekhattar, 이리나 스탠체바Irina Stancheva, 아짐 수라니Azim Surani, 래즐로 토라Laszlo Tora, 브라이언 터너Bryan Turner, 패트릭 바가-바이스Patrick Varga-Weisz.

셀센트릭에서 함께 일했던 동료들에게도 감사드린다: 조너선 베스트Jonathan Best, 데버낸드 크리즈Devanand Crease, 팀 펠Tim Fell, 데이비드 놀스David Knowles, 닐 페그Neil Pegg, 시아 스탠웨이Thea Stanway, 윌 웨스트Will West.

이 책은 나로서는 첫 번째 책인데, 그런 나와 이 책을 받아들여 출간하는 모험을 감수한 내 에이전트 앤드루 로니Andrew Lownie에게 큰 감사를 드린다.

출판사의 훌륭한 분들에게도 감사드린다. 나는 컬럼비아대학 출판부 사람들에게서 많은 도움을 받았는데, 특히 패트릭 피츠제럴드Patrick Fitzgerald, 브리짓 플래너리-매코이Bridget Flannery-McCoy, 짐 조던Jim Jordan, 제니퍼 제롬Jennifer Jerome에게 감사를 표시하고 싶다. 영국 아이콘 출판사 사람들 중에서는 사이먼 플린Simon Flynn, 나지마 핀레이Najma Finlay, 앤드루 펄로Andrew Furlow, 닉 할리데이Nick Halliday, 헨리 로드Henry Lord, 해리 스코블Harry Scoble에게 감사를 표시하고 싶다. 출판 과정에 무지몽매한 내게 그들이 보여준 인내심은 영웅적인 것이었다고밖에 달리 표현할 말이 없다.

가족과 친구들에게서도 큰 도움을 받았지만, 여기서 그 이름을 일일이 거명하지 않더라도 용서해주리라 믿는다. 하지만 스트레스가 아주 심하던 시기에 나를 즐겁게 해주고 기분을 전환시켜준 엘리너 플라워데이Eleanor Flowerday, 윌렘 플라워데이Willem Flowerday, 알렉스 깁스Alex Gibbs, 엘라 깁스Ella Gibbs, 제시카 셰일 오툴Jessica Shayle O'Toole, 릴리 서턴Lili Sutton, 류크 서턴Luke Sutton에게 특별히 감사를 표시하고 싶다.

그리고 내가 "책을 써야 하기 때문에, 친구들을 만날 수 없어/설거지를 할 수 없어/주말에 함께 놀러 갈 수 없어."라고 말할 때마다 이마를 찌푸리지 않고 참아준 사랑스러운 동반자 아비 레이놀즈Abi Reynolds에게 감사드린다. 아비, 이제 당장 그 사교춤 배우러 다닐게.

머리말

1. 이것 외에 그 밖의 많은 발언을 보고 싶으면, http://nesw.bbc.co.uk/1/hi/sci/tech/807126.stm을 참고하라.
2. 정신분열병의 증상과 환자와 가족에게 미치는 영향을 잘 소개한 기술과 적절한 통계 자료는 www.schizophrenia.com에서 찾아볼 수 있다.

1장

1. http://www.britishlivertrust.org.uk/home/the–liver.aspx
2. http://www.wellcome.ac.uk/News/2010/Features/WTX063605.htm
3. *The Scientist Speculates*, ed. Good, I. J. (1962), published by Heinemann에서 인용.
4. 이 연구 계획에서 나온 주요 논문으로는 다음과 같은 것들이 있다: Gurdon et al. (1958) *Nature* 182: 64 – 65; Gurdon (1960) *J Embryol Exp Morphol.* 8: 505 – 526; Gurdon(1962) *J Hered.* 53: 5 – 59; Gurdon (1962) *Dev Biol.* 4: 256 – 273; Gurdon (1962) *J Embryol Exp Morphol.* 10: 622 – 640.
5. Waddington, C. H. (1957), *The Strategy of the Genes*, published by Geo Allen & Unwin.
6. Campbell et al. 1996 *Nature* 380: 64 – 66.

2장

1. 그 당시의 지식 상태를 보여주는 평가 자료는 Rao, M. (2004) *Dev Bilo.* 275: 269–286을 참고하라.
2. Takahashi and Yamanaka (2006), *Cell* 126: 663 – 676.

3. Pang et al. (2011), *Nature* online publication May 26.
4. Alipio et al. (2010), *Proc Natl Acad Sci. USA* 107: 13426 – 13431.
5. Nakagawa et al. (2008), *Nat Biotechnol.* 26: 101 – 106.
6. 예컨대 Baharvand et al. (2010) *Methods Mol Biol.* 584: 425–443을 보라.
7. Gaspar and Thrasher (2005), *Expert Opin Biol Ther.* 5: 1175 – 1182.
8. Lapillonne et al. (2010), *Haematologica* 95: 1651 – 1659.

3장

1. 게놈과 관련된 유용한 사실과 수치는 http://genome.wellcome.ac.uk.doc_WTD020745.html을 참고하라.
2. Schoenfelder et al. (2010), *Nat Genet.* 42: 53 – 61.

4장

1. Kruczek and Doerfler (1982), *EMBO J.* 1:409 – 414.
2. Bird et al. (1985), *Cell* 40: 91 – 99.
3. Lewis et al. (1992), *Cell* 69: 905 – 914.
4. Nan et al. (1998), *Nature* 393: 386 – 389.
5. MeCP2의 작용에 대한 최근의 리뷰는 Adkins and Georgel (2011), *Biochem Cell Biol.* 89: 1–11을 참고하라.
6. Guy et al. (2007), *Science* 315: 1143 – 1147.
7. http://www.youtube.com/watch?v=RyAvKGmAElQ&feature=related
8. The most important papers from the Allis lab in 1996 were: Brownell et al. (1996), *Cell* 84: 843 – 851; Vettese–Dadey et al. (1996), *EMBO J.* 15: 2508 – 2518; Kuo et al. (1996), *Nature* 383: 269 – 272.
9. 이 분야의 주도적인 연구자 중 한 사람이 쓴 유용한 리뷰는 Kouzarides, T. (2007) *Cell* 128: 693–705에서 볼 수 있다.
10. Jenuwein and Allis (2001), *Science* 293: 1074 – 1080.
11. Ng et al. (2010), *Nat Genet.* 42: 790 – 793.
12. Laumonnier et al. (2005), *J Med Genet.* 42: 780 – 786.

5장

1. Fraga et al. (2005), *Proc Natl Acad Sci. USA* 102: 10604 – 10609.
2. Ollikainen et al. (2010), *Human Molecular Genetics* 19: 4176 – 4188.
3. http://www.pbs.org/wgbh/evolution/library/04/4/l_044_02.html
4. http://www.evolutionpages.com/Mouse%20genome%20home.htm
5. Gartner, K. (1990), *Lab Animal* 24:71 – 77.
6. Whitelaw et al. (2010), *Genome Biology*.
7. Tobi et al. (2009), *HMG*.
8. Kaminen–Ahola et al. (2010).

6장

1. 더 많은 것을 알고 싶다면, 아주 편파적이긴 하지만 읽기에 아주 좋은 아서 케스틀러 Arthur Koestler의 책을 보라. Arthur Koestler, *The Case of the Midwife Toad*.
2. Lumey et al. (1995), *Eur J Obstet Reprod Biol*. 61: 23 – 20.
3. Lumey (1998), *Proceedings of the Nutrition Society* 57: 129 – 135.
4. Kaati et al. (2002), *EJHG* 10: 682 – 688.
5. Morgan et al. (1999), *Nature* 23: 314 – 318.
6. Wolff et al. (1998), *FASEB J* 12: 949 – 957.
7. Rakyan et al. (2003), *PNAS* 100: 2538 – 2543.
8. World Cancer Research Fund figures http://tinyurl.com/47uosv4
9. www.nhs.uk
10. Waterland et al. (2007), *FASEB J* 21: 3380 – 3385.
11. Ng et al. (2010), *Nature* 467: 963 – 966.
12. Carone et al. (2010) *Cell* 143: 1084 – 1096.
13. Anway et al. (2005) *Science* 308: 1466 – 1469.
14. Guerroro–Bosagna et al. (2010), *PLoS One*: 5.

7장

1. Surani, Barton and Norris (1984), *Nature* 308: 548 – 550.
2. Barton, Surani and Norris (1984), *Nature* 311: 374 – 376.

3. Surani, Barton and Norris (1987), *Nature* 326: 395 – 397.
4. McGrath and Solter (1984), *Cell* 37: 179 – 183.
5. Cattanach and Kirk (1985), *Nature* 315: 496 – 498.
6. Hammoud et al. (2009) *Nature* 460: 473 – 478.
7. Reik et al. (1987), *Nature* 328: 248 – 251.
8. Sapienza et al. (1987), *Nature* 328: 251 – 254.
9. Rakyan et al. (2003), *PNAS* 100: 2538 – 2543.

8장

1. Surani, Barton and Norris (1984), *Nature* 308: 548 – 550.
2. Barton, Surani and Norris (1984), *Nature* 311: 374 – 376.
3. Surani, Barton and Norris (1987), *Nature* 326: 395 – 397.
4. Cattanach and Kirk (1985), *Nature* 315: 496 – 498.
5. De Chiara et al. (1991), *Cell* 64: 845 – 859.
6. Barlow et al. (1991), *Nature* 349: 84 – 87.
7. Butler (2009), *Journal of Assisted Reproduction and Genetics*: 477–486에서 리뷰를 볼 수 있다.
8. Prader, A., Labhart, A. and Willi, H. (1956), *Schweiz. Med. Wschr.* 86: 1260 – 1261.
9. http://www.ncbi.nlm.nih.gov/omim/176270
10. Angelman, H. (1965), 'Puppet children': a report of three cases. *Dev. Med. Child Neurol.* 7: 681 – 688.
11. http://www.ncbi.nlm.nih.gov/omim/105830
12. Knoll et al.(1989), *American Journal of Medical Genetics* 32: 285 – 290.
13. Nicholls et al. (1989), *Nature* 342: 281 – 285.
14. Malcolm et al. (1991), *The Lancet* 337: 694 – 697.
15. Wiedemann (1964), *J Genet Hum*. 13: 223.
16. Beckwith (1969), *Birth Defects* 5: 188.
17. http://www.ncbi.nlm.nih.gov/omim/130650
18. Silver et al. (1953), *Pediatrics* 12: 368 – 376.
19. Russell (1954), *Proc Royal Soc Medicine* 47: 1040 – 1044.

20. http://www.ncbi.nlm.nih.gov/omim/180860
21. 유익한 리뷰는 Gabory et al. (2010), *BioEssays* 32: 473–480을 참고하라.
22. Frost & Moore (2010), *PLoS Genetics* 6 e1001015.
23. Ohinata et al. (2005), *Nature* 436: 207 – 213.
24. Buiting et al. (2003), *American Journal of Medical Genetics*. 72: 571 – 577.
25. Hammoud et al. (2009), *Nature* 460: 473 – 478.
26. OOi et al. (2007), *Nature* 448: 714 – 717.
27. Stadtfeld et al. (2010), *Nature* 465: 175 – 181.
28. 유익한 리뷰는 Butler (2009), *J Assist Reprod Gene*t. 72: 477–486을 참고하라.
29. Kono et al. (2004), *Nature* 428: 860 – 864.
30. Blewitt et al. (2006), *PLoS Genetics* 2: 399 – 405.
31. 예컨대 http://www.guardian.co.uk/uk/2010/aug/04/cloned-meat-british-bulls-fsa?INTCMP=SRCH를 보라.
32. 최근의 리뷰로는 Bukulmez, O. (2009) *Curr Opin Obstet Gynecol*. 21: 260–264를 보라.

9장

1. Jäger et al. (1990), *Nature* 348: 452 – 454.
2. Margarit et al. (2000), *Am J Med Genet*. 90: 25 – 28.
3. 훌륭한 리뷰로는 Graves (2010), *Placenta, Supplement A Trophoblast Research* 24: S27–S32를 참고하라.
4. Lyon, M. F. (1961), *Nature* 190: 372 – 373.
5. Lyon, M. F. (1962), *American Journal of Human Genetics* 14: 135 – 148.
6. 유익한 리뷰는 Okamoto and Heard (2009), *Chromosome Res*. 17: 659 – 669을 참고하라.
7. McGrath and Solter (1984), *Cell* 37: 179 – 183.
8. Cattanach and Isaacson (1967), *Genetics* 57: 231 – 246.
9. Rastan and Robertson (1985), *J Embryol Exp Morphol*. 90: 379 – 388.
10 Brown et al. (1991), *Nature* 349: 38 – 44.
11. Borsani et al. (1991), *Nature* 351: 325 – 329.
12. Brown et al. (1992), *Cell* 71: 527 – 542.

13. Brockdorff et al. (1992), *Cell* 71: 515 - 526.
14. Borsani et al. (1991), *Nature* 351: 325 - 329.
15. 훌륭한 리뷰로는 Lee, J. T. (2010) *Cold Spring Harbor Perspectives in Biology* 2 a003749를 참고하라.
16. Lee et al. (1996), *Cell* 86: 83 - 84.
17. Xu et al. (2006), *Science* 311: 1149 - 1152.
18. Lee et al. (1999), *Nature Genetics* 21: 400 - 404.
19. Navarro et al. (2008), *Science* 321: 1693 - 1695.
20. Maherali et al. (2007), *Cell stem Cell* 1: 55 - 70.
21. Zonana et al. (1993), *Amer J Human Genetics* 52: 78 - 84.
22. http://www.ncbi.nlm.nih.gov/omim/305100
23. Pinto et al. (2010), *Orphanet Journal of Rare Diseases* 5: 14–23에서 리뷰를 볼 수 있다.
24. http://www.ncbi.nlm.nih.gov/omim/310200
25. Pena et al. (1987), *J Neurol Sci.* 79: 337 - 344.
26. Gordon (2004), *Science* 306: 496 - 499.
27. 훌륭한 리뷰로는 Graves (2010), *Placenta, Supplement A Trophoblast Research* 24: S27–S32를 보라.
28. Rao et al. (1997), *Nature Genetics* 16: 54 - 63.

10장

1. *Scientific Autobiography and Other Papers* (1950).
2. Mulder et al. (1975), *Cold Spring Harb Symp Quant Biol.* 39: 397 - 400.
3. Ohno (1972), *Brookhaven Symposia in Biology* 23: 366 - 370.
4. Orgel and Crick (1980), *Nature* 284: 604–607을 보라.
5. Doolittle and Sapienza (1980), *Nature* 284: 601–603을 보라.
6. Mattick (2009), *Annals N Y Acad Sci.* 1178: 29 - 46.
7. http://genome.wellcome.ac.uk/node30006.html
8. http://wiki.wormbase.org/index.php/WS205
9. 훌륭한 리뷰로는 Qureshi et al. (2010), *Brain Research* 1338: 20–35를 참고하라.
10. Clark and Mattick (2011), *Seminars in Cell and Developmental Biology*, in press at

time of publication.
11. Carninci et al. (2005), *Science* 309: 1559 - 1563.
12. Nagano et al. (2008), *Science* 322: 1717 - 1720.
13. Zhao et al. (2010), *Molecular Cell* 40: 939 - 953.
14. Garber et al. (1983), *EMBO J.* 2: 2027 - 2036.
15. Rinn et al. (2007), *Cell* 129: 1311 - 1323.
16. Ørom et al. (2010), *Cell* 143: 46 - 58.
17. Lee et al. (1993), *Cell* 75: 843 - 854.
18. Wightman et al. (1993), *Cell* 75: 858 - 862.
19. 훌륭한 리뷰로는 Bartel (2009), *Cell* 136: 215-233을 참고하라.
20. Mattick, J. S. (2010), *BioEssays* 32: 548 - 552.
21. *Chimpanzee Sequencing and Analysis Consortium* (2005), *Nature* 437: 69 - 87.
22. Athanasiasdis et al. (2004), *PLoS Biol.* 2: e391.
23. Paz-Yaacov et al. (2010), *Proc Natl Acad Sci. USA* 107: 12174 - 12179.
24. Melton et al.(2010), *Nature* 463: 621 - 628.
25. Yu et al. (2007), *Science* 318: 1917 - 1920.
26. Marson et al. (2008), *Cell* 134: 521 - 533.
27. Judson et al. (2009), *Nature Biotechnology* 27: 459 - 461.
28. Pauli et al. (2011), *Nature Reviews Genetics* 12: 136-149에서 리뷰를 볼 수 있다.
29. Giraldez et al. (2006), *Science* 312: 75 - 79.
30. West et al. (2009), *Nature* 460: 909 - 913.
31. Vagin et al. (2009), *Genes Dev.* 23: 1749 - 1762.
32. Deng and Lin (2002), *Developmental Cell* 2: 819 - 830.
33. Aravin et al. (2008), *Molecular Cell* 31: 785 - 799.
34. Kuramochi-Miyagawa et al. (2008), *Genes and Development* 22: 908 - 917.
35. Mattick et al. (2009), *BioEssays* 31: 51-59에서 리뷰를 볼 수 있다.
36. Wagner et al. (2008), *Dev Cell.* 14: 962 - 969.
37. Lewejohann et al. (2004), *Behav Brain Res.* 154: 273 - 289.
38. Clop et al. (2006), *Nature Genetics* 38: 813 - 818.
39. Abelson et al. (2005), *Science* 310: 317 - 320.

40. http://www.ncbi.nlm.nih.gov/omim/188400
41. Strak et al. (2008), *Nature Genetics* 40: 751 - 760.
42. Calin et al. (2004), *Proc Nat Acad Sci. USA* 101: 2999 - 3004.
43. Volinia et al. (2006), *Proc Natl Acad Sci. USA* 103: 2257 - 2261.
44. 유익한 리뷰로는 Garzon et al. (2010), *Nature Reviews Drug Discovery* 9: 775-789를 보라.
45. Melo et al. (2009), *Nature Genetics* 41: 365 - 370.

11장

1. Karon et al. (1973), *Blood* 42: 359 - 365.
2. Constantinides et al. (1977), *Nature* 267: 364 - 366.
3. Taylor and Jones (1979), *Cell* 17: 771 - 779.
4. Jones (2011), *Nature Cell Biology* 13: 2.
5. Jones and Taylor (1980), *Cell* 20: 85 - 93.
6. Santi et al. (1983), *Cell* 33: 9 - 10.
7. Ghoshal et al. (2005), *Molecular and Cellular Biology* 25: 4727 - 4741.
8. Kuo et al. (2007), *Cancer Research* 67: 8248 - 8254.
9. SAHA 개발의 역사를 훌륭하게 다룬 논문은 Marks and Breslow (2007), *Nature Biotechnology* 25: 84-90을 보라.
10. Friend et al. (1971), *Proc Natl Acad Sci. USA* 68: 378 - 382.
11. Richon et al. (1996), *Proc Natl Acad Sci. USA* 93: 5705 - 5708.
12. Yoshida et al. (1990), *Journal of Biological Chemistry* 265: 17174 - 17179.
13. Richon et al. (1998), *Proc Natl Acad Sci. USA* 95: 3003 - 3007.
14. Herman et al. (1994), *Proc Natl Acad Sci. USA* 91: 9700 - 9704.
15. Esteller et al. (2000), *J National Cancer Institute* 92: 564 - 569.
16. Toyota et al. (1999), *Proc Natl Acad Sci. USA* 96: 8681 - 8686.
17. Lu et al. (2006), *Oncogene* 25: 230 - 239.
18. Gery et al. (2007), *Clin Cancer Res.* 13: 1399 - 1404.
19. 유전자 치료의 광범위한 효과가 입증되고 있는 장애를 최근에 살펴본 논문은 Ferrua et al. (2010), *Curr Opin Allergy Clin Immunol.* 10: 551-556을 보라.
20. Kantarjian et al. (2006), *Cancer* 106: 1794 - 1803.

21. Silverman et al. (2002), *J Clin Oncol.* 20: 2429 - 2440.
22. Duvic et al. (2007), *Blood* 109: 31 - 39.
23. www.cancer.gov/clinicaltrials/search/results?protocolsearchid=8828355
24. www.lifesciencesworld.com/news/view/11080
25. http://www.masshightech.com/stories/2008/04/21/story1-Epigenetics-is-the-word-on-bio-investors-lips.html
26. Viré et al. (2006), *Nature* 439: 871 - 874.
27. Schlesinger et al. (2007), *Nature Genetics* 39: 232 - 236.
28. Shi et al. (2004), *Cell* 29: 119; 941 - 953.
29. Ooi et al. (2007), *Nature* 448: 714 - 717.
30. Bachmann et al. (2006), *J Clin Oncology* 24: 268 - 273.
31. Lim et al. (2010), *Carcinogenesis* 31: 512 - 520.
32. Kondo et al. (2008), *Nature Genetics* 40: 741 - 750.
33. Widschwendter et al. (2007), *Nature Genetics* 39: 157 - 158.
34. Taby and Issa (2010), *CA Cancer J Clin.* 60: 376 - 392.
35. Bernstein et al. (2006), *Cell* 125: 315 - 326.
36. Ohm et al. (2007), *Nature Genetics* 39: 237 - 242.
37. Fabbri et al. (2007), *Proc Natl Acad Sci. USA* 104: 15805-15810

12장

1. 최근의 리뷰는 Heim et al. (2010), *Dev Psychobiol.* 52: 671-690을 보라.
2. Yehuda et al. (2001), *Dev Psychopathol.* 13: 733 - 753.
3. Heim et al. (2000), *JAMA* 284: 592 - 597.
4. Lee et al. (2005), *Am J Psychiatry* 162: 995 - 997.
5. Carpenter et al. (2004), *Neuropsychopharm.* 29: 777 - 784.
6. Weaver et al. (2004), *Nature Neuroscience* 7: 847 - 854.
7. Murgatroyd et al. (2009), *Nature Neuroscience* 12: 1559 - 1565.
8. Skene et al. (2010), *Mol Cell* 37: 457 - 468.
9. McGowan et al. (2009), *Nature Neuroscience* 12: 342 - 348.
10. http://www.who.int/mental_health/management/depression/definition/en/
11. Uchida et al. (2011), *Neuron* 69: 359-372에서 리뷰를 볼 수 있다.

12. Uchida et al. (2011), *Neuron* 69: 359 – 372.
13. Elliott et al. (2010), *Nature Neuroscience* 13: 1351 – 1353.
14. Uchida et al. (2011), *Neuron* 69: 359 – 372.
15. 우울증의 동물 모형들에 대한 유익한 리뷰는 Nestler and Hyman (2010), *Nature Neuroscience* 13: 1161–1169를 참고하라.
16. Uchida et al. (2011), *Neuron* 69: 359 – 372.
17. Weaver et al. (2004), *Nature Neuroscience* 7: 847 – 854.
18. 예컨대 Buchen (2010), *Nature* 467: 146–148을 보라.
19. Mayer et al. (2000), *Nature* 403: 501 – 502.
20. Tahiliani et al. (2009), *Science* 324: 30 – 35.
21. Globisch et al. (2010), *PLoS One* 5: e15367.
22. DNA 메틸화와 기억 생성에 대한 유익한 리뷰는 Day and Sweatt (2010), *Nature Neuroscience* 13: 1319–1329를 보라.
23. Korzus et al. (2004), *Neuron* 42: 961 – 972.
24. Alarcón et al. (2004), *Neuron* 42: 947 – 959.
25. MacDonald and Roskams (2008), *Dev Dyn*. 237: 2256 – 2267.
26. Guan et al. (2009), *Nature* 459: 55 – 60.
27. Fischer et al. (2007), *Nature* 447: 178 – 182.
28. Im et al. (2010), *Nature Neuroscience* 13: 1120 – 1127.
29. Deng et al. (2010), *Nature Neuroscience* 13: 1128 – 1136.
30. Garfield et al. (2011), *Nature* 469: 534 – 538.

13장

1. http://www.isaps.org/uploads/news_pdf/Raw_data_Survey2009.pdf
2. Aubert and Lansdorp (2008), Physiological Reviews 88: 557 – 579.
3. 수명 연장에 관한 대중의 태도에 대해 이것과 그 밖의 조사를 검토한 논문은 Partridge et al. (2010), *EMBO Reports* 11: 735–737을 보라.
4. Bjornsson et al. (2008), *Journal of the American Medical Association* 299: 2877 – 2883.
5. Gaudet et al. (2003), *Science* 300: 488 – 492.
6. Eden et al. (2003), *Science* 300: 455.

7. 나이를 먹으면서 일어나는 후성유전적 변형의 변화에 대한 유익한 리뷰는 Calvanese et al. (2009), *Ageing Research Reviews* 8: 269–276을 보라.
8. Kennedy et al. (1995), *Cell* 80: 485–496.
9. Kaeberlein et al. (1999), *Genes and Development* 13: 2570–2580.
10. Dang et al. (2009), *Nature* 459: 802–807.
11. Tissenbaum and Guarente (2001), *Nature* 410: 227–230.
12. Rogina and Helfand (2004), *Proceedings of the National Academy of Sciences* USA 101: 15998–16003.
13. Michishita et al. (2008), *Nature* 452: 492–496.
14. Kawahara et al. (2009), *Cell* 136: 62–74.
15. http://www.ncbi.nlm.nih.gov/omim/277700
16. Michishita et al. (2008), *Nature* 452: 492–496.
17. McCay et al. (1935), *Nutrition* 5: 155–171.
18. Kaeberlein and Powers (2007), *Ageing Research Reviews* 6: 128–140에서 리뷰를 볼 수 있다.
19. Partridge et al. (2010), *EMBO Reports* 11: 735–737.
20. Howitz et al. (2003), *Nature* 425: 191–196.
21. Wood et al. (2004), *Nature* 430: 686–689.
22. Baur et al. (2006), *Nature* 444: 337–342.
23. Howitz et al. (2003), *Nature* 425: 191–196.
24. Beher et al. (2009), *Chem Biol Drug Des*. 74: 619–624.
25. Pacholec et al. (2010), *J Biol Chem* 285: 8340–8351.
26. Chaturvedi et al. (2010), *Chem Soc Rev*. 39: 435–454에서 리뷰를 볼 수 있다.
27. http://www.fiercebiotech.com/story/weak-efficacy-renal-risks-force-gsk-dump-resveratrol-program/2010-12-0112.

14장

1. McCay et al. (1935), *Nutrition* 5: 155–171.
2. 그 차이를 잘 검토한 글은 Chittka and Chittka (2010), *PLoS Biology* 8: e1000532를 보라.
3. 이 과정들을 잘 요약한 글은 Maleszka (2008), *Epigenetics* 3: 188–192를 보라.

4. Honeybee Genome Sequencing Consortium (2006), *Nature* 443: 931 – 949.
5. Wang et al. (2006), *Science* 314: 645 – 647.
6. Kucharski et al. (2008), *Science* 319: 1827 – 1830.
7. Lyko et al. (2010), *PLos Biol.* 8: e1000506.
8. Spannhoff et al. (2011), *EMBO Reports* 12: 238 – 243.
9. Lockett et al. (2010), *NeuroReport* 21: 812 – 816.
10. Hunt et al. (2010), *Genome Biol Evol* 2: 719 – 728.
11. Lyko et al. (2010), *PLos Biol.* 8: e1000506.
12. Bonasio et al. (2010), *Science* 329: 1068 – 1071
13. Izuta et al. (2009), *Evid Based Complement Alternat Med.* 6: 489 – 494.

15장

1. 유익한 리뷰는 Dennis and Peacock (2009), *J Biol.* 8: article 57을 보라.
2. 춘화의 후성유전적 조절을 잘 요약한 글은 Ahmad et al. (2010), *Molecular Plant* 4: 719–728을 보라.
3. Pien et al. (2008), *Plant Cell* 20: 580 – 588.
4. Sung and Amasino (2004), *Nature* 427: 159 – 164.
5. De Lucia et al. (2008), *Proc Natl Acad Sci. USA* 105: 16831 – 16836.
6. Heo and Sung (2011), *Science* 331: 76 – 79.
7. Pant et al. (2008), *Plant J* 53: 731 – 738.
8. Palauqui et al. (1997), *EMBO J* 16: 4738 – 4745
9. 예컨대 Schubert et al. (2006), *EMBO J* 25: 4638–4649를 보라.
10. Gehring et al. (2009), *Science* 324: 1447 – 1451.
11. Hsieh et al. (2009), *Science* 324: 1451 – 1454
12. Mosher et al. (2009), *Nature* 460: 283 – 286.
13. Slotkin et al. (2009), *Cell* 136: 461 – 472.
14. Garnier et al. (2008), *Epigenetics* 3: 14 – 20.
15. Zhang et al. (2010), *J Genet and Genomics* 37: 1–12에서 리뷰를 볼 수 있다.
16. Chan et al. (2005), *Nature Reviews Genetics* 6: 351 – 360.
17. Cokus et al. (2008), *Nature* 452: 215 – 219.

16장

1. 최신 리뷰는 Wapstra and Warner (2010), *Sex Dev*. 4: 110−118을 보라.
2. Miller et al. (2004), *Fertil Steril* 81: 954－964.
3. Watson, J. D. and Crick, F. H. C. (1953), *Nature* 171: 737－738.
4. Cattanach and Isaacson (1967), *Genetics* 57: 231－246.
5. 추가 정보를 더 원하면, http://www.sienabiotech.com을 찾아보라.
6. Mack, G. S. (2010), *Nat Biotechnol*. 28: 1259－1266.
7. MRC Vitamin Study Research Group (1991), *Lancet* 338: 131－137.
8. Waterland et al. (2006), *Hum Mol Genet*. 15: 705－716.
9. Calvanese et al. (2009), *Ageing Research Reviews* 8: 268−276에서 리뷰를 볼 수 있다.
10. Guilloteau et al. (2010), *Res Rev*. 23: 366084에서 리뷰를 볼 수 있다.
11. Palsdottir et al. (2008), *PLoS Genet*. June 20, 4: e1000099.
12. Palsdotter et al. (2010), *Wellcome Trust Conference on Signalling to Chromatic Hinxton UK*에서 발췌.
13. 예컨대 Okabe et al. (1995), *Biol PharmBull*. 18: 1665−1670을 보라.
14. Nakahata et al. (2008), *Cell* 134: 329－340.
15. Katada et al. (2010), *Nat Struct Mol Biol*. 17: 1414－1421.
16. Gregoretti et al. (2004), *J Mol Biol*. 338: 17－31.

용어 설명

ㄱ~ㅎ

각인 특정 유전자가 모계에서 왔느냐 부계에서 왔느냐에 따라 발현이 달라지는 현상.

뉴클레오솜nucleosome 특정 히스톤 분자 8개를 DNA가 둘러싸고 있는 구조. 뉴클레오솜은 염색질의 기본 단위가 된다.

다능성 한 세포가 대부분의 다른 세포들로 분화해갈 수 있는 능력. 포유류의 다능성 세포는 몸을 이루는 모든 세포로 분화해가지만, 태반 세포로는 분화하지 않는다.

단친성 2염색체성 한 쌍의 염색체를 모두 한쪽 부모에게 물려받은 상태. 예를 들면, 11번 염색체에 모계 단친성 2염색체성이 나타났다고 하면, 11번 염색체를 아버지와 어머니에게서 각각 한 벌씩 물려받은 게 아니라, 어머니에게서만 두 벌을 다 물려받았다는 뜻이다.

레트로트랜스포존retrotranposon 단백질 합성 암호를 포함하지 않고, 유전체 내에서 여기저기 옮겨다닐 수 있는 특이한 DNA 부분. 레트로트랜스포존은 바이러스에서 유래한 것으로 보인다.

배아 줄기세포 속세포덩이에서 실험적으로 유도한 다능성 세포.

배우자 성숙한 반수체半數體 생식 세포. 정자 또는 난자를 이른다.

상염색체 생물의 염색체 가운데 성염색체가 아닌 보통 염색체. 사람은 22쌍의 상염색체와 1쌍의 성염색체가 있다.

생식 세포 생식에 관계하는 세포. 수컷의 정세포 또는 정자, 암컷의 난세포 또는 난자로, 염색체 수는 체세포의 절반이다.

성염색체 암수의 성性을 결정하는 데 관여하는 염색체. 포유류의 경우, X 염색체와 Y 염색체가 암수의 성을 결정한다. 일반적으로 암컷은 성염색체가 X 염색체 2개로 이루어져 있고, 수컷은 Y 염색체 2개로 이루어져 있다.

세대 간 유전 유전자 암호에 아무 변화 없이 한 세대의 표현형 변화가 다음 세대로 전해지는 현상.

속세포덩이 주머니배 속에 있는 다능성 세포. 나중에 몸을 이루는 모든 세포가 된다.

신경 전달 물질 한 뇌세포에서 만들어져 다른 뇌세포에 작용해 그 행동을 변화시키는 화학 물질.

엑손exon 유전자에서 복제된 최종 mRNA 버전에 존재하는 부분을 암호화하는 유전자 부분. 유전자의 염기 배열 가운데 단백질 합성 정보를 가진 부분이다. 전부 다는 아니지만 대부분의 엑손은 어떤 유전자로 합성되는 최종 단백질의 아미노산을 암호화한다.

염색질 세포핵 속에 있는, 염기성 색소에 잘 염색되는 물질. DNA와 단백질, 특히 히스톤 단백질의 결합으로 이루어졌으며, 염색사나 염색체의 주성분이다.

원시 생식 세포 발달 초기에 생기는 고도로 전문화된 세포로, 생식 세포의 바탕이 되는 세포. 형태나 구조는 체세포와 같지만, 성장하면서 분열하여 많은 생식 세포를 만든다.

유전체 한 세포의 세포핵에 들어 있는 모든 DNA. 곧 그 생물체가 지닌 모든 유전자를 말한다. 게놈genome이라고도 한다.

인트론intron 유전자에서 복제된 최종 mRNA 버전에서 제거되는 부분을 암호화하는 유전자 부분. 엑손과 달리 단백질을 암호화하지 않는다.

일란성 쌍둥이 하나의 수정란이 둘로 나뉘어 생기는 쌍둥이.

일치율 유전적으로 동일한 두 개인의 표현형이 얼마나 동일한지 나타낸 비율.

전능성 어떤 세포가 몸이나 태반의 모든 세포로 분화할 수 있는 능력.

전사 DNA가 복제되어 RNA 분자가 만들어지는 과정.

전핵前核 정자와 난자에서 온 각각의 반수체 세포핵. 정자가 난자에 들어왔지만 두 세포핵이 융합되기 이전 단계를 말한다. 생식핵生殖核이라고도 한다.

접합자 두 배우자(정자와 난자)의 결합으로 생긴 전능성 세포.

주머니배 세포 약 100개로 이루어진 발생 초기의 포유류 배아. 배반포라고도 한다. 주머니배는 속이 빈 공 모양의 세포들이 그 속의 더 치밀하고 작은 공 모양의 세포덩이(속세포덩이)를 둘러싼 구조를 하고 있다. 바깥층은 나중에 태반이 되고, 속세포덩이는 배아의 몸이 된다.

체세포 몸을 이루는 세포. 생식 세포를 제외한 모든 세포를 말한다.

체세포 돌연변이 정자나 난자를 통해 유전된 돌연변이가 아니라, 체세포에 일어난 돌연변이.

체세포 핵 이식 성숙한 세포에서 세포핵을 빼내 다른 세포(대개 난자)로 옮기는 것.

춘화 식물이 추운 시기를 보내야만 꽃이 피는 현상.

표현형 생물이 유전적으로 나타내는 형태적, 생리적 성질.

프로모터promoter 유전자 앞쪽에 위치하면서 유전자의 스위치가 켜지는 방식을 조절하는 지역.

확률론적 변이 무작위적으로 일어나는 변화나 요동.

후성유전체 DNA 유전체와 관련 히스톤 단백질에 일어난 후성유전적 변형을 모두 통틀어 일컫는 말.

히스톤histone DNA와 밀접한 관련이 있는 구상 단백질. 히스톤은 후성유전적 변형이 일어날 수 있다.

A~Z

CpG DNA에서 사이토신 뉴클레오티드 다음에 구아닌 뉴클레오티드가 잇따르는 서열. CpG 모티프는 C(사이토신)에서 메틸화가 일어날 수 있다.

DNA 복제 DNA를 복제하여 원래의 DNA와 동일한 새 DNA 분자를 만드는 것.

DNMT DNA 메틸기 전이 효소. DNA의 사이토신 염기에 메틸기를 첨가할 수 있는 효소.

HDAC 히스톤 탈아세틸화 효소. 히스톤 단백질에서 아세틸기를 떼어낼 수 있는 효소이다.

iPS 세포 유도 다능성 줄기세포induced pluripotent stem cell. 최종적으로 분화한 세포를 다능성 세포로 되돌리는 특정 유전자를 사용해 성숙한 세포를 재프로그래밍하여 만든다.

kb 킬로베이스kilobase. 염기 1000개를 말함.

miRNA 마이크로 RNA. DNA에서 복제된 작은 RNA 분자이지만, 단백질 합성 암호가 없다. miRNA는 ncRNA의 한 종류이다.

mRNA 전령 RNA. DNA에서 복제되어 단백질 합성 암호를 담고 있는 RNA.

ncRNA 비암호화 RNA. DNA에서 복제되며, 단백질 합성 암호를 포함하지 않은 RNA.

RNA 리보스를 함유하는 핵산. DNA의 일부가 전사되어 만들어진다. RNA는 ribonucleic acid(리보핵산)의 준말이다. miRNA, mRNA, ncRNA 등 다양한 종류의 RNA 분자가 있다.

도판의 출처

10쪽 © Nerds For Nature, www.flickr.com/photos/nerdsfornature/11605054545

26쪽 © Nobel Foundation. Photo : Ulla Montan, http://www.nobelprize.org

46쪽 © www.wikipedia.org

51쪽 © 京都大學iPS細胞研究所

62쪽 © 京都大學iPS細胞研究所

76쪽 © Shaury Nash, www.flickr.com/photos/shaury/2653007441

104쪽 © Mehmet Pinarci, www.flickr.com/photos/99843102@N05/13996225866

120쪽 John Everett Millais, 〈The Twins, Kate and Grace Hoare〉, 1876

151쪽 © Peter de Wit, www.wikipedia.org

170쪽 © Eugene Ermolovich(CRMI), www.wikipedia.org

213쪽 © Toni Barros, www.wikipedia.org

243쪽 © neuro, https://www.flickr.com/photos/29976325@N08/14448537599

257쪽 © Zeynep F. ALTUN, www.wikipedia.org

303쪽 © www.wikipedia.org

328쪽 Paul Klee, 〈Fright of a Girl〉, 1922

364쪽 Leonardo da Vinci, 〈Heads of an old man and a youth〉, c.1495

392쪽 © USGS Bee Inventory and Monitoring Lab, https://www.flickr.com/photos/usgsbiml/18239590966

411쪽 © free photos, https://www.flickr.com/photos/79818573@N04/17317824194

424쪽 ⓒ MIKI Yoshihito, www.flickr.com/photos/mujitra/2559447601

찾아보기

ㄱ

가부키 증후군 110
가설 검정 159
각인 184, 194, 196~198, 201~212, 214, 216, 225~227, 265, 278, 332, 361~362, 418, 420, 431, 452
~ 조절 지역 204~207, 209, 211~212
간세포 25, 27, 47, 79, 290
감수성 121~122, 282, 323, 348
거든, 존 26~34, 37~39, 42, 50, 56, 63~64, 85, 102, 172, 174, 180, 187, 351, 428
거짓 상염색체 지역 251
겉질 356
게놈 9, 74, 83, 454
겸상적혈구빈혈 276
고든, 피터 29, 249
고형 종양 310
골관절염 42, 61
골수 41, 71, 310
~세포 25, 320
골수형성이상 증후군 310~311
과체중 154, 162~164
교차 대화 278~279, 348~349
구아닌 69, 421, 455
군체 393~394, 404
그라이더, 캐럴 373
근섬유 247, 293, 380, 432
근육세포 41, 86, 112, 293
기원 부모 효과 182, 184, 196, 199, 205, 207, 227, 428
기태 304
꿀벌 393~397, 399~400, 402~404, 421

ㄴ

난자 19, 24, 28~30, 32~33, 36, 39~40, 42~43, 63~64, 74, 109, 117~118, 121, 152, 154~156, 160, 169~175, 177~181, 184~187, 198, 206~212, 215~216, 230~231, 249, 278, 351, 373, 409~410, 452~453
낫적혈구빈혈 276

내배엽 53
네덜란드 대기근 12, 138~139, 141~142, 144, 150~154, 156, 161~162, 332, 430
네오마이신 50, 52~53
~ 내성 50, 52
노바티스 286
노화 363, 365~367, 369, 373, 377, 379~387, 389, 404
녹아웃 생쥐 381, 383
뇌세포 42, 94, 122, 344, 453
뇌하수체 334~335, 340
뉴클레오솜 100~101, 105, 112, 265, 452
뉴클레오티드 272~273, 396, 455

ㄷ

다능성 44~45, 47~49, 52~53, 57, 62, 64, 179, 208, 210~212, 216~217, 224, 240, 277~278, 283, 293~294, 320, 322, 375, 409, 452~453
~ 세포 49, 52~53, 57, 62, 64, 179, 208, 210, 212, 216~217, 224, 277, 320, 322, 375, 452~453
~ 유전자 49, 57
~ 줄기세포 53, 409~410, 455
다발경화증 121, 143
다발골수종 389
다수 소단위 단백질 복합체 81
다윈, 찰스 20, 34, 146, 150, 258
다이알릴 다이설파이드 431
다카하시 가즈토시 48
다코젠 308
단백질 복합체 78, 80~81, 112, 266
단백질 사슬 78, 233, 254
단백질 합성 79, 81, 83, 234, 452~453, 456
단친성 2염색체성 201~202, 211~212, 452
당뇨병 42, 58~59, 61, 122, 156, 159, 162, 164, 367, 375, 387
대리모 40, 160, 175
대벌레 189~190
데메테르 420~421
데옥시리보핵산 67
데인스, 클레어 11, 86
덱스터, 마이클 11
돌리 37~39, 43, 180, 212~213
돌연변이 12, 32, 74, 95~98, 110~111, 118, 122~123, 128, 131, 135, 147, 165, 167, 196~197, 201, 224, 226~227, 239, 244, 246~248, 251, 255, 258, 267, 270, 276, 280, 285, 304~310, 321, 341, 358, 362, 367, 370~371, 378, 380, 384, 410, 414, 431~432, 454
두꺼비 23, 27~34, 37, 42~43, 50, 148, 174, 180
뒤셴근위축증 247
드노보 DNA 메틸화 316

디조지 증후군 282~283
디카프리오, 레오나르도 11, 86
딸세포 71~72, 74, 86~87, 94, 99, 107, 118, 140, 149, 182, 224, 226, 236, 241~242, 245, 304, 377~379, 433

ㄹ

라마르크, 장-바티스트 144~147, 149, 152, 156, 162, 167, 413
~의 『동물 철학』 144
라이신 77, 104~105, 111, 266, 313, 316, 382, 414, 416
~ 현상 224, 229
라이언, 메리 223~225, 228~229, 241, 427, 428
랑게르한스섬 58
랜더, 에릭 322
레스베라트롤 386~389
레어드, 피터 320~321, 437
레트 증후군 95~98, 248, 282, 341
레트로트랜스포존 131~134, 141~143, 157~162, 185~186, 206, 214~215, 217, 279, 418, 452
로미뎁신 308
로버츠, 리처드 256
로열젤리 395, 397~401, 404~405
로제트 410
롤링, J. K. 115
~의 『해리 포터』 115
루빈스타인-테이비 증후군 358
루어먼, 배즈 11, 86
류마티스관절염 20, 383
류신 316
르보프, 앙드레 254
리보솜 233, 254~256
리보핵산 77, 456
리천, 빅토리아 298, 300
리프킨드, 리처드 298

ㅁ

마오쩌둥 139
마이오스타틴 281~282
마이크로 RNA(miRNA) 271~272, 456
마크스, 폴 298
만성 골수성 백혈병 372, 374
만성 스트레스 333
만성 질환 41, 123, 143, 383
만성림프구백혈병 283, 285
말단소체 372~377, 382, 384
말레슈카, 리샤르트 397, 400, 402
말코비치, 존 29
망막세포 85
망상 14
맥루한, 마셜 253
머피의 법칙 279
메나이크무스 115
메틸기 89~90, 92~93, 111~113, 135, 137, 160, 295, 300~301, 314~317,

352~354, 358~371, 377, 396~399, 414, 416, 420~421, 429, 431, 455
메틸화 87, 89~96, 98~99, 102, 105, 111~113, 124~125, 132~137, 140~143, 149~150, 152, 157~161, 166~167, 178, 180, 182~184, 186, 203~204, 206~207, 209, 211, 214~215, 235, 266, 278~279, 294~297, 301, 305~306, 308, 313~318, 320~323, 338~343, 346, 348~357, 361, 368~371, 373~374, 378, 382, 396~397, 399~400, 402~404, 414, 420~421, 428, 455
메틸 CpG 결합 단백질 2 93
멘델, 그레고어 20, 34, 146, 150
멜라닌 세포 242, 244
멜로, 크레이그 286
면역 억제제 59
모계 154, 176, 183, 192, 194, 196~197, 200~204, 206~207, 209, 211, 214~215, 217, 224, 226~227, 278, 418, 452
모노, 자크 254
모세포 44, 63, 86~87, 92, 94, 236, 304, 378~379, 413, 433
모세혈관 25
무어, 거드런 205
무쾌감증 348
미니, 마이클 342
미수정란 29, 33, 37, 40, 42
미토콘드리아 43
밀턴, 존 327

ㅂ

반복 DNA 256, 374, 403
반수체 171~173, 175, 177, 452, 454
발달 프로그래밍 137~138, 140~141, 143, 149, 154, 160
발생생물학 29, 34, 36, 102, 107, 178, 258
발프로산나트륨 360
방광세포 85
방임 16, 327, 329~331, 333, 342, 361
배반포 44, 454
배아 33, 44, 45, 50, 53, 107, 109~110, 117~118, 126, 154, 175, 192~193, 196, 221~224, 230~231, 270~271, 278, 293, 319, 375, 418~420, 452, 454
~ 줄기세포 44~49, 52~53, 55, 59, 179, 212, 231~232, 234, 236~237, 240, 266, 277, 321~322, 452
배양 39~40, 44~45, 47, 49~50, 55, 59~60, 216, 232, 277, 286, 289, 292, 294, 301, 322, 378
~액 47, 385
배우자 171, 178, 181, 186, 208~209, 211, 216, 231, 250, 452, 454
배젖 418~420

백혈구 71, 266, 310, 368
백혈병 283, 285, 291, 297, 372, 374
버거, 셸리 380~381, 404
버드, 에이드리언 90~91, 93, 97~98, 102, 172, 341, 350, 428, 437
범불안장애 329
베드퍼드, 마크 399~400, 404, 437
베르너 증후군 383
베스터, 팀 350
베일린, 스티븐 306, 308, 322
베타세포 58~59
벡위스-비데만 증후군 202~203
벡터 52~53
변이 85, 127, 132, 134, 136~137, 140~141, 147, 152, 350, 369, 455
~성 134~135, 137, 140~142, 156
보어, 닐스 423
보조 생식 기술 216
복제 동물 38, 181, 215~216, 375
복제 복합체 71~72
복합 화합물 386
본성 18, 112
부계 156, 167, 176, 183, 192, 194, 196, 201~207, 209, 211, 214, 217, 224, 227, 265, 353, 361, 418, 420, 452
부모 15~16, 34, 73, 75, 124, 147~149, 157, 161, 166, 169, 171, 176~177, 182, 184~186, 193~196, 198~199, 201, 204~208, 211, 216~217, 219, 226~227, 231, 242, 251, 305, 342, 391, 413, 428, 452
부티르산나트륨 431
분자생물학 20, 49, 52, 75, 84, 89, 196, 255, 264, 350
분화 24, 27, 29~33, 36, 41, 47~49, 52~53, 55, 63~64, 85, 107, 110, 177~179, 207~208, 210, 216, 224, 231~232, 234, 236, 240, 247, 277~278, 283, 320~322, 332, 352, 409~410, 417, 452, 454~455
~ 다능성 48
브래그, 윌리엄 85
브레너, 시드니 258
브레슬로, 로널드 298
브리그스, 로버트 30
블랙번, 엘리자베스 373
블레이크, 윌리엄 407
비다자 308
비만 13~14, 139, 141~142, 152, 162~164, 198, 387, 430
~율 13~14, 139
비소세포폐암 307
비스페놀 A 143
비암호화 262~263, 272, 274
비암호화 RNA(ncRNA) 234, 239, 241, 263~264, 279, 323, 416~417, 433, 454
비활성화 30~31, 33, 97, 112~113, 223~229, 231~232, 236~237, 244~251, 268, 302, 305~309, 321, 420, 427

빈클로졸린 166~167, 186, 217, 429
빌링스, 조시 115

ㅅ

사망률 365, 387
사이토신 69, 88~89, 92~93, 295~296, 353~355, 396, 421, 455
사카로미케스 케레비시아이 378
산파두꺼비 148
살진균제 166
상염색체 219, 221, 223, 225, 232, 236~237, 249~251, 268, 305, 453
생식 능력 167, 222, 393, 395
생식 복제 40
생식 세포 171, 208~211, 214~216, 278~279, 367, 373, 375, 409, 420, 429, 452~454
생식핵 174, 454
생쥐 배아 섬유모세포(MEF) 50
샤프, 필립 256
서나 세라퓨틱스 286
서열 분석 259, 410
선택 세로토닌 재흡수 억제제(SSRI) 343
설스턴, 존 258
설치류 165, 190, 340, 342, 344, 350~351, 357, 360, 385, 413, 429
설포라판 431
섬유모세포 50, 52~53, 56, 64
성염색체 221, 231, 249, 251, 453
세균 24, 67, 112, 261, 289, 378, 431
세대 간 유전 150, 152, 154~157, 161~162, 167, 186, 214, 429, 453
세로토닌 338~339, 343, 348~349
세염색체증 221, 223, 249~251
세인스베리, 데이비드 9
세포 분열 33, 71, 86~87, 92, 102, 113, 117, 209, 219, 292, 296, 302, 412
세포 요법 60
세포 전구 물질 208
세포주 232, 292~293
세포질 32, 43, 63~64, 109, 154~156, 160~161, 164, 233, 255, 351
세포핵 29~33, 37, 39~40, 42~43, 50, 61, 63~64, 83, 90, 101, 109, 112, 149, 152, 154~155, 171~172, 177, 180~181, 187, 216, 233~235, 247, 249, 293, 351, 368, 374~375, 453~454
센트-죄르지, 알베르트 28
셰익스피어, 윌리엄 11, 23, 74, 86, 102, 115
~의 『로미오와 줄리엣』 11
~의 〈로미오와 줄리엣〉 86, 102
소시클레스 115
소아 호르몬 395
속세포덩이 44~45, 107, 110, 117~118, 179, 208, 210, 212, 224, 231, 452~454
솔테르, 다보르 174, 192, 231

쇼스탁, 잭 373
수라니, 아짐 44, 172, 174~175, 182, 184, 187, 192, 206, 428, 437
수베로일아닐라이드 히드록삼산 298
수산기 354
수용체 149, 166~167, 334, 337~343, 348, 352
수정란 29, 37, 160, 172, 174, 176~178, 180, 214, 216, 231, 278~279, 454
순계 131, 134~137, 141, 159, 165~166, 174, 194, 345
스미스, 오스틴 44
스타터 23~24, 236, 375
스텔바겐, 로버트 294
스트레스 333~348, 351, 413, 438
스플라이싱 81~82, 233, 259, 272~273, 403
시상하부 334, 340~341, 346
시어러, 노마 11
시카타르, 라민 268, 437
시험관 아기 171
식사장애 329
식이 요법 391
신경 영양 인자 344~345
신경 전달 물질 339, 343~344, 349, 351, 453
신경 줄기세포 358
신경세포 24, 47, 56, 86, 93~94, 98~99, 102, 111, 113, 140, 248, 266, 280, 331~332, 341~344, 346, 349, 352~353, 356~359
신경세포망 331~332
신경아교세포 345, 358
~ 유래 신경 영양 인자 345
신장병 58
신장암 306
신호 전달 208, 361
실버-러셀 증후군 203
심장 줄기세포 41
심장근육세포 41, 47, 64
심장병 41, 61
심장세포 47, 49
심혈관 질환 155~156, 162
싱클레어, 데이비드 386~387

ㅇ

아구티 128, 133~134, 142~143, 157, 160~161, 164, 166, 186, 214~215
아누이, 장 115
~의 『성으로의 초대』 117
아데닌 69
아드레노코르티코트로핀 334~335, 337
아르지닌 바소프레신 334~335, 340~342, 352
아르테미시닌 388
아말단소체 지역 374, 377
아미노산 75, 77~78, 80~82, 101, 104~105, 111, 233, 254, 266, 272, 275,

305, 316, 382, 384, 395, 403, 416, 421, 429, 453
~ 서열 305
아세틸기 105, 298, 300~301, 313, 345~346, 353, 358, 380~382, 384, 433, 455
아세틸화 105, 124, 298, 301, 307~308, 313, 318, 341, 345~348, 353, 358~359, 382~383,
아시모프, 아이작 289
아인슈타인, 알베르트 39
아톤파마 312
아프리카발톱개구리 29
안티센스 전사 239
알츠하이머병 42, 359~360, 365
알코올 탈수소 효소(ADH) 79
암겐 387~388
암생물학 301~302
암성 상태 302
암세포 278, 285, 290~293, 297~298, 300~301, 305, 307~308, 310~311, 317, 320~322, 370~372, 431
~주 298
암페타민 361
애기장대 410~413, 416~417
액신 융합 134
앨리스, 데이비드 102, 105, 428
야마나카 신야 44, 48~49, 51, 57, 63, 85, 110, 240, 428
양극성장애 121, 329
양서류 29, 39
양성 피드백 고리 324
양육 18, 112, 126
억제 히스톤 112, 135, 214~215, 235, 267, 314, 415
~ 표지 135, 317, 416
얼룩고양이 19, 242~246, 251
에드워즈, 로버트 171~172, 428
에스텔레르, 마넬 124~125
에스트로겐 112, 149, 309
에이버리, 오즈월드 86
에인절먼 증후군 198~203, 211
엑손 81~82, 272, 453~454
여왕벌 19, 392~398, 400
연골무형성증 118
연골세포 293
염기 9, 19, 33, 69~75, 77~78, 80~81, 83, 87~89, 91, 93~94, 101, 140, 147~149, 177, 180, 194, 205, 233, 236, 239, 256, 260~261, 265, 270, 272~273, 275, 281~283, 291, 295~296, 301, 421, 434, 453, 455~456
~ 서열 9, 19, 33, 73, 74, 81, 87, 149, 233, 236, 256
~ 짝짓기 69, 71~72, 78, 94, 273
~쌍 69, 80, 89, 91, 93, 101, 140, 147~148, 177, 180, 194, 205, 260~261
염색사 453
염색질 100, 109~110, 123~124, 140, 181~182, 186, 205, 265, 267, 279, 298,

315~316, 324, 340~341, 381, 413, 416, 421, 423, 426, 433, 452~453
염색체 75, 77, 83, 87, 93, 101~102, 106, 113, 131, 140, 171, 176~178, 182, 184, 189, 192~208, 211~212, 214, 219~232, 234~242, 244~251, 254, 265, 267~268, 274, 282, 305, 315, 367, 370~375, 382, 426, 452~453
엽산 430~431
영양 13, 16, 19, 136, 138~139, 141~142, 155~156, 160, 162, 164~165, 186, 196, 217, 391, 394, 397, 399, 430
~분 24~25, 68, 154, 160, 190~191, 193, 205, 292, 385, 395, 408, 418~419
~세포층 44~45, 107
~실조 13~14, 19, 138~139, 141~142, 152~154, 332
예니슈 44, 55~58, 97, 236~237, 370~371
예쁜꼬마선충 257~259, 261, 270, 381, 386
오스카 와일드 67
와딩턴 34~37, 41~43, 47, 53, 56, 59, 85, 90, 171~172, 177~179, 191, 208, 224, 232, 293, 320~321, 352, 409
~의 후성유전학 풍경 34~36, 41, 56, 85, 107, 178~179, 191, 208, 224, 232, 293, 320~321, 409, 430
왓슨, 제임스 20, 427
외래 DNA 182~184
외배엽 53, 244
외베르칼릭스 155, 162
운반 RNA(tRNA) 254
원시 생식 세포 208, 210~216, 278, 420, 453
원종양 유전자 302
웰링턴 공 49
웰스, H. G. 24, 38
~의 『타임 머신』 24
위성세포 380
위험 인자 329, 365
윌러드, 헌트 232
윌멋, 이언 37, 42, 64, 180
윌킨스, 모리스 427
유도 다능성 줄기세포(iPS세포) 53, 455
유방세포 112, 149
유방암 74, 304~307, 309, 310
유성 생식 169, 408, 410, 428
유전 암호 12, 15, 17~18, 33, 79, 102, 122, 161, 191
유전 인자 34
유전 질환 95, 201, 304
유전성 시스타틴 C 아밀로이드 혈관병 431
유전자 15, 17~21, 25, 27, 32~34, 40, 42, 47~50, 52~53, 55, 57, 60, 64, 67, 79, 80~87, 90~94, 96~99, 101~102, 105~107, 109~113, 118, 122~123,

127~129, 131~138, 140~143, 146~149, 157~161, 164~165, 172, 176, 179~182, 185~186, 191~192, 195~197, 199, 201~209, 211~212, 215, 219, 221~228, 232~237, 239, 242, 244~248, 251, 255~256, 258~259, 261~270, 272~275, 277, 279~286, 297, 301~302, 304~309, 314~322, 332, 338, 340~348, 351~352, 354, 357~359, 361~362, 368~369, 370~375, 377~378, 381~384, 396~399, 402~404, 408, 410, 413~418, 420~421, 425~426, 431~434, 452~455

~ 발현 18, 84~87, 90~91, 105~107, 110~113, 133, 136~138, 140~141, 149, 165, 179, 180~181, 185, 204~205, 223, 228, 261, 265~268, 272, 277, 284, 286, 301, 307, 314~317, 320~322, 332, 338, 341, 344~345, 347, 354, 357, 359, 361, 369, 374, 381~382, 397, 399, 403, 414, 416~417, 420, 425~426, 431, 433

~ 억제 91, 235

~ 요법 60

~ 용량 보상 223

~ 치료 307~308, 377

~형 118

유전체 9, 74~75, 83, 91, 94, 99, 124~125, 127, 135, 147, 157, 162, 166~167, 171~172, 174, 176~177, 179, 181~185, 192~193, 196, 199, 204~205, 207~208, 210~212, 214, 216~217, 227, 255~256, 259~264, 266, 272, 274~275, 279, 295, 314, 341, 353, 367~368, 370~372, 396, 399, 403~404, 410, 418, 420, 425, 431, 433~434, 452, 454~455

유전학 20, 67~68, 117, 131, 134, 150, 194, 223, 264, 404

유태반류 190, 197, 214, 223, 250, 418

유행성 이하선염 94

음성 피드백 고리 334~335, 337, 339, 343, 348

이란성 쌍둥이 119, 121, 125

이사, 장-피에르 306, 308, 318, 321~322, 399, 437

이스토닥스 308

이중 나선 67, 69~70, 73, 92, 94, 99, 239, 295

이환율 365

인간 복제 40

인격장애 329

인산화 341

인슐린 42, 58~59, 61, 112, 196, 395

~ 유사 성장 인자 2(Igf2) 196

인트론 81~82, 240, 256, 264, 272, 454

일란성 쌍둥이 15, 19, 115, 117~119, 121~125, 140, 143, 247, 454

일벌 19, 392~395, 397, 400

일치율 118~119, 121, 454
입천장갈림증 110~111
입체 형태 384

ㅈ

자궁 내 환경 154~156, 159~161, 164
자기 영속계 107
자기 재생 47, 277, 321
자코브, 프랑수아 254
자폐증 95
잘라 이음 81
잘록창자암 306, 310
잡종 178, 372, 421
재프로그래밍 42~43, 53, 57, 63~64, 110, 179~181, 185~187, 206~207, 211~217, 240, 277, 351, 377, 428~429, 455
적혈구 25, 41, 61, 63, 83, 276, 297, 368
전능 43~44
~성 178, 210, 454
전령 RNA(mRNA) 77~78, 82, 234, 254~255, 273, 456
전립선암 310
전사 90~91, 93, 133, 136~137, 185, 233~235, 239~240, 263~264, 267, 272, 278, 291~292, 314, 413, 454, 456
~ 억제 물질 413
~ 잡음 136~137, 263
~ 후 조절 인자 272
전신홍반루푸스 121
전이 유전자 236~237
전핵 173~175, 178~180, 182, 214, 230~231, 454
접합자 24, 29, 36, 43~44, 64, 74~75, 107, 109~110, 117~118, 121, 154~155, 171, 176, 178~179, 181~182, 185~186, 191~192, 206, 209~210, 212, 214, 226, 231, 241, 245, 278, 353, 408, 410, 418, 454
정신 지체 96, 98, 110~111, 142, 198, 246, 283, 358
정신 질환 14~15, 325, 333, 343, 361
정신분열병 14~15, 20, 118~119, 121~122, 139, 283, 329
정자 19, 24, 29, 36, 63~64, 74, 117~118, 155~156, 166, 169~174, 177~181, 184~187, 198, 206~208, 210~212, 214~216, 222, 231, 249, 279, 373, 409~410, 452~453
정크 DNA 256, 263
정핵 408
젖샘 세포 37, 180
제1형 당뇨병 42, 58, 61, 122
제2형 당뇨병 162, 164, 367
제공자 32~33, 42, 50, 63, 160, 175
조그비, 휴다 95
조로 383
~증 74
조부모 391

조절 인자 270, 272
조직 특이적 줄기세포 320
조혈 줄기세포(조혈 모세포) 63
존스, 피터 291~294, 308, 320, 322, 428~429, 437
졸린자 308
종결 코돈 77, 81, 233
종양 억제 유전자 302, 304~308, 314, 317~321, 323, 370
주머니배 44~45, 117, 179, 191, 207, 212, 231, 453~454
줄기세포 41~42, 44~45, 47~49, 52~53, 55, 59, 63, 86~87, 94, 99, 110, 179, 208, 212, 231~232, 236~237, 240, 242, 244, 266, 277~278, 283, 320~322, 358, 375, 380, 409~410, 452
중격의지핵 345~347, 351
중배엽 53
쥐덫 게임 107, 109
지방세포 293
지킬 117
진화 20, 34, 72, 78~79, 81, 113, 144~148, 180, 185~186, 189, 191~193, 196~197, 206, 211, 226~227, 234, 256, 261, 274, 276, 291, 319~320, 351, 375, 403~404, 407, 421, 433
짝짓기 148, 160, 164~165, 189, 192, 393~394

ㅊ

처녀 생식 189~190, 197, 212
척수 336
척추갈림증 431
천식 121
체세포 29, 31~32, 37~39, 42, 57, 64, 110, 123, 174, 179~180, 191, 208~210, 212, 214~215, 220, 224, 226~227, 229, 240, 242, 277~278, 305, 367, 375, 413, 453~454
~ 돌연변이 123, 305, 367, 454
~ 핵 이식 29, 31, 37~39, 375, 454
체외 수정 170~172, 216, 428
체인, 언스트 289
체질량 지수 162
초파리 260, 267, 278, 381, 385~386, 396
촉진 부위 80
추아, 캐트린 381~382
춘화 412~413, 455
췌장 58~59, 375

ㅋ

카메러, 파울 148
캐럴, 루이스 115
~의 『거울나라의 앨리스』 115
캐터내치, 브루스 174, 192~195, 428
캠벨, 키스 37, 42, 64, 180
코돈 77~78, 80~81, 233

코르티솔 333~343, 346, 348, 352
코르티코트로핀 334~337, 346~347, 349, 352
코호트 139, 142, 144, 162
콩팥암 306
콩팥투명세포암종 306
쿤, 토머스 253~254
~의 『과학 혁명의 구조』 253
큐커, 조지 11
크레이그, 제프리 125
크로넌버그, 데이비드 117
~의 〈데드 링어〉 117
크리스티, 애거사 31
크릭, 프랜시스 20, 256, 427
클로닝 19, 37, 41~42, 215~216, 225
클린턴, 빌 9
키신저, 헨리 189
키플링, 러디어드 145, 235
~의 『그냥 그런 이야기』 145
킹, 토머스 30

ㅌ

탈메틸화 180, 352~354, 356
태반 43~45, 154, 176~178, 191~193, 196, 205, 208, 265, 304, 418~419, 452, 454
태아 13~14, 137, 139, 141~143, 154~155, 160, 167, 176~177, 190~193, 196~197, 202~203, 222, 227, 248, 278
~ 알코올 증후군 142~143
터너 증후군 251
테스토스테론 166~167, 222
테일러, 로드 24,
테일러, 셜리 293~294
텍셀종 280~282
텔로머레이스 375, 377
텔로미어(말단소체) 372
통계 검정 159
퇴행병 375
투레트 증후군 282
트라우마 329, 332~333, 336, 343, 361
트랜스포존 403
트레이드오프 377
트리코스타틴 A 298
트위들덤 115~116
트위들디 115~116
특허 56~58, 312
티민 69
틱장애 282

ㅍ

파이어, 앤드루 286
파킨슨병 61
판독기 93, 95, 111~112, 314, 361
패러다임 이동 254, 264
페르세포네 420
펠저, 데이브 327

~의 『세상이 나를 버리려 해』 327
편집정신분열병 121~122
포도송이 기태 176~177
포유류 37, 39~40, 45, 49~50, 53, 90, 98, 127, 154, 164, 166, 169, 171~173, 182, 184~185, 187, 190~192, 197, 227, 229, 248, 256, 258~259, 265, 272, 292, 316, 338, 353, 357, 378, 380~381, 385, 391, 395, 402~403, 418~421, 426, 452~454
포장 단백질 101
폴립 304
표범개구리 30
표적 유전자 109, 269, 271, 351, 383, 414
표피 성장 인자 309
표피세포 86
표현형 17, 118, 122, 125, 126, 128, 131, 133~134, 136, 141~143, 145, 147~148, 156, 159, 161~162, 186, 200, 203, 211, 214~215, 222, 248, 250, 259, 267, 280~281, 294, 340, 350, 361, 394, 397, 425~426, 453~455
풍진 94
프래더-윌리 증후군 198~203, 211
프랭클린, 로절린드 427~428
프랭클린, 벤저민 363
프레이저, 피터 83
프렌드, 샬럿 297~298
프로모터 80, 91, 93, 110, 149, 204, 235, 277, 301, 305~306, 314, 317, 320, 323, 345~347, 349, 352, 403, 414, 416, 421, 455
플라우투스 115
플랑크, 막스 254, 353
플레밍, 알렉산더 289~290
플로리, 하워드 289
피부T세포림프종 310~312
피부세포 40, 59, 86~87, 94, 99, 320, 332
피질 356~359

ㅎ

하데스 421
하워드, 레슬리 11
하이드 117
하이드록시기 354
하향 조절 270, 277, 282, 323, 339
학대 15~16, 327, 329~334, 336, 342~343, 361
합병증 58~59, 61
항암 291, 297, 311
~제 310~313, 317, 359, 384, 400
해마 334, 337~338, 341~343, 348, 352, 356~360
핵형 220~222, 231, 236, 249~250, 252
행복한 강아지 198
헉슬리, 헨리 253, 258
헤모글로빈 25, 27, 83, 94, 276, 297,

368
헵번, 오드리 12, 332
혈당량 58~59, 61, 395
혈액 순환 불량 58
혈액 은행 63
혈액 응고 장애 61
혈액 종양 310
혈액형 63
혈우병 61, 255
형질 131, 144, 147~148, 150, 158, 161, 214, 217, 382, 428
호르몬 58, 112, 136, 149, 166~167, 177, 222, 309, 333~337, 341~342, 346~347, 349, 352, 395, 399, 426
~ 교란 물질 167
호비츠, 로버트 258
혼인 비행 394
홈스, 올리버 웬델 219
홍역 94
화이트로, 에마 130, 134~135, 137, 142, 157, 159~160, 185, 403, 428
화학 결합 70, 353
확률론적 과정 140
확률론적 변이 141, 455
환상 14, 425
~ 사지 감각 425
황반 변성 61
획득 형질 144~148, 150, 154~155, 157, 185~186, 217, 279, 428
효소 복합체 267, 416
후성유전 17~20, 33, 64, 79, 84, 87~89, 91, 104~107, 109~112, 122~128, 133, 135~138, 140~143, 149~150, 152, 154~162, 165~167, 177~182, 185~186, 194, 199, 201, 203, 207~208, 210~212, 214~217, 224~225, 228, 235, 241~242, 247~248, 250, 259, 265~266, 278~279, 287, 290~291, 293, 297~298, 300~301, 305, 307~311, 313~325, 332~333, 338, 340~342, 344~345, 347, 349~351, 354, 356~357, 359~361, 367~371, 373~374, 377,~381, 389, 394, 396, 399, 400, 403~404, 408, 410, 413~418, 421, 423, 425~434, 455
~ 메커니즘 19, 84, 137, 143, 152, 155, 157, 167, 307, 332, 357, 418, 425, 431~432
~ 암호 96, 111, 314, 323, 396
~ 표지 89, 111, 266, 351
~ 현상 17~18, 212, 224, 396, 413, 418
~ 효소 109~110, 149, 241, 265, 287, 290, 300~301, 308, 313, 316, 318, 323~324, 338, 349, 400, 404, 408, 414, 429, 433
~적 모자이크 228
~적 변형 33, 64, 87, 89, 91, 105~107, 110~112, 124, 133,

141~143, 149, 154, 157, 159~162, 165, 178~182, 185, 208, 210~211, 216~217, 228, 235, 266, 279, 290~291, 298, 310, 315~316, 318~320, 322, 332, 340, 345, 349~351, 354, 356, 367, 369, 374, 377, 381, 389, 399, 403, 404, 414~417, 423, 425~426, 428, 434, 455
~적 변화 111, 124, 126, 128, 143, 149, 152, 154, 180, 186, 217, 308, 319, 321, 338, 340, 342, 350~351, 359, 369, 416, 430
~적 전달 150, 279
~적 효과 17, 162, 165, 182, 373, 378
~체 123~124, 140~141, 166, 180~181, 216, 291, 367, 428, 455
~학 16~18, 20, 34~36, 38, 41, 56, 64~65, 67~69, 85, 87, 89~90, 93~95, 99, 101~102, 105~107, 110~111, 126, 131, 133, 136, 140, 144, 162, 166, 178~179, 185, 191, 204, 208, 216, 224, 228, 232, 259, 266, 290~291, 293, 301, 306, 314, 320~321, 332, 344, 347, 349~350, 354, 366, 377~378, 380, 394, 400, 404~405, 409, 414, 421, 423, 427, 429~430, 432~435
희귀 질환 110, 244
흰담비족제비 426
히스톤 100~102, 105~107, 109, 111~113, 124, 135~136, 140, 143, 149~150, 152, 179~180, 211, 214~215, 235, 265~267, 278, 298, 300~301, 305~308, 313~314, 316~317, 318, 321~322, 341, 345~348, 353~354, 357~361, 374, 377~378, 380~384, 389, 399~401, 405, 408, 414, 416~417, 428~429, 431~434, 452~453, 455
~ 꼬리 101, 105~106, 313
~ 변형 102, 105~106, 111~113, 135, 149~150, 152, 180, 211, 214~215, 235, 265~267, 301, 306, 314~315, 317~318, 322, 357, 361, 374, 378, 399, 414~415, 433
~ 코드 106~107, 111~112
~ 탈아세틸화 효소 억제제 347~348, 358~360, 377, 384, 400~401, 405, 429, 431~432
~ 팔합체 100~101

숫자

10HDA 400~401, 405
2배체 171~172, 175~177
2-아자-5′-데옥시사이티딘 308
5-아자사이티딘 291, 292~295, 297, 300~301, 308, 311, 314, 317, 325, 358~359
5-하이드록시메틸사이토신 354~356

A~Z

ABO식 혈액형 63

ADH(알코올 탈수소 효소 유전자) 79

ADH 79

agouti 128~134, 157~162, 215

agouti 129~130, 132, 158

ARH1 307

A^{vy}/a 131, 133, 141

A^{vy} 128~129, 131, 133, 141~142, 157, 159~161

$Axin^{Fu}$ 161, 186, 214

Bcr-Abl 372

Blimp1 208

Blimp1 208, 278

BRCA1 304, 306, 309

CARDIGAN 259

c-Myc 53, 57, 60

COLDAIR 416

CpG 89, 91~94, 112, 133, 301, 306, 313, 318, 368, 373~374, 396, 403~404, 421, 455

~ DNA 112

~ 모티프 91~94, 373~374, 396, 403, 421, 455

~ 섬 91, 93, 301, 306, 318

DEMETER 420

DGCR8 283

DGCR8 283

Dlk1-Dio3 212, 214

DMSO(디메틸설폭사이드) 297~298

DNA 9, 11~12, 18~20, 33~34, 42~43, 52, 67~75, 77~83, 85~96, 98~102, 105, 109, 111~113, 122, 124~125, 128, 131~137, 140~143, 146~150, 152, 157~161, 167, 172, 174, 176~180, 182~187, 190, 192, 201, 203~204, 206~207, 209, 211, 214~215, 221, 224, 234~235, 238~239, 254~256, 259, 263, 265~266, 270, 272~273, 275, 279, 287, 291~297, 300~301, 305~306, 308, 313~314, 316~318, 320~322, 338, 340~343, 345~346, 348~354, 356~359, 361, 367~374, 377~378, 384, 394, 396~400, 402~404, 408, 420~421, 423, 425, 427~429, 431, 433, 452~456

~ 메틸기 전이 효소 억제제 358~359, 377, 429

~ 메틸기 전이 효소 89, 92, 295, 301, 314~317, 358~359, 370~371, 377, 396~397, 399, 420~421, 429, 431, 455

~ 복구 기구 72, 372~373

~ 전사 복합체 91

DNMT 89, 300~301, 310, 317~318, 371, 455

Dnmt1 137, 370

DNMT1 89, 92, 94, 295~297, 308, 311~313, 352, 370~371

Dnmt3 397~398, 404
Dnmt3 397~398, 402
Dnmt3a 135, 137
DNMT3A 323
DNMT3A 89, 112, 295, 316, 323, 358
DNMT3B 323
DNMT3B 89, 112, 295, 316, 323, 358
DNMT3L 316
DYSTROPHIN 247
DYSTROPHIN 247
ECTODYSPLASIN-A 244, 246
ECTODYSPLASIN−A 246
EZH2 266~267, 316~317, 321
FLC 413~415, 416
FLC 414~415
G9a 265
Gdnf 345~347
Grb10 361~362
H2A 100~101, 235
H2B 100~101
H3 100~101, 111, 265~266, 313, 316~317, 322, 382, 384, 414, 416
H3K27 316, 322
H3K4 316~317
H4 100~101
HDAC(히스톤 탈아세틸화 효소) 300~301, 308, 310~311, 313, 348, 455
HDAC1 358
Hdac2 346~347, 358~359
HDAC2 358
HOTAIR 267
HOX 267
HOX-D 267
IAP 레트로트랜스포존 186, 206, 214, 217
Igf2(인슐린 유사 성장 인자 2) 196~197, 203, 265
Igf2 196~197
IGF2 202
IGF2 202~203
Igf2r 197, 203, 265
Igf2r 197
iPS 세포(유도 다능성 줄기세포) 53, 55~56, 58~64, 181, 212, 236, 240, 277, 375, 377, 455
kb 233~234, 236~237, 239, 265, 456
Klf4 53, 57
let-7 277
let−7 278
LIN-14 270, 272
LIN−14 270~271
Lin28 277~278
LSD1 316~317
LYSOSOMAL IDURONATE-2-SULFATASE 246
LYSOSOMAL IDURONATE−2−SULFATASE 246~247
macroH2A 235
MeCP2(메틸 CpG 결합 단백질 2) 95~98, 248

MeCP2 93~94, 96~97, 111, 248, 341, 354, 356, 361
MEF(생쥐 배아 섬유모세포) 50
miR-15a 285
miR-16-1 285
miR-17-92 285
miR−189 282
miR−29 323
miRNA(마이크로 RNA) 271~274, 277~287, 323~324, 361, 456
MLL2 110
MLL2 111
MMR 백신 94~95
mRNA 77~81, 87, 93, 234~235, 238, 254, 256, 262~265, 270, 272~273, 277~278, 281, 286, 292~293, 323, 403, 453~454, 456
Nanog 240
ncRNA 234, 240, 264~270, 272, 274~276, 278~280, 282~283, 285, 456
neo^{R}(네오마이신 내성) 50, 52~53
Oct4 53, 57, 110
Oct4 110, 240
OCT4 179
PERI 307
PHF8 111
PHF8 111
PIWI 278
PRC2 266~267
RNA 77~82, 87, 90~91, 93, 131, 133, 185~186, 233~234, 238~239, 241, 254~255, 262~275, 277~280, 282~287, 291, 323~324, 416~417, 420, 433, 453~454, 456
rRNA(리보솜 RNA) 254~255
SAHA(수베로일아닐라이드 히드록삼산) 298~301, 308, 311~314, 317, 325, 347~348, 358~359, 384, 400~401
SAM(S−아데노실 메티오닌) 431
SHOX 251
SHOX 251
Sir2 381
Sir2 380~381, 385
Sirl1 387
siRNA 286~287
SIRT1 381
Sirt6 381
Sirt6 381
SIRT6 381~384
SIRT6 381~383
SIRT7 381
SLITRKI 282
SNORD116 202
Sox2 53, 57
Sox2 240, 277
SRY 221
SRY 221~222
SSRI(선택 세로토닌 재흡수 억제제) 343, 348~349
S−아데노실 메티오닌 431

TE 418, 420
TET1 354
TET2 354
TET3 354
Trim28 135~137
tRNA(운반 RNA) 254~255
TSA(트리코스타틴 A) 298~300, 348
Tsix 238~241, 265
TTAGGG 373
T세포림프종 370
UBE3A 201~203, 207
UBE3A 202, 207, 209
UTR 271~273, 280~282
VHL 306
VIN3 416
X 비활성화 224~229, 231~237, 239~242, 244, 246~250, 265, 268, 293, 427~428
X 연관 땀저하외배엽형성이상증 244
X 연관 유전자 222~223, 227, 251
X 염색체 220~232, 235~242, 244~251, 267, 453
Xist 232~241, 265, 267~268
XXX 249~250
XXY 252
XY 220~231, 236~237, 250, 252
Y 염색체 220~222, 230~231, 244, 250~251, 426, 453

옮긴이 이충호
서울대학교 사범대학 화학과를 졸업하고, 교양 과학과 인문학 분야의 번역가로 활동하고 있다. 2001년 『신은 왜 우리 곁을 떠나지 않았는가』로 제20회 한국과학기술도서(대한출판문화협회) 번역상을 수상했다. 옮긴 책으로는 『진화심리학』 『우주의 비밀』 『루시퍼 이펙트』 『도도의 노래』 『루시, 최초의 인류』 『건축을 위한 철학』 『수학 괴물을 죽이는 법』 『돈의 물리학』 『경영의 모험』 『스티븐 호킹』 『사라진 스푼』 『바이올리니스트의 엄지』 『잠의 사생활』 등이 있다.

유전자는 네가 한 일을 알고 있다

1판 1쇄 2015년 9월 21일
1판 7쇄 2024년 3월 25일

지은이 네사 캐리
옮긴이 이충호
펴낸이 김정순
편집 허영수 김소희
디자인 김수진
마케팅 이보민 양혜림 손아영

펴낸곳 (주)북하우스 퍼블리셔스
출판등록 1997년 9월 23일 제406-2003-055호
주소 04043 서울시 마포구 양화로 12길 16-9(서교동 북앤빌딩)
전자우편 henamu@hotmail.com
홈페이지 www.bookhouse.co.kr
전화번호 02-3144-3123
팩스 02-3144-3121

ISBN 978-89-5605-414-8 03470

해나무는 (주)북하우스 퍼블리셔스의 과학 브랜드입니다.